Das Rechnungswesen der Unternehmung

Jürg Leimgruber
Urs Prochinig

Das Rechnungswesen der Unternehmung

VERLAG:SKV

Dr. Jürg Leimgruber
und
Dr. Urs Prochinig

schlossen ihre Studien an der Universität Zürich mit dem Doktorat ab. Sie verfügen über Abschlüsse als MBA (Master of Business Administration) und MASSHE (Master of Advanced Studies in Secondary and Higher Education). Nebst ihrer wissenschaftlichen Tätigkeit arbeiten sie als Unternehmensberater und als Dozenten in der Erwachsenenbildung. Sie sind Mitglieder verschiedener eidg. Prüfungsgremien.

4. Auflage 2014

ISBN 978-3-286-33814-2

www.verlagskv.ch

Umschlag: Brandl & Schärer AG
Titelbild: Intellekt und Intuition von Benno Schulthess, Widen

Vorwort

> Nach dem Studium dieses Lehrbuchs sind Sie fähig, das Rechnungswesen in der Praxis zu verstehen und richtig anzuwenden.

Das Lehrmittel setzt keinerlei Buchhaltungskenntnisse voraus und richtet sich an anspruchsvolle, engagierte Studierende, die sich rasch und gründlich ins Rechnungswesen einarbeiten wollen, zum Beispiel:

- Studentinnen und Studenten an Universitäten, Fachhochschulen, Höheren Fachschulen und Wirtschaftsgymnasien
- Kandidatinnen und Kandidaten von höheren eidg. Prüfungen wie Technische Kaufleute, Marketingplaner, Verkaufsleiter, Bank- und Versicherungsfachleute oder Wirtschaftsinformatiker
- Sachbearbeiterinnen und Sachbearbeiter im Rechnungswesen
- Praktikerinnen und Praktiker aus Wirtschaft und Verwaltung

Das Lehrbuch besteht aus folgenden Teilen:

- Der **Theorieteil** umfasst in übersichtlicher Weise die wichtigsten Theoriegrundlagen. Er ist auch für das Selbststudium geeignet.
- Der **Aufgabenteil** enthält zu jedem Kapitel vielfältige Aufgabenstellungen mit zahlreichen Lösungshilfen, die ein attraktives Aufgabenlösen und rasches Lernen ermöglichen.
- Mit der speziell entwickelten Software **EasyAccounting** wird die buchhalterische Praxis gebührend berücksichtigt. Das Programm kann beim Verlag gratis über Internet **www.verlagskv.ch/easyaccounting** heruntergeladen werden. Es ist so einfach aufgebaut, dass eine Anwendung ohne spezielle Einführung möglich ist.
- Es ist ein separater ausführlicher **Lösungsband** erhältlich.
- Lehrpersonen können beim Verlag über Internet www.verlagskv.ch gratis **Folienvorlagen** für den Unterricht herunterladen. Auf der Homepage des Verlags wird unter «Downloads» auch eine periodisch nachgeführte Korrigenda veröffentlicht, die auf allfällige Änderungen von gesetzlichen Vorschriften sowie Druckfehler hinweist.

Wir danken allen Lehrerkolleginnen und Lehrerkollegen, Praktikern und Praktikerinnen sowie Studentinnen und Studenten, die uns mit Rat und Tat bei der Entwicklung dieses modernen Lehrmittels unterstützt haben. Besonderer Dank gebührt Peter Henseler für die hervorragende grafische Gestaltung und Theres Schwaiger für die umsichtige Durchsicht des Manuskripts. Aufbauende Kritik freut uns immer.

Nun wünschen wir Ihnen viel Spass beim Lernen und viel Erfolg beim Anwenden des Gelernten.

Zürich und Rafz, Januar 2011

Jürg Leimgruber
Urs Prochinig

Vorwort zur 4. Auflage

In der 4. Auflage wurden ausser der Korrektur von ein paar wenigen Druckfehlern keine Änderungen vorgenommen, sodass **die 3. und die 4. Auflage im Unterricht problemlos gleichzeitig verwendet werden können.**

Zur Erinnerung sei hier auf die **Änderungen in der 3. Auflage** hingewiesen, die hauptsächlich auf das revidierte Buchführungs- und Rechnungslegungsrecht sowie den veränderten Kontenrahmen KMU zurückzuführen waren:

Kapitel 18 Fremde Währungen	Seit der vorigen Auflage stieg der Schweizer Franken gegenüber den fremden Währungen im Wert deutlich, weshalb die Kurse aktualisiert werden mussten.
Kapitel 23 Aktiengesellschaft	Neue Reservengliederung gemäss OR: gesetzliche Kapitalreserve, gesetzliche Gewinnreserve, freiwillige Gewinnreserven. Die Kontennummern wurden an den revidierten Kontenrahmen KMU angepasst.
Kapitel 24 GmbH	Neue Reservengliederung wie bei Kapitel 23.
Kapitel 25 Abschreibungen	Für Veräusserungsgewinne ist kein separates Konto mehr vorgeschrieben.
Kapitel 27 Rechnungsabgrenzung und Rückstellungen	Aktive und passive Rechnungsabgrenzungen ersetzen die früheren transitorischen Aktiven und Passiven. Rückstellungen im Theorieteil mit neuem Beispiel sowie Zusammenfassung.
Kapitel 31 Einkauf, Verkauf, Vorräte	Unfertige und fertige Erzeugnisse sind neue Begriffe für Fabrikationsbetriebe gemäss OR bzw. Kontenrahmen KMU.
Kapitel 35 Erfolgsrechnung	Neue mehrstufige Erfolgsrechnung gemäss Kontenrahmen KMU.
Kapitel 36 Lohnabrechnung	Anpassung der Beitragssätze bzw. Grenzwerte bei den Sozialversicherungen.
Kapitel 41 Buchführung	Vollständige Überarbeitung von Theorie und Aufgaben aufgrund des neuen Buchführungs- und Rechnungslegungsrechts gemäss OR.
Kapitel 42 Stille Reserven	Kleinere Änderungen im Theorieteil, vor allem Anpassung ans revidierte OR. Die Aufgaben wurden praktisch unverändert aus der 2. Auflage übernommen.
Anhang 2 Kontenrahmen KMU	Neuer Kontenrahmen KMU von Sterchi/Mattle/Helbling.

Wir wünschen weiterhin viel Spass und Erfolg beim Lehren und Lernen.

Forch und Rafz, im Sommer 2014 — Die Autoren

Inhaltsverzeichnis

		Theorie	Aufgaben
	1. Teil Die Grundlagen des Rechnungswesens	11	157
11	Vermögen, Fremd- und Eigenkapital	12	157
12	Die Bilanz	14	162
13	Veränderungen der Bilanz durch Geschäftsfälle	18	170
14	Das Konto	20	176
15	Journal und Hauptbuch	22	184
16	Die Erfolgsrechnung	26	196
17	Doppelter Erfolgsnachweis	32	214
18	Fremde Währungen	35	228
19	Zinsrechnen	38	238
	2. Teil Der Jahresabschluss	44	244
21	Die Einzelunternehmung	45	244
22	Die Kollektivgesellschaft	48	259
23	Die Aktiengesellschaft	51	263
24	Die Gesellschaft mit beschränkter Haftung	59	276
25	Abschreibungen	60	283
26	Debitorenverluste, Delkredere	68	304
27	Rechnungsabgrenzung und Rückstellungen	70	312
	3. Teil Ausgewählte Themen	76	332
31	Einkauf, Verkauf und Vorräte	77	332
32	Offenposten-Buchhaltung	95	354
33	Mehrwertsteuer	99	362
34	Kalkulation im Handel	107	386
35	Mehrstufige Erfolgsrechnung	111	398
36	Lohnabrechnung	114	403
37	Immobilien	118	412
38	Wertschriften	122	423
	4. Teil Buchführungsvorschriften, stille Reserven und Aufbau des Rechnungswesens	135	437
41	Buchführungsvorschriften	135	437
42	Stille Reserven	140	442
43	Aufbau des Rechnungswesens	152	454
	Anhang	456	
Anhang 1	Abschreibungssätze bei der direkten Bundessteuer	457	
Anhang 2	Kontenrahmen KMU	458	
Anhang 3	Stichwortverzeichnis	461	

Software EasyAccounting

Unter www.verlagskv.ch/easyaccounting bieten wir gratis die Software EasyAccounting als Download an mit Angaben zu Installation, Systemvoraussetzungen und Datenmigration.

Theorie

1. Teil Die Grundlagen des Rechnungswesens

Einleitung

Schon immer waren sich die Menschen der beschränkten Speicherfähigkeit ihres Gehirns bewusst, sodass sie sich wünschten, Tatsachen und Erkenntnisse irgendwie festzuhalten, damit sie nicht verloren gingen.

Die ersten bekannten Schrift- und Zahlzeichen wurden schon im dritten Jahrtausend vor Christus von sumerischen Priestern zum Zweck erfunden, die Einkünfte der Tempelbetriebe auf Tontafeln festzuhalten, also eine Art Buchhaltung zu führen. Auch die alten Ägypter erstellten bereits Verzeichnisse über die Lagerbestände und den Kreditverkehr zur Verwaltung der pharaonischen Speicher und Schatzhäuser.

Je umfangreicher die Geschäftstätigkeit ist, desto wichtiger sind systematische und geordnete Aufzeichnungen über den Güter- und Geldverkehr. Deshalb entwickelte sich die Technik der Buchführung im Laufe der Jahrhunderte immer weiter.

Zu Beginn der wirtschaftlichen Blütezeit der norditalienischen Handelsstädte (Genua, Venedig, Florenz) im hohen Mittelalter trugen die Kaufleute ihre Waren- und Kreditgeschäfte der Reihe nach in so genannte Handlungsbücher ein. Bald schon wurden aber die Einnahmen und Ausgaben, die Zu- und Abnahmen von gegebenen und erhaltenen Krediten sowie die Zu- und Abgänge von Waren nicht mehr nur in zeitlicher Reihenfolge, sondern auch nach sachlichen Gesichtspunkten festgehalten (zum Beispiel aufgeteilt nach Personen oder einzelnen Warengruppen). Damit waren die Konten erfunden. Man führte sie erst auf losen Blättern, dann in Büchern. Von daher stammt der Name «Buchhaltung».

Aus der Überlegung, dass sich zum Beispiel die Rückzahlung eines erhaltenen Kredites zweifach auf die Vermögenslage einer Unternehmung auswirkt (erstens als Abnahme der Schuld und zweitens als Abnahme des Kassenbestandes), leitete man bald einmal ab, jedem Eintrag in ein Konto (zum Beispiel in das Konto «Schulden») müsse ein Eintrag in ein anderes Konto (zum Beispiel in das Konto «Kasse») entsprechen. Dies ist bis heute der Grundgedanke der doppelten Buchhaltung geblieben. Der Franziskanermönch Luca Pacioli hat diese Form der Buchführung 1494 zum ersten Mal zusammenfassend beschrieben.

Für den durch die Industrialisierung im 19. Jahrhundert enorm ausgeweiteten Geschäftsverkehr waren die ursprünglichen Buchungsverfahren mit mehreren Arbeitsgängen je Geschäftsfall zu aufwändig. Die amerikanische Buchführung und die Durchschreibebuchhaltung, die um die Jahrhundertwende aufkamen, brachten hier wesentliche Arbeitserleichterungen, indem sie weniger Eintragungen nötig machten.

Heute wird die Buchhaltung in beinahe allen Betrieben mit elektronischen Geräten – vielfach unter Einsatz von Standard-Software – erstellt. Am System der doppelten Buchhaltung ändert das nichts. Nur wer dieses System wirklich verstanden hat, erkennt hinter den auf dem Bildschirm aufleuchtenden Zahlen die für das Unternehmen wichtigen Informationen und Zusammenhänge.

11

Vermögen, Fremd- und Eigenkapital

Die Buchhaltung vermittelt einen Überblick über die finanzielle Lage einer Unternehmung. Wie bei Privatpersonen wird auch bei Unternehmungen zwischen Vermögen und Schulden (Fremdkapital) unterschieden. Der Überschuss des Vermögens über die Schulden wird als Reinvermögen (rein im Sinne von netto) oder Eigenkapital bezeichnet und nach folgendem Schema berechnet:

	Vermögen
./.	Fremdkapital (Schulden)
=	Eigenkapital (Reinvermögen)

Beispiel 1

Vermögensübersicht bei einer Privatperson

Über die Vermögenslage einer Privatperson sind am 31. Dezember 20_1 folgende Angaben bekannt:

Vermögen	Bargeld	400.–
	Guthaben auf dem Salärkonto bei der UBS	8 600.–
	Wohnungseinrichtung	42 000.–
	Auto	17 000.–
	Schmuck	4 000.–
	Personal Computer (PC)	2 000.–
		74 000.–
./. **Schulden (Fremdkapital)**	Noch nicht bezahlte Rechnungen (Steuern, Zahnarzt, Handy)	– 4 000.–
= **Reinvermögen (Eigenkapital)**		70 000.–

Die Vermögenslage dieser Privatperson kann wie folgt dargestellt werden:

Vermögen 74 000.–	Schulden 4 000.–
	Reinvermögen 70 000.–

Beispiel 2

Vermögensübersicht bei einer Unternehmung

Einen guten Einblick in die Vermögenslage einer Unternehmung erhält man aufgrund des Inventars. Unter **Inventar** versteht man ein detailliertes Verzeichnis aller Vermögens- und Schuldenteile. Die buchführungspflichtigen Unternehmungen müssen gemäss Obligationenrecht (OR) am Ende jedes Geschäftsjahres ein Inventar aufnehmen. Diese Tätigkeit nennt man Inventur.

Im Folgenden ist das **Inventar eines CD-Shops** (Verkauf von Compactdiscs) vom 31. Dezember 20_1 abgebildet:

Vermögen	Kassabestand		4 000.–
	Guthaben bei der Post		6 000.–
	Guthaben gegenüber Kunden (unbezahlte Rechnungen)		
	▸ Wildcat-Disco, Cham	400.–	
	▸ West-End-Dancing, Zug	600.–	1 000.–
	Vorräte an Compactdiscs zu Einkaufspreisen		
	▸ 400 Stück zu Fr. 15.–	6 000.–	
	▸ 500 Stück zu Fr. 18.–	9 000.–	
	▸ 200 Stück zu Fr. 20.–	4 000.–	19 000.–
	Ladeneinrichtung		
	▸ 4 CD-Abspielgeräte mit Kopfhörern zu Fr. 1500.–	6 000.–	
	▸ 7 Regale zu Fr. 1 000.–	7 000.–	
	▸ 5 Stühle zu Fr. 400.–	2 000.–	
	▸ 1 Verkaufskorpus	3 000.–	
	▸ 1 Personal Computer	2 000.–	20 000.–
	Geschäftsliegenschaft		450 000.–
			500 000.–
./. **Fremdkapital (Schulden)**	Schulden gegenüber Lieferanten (unbezahlte Rechnungen)		
	▸ Polydor International GmbH, Hamburg	– 4 400.–	
	▸ Atlantic Recording Corporation, London	– 5 600.–	– 10 000.–
	Hypothekardarlehen[1] von der Zuger Kantonalbank		–190 000.–
= **Eigenkapital (Reinvermögen)**			300 000.–

Grafisch lässt sich die Vermögenslage dieser Unternehmung wie folgt veranschaulichen:

Vermögen 500 000.–	Fremdkapital 200 000.– (Schulden)
	Eigenkapital 300 000.– Reinvermögen

[1] Darlehen, bei dem die Liegenschaft als Pfand haftet.

Die Bilanz

In der Buchhaltung verwendet man für das Vermögen den Ausdruck **Aktiven.** Fremdkapital und Eigenkapital zusammen bilden die **Passiven.**

In der **Bilanz** werden die Aktiven und Passiven einander gegenübergestellt. Dabei werden die im Inventar detailliert aufgeführten Vermögens- und Schuldenteile in Form von verschiedenen Bilanzpositionen zusammengefasst.

Beispiel

Aufgrund des Inventars des CD-Shops auf Seite 13 kann durch Zusammenzug der einzelnen Vermögens- und Schuldenteile die Bilanz vom 31. Dezember 20_1 errichtet werden:

Bilanz vom 31. Dezember 20_1[1]

Aktiven[2]			Passiven[3]		
Umlaufvermögen			**Fremdkapital**		
Kasse	4 000		Kreditoren[5]	10 000	
Post	6 000		Hypotheken	190 000	200 000
Debitoren[4]	1 000				
Vorräte	19 000	30 000			
Anlagevermögen			**Eigenkapital**		
Mobilien[6]	20 000		Eigenkapital		300 000
Immobilien[7]	450 000	470 000			
		500 000[8]			500 000[8]

Im Begriff Bilanz steckt das italienische Wort *bilancia* (Waage), womit ausgedrückt werden soll, dass die Summe der Aktiven mit der Summe der Passiven im Gleichgewicht steht.

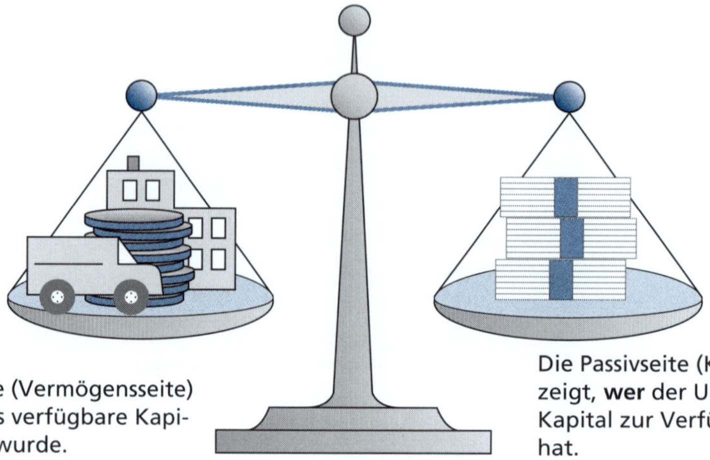

Die Aktivseite (Vermögensseite) zeigt, **wie** das verfügbare Kapital angelegt wurde.

Die Passivseite (Kapitalseite) zeigt, **wer** der Unternehmung Kapital zur Verfügung gestellt hat.

1 Die Bilanz wird immer auf einen bestimmten Zeitpunkt erstellt. Sie ist einer Fotografie vergleichbar, die nur einen Augenblick festhalten kann. Der häufigste **Bilanzstichtag** ist der 31. Dezember.

2 Aktiven (Vermögen)

Die Aktiven zeigen das für die Unternehmungstätigkeit zur Verfügung stehende **Vermögen.** Sie werden in Umlauf- und Anlagevermögen gegliedert.

Umlaufvermögen

Zum Umlaufvermögen gehören die flüssigen Mittel (Kasse, Post, Bankguthaben) und die Vermögensteile (z. B. Debitoren, Vorräte), die innerhalb eines Jahres oder innerhalb des normalen Geschäftszyklus zur Umwandlung in flüssige Mittel bestimmt sind.

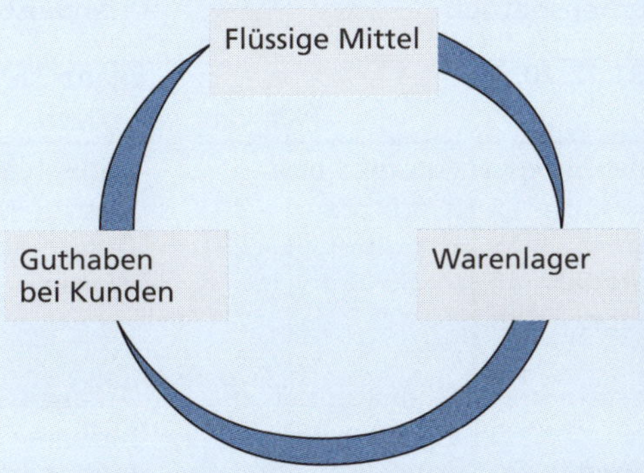

Das Umlaufvermögen wird nach der Liquidierbarkeit geordnet: Zuerst werden die liquiden (flüssigen) Mittel aufgeführt, dann jene Vermögensteile, die am schnellsten in liquide Mittel umgewandelt werden sollen.

Anlagevermögen

Das Anlagevermögen, auch stehendes Vermögen genannt, umfasst die Vermögensteile, die der Unternehmung für lange Zeit (meistens über ein Jahr) zur Nutzung bereitstehen (z. B. Büroeinrichtung, Geschäftsliegenschaft).

3 Passiven (Kapital)

Die Passiven zeigen die Ansprüche der Geldgeber am Unternehmungsvermögen. Sie werden in Fremd- und Eigen**kapital** gegliedert.

Fremdkapital (Schulden, Verbindlichkeiten)

Unter Fremdkapital oder Schulden werden die Ansprüche aussenstehender Geldgeber am Unternehmungsvermögen zusammengefasst. Das Fremdkapital wird nach der Fälligkeit der Rückzahlung geordnet (früher fällige Ansprüche werden zuerst aufgezählt).

Eigenkapital (Reinvermögen)

Unter Eigenkapital versteht man die Eigentümeransprüche am Unternehmungsvermögen. Es entspricht der Differenz zwischen den Aktiven und dem Fremdkapital:

	Aktiven (Vermögen)
./.	Fremdkapital (Schulden)
=	Eigenkapital (Reinvermögen)

4 **Debitoren** sind Guthaben gegenüber Kunden. Sie entstehen aus Verkäufen, die nicht sofort bar bezahlt werden. Debitoren werden auch Forderungen aus Lieferungen und Leistungen genannt.

5 **Kreditoren** sind Schulden bei Lieferanten. Sie entstehen aus Käufen, die nicht sofort bezahlt werden. Kreditoren werden auch Verbindlichkeiten aus Lieferungen und Leistungen genannt.

6 **Mobilien** ist ein übergeordneter Begriff und umfasst das Mobiliar (= Büro- und Ladeneinrichtungen), EDV-Anlagen und manchmal auch Fahrzeuge.

7 **Immobilien** sind Liegenschaften. Sie umfassen die Gebäude (manchmal nur Stockwerke) und Grundstücke.

8 Die **Bilanzsumme** stellt das Total der in Franken bewerteten Aktiven dar, das dem Total der Passiven entsprechen muss.

Oft ist aus der Zusammensetzung der Aktiven und teilweise auch der Passiven die Zugehörigkeit zu einem **Wirtschaftssektor** bzw. einer Branche erkennbar.

Wirtschaftssektoren

Primärer Wirtschaftssektor (Urproduktion)

Beispiele:
- Landwirtschaft, Fischerei
- Energieerzeugung
- Bergbau

Sekundärer Wirtschaftssektor (Verarbeitung)

Beispiele:
- Industrie (z.B. Chemie, Textil, Maschinenbau)
- Handwerk

Tertiärer Wirtschaftssektor (Dienstleistungen)

Beispiele:
- Handel
- Banken, Versicherungen
- Verkehr, Gastgewerbe

Kraftwerk

Bilanz 31. 12. 20_1

Aktiven		Passiven	
Umlaufvermögen		**Fremdkapital**	
Flüssige Mittel[1]	5	Kreditoren	10
Debitoren	6	Hypothek	20
Vorräte	4	**Obligationen**	40
Anlagevermögen		**Eigenkapital**	
Mobilien	5	Eigenkapital	30
Maschinen	20		
Immobilien	60		
	100		100

Beim Kraftwerk ist der hohe Anteil des Anlagevermögens an der gesamten Bilanzsumme typisch.

Da der Bau eines Kraftwerkes sehr teuer ist, werden für die Kapitalbeschaffung oft Obligationenanleihen ausgegeben. Das sind langfristige Darlehen in Wertpapierform.

Fabrikationsbetrieb

Bilanz 31. 12. 20_1

Aktiven		Passiven	
Umlaufvermögen		**Fremdkapital**	
Flüssige Mittel[1]	5	Kreditoren	30
Debitoren	15	Hypothek	20
Rohmaterial	10		
Fertigfabr.	10		
Anlagevermögen		**Eigenkapital**	
Mobilien	5	Eigenkapital	50
Maschinen	20		
Immobilien	35		
	100		100

Ein Fabrikationsbetrieb (Produktionsbetrieb) kauft Rohmaterial ein und stellt mithilfe von Arbeitskraft und Maschinen ein neues Produkt (Erzeugnis, Fabrikat) her. Deshalb setzen sich die Vorräte bei Industriebetrieben aus Rohmaterial und Fertigfabrikaten zusammen, und die Maschinen sind eine wesentliche Bilanzposition.

Handelsbetrieb

Bilanz 31. 12. 20_1

Aktiven		Passiven	
Umlaufvermögen		**Fremdkapital**	
Flüssige Mittel[1]	5	Kreditoren	30
Debitoren	15	Hypothek	20
Waren	40		
Anlagevermögen		**Eigenkapital**	
Mobilien	5	Eigenkapital	50
Immobilien	35		
	100		100

Ein Handelsbetrieb kauft Waren ein und verkauft diese an seine Kunden weiter, ohne die Waren zu verändern. Im Handelsbetrieb werden deshalb normalerweise keine Maschinen eingesetzt. (Ausnahmen sind z. B. Verpackungsmaschinen und Maschinen für kleinere Reparaturen.)

[1] Zu den flüssigen Mitteln zählen die Bargeldbestände sowie die Post- und Bankguthaben.

Die Zusammensetzung des Eigenkapitals gibt Auskunft über die **Rechtsform**[1] einer Unternehmung.

Einzelunternehmung

Bilanz 31.12.20_1

Aktiven			Passiven		
Umlaufvermögen			**Fremdkapital**		
Flüssige Mittel	5		Kreditoren	20	
Debitoren	20		Hypotheken	30	50
Vorräte	30	55			
Anlagevermögen			**Eigenkapital**[2]		
Mobilien	5		**Eigenkapital**		50
Immobilien	40	45			
		100			100

Aktiengesellschaft

Bilanz 31.12.20_1

Aktiven			Passiven		
Umlaufvermögen			**Fremdkapital**		
Flüssige Mittel	5		Kreditoren	20	
Debitoren	20		Hypotheken	30	50
Vorräte	30	55			
Anlagevermögen			**Eigenkapital**[3]		
Mobilien	5		**Aktienkapital**	30	
Immobilien	40	45	**Reserven**	18	
			Gewinnvortrag	2	50
		100			100

1 Die verschiedenen Rechtsformen von Unternehmungen sind im Obligationenrecht geregelt. Die Wahl einer bestimmten Rechtsform ist abhängig von verschiedenen Gesichtspunkten:
- Grösse der Unternehmung, Kapitalbedarf
- Haftung/Risiko für die Unternehmer
- Steuerliche Belastung
- Wunsch nach Anonymität der Unternehmer
- Regelung der Nachfolge/Erbschaft

2 Die Einzelunternehmung gehört einem einzelnen Geschäftsinhaber (bzw. einer einzelnen Geschäftsinhaberin). Darum ist das Eigenkapital nicht weiter gegliedert.

3 Zur Gründung einer Aktiengesellschaft braucht es mindestens einen Aktionär. Das Aktienkapital entspricht dem Grundkapital, das die Aktionäre einbezahlt haben. Wenn die Aktiengesellschaft Gewinne erzielt und diese zurückbehält (nicht an die Aktionäre ausschüttet), entstehen Reserven. Der Gewinnvortrag ist unverteilter Gewinn.

Veränderungen der Bilanz durch Geschäftsfälle

Die Bilanz ist eine Momentaufnahme des Vermögens- und Kapitalbestandes einer Unternehmung zu einem bestimmten Zeitpunkt. Während des Geschäftsjahres verändert sich die Bilanz durch Geschäftsfälle.

Beispiel

T. Schwaiger gründet am 1. September 20_1 ein kleines Treuhandbüro. Sie leistet aus ihrem Privatvermögen eine Kapitaleinlage von Fr. 50 000.– auf das Bankkonto des Geschäfts.

Wie lautet die Bilanz nach der Geschäftseröffnung, und wie verändert sich die Bilanz durch die nachfolgenden Geschäftsfälle?

Geschäftsfälle	Bilanzen				Auswirkungen in der Bilanz
	Bilanz vom 1.9.20_1				
	Aktiven		Passiven		
1.9. Eröffnung durch Einzahlung von Fr. 50000.–	Bank	50 000	Eigenkapital	50 000	+ Aktiven + Passiven Die Bilanzsumme wird grösser.
	Bilanz vom 2.9.20_1				
	Aktiven		Passiven		
2.9. Kauf von Mobilien für Fr. 40000.– auf Kredit	Bank	50 000	Kreditoren	40 000	+ Aktiven + Passiven Die Bilanzsumme wird grösser.
	Mobilien	40 000	Eigenkapital	50 000	
		90 000		90 000	
	Bilanz vom 5.9.20_1				
	Aktiven		Passiven		
5.9. Bankzahlung an die Kreditoren Fr. 15000.–	Bank	35 000	Kreditoren	25 000	– Aktiven – Passiven Die Bilanzsumme wird kleiner.
	Mobilien	40 000	Eigenkapital	50 000	
		75 000		75 000	
	Bilanz vom 8.9.20_1				
	Aktiven		Passiven		
8.9. Barbezug ab dem Bankkonto Fr. 5000.–	Kasse	5 000	Kreditoren	25 000	+ Aktiven – Aktiven Die Bilanzsumme bleibt unverändert (Aktivtausch).
	Bank	30 000	Eigenkapital	50 000	
	Mobilien	40 000			
		75 000		75 000	
	Bilanz vom 9.9.20_1				
	Aktiven		Passiven		
9.9. Umwandlung eines Lieferantenkredites von Fr. 10000.– in ein langfristiges Darlehen	Kasse	5 000	Kreditoren	15 000	+ Passiven – Passiven Die Bilanzsumme bleibt unverändert (Passivtausch).
	Bank	30 000	Darlehen	10 000	
	Mobilien	40 000	Eigenkapital	50 000	
		75 000		75 000	

Bei all diesen Geschäftsfällen bleibt die Bilanzgleichung (Summe der Aktiven = Summe der Passiven) erhalten, da durch einen Geschäftsfall zugleich zwei Bilanzpositionen verändert werden.

Das Konto

Durch die Geschäftsfälle werden die Aktiven und Passiven laufend verändert. Es wäre natürlich viel zu aufwändig, nach jedem Geschäftsfall wieder eine neue Bilanz zu erstellen. In der Praxis werden die Vorgänge deshalb nur gerade bei jenen Bilanzpositionen festgehalten, die sich durch den Geschäftsfall verändern. Dazu führt man für jeden Bilanzposten **ein Konto,** d. h. eine zweiseitige Rechnung für die Aufzeichnung der durch die Geschäftsfälle verursachten Zu- und Abnahmen. Die Regeln für die Verbuchung von Zu- und Abnahmen ergeben sich durch die Verknüpfung der Aktiv- und Passivkonten mit der Bilanz.

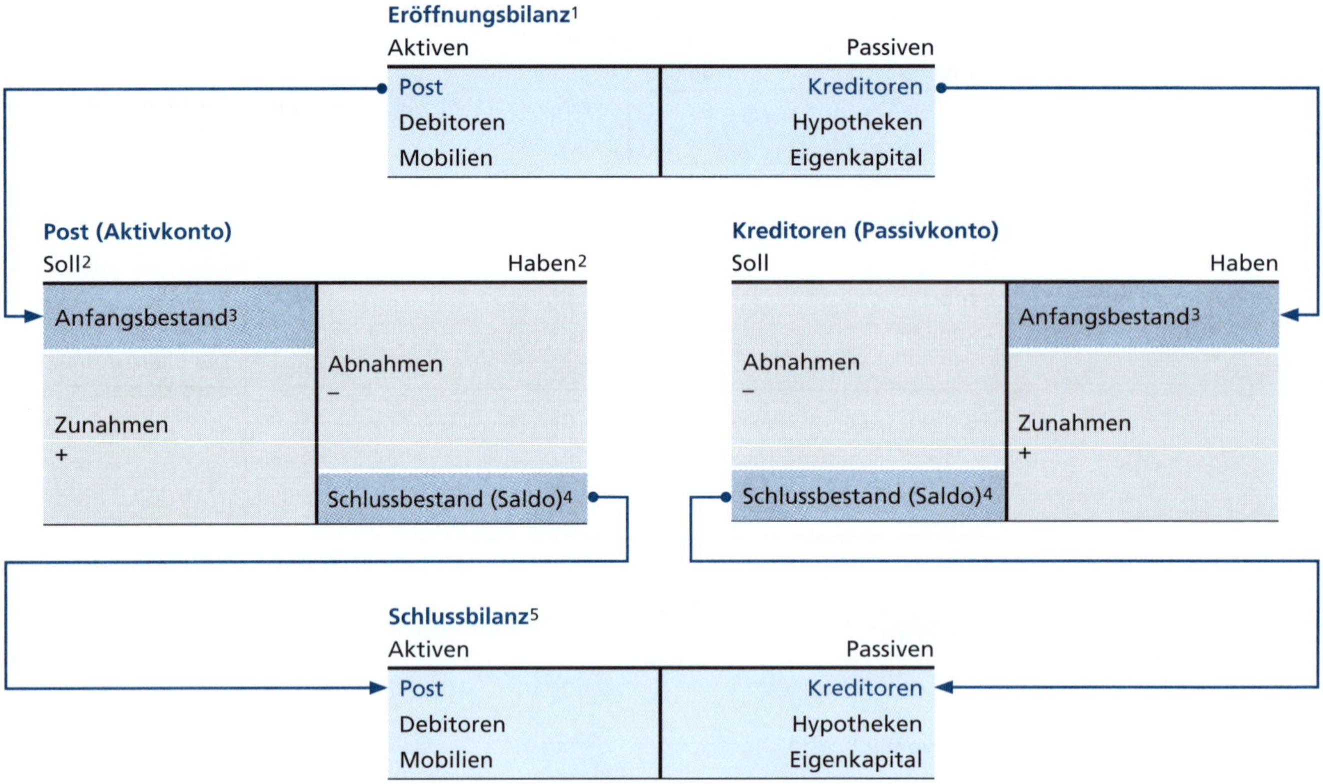

1 Unter Eröffnungsbilanz versteht man die Bilanz, mit welcher eine neue Rechnungsperiode eröffnet wird. Das Datum in der Eröffnungsbilanz ist meist der 1. Januar als Beginn des neuen Geschäftsjahres.

2 Die linke Seite eines Kontos wird immer mit Soll bezeichnet, die rechte Seite immer mit Haben. Diese Bezeichnungen basieren auf einer falschen Übersetzung aus dem Italienischen und haben ausser links und rechts keine weitere Bedeutung.

3 Die Anfangsbestände in den Konten werden aus der Eröffnungsbilanz übernommen. Die Anfangsbestände stehen im Konto auf derselben Seite wie das Konto in der Bilanz, deshalb werden die Aktivkonten im Soll (links) eröffnet und die Passivkonten im Haben (rechts).

Die folgenden zwei Beispiele zeigen die Verbuchung der Geschäftsfälle in den Aktiv- und Passivkonten (welche hier monatlich abgeschlossen werden). Nebst den Spalten für Soll und Haben gehören zu einem Konto auch das Datum sowie der Text. Oft wird in einer zusätzlichen Spalte laufend der Saldo nachgeführt.

Beispiel 1

Post (Aktivkonto)

Datum	Text (Geschäftsverkehr)	Soll	Haben	Saldo
1. 1.	Anfangsbestand (Saldovortrag)	8 000		8 000
8. 1.	Überweisung an Kreditor D. Fluder		3 000	5 000
8. 1.	Barbezug am Postomaten		1 000	4 000
11. 1.	Überweisung von Debitor S. Schmitt	5 000		9 000
22. 1.	Belastung Swisscom		600	8 400
31. 1.	Schlussbestand (Saldo)		**8 400**	
		13 000	13 000	
1. 2.	Anfangsbestand (Saldovortrag)	8 400		8 400

Beispiel 2

Kreditoren (Passivkonto)

Datum	Text (Geschäftsverkehr)	Soll	Haben	Saldo
1. 4.	Anfangsbestand (Saldovortrag)		13 000	13 000
15. 4.	Banküberweisung an Lieferant U. Matter AG	6 000		7 000
16. 4.	Rechnung von Lieferant Elektro GmbH		3 000	10 000
19. 4.	Rabatt von Lieferant Elektro GmbH	600		9 400
30. 4.	Schlussbestand (Saldo)	**9 400**		
		16 000	16 000	
1. 1.	Anfangsbestand (Saldovortrag)		9 400	9 400

> Die Buchungsregeln für die Aktiv- und Passivkonten sind spiegelbildlich.

4 Die Schlussbestände (auch Salden genannt) ergeben sich in den Konten als Differenz zwischen Soll- und Habenseite. Sie gleichen das Konto aus und werden in die Schlussbilanz übertragen.

5 Unter Schlussbilanz versteht man die Momentaufnahme aller Vermögens- und Kapitalbestände einer Unternehmung am Ende einer Rechnungsperiode, meist am Schluss des Geschäftsjahres am 31. Dezember. Zur besseren Überwachung des Geschäftsganges werden vor allem bei mittleren und grossen Unternehmungen auch Monats- oder Quartalsabschlüsse durchgeführt. Die Schlussbilanz wird immer zur Eröffnungsbilanz für die neue Periode.

15

Journal und Hauptbuch

Unter **Hauptbuch** versteht man die Gesamtheit aller für die Verbuchung der Geschäftsfälle notwendigen Konten.

Mithilfe des Hauptbuchs kann der Geschäftsverkehr des Treuhandbüros T. Schwaiger vom September 20_1 (siehe Kapitel 13) wie folgt aufgezeichnet werden:

Hauptbuch

Geschäftsfälle	Kasse		Bank		Mobilien		Kreditoren		Darlehen		Eigenkapital	
	S	H	S	H	S	H	S	H	S	H	S	H
1.9 Geschäftsgründung durch Bankeinzahlung			50 000									50 000
2.9 Kauf von Mobilien für Fr. 40 000.– auf Kredit					40 000			40 000				
5.9 Bankzahlung an die Kreditoren Fr. 15 000.–				15 000			15 000					
8.9 Barbezug ab dem Bankkonto Fr. 5000.–	5 000			5 000								
9.9 Umwandlung eines Lieferantenkredites von Fr. 10 000.– in ein langfristiges Darlehen							10 000			10 000		
30.9 Abschluss (Salden)		**5 000**		**30 000**		**40 000**	**15 000**		**10 000**		**50 000**	
	5 000	5 000	50 000	50 000	40 000	40 000	40 000	40 000	10 000	10 000	50 000	50 000

Schlussbilanz 30.9.20_1

Aktiven		Passiven	
Kasse	5 000	Kreditoren	15 000
Bank	30 000	Darlehen	10 000
Mobilien	40 000	Eigenkapital	50 000
	75 000		75 000

Jeder Geschäftsfall bewirkt eine Soll- und eine Habenbuchung. Daraus ergibt sich: Die Summe aller Solleintragungen entspricht der Summe aller Habeneintragungen.

Total Soll = Total Haben

Grundlage für die Verbuchung des einzelnen Geschäftsfalls bildet der **Buchungsbeleg.** Das ist ein Dokument, welches den Geschäftsfall und seine Verbuchung nachweist (belegt). Beispiele für Belege sind:

- die Faktura an einen Kunden
- die Faktura eines Lieferanten
- die Quittung für eine Barzahlung
- die Belastungs- oder Gutschriftsanzeige einer Bank
- der Kontoauszug der Post

Auf den Belegen wird durch die Buchhalterin bzw. den Buchhalter die **Kontierung** vermerkt. Die Kontierung gibt an, in welchen Konten der Geschäftsfall zu verbuchen ist. In der Praxis werden die Belege zwecks Kontierung oft mit einem so genannten **Kontierungsstempel** abgestempelt, der Platz für folgende Eintragungen bietet:

- Sollbuchung (Im Beispiel auf der nächsten Seite erfolgt die Sollbuchung im Konto Kreditoren.[1])
- Habenbuchung (Im Beispiel auf der nächsten Seite erfolgt die Habenbuchung im Konto Bank.[1])
- Betrag (im folgenden Beispiel Fr. 15 000.–)
- Visa (Unter Visum versteht man die Kurzunterschrift der zuständigen Person. Visum 1 wird zum Beispiel durch die verantwortliche Linienperson erteilt und Visum 2 durch die Buchhalterin. Zum Visum gehört auch das aktuelle Datum.)
- Belegnummer (Diese gewährleistet eine eindeutige Zuordnung von Beleg und Buchung. Sie wird auch als Ordnungsmerkmal für die Ablage gebraucht.)

Ein Beispiel für einen Beleg mit Kontierungsstempel finden Sie auf der nächsten Seite.

1 Zur Bezeichnung eines Kontos werden in diesem Lehrbuch die Kontennamen verwendet. In der Praxis erfolgt die Kontenbezeichnung meist mit Nummern. Die Zuordnung der Kontennummern zu den Kontennamen ist im **Kontenplan** ersichtlich. Der Kontenplan ist ein übersichtlich gegliedertes und systematisch geordnetes Verzeichnis aller Konten, die in einer Unternehmung verwendet werden. Als Beispiel für einen Kontenplan finden Sie den **Kontenrahmen KMU** als Anhang 2 hinten in diesem Buch. Im Kontenrahmen KMU trägt das Konto Bank die Kontennummer 1020 oder 2100 und das Konto Kreditoren die Kontennummer 2000.

Beispiel

Für die Überweisung von Fr. 15 000.– an den Möbellieferanten schickt die Zürcher Kantonalbank am 5. 9. 20_1 eine Belastungsanzeige, die vom Treuhandbüro T. Schwaiger mit einem Kontierungsstempel versehen und kontiert wird.

Zürcher
Kantonalbank

FILIALE ALTSTETTEN
8048 ZUERICH
044 462 35 22
Internet www.zkb.ch

Seite 1

P.P. Postfach 715
8010 Zürich

TREUHANDBUERO
T. SCHWAIGER
FROEHLICHSTR. 10
8049 ZUERICH

Datum:	5.9.20_1
Auftrags-Nr.	1102-0114-0001-0001
Konto:	1111-0321.456
Währung:	CHF
Valuta:	5.9.20_1

Belastungsanzeige

Total CHF 15 000.-

Zugunsten von:

MÖBELHAUS SCHUBIGER
BERGSTR. 20
8953 DIETIKON

Zahlungsgrund:

IHRE RECHNUNG VOM 2.9.20_1

Soll-buchung	Haben-buchung	Betrag
Kreditoren	Bank	15000.-
Visum 1: Sch	Visum 2: Bas	
Beleg-Nr. 682		

Mit freundlichen Grüssen
Zürcher Kantonalbank

Ohne manuelle Ergänzung
gültig ohne Unterschrift

OV9052/08.99/2 024731
200002030000011628525638880000

Um die Verbuchung eines Geschäftsfalls so kurz wie möglich darzustellen, bedient man sich des **Buchungssatzes.** Der Buchungssatz ist gleich aufgebaut wie der Kontierungsstempel: Zuerst wird jenes Konto aufgeführt, in das die Solleintragung erfolgt, und nachher das Konto mit der Habenbuchung.

Die auf der linken Seite dargestellte Belastungsanzeige der Bank für die Zahlung an einen Kreditor wird beispielsweise mithilfe des Buchungssatzes wie folgt dargestellt:

Beispiel

Kreditoren (Sollbuchung)	/[1]	**Bank** (Habenbuchung)	**Fr. 15000.–** (Betrag)

Die Aufzeichnung der Geschäftsfälle in chronologischer (d.h. zeitlich geordneter) Reihenfolge geschieht im **Journal.** Nebst dem Buchungsdatum und dem Text für die Beschreibung der Geschäftsfälle enthält das Journal die Buchungssätze.

Journal und Hauptbuch werden nebeneinander geführt: Im Journal werden die Geschäftsfälle in zeitlicher Reihenfolge festgehalten; im Hauptbuch werden die Geschäftsfälle nach Konten geordnet aufgezeichnet. Wenn die Buchhaltung am Computer erfolgt, muss die Buchhalterin bzw. der Buchhalter nur das Journal führen; das Hauptbuch wird aufgrund der Journal-Buchungen automatisch durch das EDV-System erstellt.

Die Geschäftsfälle des Treuhandbüros T. Schwaiger (siehe Seite 22) werden im Journal wie folgt verbucht:

Journal

Datum	Text (Geschäftsfälle)	Buchung		Betrag
		Soll	Haben	
1.9.	Kapitaleinlage auf Bank	Bank	Eigenkapital	50 000
2.9.	Kauf von Mobilien auf Kredit	Mobilien	Kreditoren	40 000
5.9.	Bankzahlung an die Kreditoren	Kreditoren	Bank	15 000
8.9.	Barbezug ab dem Bankkonto	Kasse	Bank	5 000
9.9.	Umwandlung eines Lieferantenkredites in ein langfristiges Darlehen	Kreditoren	Darlehen	10 000

1 Schriftlich werden die Soll- und die Habeneintragung durch einen Schrägstrich voneinander getrennt. Mündlich liest man diesen Buchungssatz: «Kreditoren **an** Bank, 15000». Dabei ist das Wort «an» ein bedeutungsloses Füllwort, das die Trennung von Soll- und Habenbuchung zum Ausdruck bringt.

Die Erfolgsrechnung

Die bisherigen Geschäftsfälle bewirkten nur Vermögens- und Kapitalveränderungen. Buchungen innerhalb der Aktiven und Passiven führen aber weder zu Gewinnen noch zu Verlusten. Ziel der meisten Unternehmungen ist es jedoch, Güter und Dienstleistungen so zu produzieren und zu verkaufen, dass Gewinne entstehen.

Die Erfolgsrechnung als Gegenüberstellung von Aufwand und Ertrag

Die Produktion und der Verkauf von Gütern und Dienstleistungen verursachen Aufwände und Erträge, welche einander in der Erfolgsrechnung gegenübergestellt werden. Als Differenz resultiert der **Erfolg,** d. h. ein Gewinn oder ein Verlust.

Die Erfolgsrechnung ist immer auf einen **Zeitraum** bezogen. Je nach Unternehmung wird sie monatlich, viertel-, halb- oder jährlich erstellt.

Erfolgsrechnung

Aufwand	Ertrag
Für die Produktion von Gütern und Dienstleistungen werden Arbeitskräfte und Vermögenswerte eingesetzt sowie Dienstleistungen beansprucht. Das verursacht unter anderem Lohnzahlungen, Materialverbrauch, Abnützung von Anlagen und Mietzinszahlungen. Dieser Wertverzehr wird in der Buchhaltung Aufwand genannt.	Der Verkauf von Gütern und Dienstleistungen erzeugt einen Wertzuwachs, der in der Buchhaltung Ertrag genannt wird.

Beispiel

Erfolgsrechnung[1] der Treuhandunternehmung T. Schwaiger für das Jahr 20_2.

Erfolgsrechnung für 20_2

Aufwand			Ertrag
Personalaufwand	65 000	Honorarertrag	100 000
Mietaufwand	12 000		
Zinsaufwand	1 000		
Werbeaufwand	4 000		
Büromaterialverbrauch	3 000		
Abschreibungen auf Mobilien[2]	5 000		
Übriger Betriebsaufwand	6 000		
Gewinn[3]	**4 000**		
	100 000		100 000

[1] Die Erfolgsrechnung wird auch als Gewinn- und Verlustrechnung bezeichnet, da sie als Saldo den Gewinn bzw. Verlust zeigt.

Für die Reihenfolge der Aufwands- und Ertragspositionen gibt es weniger klare Richtlinien als bei der Bilanzgliederung. Häufig werden sie nach ihrer Bedeutung eingereiht. In vielen Branchen werden die Erfolgsrechnungen nach einheitlichem Muster erstellt.

[2] Anlagegüter wie Fahrzeuge, Mobilien, Maschinen und Immobilien, die während mehrerer Jahre genutzt werden können, werden beim Kauf als Zunahme des Anlagevermögens gebucht. Der Wertverzehr infolge Abnutzung oder technischer Veralterung wird als Abschreibungsaufwand berücksichtigt.

[3] Der Erfolg ist als Saldo zum Ausgleich der Erfolgsrechnung eingetragen. Im Gegensatz zum allgemeinen Sprachgebrauch, wo «erfolgreich sein» als etwas Positives empfunden wird, ist in der Buchhaltung auch ein negativer Erfolg, d. h. ein Verlust, möglich.

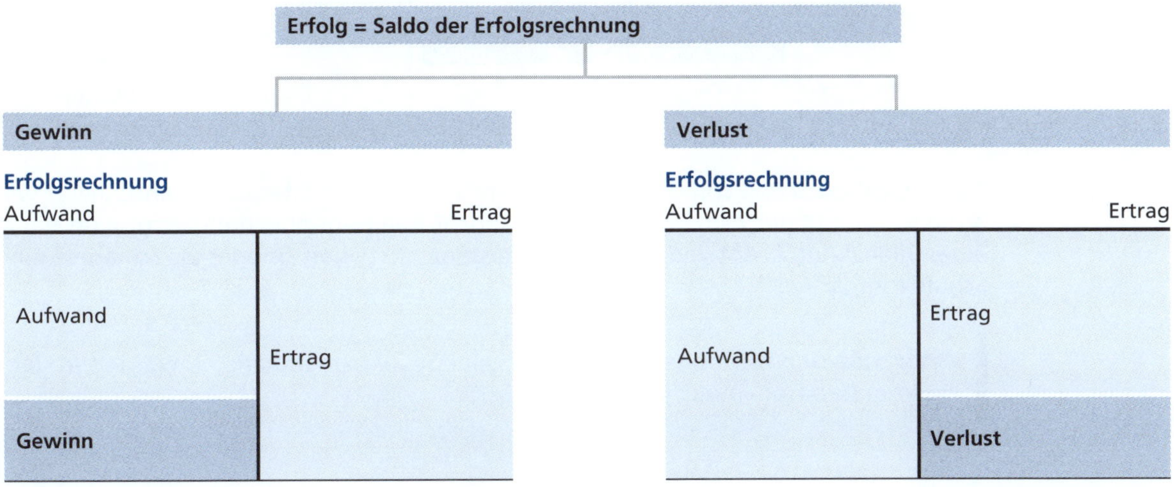

Der Einfluss von Aufwand und Ertrag auf das Reinvermögen

Das Eigenkapital oder Reinvermögen einer Unternehmung errechnet sich als Saldo zwischen dem Vermögen (Aktiven) und den Schulden (Fremdkapital). Erfolgswirksame Geschäftsfälle (das sind Geschäftsfälle, die den Erfolg verändern) beeinflussen immer das Reinvermögen:

> Aufwandsbuchungen führen zu einer Abnahme des Reinvermögens (man wird «ärmer»). Ertragsbuchungen führen zu einer Zunahme des Reinvermögens (man wird «reicher»).

Bilanz

Aktiven	Passiven
Umlaufvermögen	Fremdkapital (Schulden)
Anlagevermögen	Eigenkapital (Reinvermögen)

Wie für die Aktiven und Passiven werden auch für Aufwand und Ertrag eigene Konten geführt. Anlass für die Verbuchung ist während des Jahres meistens ein Zahlungsvorgang oder eine Rechnungsstellung. Die Buchungsregeln ergeben sich zwangsläufig aus ihrer Verbindung mit den Aktiv- und Passivkonten.

Beispiel 1 Welche Auswirkungen haben die folgenden Aufwandsbuchungen im Treuhandbüro T. Schwaiger?

Aufwandsverbuchung

Geschäftsfälle	Bilanzkonto		Aufwandskonto		Auswirkungen
	Post		**Mietaufwand**		
	Soll	Haben	Soll	Haben	
1. Postüberweisung der Monatsmiete Fr. 2 000.–		2 000	2 000		+ Aufwand – Aktiven Das Reinvermögen ☐ wird grösser X wird kleiner ☐ bleibt gleich
	Bankschuld		**Lohnaufwand**		
	Soll	Haben	Soll	Haben	
2. Banküberweisung der Monatslöhne Fr. 6 000.–		6 000	6 000		+ Aufwand + Schulden Das Reinvermögen ☐ wird grösser X wird kleiner ☐ bleibt gleich

Durch die Produktion von Gütern und Dienstleistungen entsteht Aufwand. Dieser wird auf der Sollseite der Aufwandskonten verbucht. Die Gegenbuchung erfolgt im Haben eines Bilanzkontos: entweder als Abnahme eines Aktivkontos oder als Zunahme eines Schuldkontos.

> Aufwände sind Vermögensabnahmen oder Schuldzunahmen. Sie werden in den Aufwandskonten immer im Soll gebucht.

■ **Beispiel 2**

Welche Auswirkungen haben die folgenden Ertragsbuchungen im Treuhandbüro T. Schwaiger?

Ertragsverbuchung

Geschäftsfälle	Bilanzkonto	Ertragskonto	Auswirkungen
3. Barzahlungen von Kunden für Steuerberatungen Fr. 3 000.–	**Kasse** Soll: 3 000 Haben:	**Honorarertrag** Soll: Haben: 3 000	+ Aktiven + Ertrag Das Reinvermögen X wird grösser ☐ wird kleiner ☐ bleibt gleich
4. Kundinnen zahlen für die ausgefüllten Steuererklärungen mit EC-Direct auf das Bankkonto Fr. 1 000.–	**Bankschuld** Soll: 1 000 Haben:	**Honorarertrag** Soll: Haben: 1 000	+ Schulden + Ertrag Das Reinvermögen X wird grösser ☐ wird kleiner ☐ bleibt gleich

Durch den Verkauf von Gütern und Dienstleistungen entsteht Ertrag. Dieser wird auf der Habenseite der Ertragskonten verbucht. Die Gegenbuchung erfolgt im Soll eines Bilanzkontos: entweder als Zunahme eines Aktivkontos oder als Abnahme eines Schuldkontos.

> Erträge sind Vermögenszunahmen oder Schuldabnahmen. Sie werden in den Ertragskonten immer im Haben gebucht.

Aufwands- und Ertragskonten[1]

Die Verbuchung in den Aufwands- und Ertragskonten kann an den Beispielen Unterhalt und Reparaturen sowie Verkaufsertrag wie folgt dargestellt werden:

Unterhalt und Reparaturen (Aufwand)

Datum	Text	Soll	Haben
25. 1.	Rechnung der Mechanik AG für Servicearbeiten	2 000	
24. 2.	Rechnung der Sanitas GmbH für Unterhaltsarbeiten	600	
24. 2.	Nachträglich gewährter Rabatt von 10 % durch die Mechanik AG		200
25. 3.	Barzahlung für Reparaturen	150	
25. 3.	Rückforderbare Mehrwertsteuer (MWST)[2]		189
31. 3.	Saldo		2 361
		2 750	2 750

Verkaufsertrag

Datum	Text	Soll	Haben
30. 1.	Total Verkäufe Januar		20 000
31. 1.	Gewährte Rabatte und Skonti	1 300	
28. 2.	Total Verkäufe Februar		18 000
2. 3.	Rücknahme mangelhafter Ware	700	
25. 3.	Total Verkäufe März		24 000
31. 3.	Abzuliefernde Mehrwertsteuer (MWST)[3]	4 444	
31. 3.	Saldo	55 556	
		62 000	62 000

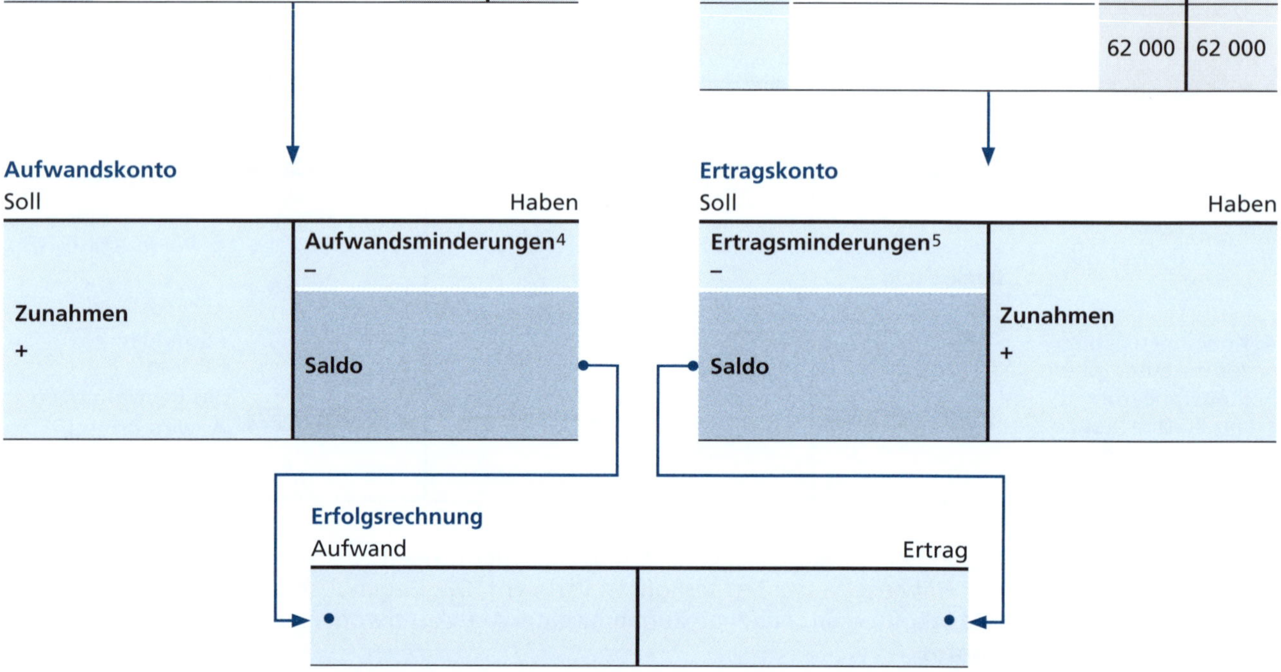

> Die Erfolgsrechnung ist eine Zeitraumrechnung. Die Erfassung von Aufwand und Ertrag beginnt jede Periode wieder bei Null. Erfolgskonten weisen deshalb nie einen Anfangsbestand auf.

1 Aufwands- und Ertragskonten werden als Erfolgskonten bezeichnet, weil sie den Erfolg beeinflussen.

2 Die in Rechnungen ausgewiesene Mehrwertsteuer (MWST) kann von der eidgenössischen Steuerverwaltung als Vorsteuer zurückgefordert werden. Die Mehrwertsteuer wird in Kapitel 33 genauer erklärt.

3 In den Verkaufspreisen enthalten ist eine Mehrwertsteuer (MWST). Diese muss der eidgenössischen Steuerverwaltung quartalsweise abgeliefert werden.

4 Aufwandsminderungen kommen vor allem bei erhaltenen Rabatten und Skonti sowie bei Vorsteuerabzügen (MWST) vor.

5 Ertragsminderungen kommen vor allem bei Verkäufen vor in Form von gewährten Rabatten, Skonti und Rücknahmen mangelhafter Ware sowie abzuliefernder MWST.

Doppelter Erfolgsnachweis

Im System der doppelten Buchhaltung werden die Bilanz und die Erfolgsrechnung miteinander verknüpft. Weil jeder erfolgswirksame Geschäftsfall zugleich ein Bilanz- und ein Erfolgskonto verändert, muss in beiden Rechnungen derselbe Erfolg resultieren.

Beispiel

Die Buchhaltung des Taxiunternehmers T. Maurer wird gemäss Angaben a) bis e) für das Jahr 20_1 geführt. Die Verbuchung ist auf der nebenstehenden Seite dargestellt. Der Geschäftsverkehr ist stark zusammengefasst worden. Die Zahlen verstehen sich in Fr. 1000.–.

a) Die Eröffnungsbilanz für das Jahr 20_1 wird erstellt.

b) Die Konten des Hauptbuches (auf der rechten Seite dargestellt) werden eröffnet. Die Anfangsbestände sind mit A in die Konten eingetragen.

c) Der Geschäftsverkehr wird aufgrund des folgenden Journals in den Konten des Hauptbuches verbucht. (Nummern ① bis ⑥).

Journal

Nr.	Text	Buchung		Betrag
		Soll	Haben	
①	Fahrzeugsteuern, Versicherungen und Taxifunk	Übriger Aufwand	Bank	7
②	Einnahmen aus Taxifahrten	Kasse	Fahrgeldertrag	106
③	Lohnzahlungen bar	Personalaufwand	Kasse	54
④	Einlagen auf die Bank	Bank	Kasse	47
⑤	Benzin, Unterhalt, Reparaturen und übriger Aufwand	Übriger Aufwand	Bank	36
⑥	Abschreibungen auf dem Auto	Abschreibungen	Auto	7

d) Die Konten des Hauptbuches werden abgeschlossen und die Salden auf die Schlussbilanz und die Erfolgsrechnung übertragen.

e) In der Bilanz wird der Erfolg als Überschuss des Vermögens über das eingesetzte Kapital ermittelt; die Erfolgsrechnung zeigt die Entstehung des Erfolgs als Differenz zwischen Aufwand und Ertrag.

Bilanzkonten

Eröffnungsbilanz 1. 1. 20_1

Aktiven		Passiven	
Kasse	3	Bank	5
Auto	17	Eigenkapital	15
	20		20

Erfolgskonten

Da die Erfassung von Aufwand und Ertrag bei Null beginnt, werden die Erfolgskonten nicht eröffnet.

Hauptbuch

Kasse

Soll		Haben	
A	3	③	54
②	106	④	47
		Saldo	**8**
	109		109

Bank

Soll		Haben	
④	47	A	5
Saldo	1	①	7
		⑤	36
	48		48

Auto

Soll		Haben	
A	17	⑥	7
		Saldo	**10**
	17		17

Eigenkapital

Soll		Haben	
Saldo	15	A	15

Personalaufwand

Soll		Haben	
③	54	Saldo	54

Fahrgeldertrag

Soll		Haben	
Saldo	106	②	106

Übriger Aufwand

Soll		Haben	
①	7	Saldo	**43**
⑤	36		
	43		43

Abschreibungen

Soll		Haben	
⑥	7	Saldo	**7**

Schlussbilanz 31. 12. 20_1

Aktiven		Passiven	
Kasse	8	Bank	1
Auto	10	Eigenkapital	15
		Gewinn	2
	18		18

Erfolgsrechnung 20_1

Aufwand		Ertrag	
Personalaufwand	54	Fahrgeldertrag	106
Übriger Aufwand	43		
Abschreibungen	7		
Gewinn	2		
	106		106

Erfolgswirksame Buchungen haben einen Einfluss auf Bilanz **und** Erfolgsrechnung:

- Durch den Ertrag nimmt das Vermögen zu oder das Fremdkapital ab.
- Durch den Aufwand nimmt das Vermögen ab oder das Fremdkapital zu.

Deshalb wird auch der Erfolg (im Beispiel ein Gewinn) doppelt nachgewiesen:

- in der Erfolgsrechnung als Überschuss des Ertrages über den Aufwand
- in der Schlussbilanz als Zunahme des Eigenkapitals (Reinvermögens) gegenüber der Eröffnungsbilanz.

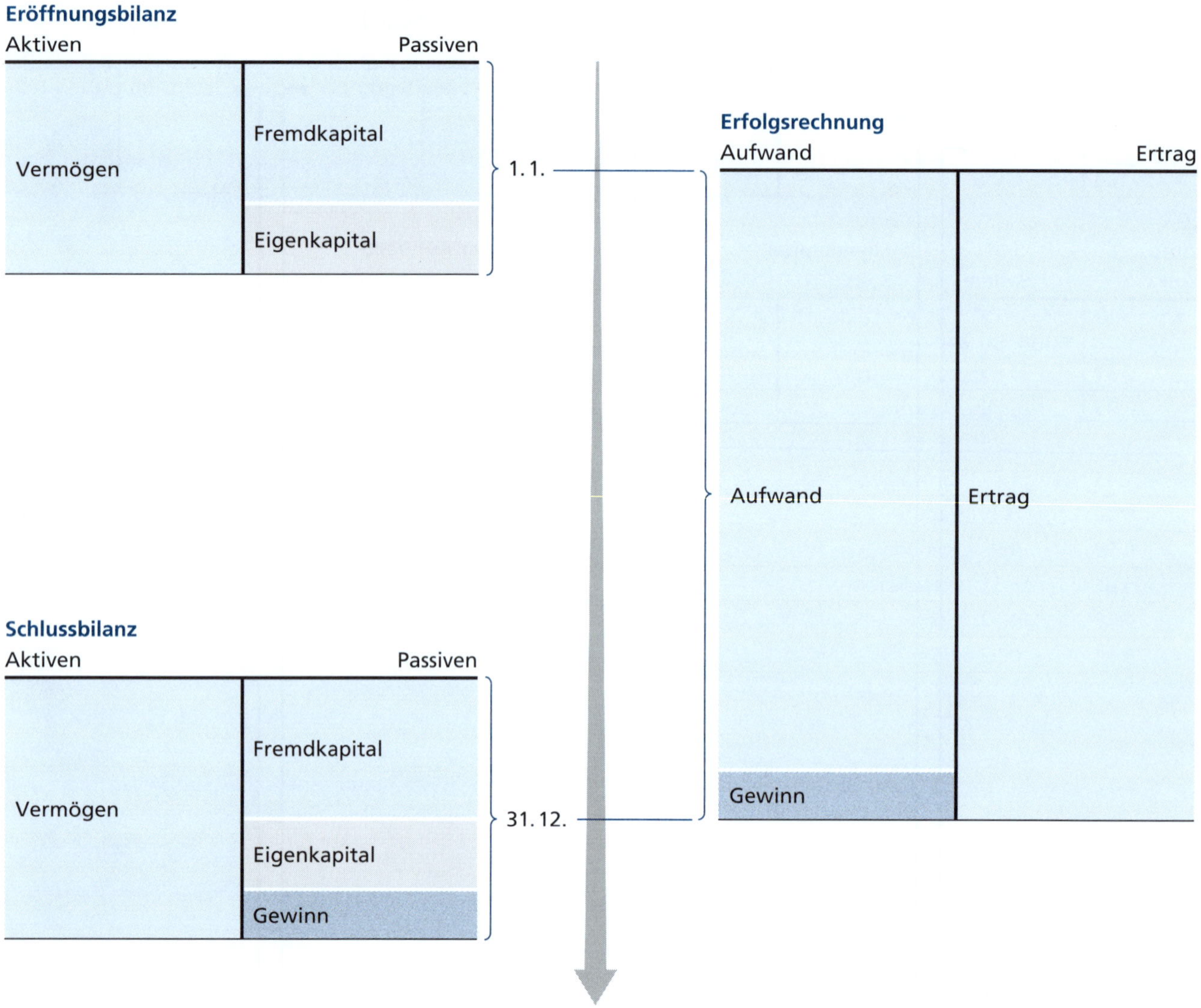

Fremde Währungen

Durch die Globalisierung der Märkte wird das Rechnen mit fremden Währungen zur täglichen Routine. Die starke internationale Verflechtung der Schweiz ist ein Markenzeichen unseres kleinen Landes:

- In der Schweiz lebende Personen reisen ins Ausland und benötigen dazu fremde Währungen. Ausländische Touristen verbringen ihre Ferien in der Schweiz und tauschen ihre Währungen in Schweizer Franken.
- Einfuhren aus dem Ausland werden in ausländischer Währung bezahlt. In schweizerischen Produktionsstätten im Ausland oder durch Ausfuhren schweizerischer Produkte ins Ausland verdienen schweizerische Unternehmungen Geld in fremder Währung.

Eine Grundlage für die Währungsumrechnung sind die von den Banken veröffentlichten Kursblätter, die aufgrund der täglich weltweit getätigten Fremdwährungstransaktionen zustande kommen.

Devisen- und Notenkurse[1] vom 1. Juni 20_3

Devisen[2]		Land	Noten[3]		Währung	ISO-Kürzel[5]	Notierung in Einheiten
Kauf[4]	Verkauf[4]		Kauf	Verkauf			
0.87	0.90	Australien	0.83	0.93	Australischer Dollar	AUD	1
16.25	16.70	Dänemark	15.65	17.31	Dänische Kronen	DKK	100
1.21	1.25	EWU-Länder[6]	1.19	1.27	Euro	EUR	1
1.43	1.47	Grossbritannien	1.36	1.53	Pfund-Sterling	GBP	1
0.96	0.99	Japan	0.92	1.03	Yen	JPY	100
0.89	0.92	Kanada	0.87	0.94	Kanadischer Dollar	CAD	1
15.87	16.35	Norwegen	15.28	16.95	Norwegische Kronen	NOK	100
14.10	14.52	Schweden	13.47	15.14	Schwedische Kronen	SEK	100
0.91	0.93	USA	0.88	0.96	US-Dollar	USD	1

[1] Unter **Kurs** versteht man in der Schweiz den Preis in Franken für eine Einheit (für Dollar, Pfund und Euro) oder für 100 Einheiten (bei den übrigen Währungen) der fremden Währung. Beispiele:
- Ein Kurs in Zürich auf Grossbritannien von 1.53 bedeutet, dass für ein englisches Pfund (GBP) in Zürich CHF 1.53 bezahlt werden muss.
- Ein Kurs in Zürich auf Japan von 1.03 bedeutet, dass für 100 Yen (YPY) in Zürich CHF 1.03 bezahlt werden muss.

[2] Der **Devisenkurs** kommt beim bargeldlosen Zahlungsverkehr vor. Zum Beispiel bei Zahlungen mit Kreditkarten und Checks oder vor allem bei Überweisungen von einem Konto auf ein anderes.

[3] Der **Notenkurs** kommt bei der Ein- oder Auszahlung von Bargeld (Münzen und Noten) zur Anwendung.

[4] **Kauf** bedeutet, dass die Bank fremde Währungen kauft (auch **Geld**kurs genannt).
Verkauf bedeutet, dass die Bank fremde Währungen verkauft (auch **Brief**kurs genannt).

[5] Die internationalen ISO-Währungskürzel haben den Vorteil, dass sie in allen Sprachen gleich lauten. Die ersten beiden Buchstaben der Abkürzung bezeichnen in der Regel das Land, der dritte Buchstabe die entsprechende Währung.

[6] 2014 gehören folgende Länder zur EWU: Belgien, Deutschland, Estland, Finnland, Frankreich, Griechenland, Irland, Italien, Lettland, Luxemburg, Malta, Niederlande, Österreich, Portugal, Slowakei, Slowenien, Spanien, Zypern.

Beispiel 1

Verkauf von Noten (Betrag in Schweizer Franken gesucht)

Für eine Reise nach Japan kauft U. Schweizer am 31. März bei einer Schweizer Bank JPY 50000.–. Die Bank erstellt die folgende Abrechnung:

Change		**Verkauf – Vente – Sale**
Fremde Währung – Monnaie étrangère – Foreign currency	Kurs – Cours – Rate	Betrag – Montant – Amount CHF
JPY 50000.–	**1.03**	**515.–**

Zur Kursermittlung dient das Kursblatt auf der nebenstehenden Seite:

- Da der Kunde Bargeld benötigt, wählt der Bankkassier den Notenkurs.
- Da die Bank fremde Währungen an den Kunden verkauft, verwendet sie den Verkaufskurs.
- Der Kurs von 1.03 bedeutet, dass 100 japanische Yen für CHF 1.03 verkauft werden.

Der Betrag in Schweizer Franken errechnet sich am einfachsten mittels eines Dreisatzes:

JPY 100.– = CHF 1.03
JPY 50 000.– = CHF x

$$\text{CHF } x = \frac{\text{JPY } 50000.\text{–} \cdot \text{CHF } 1.03}{\text{JPY } 100} = \textbf{CHF 515.–}$$

Beispiel 2

Verkauf von Noten (Betrag in fremder Währung gesucht)

P. Huber kauft für eine Ferienreise nach Schweden für CHF 1000.– SEK. Wie viele Kronen erhält P. Huber, wenn die Bank aufgrund des nebenstehenden Kursblattes umrechnet?

CHF 15.14 = SEK 100.–
CHF 1000.– = SEK x

$$\text{SEK } x = \frac{\text{SEK } 100.\text{–} \cdot \text{CHF } 1000.\text{–}}{\text{CHF } 15.14} = \textbf{SEK 6605.02}$$

Beispiel 3

Berechnung des angewandten Kurses

Vor der Abreise in die USA wechselt S. Dürr bei einer Bank Schweizer Franken in USD um. Für CHF 1000.– erhält sie USD 1041.65. Mit welchem Kurs hat der Kassier gerechnet?

USD 1041.65 = CHF 1000.–
USD 1.– = CHF x

$$\text{CHF } x = \frac{\text{CHF } 1000.\text{–} \cdot \text{USD } 1.\text{–}}{\text{USD } 1041.65} = \textbf{CHF 0.96}$$

Beispiel 4

Verbuchung eines Kaufes in fremder Währung

Ein Schweizer Industrieller kauft in Frankreich eine Maschine für EUR 10 000.– auf Kredit. Die Buchhaltung wird in CHF geführt.

Journal

Nr.	Geschäftsfall	Buchung		Betrag in CHF
		Soll	Haben	
1	Kreditkauf der Maschine in Lyon für EUR 10 000, Buchkurs 1.25	Maschine	Kreditoren	12 500
2	Bankbelastung für die Zahlung obiger Maschine, Kurs 1.22	Kreditoren	Bank	12 200
3	Verbuchung der Kursdifferenz	Kreditoren	Maschine	300

Da der Buchkurs höher ist als der bei der Zahlung von der Bank belastete Kurs, handelt es sich bei der Kursdifferenz um einen buchmässigen **Kursgewinn.**

Beispiel 5

Verbuchung eines Verkaufes in fremder Währung

Eine Schweizer Industrieunternehmung verkauft eine Anlage für GBP 50 000.– auf Kredit. Die Buchhaltung wird in CHF geführt.

Journal

Nr.	Geschäftsfall	Buchung		Betrag in CHF
		Soll	Haben	
1	Kreditverkauf der Anlage nach Birmingham für GBP 50 000, Buchkurs 1.47	Debitoren	Fabrikateverkauf	73 500
2	Bankgutschrift für die Zahlung obiger Anlage, Kurs 1.43	Bank	Debitoren	71 500
3	Verbuchung der Kursdifferenz	Fabrikateverkauf	Debitoren	2 000

Da der Buchkurs höher ist als der bei der Zahlung von der Bank gutgeschriebene Kurs, handelt es sich bei der Kursdifferenz um einen buchmässigen **Kursverlust.**

19

Zinsrechnen

Der Zins (von census, Abgabe) ist der Preis für eine vorübergehende Kapitalüberlassung. Dem Kapitalgeber (Gläubiger, Darleiher) wird Zins vergütet, der Kapitalnehmer (Schuldner, Borger) muss Zins bezahlen. Die Vermittlung von Kapital gehört zum klassischen Aufgabenbereich der Banken:

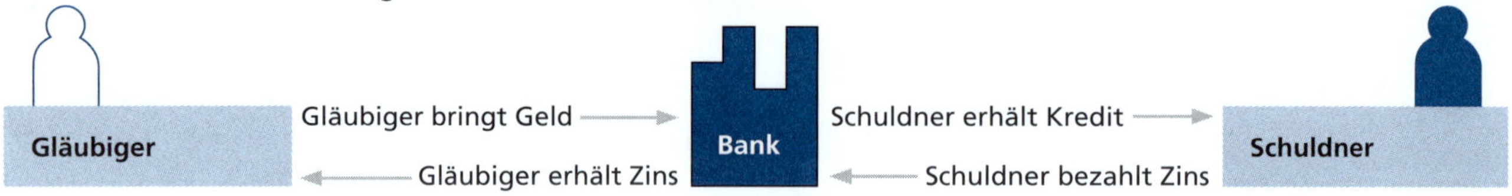

Im Altertum und auch im frühen Mittelalter war der Zins als Wucher verpönt, und Gelddarlehen wurden gewöhnlich zinslos gewährt. Erst seit dem 13. Jahrhundert, als Geld in grösserem Umfang Gewinn bringend in Gewerbe und Handel und später in der Industrie angelegt wurde, begann man die Berechtigung des Zinsnehmens anzuerkennen.

Für den Kapitalgeber stellt der Zins eine Entschädigung für das Verlustrisiko sowie den Verzicht auf Konsum und Liquidität dar. Für den kommerziellen Kapitalnehmer ist die Zinszahlung gerechtfertigt, da er durch die Kapitalaufnahme mehr produzieren kann.

Die allgemeine Zinsformel

Der Zins (Z) ist abhängig von der Höhe

- des investierten Kapitals (K)
- des Zinsfusses (p)
- der Anlagedauer (t)

Dementsprechend lässt sich der Zins für ein Jahr oder für den Bruchteil eines Jahres wie folgt berechnen:

Beispiel 1

Berechnung des Jahreszinses

H. Koch verfügt über ein Guthaben von Fr. 20 000.– bei der Zürcher Kantonalbank. Dieses Kapital wird von der Bank zu 3 % p. a.[1] verzinst.

Wie viel Jahreszins erhält H. Koch von der Bank?

$Z = \frac{K \cdot p}{100}$	$= \frac{20\,000 \cdot 3}{100} = $ **Fr. 600.–**

[1] Der Zinsfuss (p; von per centum, Prozent) ist ein Prozentsatz des Kapitals. Er bezieht sich ohne weitere Angaben auf ein ganzes Jahr (p. a. = per annum, im Jahr).

Beispiel 2

Berechnung des Marchzinses[1] (allgemeine Zinsformel)

H. Haller legt Ende August ein Kapital von Fr. 30 000.– bei der UBS an. Die Bank verzinst dieses Kapital zu 3,5 %.

Wie viel Zins erhält H. Haller für die 120 Tage bis Ende Jahr?

$$Z = \frac{K \cdot p \cdot t}{100 \cdot 360} = \frac{30\,000 \cdot 3{,}5 \cdot 120}{100 \cdot 360} = \textbf{Fr. 350.–}$$

Die schweizerischen Banken berechnen die Anlagedauer in Tagen (t; von tempus, Zeit) traditionell nicht genau nach Kalender, sondern nach den Regeln der so genannten **deutschen Zinsusanz**[2] (Usanz = Brauch, Gepflogenheit im Geschäftsverkehr). Diese lautet:

- Das Zinsjahr hat 360 Tage.
- Der Zinsmonat hat 30 Tage.
- Der letzte Kalendertag jeden Monats gilt für die Zinsberechnung immer als der dreissigste Tag des Monats.

Die folgenden Beispiele sollen die Tageberechnung nach deutscher Zinsusanz verdeutlichen:

Periode	Anzahl Tage	Kommentar
14.03.–19.03.	5	Es zählt die Differenz zwischen zwei Daten.
19.03.–31.03.	11	Der 31. März ist der letzte Kalendertag des Monats; er gilt für die Zinsberechnung als der 30. Tag.
19.03.–15.04.	26	11 Tage im März und 15 Tage im April.
24.02.–28.02.2015	6	In einem gewöhnlichen Jahr ist der 28. Februar der letzte Kalendertag im Monat; er gilt als der Dreissigste.
24.02.–28.02.2016	4	In einem Schaltjahr[3] ist der 28. Februar ein normaler Monatstag.

1 Das Wort March bedeutet im Alltag so viel wie Flurgrenze, Grenzstein. Unter Marchzins versteht man den Zins für den Bruchteil des Jahres.

2 Die schweizerischen Banken verwenden im traditionellen Kreditgeschäft (Sparkonten, Kontokorrente, Hypotheken) meist die deutsche Zinsusanz. Mit der zunehmenden internationalen Verflechtung der Banken gewinnen allerdings andere Zinsusanzen an Bedeutung. Beispiele:

- Bei der englischen Zinsusanz werden die Tage genau nach Kalender gerechnet, und das Jahr umfasst 365 Tage.
- In Europa und den USA wird oft die französische Usanz angewandt (auch Euro-Usanz genannt). Danach werden die Tage nach Kalender gerechnet, aber das Jahr mit 360 Tagen.
- Bei der japanischen Usanz wird zu den nach Kalender gerechneten Tagen noch ein Tag hinzugezählt, und das Jahr umfasst 365 Tage.

3 Da der Umlauf der Erde um die Sonne nicht genau 365 Tage dauert, sondern 365,2425 Tage, muss in bestimmten Jahren jeweils ein zusätzlicher Tag (der so genannte Schalttag) eingeschaltet werden. In einem Schaltjahr dauert der Monat Februar 29 Tage und das Jahr 366 Tage. Die Grundregel zur Bestimmung der Schaltjahre lautet: Wenn man die Jahreszahl eines Schaltjahres durch die Zahl 4 teilt, erhält man als Resultat eine ganze Zahl, d. h., die Rechnung «geht auf». Schaltjahre sind zum Beispiel die Jahre 2016, 2020, 2024 oder 2028.

Beispiel 3

Umkehrung der allgemeinen Zinsformel

Die allgemeine Formel zur Berechnung des Zinses lässt sich algebraisch so umformen, dass bei vorgegebenem Zins entweder der Zinsfuss, das Kapital oder die Anlagedauer ermittelt werden können.

Bei welchem **Zinsfuss** gibt ein Kapital von Fr. 30 000.– in 130 Tagen einen Zins von Fr. 650.–?

$$Z = \frac{K \cdot p \cdot t}{100 \cdot 360} \Leftrightarrow p = \frac{Z \cdot 100 \cdot 360}{K \cdot t} = \frac{650 \cdot 100 \cdot 360}{30000 \cdot 130} = \mathbf{6\,\%}$$

Welches **Kapital** ergibt bei einem Zinsfuss von 4 % und einer Anlagedauer von 220 Tagen einen Zins von Fr. 660.–?

$$Z = \frac{K \cdot p \cdot t}{100 \cdot 360} \Leftrightarrow K = \frac{Z \cdot 100 \cdot 360}{p \cdot t} = \frac{660 \cdot 100 \cdot 360}{4 \cdot 220} = \mathbf{Fr.\ 27000.–}$$

Bei welcher **Anlagedauer** erzeugt ein Kapital von Fr. 52 000.– bei einem Zinsfuss von 3,75 % einen Zins von Fr. 1300.–?

$$Z = \frac{K \cdot p \cdot t}{100 \cdot 360} \Leftrightarrow t = \frac{Z \cdot 100 \cdot 360}{K \cdot p} = \frac{1300 \cdot 100 \cdot 360}{52000 \cdot 3{,}75} = \mathbf{240\ Tage}$$

Kontokorrente

Fast alle Zahlungen werden heute bargeldlos über Bank- oder Postkonten abgewickelt. Weil sich die Höhe des Kontostandes durch die Ein- und Auszahlungen laufend ändert, werden für die Ermittlung des Kontostandes (des Saldos) und des Zinses so genannte Kontokorrente[1] geführt. Der Unterschied zwischen einem Darlehen (fester Vorschuss) und einem Kontokorrent lässt sich grafisch gut veranschaulichen:

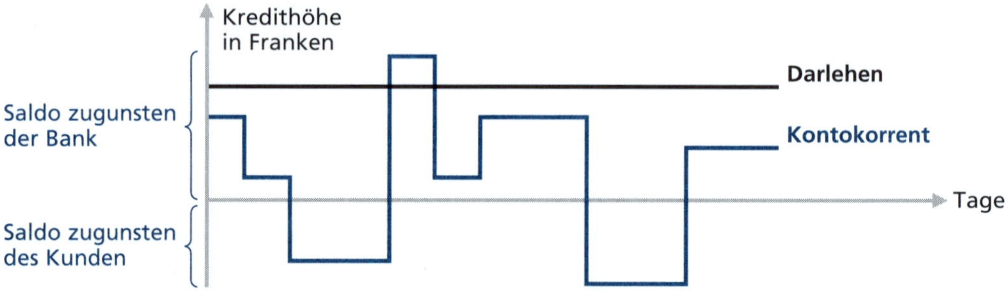

Der laufende Saldo in einem Kontokorrent kann entweder zugunsten der Bank oder zugunsten des Kunden lauten. Beim wechselnden Kreditverhältnis ist die Bank zeitweise Gläubigerin und zeitweise Schuldnerin. (Die obige Grafik illustriert ein wechselndes Kreditverhältnis.)

[1] Der Begriff Kontokorrent kommt aus dem Italienischen: Conto corrente heisst wörtlich übersetzt laufendes Konto.

■ **Beispiel 4**

Kontokorrent (Kontoauszug der Bank)

Der Kontoauszug für den Monat Mai besteht aus zwei Teilen: Der in diesem Beispiel schwarz dargestellte Teil wird dem Kunden geschickt. Der blau hervorgehobene Teil ist für den Kunden nicht sichtbar; er dient der Bank zur Zinsberechnung.

Datum	Text	Verkehr		Saldo		Valuta	Tage	Zins	
		Soll	Haben	Soll	Haben			Soll	Haben
01.05.	Saldo zu Ihren Gunsten		20 000.00		20 000.00	30.04.14	10		2.80
10.05.	Zahlungen an Lieferanten	24 000.00		4 000.00		10.05.14	2	1.10	
12.05.	Zahlungen von Kunden		70 000.00		66 000.00	12.05.14	15		13.75
24.05.	Kauf von Wertapieren	32 000.00			34 000.00	27.05.14	1		0.45
28.05.	Zahlungen an Lieferanten	5 000.00			29 000.00	28.05.14	2		0.80
01.06.	Sollzins (p = 5 %)	1.10			28 998.90	31.05.14	30	1.10	17.80
01.06.	Habenzins (p = 0,5 %)		17.80		29 016.70	31.05.14			
01.06.	Verrechnungssteuer 35 %	5.85			29 010.85	31.05.14			
01.06.	Spesen	8.00			29 002.85	31.05.14			
01.06.	Saldo zu Ihren Gunsten	29 002.85							
		90 017.80	90 017.80						

Auszug für den Kunden — Zinsberechnung durch die Bank

Anmerkungen zum Kontoauszug

- Die Bank erstellt den Kontoauszug aus ihrer Sicht. Wenn hier das Konto im Haben eröffnet wird, heisst dies, dass die Bank gegenüber dem Kunden eine Schuld aufweist. Am 10. Mai wechselt das Kreditverhältnis, und der Saldo steht im Soll, d. h. zugunsten der Bank. Ab 12. Mai bis Ende Monat steht der Saldo wieder im Haben, d. h. zugunsten des Kunden.
- In der **Valutaspalte** erscheint das für die Zinsberechnung massgebliche Datum. Die Datumspalte gibt den Tag der Verbuchung des Geschäfts durch die Bank wieder. Dieses Datum hat keinen Einfluss auf die Zinsberechnung.
- Für die Sollsalden belastet die Bank dem Kunden einen Sollzins; für die Habensalden schreibt die Bank dem Kunden einen Habenzins gut. Der Sollzinsfuss ist bedeutend höher als der Habenzinsfuss.
- Für die Zinsdifferenz zugunsten des Kunden muss die Bank die **Verrechnungssteuer** von 35 % abziehen und an die eidg. Steuerverwaltung abliefern.[1]
- Die Bank belastet dem Bankkunden **Spesen** (z. B. Portoauslagen oder bestimmte Gebühren je Buchung oder Pauschalbeträge je Monat). Die Spesenansätze sind von Bank zu Bank verschieden.
- Bei Kontokorrenten mit Salden zugunsten der Bank wird oft zusätzlich zum Zins eine **Kommission** erhoben, die für den Kunden in der Regel eine Verteuerung des Kredites von etwa 1 % p. a. zur Folge hat.

[1] Die Verrechnungssteuer wird auf der nächsten Seite erklärt.

Die Verrechnungssteuer

Der Bund erhebt eine Verrechnungssteuer (VSt) von 35 % auf dem Ertrag von beweglichem Kapitalvermögen (z. B. auf Dividenden- und Zinserträgen), auf gewissen Versicherungsleistungen sowie auf Lotteriegewinnen.[1] Mit der Verrechnungssteuer versucht der Staat hauptsächlich, seine Bürgerinnen und Bürger zu zwingen, die Steuererklärungen wahrheitsgetreu auszufüllen.

Mit dem folgenden Beispiel lässt sich das Wesen der Verrechnungssteuer gut darstellen:

Beispiel 5

Verrechnungssteuer bei einem Zinsertrag

Das Beispiel basiert auf den Zahlen des Kontokorrents von Beispiel 4.

	Bruttozins	Fr.	16.70[2]	100 %
./.	Verrechnungssteuer 35 %	Fr.	5.85	35 %
	Nettozins	Fr.	10.85	65 %

Der Ablauf kann in drei Schritten dargestellt werden:

1 Abzug Verrechnungssteuer 35 %

Die Bank muss vom Bruttozinsertrag von Fr. 16.70 eine Verrechnungssteuer von 35 % abziehen und den Betrag von Fr. 5.85 an die eidg. Steuerverwaltung überweisen.

2 Gutschrift Nettozins

Der Nettozins von Fr. 10.85 wird dem Kunden gutgeschrieben.

3 Rückforderung/Rückerstattung

Der Bankkunde kann den Betrag von Fr. 5.85 Verrechnungssteuer von den Steuerbehörden zurückfordern, sofern er den Bruttozins von Fr. 16.70 ordnungsgemäss versteuert.[3]

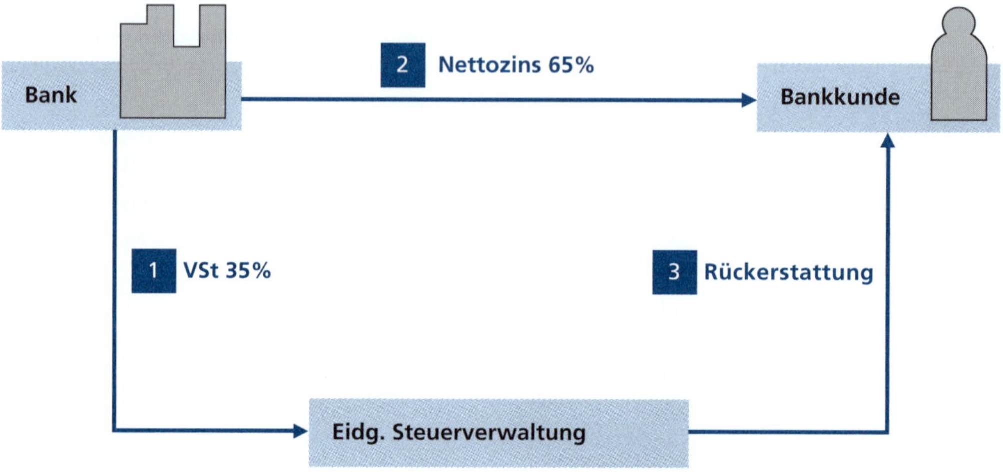

Ordnungsgemässe Verbuchung von Kapitalerträgen

Voraussetzung für die Rückforderung der Verrechnungssteuer ist die ordnungsgemässe Verbuchung des Ertrags. Im obigen Beispiel muss der Zinsertrag wie folgt verbucht werden:

Soll	Haben	Betrag
Bank	Zinsertrag[4]	10.85
Debitor Verrechnungssteuer[5]	Zinsertrag	5.85

1 Von der Verrechnungssteuer ausgenommen sind gemäss Bundesgesetz über die Verrechnungssteuer unter anderem:

- ▶ Dividenden- und Zinserträge auf von Ausländern ausgegebenen Aktien und Obligationen
- ▶ Zinserträge von Kundenguthaben, wenn der Zinsbetrag Fr. 200.– nicht übersteigt und das Konto nur einmal jährlich abgeschlossen wird.
- ▶ Lottotreffer bis Fr. 1000.–

2 Der steuerpflichtige Bruttozinsertrag beträgt in diesem Kontokorrent Fr. 16.70. Er wird errechnet als Differenz zwischen dem Habenzins von Fr. 17.80 und dem Sollzins von Fr. 1.10:

	Habenzins zugunsten des Kunden	17.80
./.	Sollzins zugunsten der Bank	– 1.10
=	Vom Kunden zu versteuernder Bruttozinsertrag	16.70

3 Die Verrechnungssteuer wird dem Empfänger der steuerbaren Leistung frühestens nach Ablauf des Kalenderjahres zurückerstattet:

- ▶ Natürliche Personen haben Anspruch auf Rückerstattung, wenn sie die erzielten Erträge in der Steuererklärung angeben und bei Fälligkeit des Ertrages ihren Wohnsitz in der Schweiz hatten. Das Ausfüllen des Wertschriften- und Guthabenverzeichnisses ist gleichzeitig der Verrechnungsantrag. Dieser wird der kantonalen Steuerbehörde eingereicht. Die Steuerbehörden verrechnen dann das Verrechnungssteuer-Guthaben des Steuerpflichtigen mit seiner Steuerschuld. Dieser Vorgang hat der Steuer den Namen gegeben.
- ▶ Juristische Personen können bei der eidg. Steuerverwaltung einen Antrag auf Rückerstattung einreichen, wenn sie den Ertrag ordnungsgemäss verbuchten und ihren Sitz bei Fälligkeit des Ertrags in der Schweiz hatten.

4 Sinngemäss muss bei anderen Erträgen aus beweglichem Kapital das passende Ertragskonto ausgewählt werden, zum Beispiel Dividendenertrag, Beteiligungsertrag oder Wertschriftenertrag.

5 Forderungen gegenüber Kunden werden allgemein Debitoren genannt. Verrechnungssteuer-Forderungen gegenüber dem Staat werden mit Debitor Verrechnungssteuer bezeichnet.

2. Teil Der Jahresabschluss

Einleitung

In diesem Teil werden vor allem Probleme behandelt, die sich im Zusammenhang mit den Abschlussarbeiten am Ende eines Geschäftsjahres ergeben. Eingehend werden folgende Fragen besprochen:

- Welche Bedeutung hat das Privatkonto, und wie wird der Abschluss bei der Einzelunternehmung und der Kollektivgesellschaft durchgeführt?
- Welche Besonderheiten ergeben sich beim Abschluss der Aktiengesellschaft und der GmbH, und wie ist die Gewinnverwendung zu verbuchen?
- Welche Probleme stellen sich bei den Abschreibungen auf dem Anlagevermögen?
- Wie sind definitive und mutmassliche Verluste bei den Debitoren zu berücksichtigen?
- Wie können Aufwände und Erträge mit transitorischen Buchungen periodengerecht erfasst werden?

Die Einzelunternehmung

Die **Rechtsform** der Einzelunternehmung ist in der Schweiz sehr verbreitet und beliebt. Sie zeichnet sich durch folgende wichtige Merkmale aus:

- Das ganze Eigenkapital wird durch die Inhaberin bzw. den Inhaber aufgebracht.
- Das Obligationenrecht macht keine Vorschriften bezüglich einer minimalen Kapitaleinlage.
- Der Inhaber führt das Geschäft und ist in seiner Entscheidungsfreiheit uneingeschränkt.
- Der Inhaber haftet mit seinem ganzen Geschäfts- und Privatvermögen, dafür hat er auch Anspruch auf den ganzen Gewinn.
- Die Einzelunternehmung ist in der Regel nur dann im Handelsregister einzutragen, wenn ein Umsatz von mehr als Fr. 100 000.– pro Jahr erzielt wird.
- Einzelunternehmungen sind nach Obligationenrecht erst ab einem Umsatz von Fr. 500 000.– buchführungspflichtig (im Sinne der doppelten Buchhaltung); kleinere Unternehmungen müssen lediglich über die Einnahmen und Ausgaben sowie die Vermögenslage Buch führen (so genannte einfache Buchhaltung). Zur besseren Übersicht wird in der Praxis indes die Anwendung der doppelten Buchhaltung auch für kleinere Unternehmungen dringend empfohlen.

In der **Buchhaltung** werden für die Abwicklung des Verkehrs zwischen dem Geschäftsinhaber und der Unternehmung zwei Konten benötigt:

- Das **Eigenkapitalkonto** zeigt das der Unternehmung langfristig zur Verfügung gestellte Kapital.
- Im **Privatkonto** werden die laufend anfallenden Gutschriften und Bezüge des Geschäftsinhabers aufgezeichnet. Vor dem Jahresabschluss wird der Saldo des Privatkontos immer über das Eigenkapital ausgeglichen. Das Privatkonto erscheint deshalb nie in der Bilanz einer Einzelunternehmung.

Eigenkapital

Eigenkapitalkonto

- Das Eigenkapitalkonto zeigt das langfristig durch den Geschäftsinhaber zur Verfügung gestellte Kapital.
- Es hält die während des Jahres erfolgten Kapitalerhöhungen und -rückzüge fest.
- Es bildet die Grundlage für die Berechnung des Eigenkapitalzinses.
- Es zeigt den Ausgleich des Privatkontos und die Erfolgsverbuchung.

Privatkonto

- Das Privatkonto ist die Schnittstelle zwischen Geschäfts- und Privatbereich und dient wie ein Kontokorrent der Abwicklung der laufenden Gutschriften und Bezüge für den Geschäftsinhaber.
- Am Ende der Abrechnungsperiode wird das Privatkonto über das Eigenkapitalkonto ausgeglichen.

Eigenkapital

Kapitalrückzüge	Anfangsbestand
Schlussbestand	Kapitalerhöhungen
	Ausgleich Privatkonto[5]
	Gewinn aus Erfolgsrechnung[6]

Privat[1]

Belastungen für ▶ Barbezüge ▶ durch das Geschäft bezahlte Privatrechnungen ▶ Warenbezüge[2]	Gutschriften für ▶ Eigenlohn[3] ▶ Eigenzins[4]
Ausgleich auf das Eigenkapitalkonto[5]	

[1] Das Privatkonto wird als Kontokorrent geführt und kann – wie ein Bank-Kontokorrent – aktiv oder passiv sein. Ein Sollüberschuss bedeutet, dass der Geschäftsinhaber mehr bezogen als er Gutschriften erhalten hat, ein Habenüberschuss, dass die Gutschriften die Bezüge übersteigen.

[2] Warenbezüge durch den Geschäftsinhaber erfolgen zum Einstandspreis und werden als Warenaufwandsminderung verbucht: Privat/Warenaufwand. Die Verbuchung des Warenverkehrs wird in Kapitel 31 erklärt.

[3] Wirtschaftlich betrachtet hat der Geschäftsinhaber für seine geleistete Arbeit einen Gehaltsanspruch wie ein Angestellter. Für das Geschäft stellt der Eigenlohn deshalb einen Lohnaufwand dar.

[4] Würde der Geschäftsinhaber sein Kapital anderweitig anlegen, bekäme er entsprechende Erträge in Form von Zinsen oder Dividenden. Für das Geschäft stellt der Eigenzins einen Zinsaufwand dar.

[5] Bei einem Überschuss der Belastungen wäre der Ausgleichsposten im Haben des Privatkontos und im Soll des Eigenkapitalkontos.

[6] Ein allfälliger Verlust würde das Eigenkapital vermindern und dementsprechend im Soll verbucht.

Beispiel

Führung des Privatkontos und Jahresabschluss

Der Geschäftsverkehr während des Jahres aus der Einzelunternehmung Theres Kast, Wohndesign, ist summarisch dargestellt.

Vorgänge	Buchung	Konten: Eigenkapital (Soll)	Eigenkapital (Haben)	Privat (Soll)	Privat (Haben)
Eröffnung[1]	Bilanz/Eigenkapital		50 000		
Gutschrift Eigenlohn	Lohnaufwand/Privat				65 000
Stoffbezüge privat	Privat/Warenaufwand			2 000	
Barbezüge von T. Kast	Privat/Kasse			46 000	
Eigenzins 6 % vom Eigenkapital	Zinsaufwand/Privat				3 000
1. Schritt Privatkontoausgleich über das Eigenkapital	Privat/Eigenkapital		20 000	20 000	
				68 000	**68 000**
				Erfolgsrechnung	
Total Jahresaufwand	Diverse			120 000	
Total Jahresertrag	Diverse				150 000
2. Schritt Gewinnübertrag auf das Eigenkapital[2]	Erfolgsrechnung/Eigenkapital		30 000	30 000	
				150 000	**150 000**
				Schlussbilanz	
Total Aktiven	Diverse			180 000	
Total Fremdkapital	Diverse				80 000
3. Schritt Eigenkapitalübertragung auf die Schlussbilanz[2]	Eigenkapital/Schlussbilanz	100 000			100 000
		100 000	**100 000**	**180 000**	**180 000**

Das **Unternehmereinkommen** (Geschäftseinkommen, Einkommen aus selbständiger Erwerbstätigkeit) errechnet sich wie folgt:

Eigenlohn	65 000
Eigenzins	3 000
Gewinn	30 000
Unternehmereinkommen[3]	98 000

1 Weil das Privatkonto jeweils Ende Jahr über das Eigenkapitalkonto ausgeglichen wird, erscheint es weder in der Schlussbilanz noch in der Eröffnungsbilanz.

2 In der doppelten Buchhaltung wird der Gewinn in Bilanz und Erfolgsrechnung zunächst doppelt ausgewiesen.

Als letzte Buchung des Jahres wird der Gewinn aus der Erfolgsrechnung auf das Eigenkapital übertragen. Damit entsteht die **Schlussbilanz nach Gewinnverbuchung,** und der Gewinn ist nur noch in der Erfolgsrechnung sichtbar.

3 Massgeblich für die Bemessung der Sozialversicherungsbeiträge ist nur das Arbeitseinkommen, das sich aus Eigenlohn und Gewinn zusammensetzt. Darauf sind 9,7 % AHV-Beiträge an die zuständige AHV-Ausgleichskasse abliefern. Der Eigenzins ist nicht AHV-beitragspflichtig, weil er ein Kapitaleinkommen darstellt. Der anzuwendende Eigenkapitalzinsfuss wird periodisch vom Bundesamt für Sozialversicherungen neu festgelegt; er beträgt zurzeit 2,5 %. Dieser Satz ist aus betriebswirtschaftlicher Sicht zu tief, weil er dem Unternehmerrisiko zu wenig Rechnung trägt. Die Sozialversicherungsbeiträge werden in Kapitel 37 erklärt.

22

Die Kollektivgesellschaft

Gemäss OR 552 ist die Kollektivgesellschaft eine Gesellschaft, in der zwei oder mehrere natürliche Personen, ohne Beschränkung ihrer Haftung gegenüber den Gesellschaftsgläubigern, sich zum Zwecke vereinigen, unter einer gemeinsamen Firma ein Handels-, ein Fabrikations- oder ein anderes nach kaufmännischer Art geführtes Gewerbe zu betreiben.

Das Rechtsverhältnis der Gesellschafter untereinander ist in einem Gesellschaftsvertrag zu regeln.

In der Buchhaltung werden für die Abwicklung des Verkehrs zwischen den Gesellschaftern und der Gesellschaft für jeden Gesellschafter je ein Kapitalkonto und ein Privatkonto geführt:

Konten (zum Beispiel für Gesellschafter Müller)

Kapital Müller

Das Kapitalkonto zeigt die langfristige Kapitaleinlage des Gesellschafters gemäss Gesellschaftsvertrag.

Privat Müller

Das Privatkonto hält im Sinne eines Kontokorrents die laufenden Gutschriften und Belastungen für den Gesellschafter fest.

Im Gegensatz zur Einzelunternehmung werden die Privatkonten Ende Jahr nicht über die Kapitalkonten ausgeglichen. Sie erscheinen in der Bilanz als Teil des Eigenkapitals.[1]

Kapital Müller

Kapitalrückzüge	Anfangsbestand
Schlussbestand (Saldo)	Kapitalerhöhungen

Privat Müller

Belastungen für ► Barbezüge ► durch Geschäft bezahlte Privatrechnungen ► Warenbezüge[2]	Anfangsbestand
Schlussbestand (Saldo)	Gutschriften für ► Eigenlohn ► Eigenzins ► **Gewinnanteil**

[1] Die Kapitaleinlage ist im Gesellschaftsvertrag festgelegt und wird verzinst, weshalb diese nicht ohne Zustimmung der übrigen Gesellschafter verändert werden darf.

[2] Private Warenbezüge durch die Teilhaber müssen bei der Kollektivgesellschaft aus mehrwertsteuerlicher Sicht zum Verkaufspreis erfolgen und als Verkaufsertrag verbucht werden.

Gewinn- und Verlustanteil, Eigenzins und Eigenlohn

Im Gegensatz zur Einzelunternehmung, wo bezüglich Gewinn-, Eigenlohn- und Eigenzins-Verbuchung keine besonderen Regeln aufgestellt werden müssen, weil ein Einzelner darüber bestimmen kann, bedarf es bei der Kollektivgesellschaft genauer Vorschriften.

Gewinn und Verlust

Die Verwendung von Gewinn und Verlust ist im Gesellschaftsvertrag frei regelbar. Oft wird eine Verteilung des Erfolgs im Verhältnis zu den Kapitaleinlagen vereinbart.

Sofern keine vertragliche Vereinbarung besteht, wird ein Erfolg nach den Regeln der einfachen Gesellschaft (OR 533) zu gleichen Teilen (allgemein gesagt: nach Köpfen) an die Gesellschafter verteilt. Besteht nur eine Vereinbarung für die Gewinnverwendung, gilt diese auch für die Übernahme von Verlustanteilen.

In den meisten Fällen werden Gewinne und Verluste wie folgt verbucht (am Beispiel der Kollektivgesellschaft Meier & Müller):

Verbuchung des Erfolgs

Gewinne auf die Privatkonten	Verluste auf die Kapitalkonten
Buchungssätze Erfolgsrechnung/Privat Meier Erfolgsrechnung/Privat Müller	**Buchungssätze** Kapital Meier/Erfolgsrechnung Kapital Müller/Erfolgsrechnung
Begründung Eine Verbuchung der Gewinnanteile auf die Kapitaleinlagen der Gesellschafter wäre nach OR 559 im Einverständnis aller Gesellschafter zwar möglich, würde aber zu einer Veränderung der Kapitalanteile und damit der künftigen Zinsgutschriften führen.	**Begründung** Verluste vermindern nach OR 560 die Kapitalanteile der Gesellschafter. Die Zinsen sind in der Folge auf den verminderten Kapitalanteilen zu berechnen. Gewinne dürfen keine ausgeschüttet werden, solange die Kapitaleinlagen vermindert sind.

Eigenzinsen und Eigenlöhne

Die Gesellschafter haben nach OR 559 auch Anspruch auf Zinsen und Honorare. Vertraglich vereinbarte Zinsen und Honorare dürfen schon während des Geschäftsjahres bezogen werden, Gewinne dagegen erst nach der Gewinnermittlung beim Jahresabschluss.

Zinsen und Honorare werden in der Praxis wie die Gewinnanteile meist über die Privatkonten der Gesellschafter gebucht.

Privatkonten der Gesellschafter

Die Privatkonten werden als Kontokorrente geführt. Sie werden in der Bilanz als Eigenkapital ausgewiesen. Dabei sind zwei Fälle zu unterscheiden:

Bilanzierung des Privatkontos

Privatkonto mit Sollsaldo (Sollüberschuss)	**Privatkonto mit Habensaldo** (Habenüberschuss)
Das Privatkonto weist (ausnahmsweise) mehr Belastungen als Gutschriften auf.	Das Privatkonto weist (im Normalfall) mehr Gutschriften als Belastungen auf.
Das Privatkonto stellt ein **Minus-Passivkonto** dar und wird in der Bilanz beim Eigenkapital im Sinne eines Wertberichtigungskontos als Abzugsposten aufgeführt.	Das Privatkonto stellt ein **Passivkonto** dar und wird in der Bilanz beim Eigenkapital aufgeführt.

Beispiel

Führung der Privat- und Kapitalkonten

Das folgende Beispiel zeigt für die Kollektivgesellschaft Meier & Müller die summarisch in Kurzzahlen zusammengefassten Konteneintragungen für das Jahr 20_4:

- bei der Eröffnung
- während des Jahres
- beim Abschluss

Eröffnungsbilanz per 1. 1. 20_4

Aktiven		Passiven
	Eigenkapital	
	Kapital Meier	100
	Kapital Müller	200
	Privat Meier	– 20
	Privat Müller	12

Journal und Hauptbuch 20_4

Text	Buchungssatz	Kapital Meier		Kapital Müller		Privat Meier		Privat Müller	
Eröffnung	Diverse		100		200	20			12
Privatbezüge ab Bankomat während des Jahres	Privat Meier/Bank Privat Müller/Bank					88		90	
Privatrechnungen übers Bankkonto des Geschäfts bezahlt	Privat Meier/Bank					7			
Private Warenbezüge während des Jahres	Privat Müller/Warenertrag							12	
Zinsgutschrift (Eigenzinsen) 4 % auf Kapitalanteilen	Zinsaufwand/Privat Meier Zinsaufwand/Privat Müller						4		8
Honorare (Eigenlöhne)	Lohnaufwand/Privat Meier Lohnaufwand/Privat Müller						96		96
Gewinnanteile	ER/Privat Meier ER/Privat Müller						10		10
Salden	Diverse	**100**		**200**			**5**	**24**	
		100	100	200	200	115	115	126	126

Schlussbilanz per 31. 12. 20_4

Aktiven		Passiven
	Eigenkapital	
	Kapital Meier	100
	Kapital Müller	200
	Privat Meier	– 5
	Privat Müller	24

Die Aktiengesellschaft

Die Aktiengesellschaft (AG) unterscheidet sich gegenüber der Einzelunternehmung im Wesentlichen in folgenden Punkten:

	Einzelunternehmung	Aktiengesellschaft
Personenkreis	Eine einzelne natürliche Person ist Eigentümerin der Unternehmung.	Die AG ist eine Gesellschaft mit eigener Rechtspersönlichkeit (juristische Person), an der einer oder mehrere Aktionäre beteiligt sind.
Eigenkapital	Das Eigenkapital stammt allein vom Einzelunternehmer bzw. von der Einzelunternehmerin. **In der Bilanz wird das Eigenkapital nicht weiter gegliedert.**	Das Eigenkapital wird von einem oder mehreren Aktionären bzw. Aktionärinnen aufgebracht. Es ist wie folgt zu gliedern:[1] ► **Aktienkapital** ► **Gesetzliche Kapitalreserve** ► **Gesetzliche Gewinnreserve** ► **Freiwillige Gewinnreserven** ► **Gewinnvortrag**
Gewinnverbuchung beim Abschluss	Der Gewinn wird auf das Eigenkapital gebucht. Buchungssatz: **Erfolgsrechnung/Eigenkapital**	Der Gewinn wird auf das Gewinnvortragskonto gebucht. Buchungssatz: **Erfolgsrechnung/Gewinnvortrag**
Gewinnverwendung	Der Einzelunternehmer kann frei über den Gewinn verfügen und diesen z. B. im Rahmen seiner **Privatbezüge** während des Jahres beziehen.	Die Generalversammlung (Versammlung der Aktionäre) beschliesst über die Gewinnverwendung: ► Ein Teil des Gewinns muss in Form von **gesetzlichen Gewinnreserven** zurückbehalten werden. ► Der Rest des Gewinns kann an die Aktionäre als Dividende (von lateinisch *dividere* = teilen, verteilen) ausbezahlt werden. Es ist möglich, einen Teil des Gewinns in Form von **freiwilligen Gewinnreserven** zurückzubehalten oder als Gewinnrest auf dem **Gewinnvortragskonto** für eine Verteilung im nächsten Jahr stehen zu lassen.
Haftung	Der Einzelunternehmer haftet persönlich und unbeschränkt für alle Geschäftsschulden, d. h. auch mit seinem Privatvermögen. Das ist ein wichtiger Nachteil der Einzelunternehmung.	Die Haftung für Gesellschaftsschulden ist auf das Vermögen der AG beschränkt. Die Aktionäre haften nicht. (Im Konkurs der AG verlieren die Aktien allerdings ihren Wert, so dass die Aktionäre trotzdem zu Schaden kommen.)
Anonymität	Der Unternehmer ist als Eigentümer seiner Einzelunternehmung im Handelsregister eingetragen (ausser kleine Einzelunternehmungen).	Die Aktionäre sind nicht im Handelsregister eingetragen; sie bleiben anonym (daher der französische Name für Aktiengesellschaft: Société Anonyme).
Steuern	Geschäfts- und Privateinkommen bzw. -vermögen werden zusammengezählt und gemeinsam besteuert.	Die Aktiengesellschaft und die Aktionäre werden getrennt besteuert: ► Die AG zahlt Steuern auf dem Gewinn und dem Reinvermögen (Eigenkapital). ► Die Aktionäre zahlen Steuern auf den Dividenden (Gewinnanteile) und dem Vermögen (Wert der Aktien). Diese Doppelbesteuerung ist der wichtigste Nachteil der Aktiengesellschaft.

[1] Die Gliederung entspricht dem neuen Buchführungs- und Rechnungslegungsrecht (32. Titel des Obligationenrechts), das am 1. Januar 2013 in Kraft trat und erstmals für das Geschäftsjahr 2015 angewandt werden muss.

Die Gründung einer Aktiengesellschaft

Voraussetzungen

Die Aktiengesellschaft kann durch eine oder mehrere natürliche oder juristische Personen gegründet werden.

Das Aktienkapital muss mindestens Fr. 100 000 betragen. Der Nennwert einer Aktie beträgt mindestens einen Rappen.

Bei der Gründung muss im Falle von Inhaberaktien das ganze Aktienkapital einbezahlt sein. Bei Namenaktien genügt es, wenn mindestens 20 % des Aktienkapitals, in jedem Fall aber Fr. 50 000 einbezahlt wurden.

Gründung

Der Ablauf der Gründung kann wie folgt dargestellt werden:

1. Der oder die Gründer verfassen die **Statuten.**
2. **Zeichnung der Aktien:** Die Aktionäre verpflichten sich, die Aktien zu kaufen.
3. **Liberierung der Aktien:** Die Aktionäre begleichen den vereinbarten Betrag durch Bareinzahlung oder Sacheinlagen:
   - Bei der **Bargründung** zahlen die Aktionäre das Geld auf ein Sperrkonto einer Bank ein. Sobald die Aktiengesellschaft im Handelsregister eingetragen ist, kann sie über das Geld verfügen. Die Bargründung ist der Normalfall.
   - Bei der **Sacheinlagengründung** übereignen die Aktionäre Sacheinlagen wie Warenvorräte, Fahrzeuge, Mobiliar oder Patente. Um die Gesellschaft und die Mitaktionäre vor einer Überbewertung der Sacheinlagen zu schützen, muss die Bestätigung eines zugelassenen Revisors vorliegen.
4. An der konstituierenden **Generalversammlung** genehmigen die Aktionäre die Statuten und wählen die erforderlichen Organe (Verwaltungsrat und Revisionsstelle).
5. **Öffentliche Beurkundung** der Beschlüsse der Generalversammlung durch einen Notar.
6. Durch den Eintrag im **Handelsregister** entsteht die Aktiengesellschaft als juristische Person.

Buchungen

Es werden je nach Fall folgende Konten verwendet:

- Die Gründungsbuchungen werden meist über das Hilfskonto **1160 Aktionäre** abgewickelt. Das Konto stellt eine Forderung der Aktiengesellschaft an die Aktionäre dar. Nach der Gründung ist das Konto ausgeglichen und erscheint nicht mehr in der Bilanz.
- Das Konto **1020 Bank** ist bis zum Handelsregistereintrag ein Sperrkonto; nachher kann die Aktiengesellschaft über das Geld verfügen.
- Das Eigenkapital besteht bei der Gründung nur aus dem Passivkonto **2800 Aktienkapital.**
- Das Konto **1800 Nicht einbezahltes Aktienkapital** wird im Kontenrahmen KMU als Aktivkonto geführt. Es kann auch als Minus-Passivkonto interpretiert werden.
- Der Gründungsaufwand besteht bei KMUs hauptsächlich aus den Honoraren des Treuhänders und des Notars sowie der Gebühr für den Handelsregistereintrag.

  Er wird auf dem Konto **6500 Verwaltungsaufwand** erfasst.

Die verschiedenen Gründungsbuchungen werden anhand von drei Beispielen auf der nächsten und übernächsten Seite illustriert. Die Buchungen erfolgen in Fr. 1000. Der Gründungsaufwand wird vernachlässigt, weil er meist erst nach der Gründung in Rechnung gestellt wird.

Beispiel 1

Bargründung

Die Aktionäre zeichnen je 100 Aktien zu Fr. 1000 Nennwert und zahlen anschliessend die geschuldeten Beträge ein.

Text	Buchungssatz	1020 Bank		1160 Aktionäre		2800 Aktienkapital	
Zeichnung der Aktien	Aktionäre/Aktienkapital			100			100
Bareinzahlung	Bank/Aktionäre	100			100		
Salden	Diverse		**100**			**100**	
		100	100	100	100	100	100

Gründungsbilanz

Aktiven		Passiven	
Bank	100	Aktienkapital	100
	100		100

Beispiel 2

Gründung durch Bareinzahlung und Sacheinlagen

Die Aktionäre zeichnen je 100 Aktien zu Fr. 1000 Nennwert. Die Liberierung erfolgt durch Bareinzahlung von Fr. 70 000 sowie einer Sacheinlage in Form eines Fahrzeugs im Wert von Fr. 30 000.

Text	Buchungssatz	1020 Bank		1160 Aktionäre		1530 Fahrzeuge		2800 Aktienkapital	
Zeichnung der Aktien	Aktionäre/Aktienkapital			100					100
Bareinzahlung	Bank/Aktionäre	70			70				
Sacheinlage	Fahrzeuge/Aktionäre				30	30			
Salden	Diverse		**70**				**30**	**100**	
		70	70	100	100	30	30	100	100

Gründungsbilanz

Aktiven		Passiven	
Bank	70	Aktienkapital	100
Fahrzeuge	30		
	100		100

Beispiel 3

Gründung mit Teilliberierung

Die Aktionäre zeichnen je 100 Namenaktien zu Fr. 1000 Nennwert. Die Teilliberierung erfolgt zum gesetzlichen Minimum von Fr. 50 000 durch Bareinzahlung.

Text	Buchungssatz	1020 Bank		1160 Aktionäre		1800 Nicht einbezahltes AK		2800 Aktienkapital	
Zeichnung der Aktien	Aktionäre/Aktienkapital			100					100
Bareinzahlung	Bank/Aktionäre	50			50				
Nicht einbezahltes AK	Nicht einbezahltes AK/Aktionäre				50	50			
Salden	Diverse		**50**				**50**	**100**	
		50	50	100	100	50	50	100	100

Gründungsbilanz

Aktiven		Passiven	
Bank	50	Aktienkapital	100
Nicht einbezahltes Aktienkapital	50		
	100		100

Die Gewinnverbuchung beim Jahresabschluss

Als letzte Buchung eines Geschäftsjahres wird auch bei der Aktiengesellschaft der Gewinn auf das Eigenkapital gebucht. Im Unterschied zur Einzelunternehmung verfügt die Aktiengesellschaft mit dem Konto **2970 Gewinnvortrag** über ein gesondertes Eigenkapitalkonto, das eigens für die Gewinnverbuchung und später für die Gewinnverwendung geschaffen wurde.

Beispiel 4

Gewinnverbuchung (in Fr. 1000)

Eine Aktiengesellschaft erwirtschaftete einen Jahresgewinn von 40. Die Schlussbilanz vor Gewinnverbuchung zeigt folgendes Bild:

Schlussbilanz vor Gewinnverbuchung per 31. 12. 20_4

Aktiven			Passiven		
Umlaufvermögen			**Fremdkapital**		
Flüssige Mittel	60		Kurzfristiges Fremdkapital	110	
Forderungen	150		Langfristiges Fremdkapital	190	300
Vorräte	120	330	**Eigenkapital**		
			Aktienkapital	200	
			Gesetzliche Gewinnreserve	30	
Anlagevermögen			Freiwillige Gewinnreserven	20	
Sachanlagen	250		**Gewinnvortrag**	**10**	
Finanzanlagen	20	270	**Gewinn**	**40**	300
		600			600

Der Übertrag des Gewinns auf den Gewinnvortrag erfolgt mit folgender Buchung:[1]

Datum	Text	Sollkonto	Habenkonto	Betrag
31.12.20_4	Übertrag Gewinn	**Erfolgsrechnung**	**Gewinnvortrag**	**40**

Nach der Gewinnverbuchung ist das Geschäftsjahr abgeschlossen, und die Schlussbilanz nach Gewinnverbuchung wird zur Eröffnungsbilanz für das neue Geschäftsjahr:

Schlussbilanz nach Gewinnverbuchung per 31.12.20_4 (= Eröffnungsbilanz per 1.1.20_5)

Aktiven			Passiven		
Umlaufvermögen			**Fremdkapital**		
Flüssige Mittel	60		Kurzfristiges Fremdkapital	110	
Forderungen	150		Langfristiges Fremdkapital	190	300
Vorräte	120	330	**Eigenkapital**		
			Aktienkapital	200	
Anlagevermögen			Gesetzliche Gewinnreserve	30	
Sachanlagen	250		Freiwillige Gewinnreserven	20	
Finanzanlagen	20	270	**Gewinnvortrag**[2]	**50**	300
		600			600

Der im Konto Gewinnvortrag ausgewiesene Betrag bleibt bis zur Generalversammlung stehen. Die Generalversammlung muss innerhalb von sechs Monaten nach dem Jahresabschluss durchgeführt werden. Sie beschliesst über die Verwendung des im Gewinnvortrag ausgewiesenen Gewinns.

1 Der Gewinn wird in diesem Buch im Sinne der doppelten Buchhaltung als *Saldo* von Bilanz und Erfolgsrechnung betrachtet, nicht als Konto. In Informatik gestützten Buchhaltungssystemen wird der Gewinn oft als Konto definiert.

2 Im Falle eines Jahresverlustes wird das Konto Gewinnvortrag zum **Verlustvortrag.** Das Verlustvortragskonto ist ein Minus-Passivkonto, das wie das Gewinnvortragskonto in die Kontengruppe des Eigenkapitals gehört: Ein Gewinnvortrag erhöht das Eigenkapital, ein Verlustvortrag vermindert das Eigenkapital.

Die Gewinnverwendung

Die Beschlussfassung über die Verwendung des Gewinnvortrags, insbesondere die Festsetzung der Dividende, gehört zu den Aufgaben der Generalversammlung. Dabei müssen folgende gesetzliche Bestimmungen eingehalten werden:

Gesetzliche Gewinnreserve

Der Gesetzgeber verlangt, dass ein Teil des Gewinns nicht an die Aktionäre ausgeschüttet werden darf, sondern in Form von gesetzlichen Gewinnreserven in der Gesellschaft zurückbehalten werden muss.[1] Dies führt zur Stärkung der Gesellschaft, indem weniger flüssige Mittel für die Dividendenausschüttung verwendet werden.

- Die aktuell gültige Grundregel verlangt, dass vom Jahresgewinn 5 % dem Konto **2950 Gesetzliche Gewinnreserve** zuzuweisen sind, bis diese 20 % des einbezahlten Aktienkapitals erreicht.
- Eine weitere Vorschrift verlangt die zusätzliche Reservenzuweisung von 10 % derjenigen Beträge, die nach Bezahlung einer Dividende von 5 % (sogenannte Grunddividende) als Gewinnanteile ausgeschüttet werden.
- Gesetzliche Gewinnreserven sind so lange zu bilden, bis sie 50 % des (gesamten) Aktienkapitals erreicht haben. Sie dürfen nur zur Deckung von Verlusten aufgelöst werden.[2]

Freiwillige Gewinnreserven

Gemäss Statuten oder durch Beschluss der Generalversammlung können freiwillig weitere Gewinnreserven gebildet werden. Da diese nicht gesetzlich vorgeschrieben sind, können sie von der Generalversammlung bei Bedarf wieder aufgelöst werden.

Gewinnvortrag

Oft wird ein kleiner Gewinnrest auf dem Konto Gewinnvortrag stehen gelassen. Er steht für die Gewinnverwendung im nächsten Jahr zur Verfügung.

Dividenden

Das Konto **2260 Dividenden** gehört zum kurzfristigen Fremdkapital. Die Dividenden stellen eine Verpflichtung der Aktiengesellschaft gegenüber den Aktionären dar.

Dividenden werden entweder in Prozenten des Aktienkapitals oder als Betrag je Aktie angegeben.

Tantiemen

Das sind Gewinnausschüttungen an den Verwaltungsrat. Tantiemen sind selten, weil sie wie die Dividenden zu einer Doppelbesteuerung führen und ausserdem AHV-pflichtig sind. In der Praxis wird dem Verwaltungsrat ein Honorar bezahlt, das gleich wie ein Lohnaufwand zu erfassen ist.

Verrechnungssteuer (VSt)

Nur die Nettodividende von 65 % wird an die Aktionäre ausbezahlt. 35 % der Bruttodividende sind auf dem Konto **2206 Kreditor VSt** als Schuld gegenüber der eidg. Steuerverwaltung auszuweisen und innert 30 Tagen zu bezahlen.

[1] Die Bezeichnung **Gewinnreserven** rührt daher, dass diese Reserven aus zurückbehaltenen, nicht ausgeschütteten Gewinnen entstanden sind.

In diesem Lehrbuch nicht behandelt werden die **Kapitalreserven:** Der gesetzlichen Kapitalreserve müssen jene Erlöse zugewiesen werden, die bei der Ausgabe von Aktien über ihren Nennwert erzielt werden, was vor allem bei Aktienkapitalerhöhungen mit Agio (Aufgeld) vorkommt. Eine Aktienkapitalerhöhung von nominell 200 mit einem Agio von 50 wird grundsätzlich wie folgt verbucht:

Text	Sollbuchung	Habenbuchung	Betrag
Kapitalerhöhung nominell	Bank	Aktienkapital	200
Agio bei Kapitalerhöhung	Bank	Gesetzliche Kapitalreserve	50

[2] Das Aktienrecht (26. Titel des Obligationenrechts) wird zurzeit von National- und Ständerat überarbeitet. Solange das neue Aktienrecht noch nicht in Kraft ist, entstehen leider **Unklarheiten bzw. Widersprüche zwischen dem Aktienrecht und dem revidierten Buchführungs- und Rechnungslegungsrecht (32. Titel des Obligationenrechts).**

In diesem Lehrbuch werden bezüglich Prozentsätzen und Grenzwerten für die Reservenbildung die aktuell gültigen Vorschriften des Aktienrechts (OR 671) wiedergegeben. Hingegen wird statt der bisherigen Bezeichnung «allgemein (gesetzliche) Reserve» der neue Begriff «gesetzliche Gewinnreserve» gemäss revidiertem Buchführungs- und Rechnungslegungsrecht und neuem Kontenrahmen KMU verwendet.

Beispiel 5

Gewinnverwendung (in Fr. 1000)

Die Gewinnverwendung basiert auf dem Eigenkapital von Beispiel 4.

An der Generalversammlung vom 23. April 20_5 wird folgende Gewinnverwendung beschlossen.

Gewinnverwendungsplan		Erläuterungen
Gewinnvortrag (Bilanzgewinn)[1]	50	Gemäss Eröffnungsbilanz 1. 1. 20_5 (siehe Bsp. 4)
./. 5 % Gesetzliche Gewinnreserve	– 2	5 % des Jahresgewinns von 40
./. 5 % Grunddividende	– 10	5 % des Aktienkapitals von 200
./. 15 % Zusatzdividende[2]	– 30	15 % des Aktienkapitals von 200
./. 10 % Gesetzliche Gewinnreserve	– 3	10 % der Zusatzdividende von 30
= Gewinnvortrag	5	Neuer Bestand des Kontos Gewinnvortrag

Der Beschluss der Generalversammlung löst per 23. 4. 20_5 die blau geschriebenen Buchungen aus.

Die Nettodividenden werden am 25. 4. 20_5 ausbezahlt. Am 20. 5. 20_5 wird die Verrechnungssteuer an die eidg. Steuerverwaltung überwiesen (alle Zahlungen erfolgen per Bank; das Bankkonto wird aus Platzgründen nicht geführt).

Verbuchung der Gewinnverwendung

Text	Buchungssatz	Kreditor VSt		Dividenden		Gesetzliche Gewinnres.		Gewinnvortrag	
Anfangsbestand	Diverse Eröffnungsbuchungen						30		50
Gesetzliche Reserven	Gewinnvortrag/Gesetzl. Gewinnres.						5	5	
Dividendenzuweisung	Gewinnvortrag/Dividenden				40			40	
Verrechnungssteuer 35 %	Dividenden/Kreditor VSt		14	14					
Auszahlung Nettodiv.	Dividenden/Bank			26					
Überweisung VSt 35 %	Kreditor VSt/Bank	14							
Neue Bestände (Salden)	Keine Buchungen					**35**		**5**	
		14	14	40	40	35	35	50	50

Durch die Gewinnverwendung wurde das Eigenkapital um die ausgeschüttete Dividende von 40 kleiner. Gleichzeitig verminderte sich der Bestand an flüssigen Mitteln und damit die Zahlungsfähigkeit der Unternehmung um 40.

Eigenkapital

Vor Gewinnverwendung	
Aktienkapital	200
+ Gesetzliche Gewinnreserve	30
+ Freiwillige Gewinnreserven	20
+ Gewinnvortrag	50
= **Eigenkapital**	**300**

Nach Gewinnverwendung	
Aktienkapital	200
+ Gesetzliche Gewinnreserve	35
+ Freiwillige Gewinnreserven	20
+ Gewinnvortrag	5
= **Eigenkapital**	**260**

1 Für die Gewinnverwendung steht im Normalfall der in der Eröffnungsbilanz ausgewiesene Gewinnvortrag zur Verfügung. Rechtlich wäre es möglich, ausserdem alle freiwilligen Gewinnreserven sowie alle gesetzlichen Gewinnreserven über 50 % des Aktienkapitals auszuschütten.

Im Obligationenrecht wird der ausschüttungsfähige Gewinn als **Bilanzgewinn** bezeichnet.

2 Zusatzdividenden von über 5 % werden auch als Superdividenden bezeichnet.

Die Verbuchung eines Verlusts

Ein Jahresverlust wird analog zu einem Jahresgewinn auf das Gewinnvortragskonto gebucht. Sofern der Jahresverlust grösser ist als der Gewinnvortrag aus dem Vorjahr, wird aus dem Gewinnvortrag ein Verlustvortrag.

Beispiel 6

Verlustverbuchung (in Fr. 1000)

Angenommen, die Bilanz von Beispiel 4 weist einen Verlust von 40 auf. Dieser wird mit folgender Buchung auf das Konto Gewinnvortrag übertragen:

Datum	Text	Sollkonto	Habenkonto	Betrag
31. 12. 20_4	Übertrag Verlust	**Gewinnvortrag**	**Erfolgsrechnung**	**40**

Durch diese Buchung entsteht aus dem Gewinnvortrag von 10 ein Verlustvortrag von 30:

Gewinnvortrag aus Vorjahr	10
./. Jahresverlust 20_4	– 40
= **Verlustvortrag**	**– 30**

An der Generalversammlung bestehen grundsätzlich zwei Möglichkeiten für die weitere Behandlung dieses Verlustvortrags:

Verlustvortrag – 30

Verlust vortragen

Der Verlustvortrag muss zuerst soweit wie möglich mit den freiwilligen Gewinnreserven verrechnet werden; der Rest kann vorgetragen werden (d. h., er bleibt in der Bilanz stehen):

- ▶ Freiwillige Gewinnreserven/Verlustvortrag 20

Das Eigenkapital präsentiert sich nachher wie folgt:

Aktienkapital	200
+ Gesetzliche Gewinnreserve	30
./. Verlustvortrag	– 10
= **Eigenkapital**	**220**

Verlustvortrag ausbuchen

Ein Verlustvortrag wird zuerst mit den freiwilligen Gewinnreserven und der Rest mit den gesetzlichen Gewinnreserven verrechnet:

- ▶ Freiwillige Gewinnreserven/Verlustvortrag 20
- ▶ Gesetzliche Gewinnreserve/Verlustvortrag 10

Das Eigenkapital präsentiert sich nachher wie folgt:

Aktienkapital	200
+ Gesetzliche Gewinnreserve	20
= **Eigenkapital**	**220**

Beim Vorliegen von Verlusten sind die gesetzlichen **Anzeigepflichten** zu beachten:

- ▶ Wenn die Hälfte des Aktienkapitals und der gesetzlichen Reserven nicht mehr durch Aktiven gedeckt ist, so muss der Verwaltungsrat unverzüglich eine Generalversammlung einberufen und ihr Sanierungsmassnahmen (= Massnahmen zur Gesundung) beantragen.
- ▶ Wenn die Aktiven die Schulden nicht mehr decken (so genannte Überschuldung), muss der Verwaltungsrat bzw. die Revisionsstelle den Richter benachrichtigen, der anschliessend den Konkurs über die Aktiengesellschaft eröffnet.

Im vorliegenden Beispiel muss der Verwaltungsrat keine Anzeige erstatten, da der Verlust zu gering ist.

Die Gesellschaft mit beschränkter Haftung

Die Gesellschaft mit beschränkter Haftung (GmbH) ist eine personenbezogene Kapitalgesellschaft mit eigener Rechtspersönlichkeit (juristische Person), an der eine oder mehrere Personen beteiligt sind.

Der Name GmbH rührt daher, dass für die Schulden nur das Gesellschaftsvermögen haftet; es besteht wie bei der Aktiengesellschaft keine persönliche Haftung für die Gesellschafter.

Das Gesellschaftskapital wird Stammkapital genannt. Es muss mindestens Fr. 20000.– betragen und voll einbezahlt oder durch Sachanlagen gedeckt sein.

Jeder Gesellschafter ist mit einer Einlage (Stammeinlage) am Stammkapital beteiligt. Die Gesellschafter werden mit ihren Stammeinlagen im Handelsregister eingetragen und publiziert.

Das oberste Organ der GmbH ist die **Gesellschafterversammlung.** Das Stimmrecht der Gesellschafter bemisst sich nach der Höhe ihrer Stammeinlagen.

Die **Geschäftsführung** obliegt grundsätzlich allen Gesellschaftern gemeinsam.

Die Buchführung bei der GmbH ist fast gleich wie bei der Aktiengesellschaft:

- Im Unterschied zur Aktiengesellschaft wird das Grundkapital bei der GmbH als Stammkapital bezeichnet, womit sich folgende Eigenkapital-Gliederung ergibt:

Stammkapital
Gesetzliche Kapitalreserve
Gesetzliche Gewinnreserve
Freiwillige Gewinnreserven
Gewinnvortrag

- Die für Aktiengesellschaften geltenden Bestimmungen zur Reservenbildung finden auch auf die GmbH Anwendung.
- Für die Gesellschafter werden oft Privatkonten (Kontokorrentkonten) geführt, die entweder als Forderungen oder Schulden der Gesellschaft gegenüber den Gesellschaftern zu bilanzieren sind.[1]

[1] Dies im Unterschied zu den Privatkonten der Kollektivgesellschaft, die zum Eigenkapital gehören. Der Unterschied rührt daher, dass die GmbH als juristische Person eine eigene Rechtspersönlichkeit besitzt.

Abschreibungen

Sachanlagen wie Maschinen, Mobiliar, EDV-Anlagen oder Fahrzeuge, die während mehrerer Jahre genutzt werden können, verbucht man beim Kauf als Zunahme der Aktiven. Die Verbuchung erfolgt zum Anschaffungswert, d. h. zum Einkaufspreis zuzüglich Bezugskosten (Fracht, Zoll, Transportversicherung) und Montagekosten:

Anlagevermögen	/	Flüssige Mittel
(+ Aktiven)		(– Aktiven)

Im Verlaufe der Zeit vermindert sich der Wert dieser Sachanlagen. Die wichtigsten **Ursachen** für die Wertabnahmen im Sachanlagevermögen sind:

- die Abnützung durch den Gebrauch (z. B. bei einer Maschine oder einem Fahrzeug)
- der technische Fortschritt (z. B. bei einer EDV-Anlage)

In der Buchhaltung werden die Wertverminderungen auf den Sachanlagen als Aufwand über die Abschreibungen verbucht:[1]

Abschreibungen	/	**Anlagevermögen**
(+ Aktiven)		(– Aktiven)

Mit der Verbuchung der Abschreibungen werden folgende **Zwecke** verfolgt:

- Das Anlagevermögen soll in der Bilanz in der richtigen Höhe dargestellt werden.
- Der Gewinn bzw. der Verlust soll in der Erfolgsrechnung periodengerecht ermittelt werden.[2]
- Die flüssigen Mittel für den Ersatz des Anlagevermögens sollen sichergestellt werden.[3]

1 Die Anlagen entwerten sich in Wirklichkeit fortlaufend; in der Buchhaltung werden die Wertverminderungen in der Regel nur am Ende einer Periode erfasst.

2 Durch die Verbuchung des Abschreibungsaufwandes werden die Anschaffungskosten anteilsmässig jenen Rechnungsperioden belastet, in denen sich die Sachgüter entwertet haben.

3 Indem die Abschreibungskosten in die Verkaufspreise eingerechnet werden, fliessen sie über die Verkaufserlöse als flüssige Mittel in die Unternehmung zurück. Damit sollen die finanziellen Mittel für die Neuanschaffung der Anlagen am Ende der Nutzungsdauer erwirtschaftet werden.

Um den jährlichen **Abschreibungsbetrag** zu berechnen, müssen folgende Grössen bekannt sein:

- Der **Anschaffungswert**
- Die geschätzte **Nutzungsdauer,** d. h. die Zeit, während der eine Anlage wirtschaftlich genutzt werden kann.
- Der erwartete **Liquidationswert.**[1] Das ist der voraussichtliche Restwert einer Anlage am Ende der Nutzungsdauer. Für die Ermittlung des Abschreibungsbetrags wird er nur berücksichtigt, wenn er wertmässig ins Gewicht fällt und annähernd geschätzt werden kann.

Der jährliche Abschreibungsbetrag hängt auch vom gewählten Abschreibungsverfahren ab:

Abschreibungsverfahren

Lineare (gleichmäßige) Abschreibung	Degressive (abnehmende) Abschreibung
Bei der linearen Abschreibung bleibt der Abschreibungsbetrag von Jahr zu Jahr gleich, weil angenommen wird, dass sich die Anlage fortlaufend und gleichmässig (linear) entwertet. Damit werden die Werteinbussen gleichmässig auf die Perioden der Nutzungsdauer verteilt.	Bei der degressiven Abschreibung wird der Abschreibungsbetrag von Jahr zu Jahr kleiner. Dies ist dann zweckmässig, wenn sich eine Anlage in der ersten Zeit der Nutzung besonders stark entwertet (z. B. Computer oder Fahrzeuge).
Basis für die Berechnung der linearen Abschreibungen ist der Anschaffungswert.	Basis für die Berechnung der degressiven Abschreibungen ist im ersten Jahr der Anschaffungswert und in den Folgejahren der Buchwert.[2]
Zur Ermittlung des jährlichen Abschreibungssatzes teilt man 100 % durch die Anzahl Jahre der Nutzungsdauer.	Der jährliche Abschreibungssatz ist gegenüber der linearen Abschreibung meistens doppelt so hoch.[3]

Diese beiden Abschreibungsverfahren können mit den folgenden Beispielen illustriert werden.

[1] Liquidieren bedeutet, gegen flüssige (liquide) Mittel verkaufen.

[2] Unter dem Buchwert einer Anlage versteht man den Wert gemäss Buchhaltung.

[3] Siehe Abschreibungssätze der eidg. Steuerverwaltung in Anhang 1.

Beispiel 1

Lineare Abschreibung (Abschreibung vom Anschaffungswert)

Bei einer Maschine beträgt der Kaufpreis Fr. 95 000.–. Zusätzlich fallen Bezugs- und Montagekosten von Fr. 5000.– an. Es wird mit einer Nutzungsdauer von 5 Jahren gerechnet und erwartet, dass am Ende der Nutzungsdauer kein Liquidationswert mehr besteht.

Anschaffungswert	Fr. 100 000.–
Nutzungsdauer	5 Jahre
Liquidationswert	Fr. 0.–
Abschreibungssatz	**20 % vom Anschaffungswert**

Die Abschreibungsbeträge und Buchwerte lassen sich in der Praxis am besten mithilfe einer Tabelle ermitteln:

Jahr	Buchwert Anfang Jahr	Abschreibungsbetrag	Buchwert Ende Jahr
1	Fr. 100 000.–	20 % von Fr. 100 000.– = Fr. 20 000.–	Fr. 80 000.–
2	Fr. 80 000.–	20 % von Fr. 100 000.– = Fr. 20 000.–	Fr. 60 000.–
3	Fr. 60 000.–	20 % von Fr. 100 000.– = Fr. 20 000.–	Fr. 40 000.–
4	Fr. 40 000.–	20 % von Fr. 100 000.– = Fr. 20 000.–	Fr. 20 000.–
5	Fr. 20 000.–	20 % von Fr. 100 000.– = Fr. 20 000.–	Fr. 0.–

Grafisch werden die Abschreibungsbeträge und Buchwerte wie folgt dargestellt:

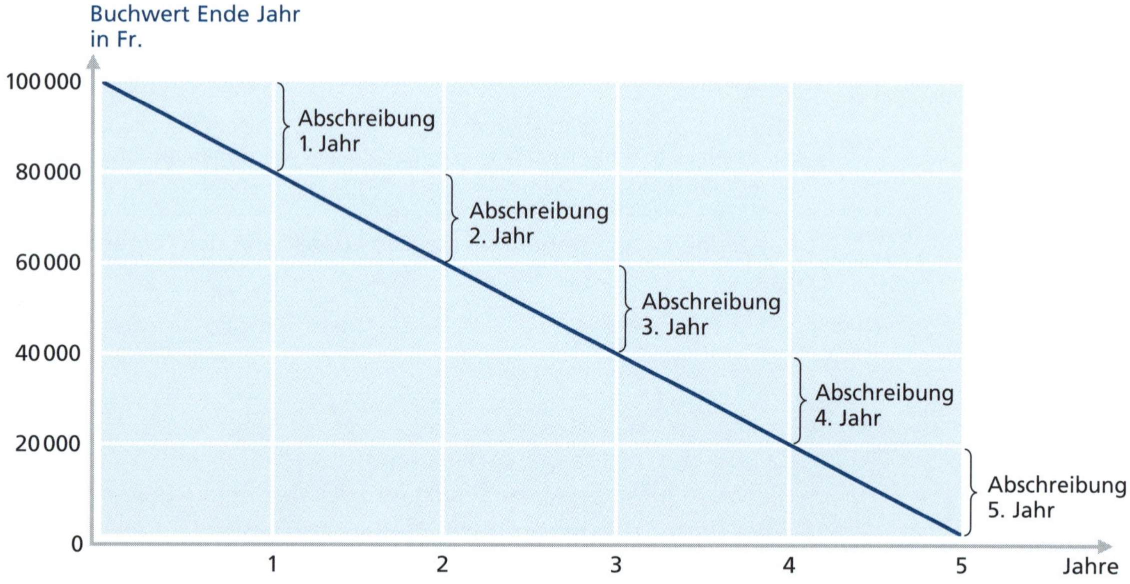

- ▶ Bei der linearen Abschreibung ist der Abschreibungsbetrag jedes Jahr gleich hoch, sodass die Entwertung der Anlage grafisch als (gerade) Linie erscheint.
- ▶ Einen jährlich gleich grossen Abschreibungsbetrag erhält man, wenn mit einem konstanten Abschreibungssatz vom Anschaffungswert gerechnet wird.
- ▶ Die lineare Abschreibungsmethode ist rechnerisch einfach und ist dann angezeigt, wenn sich eine Anlage gleichmässig entwertet, was oft der Fall ist.

Beispiel 2

Degressive Abschreibung (Abschreibung vom Buchwert)

Grundlage für die Ermittlung des Abschreibungsbetrags ist dieselbe Maschine wie in Beispiel 1. Aber das Abschreibungsverfahren ist hier degressiv.

Anschaffungswert	Fr. 100 000.–
Nutzungsdauer	5 Jahre
Liquidationswert	Fr. 0.–
Abschreibungssatz	**40 % vom Buchwert**

Die Abschreibungsbeträge und Buchwerte lassen sich mithilfe einer Tabelle ermitteln:

Jahr	Buchwert Anfang Jahr	Abschreibungbetrag	Buchwert Ende Jahr
1	Fr. 100 000.–	40 % von Fr. 100 000.– = Fr. 40 000.–	Fr. 60 000.–
2	Fr. 60 000.–	40 % von Fr. 60 000.– = Fr. 24 000.–	Fr. 36 000.–
3	Fr. 36 000.–	40 % von Fr. 36 000.– = Fr. 14 400.–	Fr. 21 600.–
4	Fr. 21 600.–	40 % von Fr. 21 600.– = Fr. 8 640.–	Fr. 12 960.–
5	Fr. 12 960.–	40 % von Fr. 12 960.– = Fr. 5 184.–	Fr. 7 776.–

Grafisch werden die Abschreibungsbeträge und Buchwerte wie folgt dargestellt:

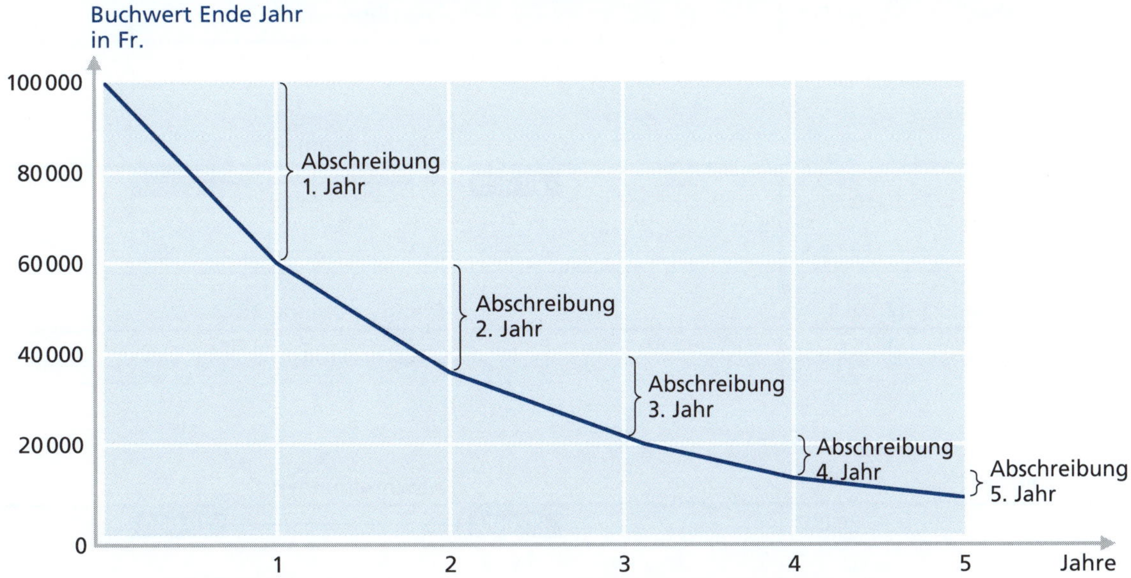

- Bei der degressiven Abschreibung wird der Abschreibungsbetrag von Jahr zu Jahr kleiner.
- Den für jedes Jahr unterschiedlichen Abschreibungsbetrag erhält man, wenn mit einem konstanten Abschreibungssatz vom Buchwert gerechnet wird.
- Die degressive Abschreibung ist rechnerisch aufwändiger. Sie wird vor allem aus steuerlichen Überlegungen angewandt, weil die Abschreibungsbeträge anfänglich höher sind. Sie kann auch dann sinnvoll sein, wenn sich eine Sachanlage in den ersten Jahren des Gebrauchs stärker entwertet als in späteren Jahren.
- Die degressive Abschreibung führt rechnerisch nie auf einen Buchwert von Fr. 0.–. In der Praxis schreibt man deshalb im letzten Jahr der Nutzung mehr ab, als sich rein rechnerisch ergäbe. (Im Beispiel müssten im 5. Jahr Fr. 12 960.– abgeschrieben werden, um am Ende der Nutzungsdauer den Buchwert von Fr. 0.– zu erreichen.)

Unabhängig davon, ob linear oder degressiv abgeschrieben wird, kann die Wertverminderung in der Buchhaltung entweder **direkt** auf dem betreffenden Anlagekonto oder **indirekt** durch Bildung eines Wertberichtigungskontos zum Ausdruck gebracht werden. Der Unterschied in der Verbuchungstechnik zwischen direkter und indirekter Abschreibung wird in den Beispielen 3 und 4 anhand folgender Maschine gezeigt:

Anschaffungswert der Maschine (Kauf Ende 20_0)	Fr. 64000.–
Nutzungsdauer	3 Jahre
Liquidationswert nach 3 Jahren	Fr. 4000.–
Abschreibungsverfahren	linear[1]

Beispiel 3 **Direkte Abschreibung**

20_1

Maschinen (Aktivkonto)

A	64 000		20 000
		S	44 000
	64 000		64 000

Abschreibungen (Aufwandskonto)

	20 000	S	20 000
	20 000		20 000

Schlussbilanz 31. 12. 20_1

Maschinen	44 000	

Erfolgsrechnung 20_1

Abschreibung	20 000	

20_2

Maschinen

A	44 000		20 000
		S	24 000
	44 000		44 000

Abschreibungen

	20 000	S	20 000
	20 000		20 000

Schlussbilanz 31. 12. 20_2

Maschinen	24 000	

Erfolgsrechnung 20_2

Abschreibung	20 000	

20_3

Maschinen

A	24 000		20 000
		S	4 000
	24 000		24 000

Abschreibungen

	20 000	S	20 000
	20 000		20 000

Schlussbilanz 31. 12. 20_3

Maschinen	4 000	

Erfolgsrechnung 20_3

Abschreibung	20 000	

[1] Der Abschreibungsbetrag könnte auch nach dem degressiven Abschreibungsverfahren ermittelt werden; auf die Technik der Verbuchung hat dies keinen Einfluss.

Beispiel 4 Indirekte Abschreibung

20_1

Maschinen (Aktivkonto)

A	64 000		
		S	64 000
	64 000		64 000

Wertberichtigung Maschinen (Minus-Aktivkonto)[1]

			20 000
S	20 000		
	20 000		20 000

Abschreibungen (Aufwandskonto)

	20 000		
		S	20 000
	20 000		20 000

Schlussbilanz 31. 12. 20_1

Maschinen	64 000[2]			
./. Wertber.	– 20 000[3]	44 000[4]		

Erfolgsrechnung 20_1

Abschreibung	20 000	

20_2

Maschinen

A	64 000		
		S	64 000
	64 000		64 000

Wertberichtigung Maschinen

		A	20 000
S	40 000		20 000
	40 000		40 000

Abschreibungen

	20 000	S	20 000
	20 000		20 000

Schlussbilanz 31. 12. 20_2

Maschinen	64 000[2]			
./. Wertber.	– 40 000[3]	24 000[4]		

Erfolgsrechnung 20_2

Abschreibung	20 000	

20_3

Maschinen

A	64 000		
		S	64 000
	64 000		64 000

Wertberichtigung Maschinen

		A	40 000
S	60 000		20 000
	60 000		60 000

Abschreibungen

	20 000	S	20 000
	20 000		20 000

Schlussbilanz 31. 12. 20_3

Maschinen	64 000[2]			
./. Wertber.	– 60 000[3]	4 000[4]		

Erfolgsrechnung 20_3

Abschreibung	20 000	

[1] bis [4] Die Fussnoten sind auf der nächsten Seite.

Die Unterschiede zwischen direkter und indirekter Abschreibung können wie folgt zusammengefasst werden:

Verbuchungstechnik

Direkte Abschreibung	**Indirekte Abschreibung**
Diese Verbuchungstechnik heisst direkte Abschreibung, weil die Wertverminderung direkt auf dem Aktivkonto ausgebucht wird.	Diese Verbuchungstechnik heisst indirekte Abschreibung, weil die Wertverminderung nicht direkt auf dem Aktivkonto, sondern indirekt auf einem Wertberichtigungskonto (einem Minus-Aktivkonto) verbucht wird.
Der Buchungssatz für die Abschreibungen lautet: Abschreibungen/Maschinen.	Der Buchungssatz für die Abschreibungen lautet: Abschreibungen/Wertberichtigung Maschinen.
In der Bilanz ist nur der Buchwert sichtbar.	In der Bilanz sind folgende Werte sichtbar: ► der Anschaffungswert ► die kumulierten Abschreibungen ► der Buchwert
Die direkte Abschreibung ist beliebt, weil sie einfach ist.	Die indirekte Abschreibung ist wohl komplizierter, dafür vermittelt sie dem Bilanzleser zusätzliche Informationen.
Die Erfolgsrechnung unterscheidet sich nicht gegenüber der indirekten Abschreibung.	Die Erfolgsrechnung unterscheidet sich nicht gegenüber der direkten Abschreibung.

Fussnoten zur Vorseite

1 Das Konto Wertberichtigung Maschinen ist ein Minus-Aktivkonto; es wird im Kontenplan als Aktivkonto erfasst und in der Bilanz auf der Aktivseite aufgeführt. Die Buchungsregeln eines Minus-Aktivkontos sind hingegen dieselben wie bei einem Passivkonto:

Wertberichtigung Maschinen

Aktiven	Passiven
Abnahmen –	Anfangsbestand
Schlussbestand	Zunahmen +

2 In der Bilanz wird der **Anschaffungswert** der Maschinen ausgewiesen (weil im Konto Maschinen immer der Anschaffungswert nachgeführt wird).

3 In der Bilanz sind die **kumulierten Abschreibungen** ersichtlich, in der Erfolgsrechnung die Abschreibungen der betreffenden Periode. (Kumuliert heisst, wörtlich übersetzt, so viel wie angehäuft oder zusammengezählt. In der Buchhaltung versteht man unter kumulierten Abschreibungen die zusammengezählten, bisher insgesamt vorgenommenen Abschreibungen.)

4 Die Bilanz zeigt den **Buchwert** als Differenz zwischen dem Anschaffungswert und den kumulierten Abschreibungen.

Veräusserungsgewinne und -verluste

Beim Verkauf von Sachanlagen vor Ende der Nutzungsdauer ergibt sich meist eine Differenz zwischen dem erzielten Verkaufserlös und dem Buchwert (Wert gemäss Buchhaltung).

Beispiel 5

Veräusserungsgewinn

Ein nicht mehr benötigtes Fahrzeug mit einem Buchwert von 30 wird für 34 gegen bar verkauft, sodass sich ein Veräusserungsgewinn von 4 ergibt:

	Anschaffungswert	100
./.	Kumulierte Abschreibungen	– 70
=	Buchwert	30

	Verkaufspreis	34
./.	Buchwert	– 30
=	Veräusserungsgewinn	4

Verbuchung bei direkter Abschreibung

Text	Soll	Haben	Betrag
Verkaufserlös bar	Kasse	Fahrzeug	34
Veräusserungsgewinn	Fahrzeug	Abschreibungen[1]	4

Verbuchung bei indirekter Abschreibung

Text	Soll	Haben	Betrag
Verkaufserlös bar	Kasse	Fahrzeug	34
Veräusserungsgewinn	Wertberichtigung Fahrzeug[2]	Abschreibungen[1]	4
Ausbuchung Wertberichtigung	Wertberichtigung Fahrzeug	Fahrzeug	66

Veräusserungsverluste werden sinngemäss wie Veräusserungsgewinne verbucht.

[1] Für die Habenbuchung von 4 bestehen in der Praxis zwei Möglichkeiten:

- Die bisherigen Abschreibungen waren zu hoch, weshalb auf dem Konto **Abschreibungen** eine Aufwandsminderung erfasst wird (im obigen Beispiel so verbucht).
- Veräusserungsgewinne werden oft als **ausserordentlicher Ertrag** (Konto 8600 im Kontenrahmen KMU) erfasst, damit das ordentliche Geschäftsergebnis nicht durch einmalige bzw. periodenfremde Sonderposten verfälscht wird.

[2] Folgende Buchungen führen zum selben Ergebnis, sind aber methodisch weniger zu empfehlen, weil es sich beim Veräusserungsgewinn im Prinzip um eine Korrektur zu hoher Abschreibungen handelt:

Text	Soll	Haben	Betrag
Verkaufserlös bar	Kasse	Fahrzeug	34
Veräusserungsgewinn	Fahrzeug	Abschreibungen	4
Ausbuchung Wertberichtigung	Wertberichtigung Fahrzeug	Fahrzeug	70

Debitorenverluste, Delkredere

Debitorenverluste sind Ausfälle von Forderungen, vor allem infolge Zahlungsschwierigkeiten von Kunden. Je nachdem, ob der Verlust endgültig eingetreten ist (z. B. mit Konkursverlustschein) oder erst in Zukunft erwartet werden muss, erfolgt die buchhalterische Behandlung unterschiedlich:

Debitorenverluste
(Verluste aus Forderungen)

Endgültige Verluste	Mutmassliche Verluste
Der zahlungsunfähige Debitor und der erlittene Verlust sind bekannt. Die Abschreibung des Forderungsbetrages erfolgt beim Eintreten des Verlustes **direkt** über das **Debitorenkonto** und das Minus-Ertragskonto Debitorenverluste.	Im Debitorenbestand sind erfahrungsgemäss eine Anzahl Forderungen enthalten, deren Zahlungseingang ungewiss ist. Ende einer Rechnungsperiode werden diese Verlustrisiken geschätzt und **indirekt** über das **Delkrederekonto** und das Minus-Ertragskonto Debitorenverluste abgeschrieben.
Debitorenverluste/Debitoren	**Debitorenverluste/Delkredere**

Debitorenverluste stellen eine Erlösminderung dar, weshalb das Konto Debitorenverluste ein **Minus-Ertragskonto** ist, das dieselben Buchungsregeln wie ein Aufwandskonto aufweist (Konto 3800 im Kontenrahmen KMU).

Das **Delkredere ist eine Wertberichtigung zum Konto Debitoren,** deshalb auch *Wertberichtigung Forderungen* genannt (Konto 1109 im Kontenrahmen KMU). Es ist ein **Minus-Aktivkonto** wie das Wertberichtigungskonto bei der indirekten Abschreibung und unterliegt denselben Buchungsregeln wie ein Passivkonto.

Im Gegensatz zu den Abschreibungen definitiver Verluste, bei denen die einzelnen Debitoren und die Höhe des erlittenen Verlustes bekannt sind, kennt man bei der indirekten Abschreibung in der Regel die Kunden noch nicht, welche der Unternehmung Verluste zufügen werden. Eine direkte Abschreibung bei den einzelnen Debitoren ist deshalb nicht möglich.

Wie hoch das Delkredere veranschlagt werden soll, beruht auf Erfahrungszahlen. Abhängig von Branche und Konjunkturlage, bewegt sich der Prozentsatz bei inländischen Debitoren meist zwischen 0 % und 5 %, bei ausländischen zwischen 0 % und 10 %. Die Steuerbehörden akzeptieren pauschale Wertberichtigungen von 5 % (inländische Forderungen) bzw. 10 % (ausländische Forderungen).

Das Delkredere ist ein ruhendes Konto, d. h., es wird während des Jahres nicht verändert und erst beim Abschluss dem neuen Debitorenbestand angepasst.

Beispiel

Debitorenverluste, Delkredere

Die Volkart AG wurde neu gegründet. Der Verkehr mit den Debitoren während des Jahres ist summarisch dargestellt (alle Zahlen in Fr. 1000.–).

Vorgänge	Bilanz				Erfolgsrechnung	
1. Jahr	**Debitoren (Aktivkonto)**		**Delkredere (Minus-Aktivkonto)**		**Debitorenverluste (Minus-Ertragskonto)**	
Bisheriger Geschäftsverkehr	406	300				
Debitor Müller macht Konkurs. Der definitive Verlust beträgt 6.		6			6	
Bildung bzw. Erhöhung Delkredere Am Jahresende wird auf dem Debitorenbestand ein Delkredere von 5 % gebildet.				5	5	
Salden		100	5			11
	406	406	5	5	11	11

Schlussbilanz				Erfolgsrechnung	
Debitoren	100				Debitoren-
./. Delkredere	– 5	95			verlust – 11

Vorgänge	Bilanz				Erfolgsrechnung	
2. Jahr	**Debitoren**		**Delkredere**		**Debitorenverluste**	
Eröffnung	100			5		
Lieferungen an Kunden	600					
Zahlungen von Kunden		630				
Kundin Hauri macht Konkurs. Der definitive Verlust beträgt 10.		10			10	
Verminderung Delkredere Die mutmasslichen Verluste aus dem Debitorenbestand betragen 5 %[1].			2			2
Salden		60	3			8
	700	700	5	5	10	10

Schlussbilanz				Erfolgsrechnung	
Debitoren	60				Debitoren-
./. Delkredere	– 3	57			verlust – 8

> Sowohl die endgültigen als auch die mutmasslichen Debitorenverluste werden im Soll des Minus-Ertragskontos Debitorenverluste verbucht.

[1] Das neue Delkredere beträgt 5 % von 60 = 3. Das bisherige Delkredere muss also um 2 herabgesetzt werden, und zwar mit der Umkehrbuchung **Delkredere/Debitorenverluste.**

27

Rechnungsabgrenzung und Rückstellungen

Rechnungsabgrenzung

In der Erfolgsrechnung werden Aufwand und Ertrag einer bestimmten **Rechnungsperiode** einander gegenübergestellt. Es kommt in der Praxis allerdings vor, dass in den Aufwands- und Ertragskonten

- Beträge verbucht worden sind, die erst die nächste Rechnungsperiode betreffen, oder
- Beträge fehlen, die noch das Ergebnis der laufenden Rechnungsperiode beeinflussen.

Deshalb muss beim Jahresabschluss die so genannte **Rechnungsabgrenzung** durchgeführt werden, d. h., die nicht periodengerecht verbuchten Aufwände und Erträge müssen mit **transitorischen Buchungen** an die Periode angepasst werden.[1]

Beispiel 1

Aktive Rechnungsabgrenzung (Transitorische Aktiven)

Für einen neu gemieteten Lagerraum zahlt eine Unternehmung die Miete von Fr. 1200.– am 31. Oktober für ein Jahr zum Voraus (vorschüssig) per Post.

Wenn die Buchhaltung am 31. Dezember abgeschlossen wird, müssen die 1200.– wie folgt als Mietaufwand auf das laufende und das nächste Geschäftsjahr verteilt werden:

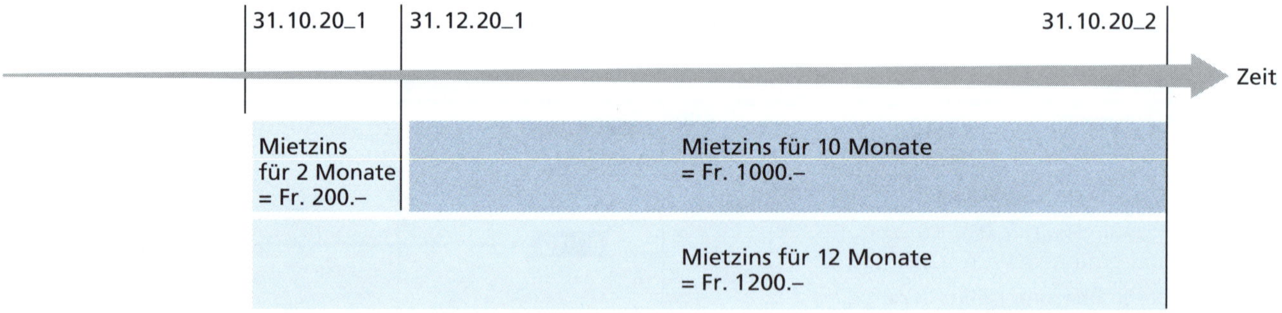

Am 31. Oktober 20_1 wurde der ganze Jahreszins von Fr. 1200.– als Mietaufwand verbucht. Weil von dieser Summe nur Fr. 200.– das Jahr 20_1 betreffen, müssen Fr. 1000.– als Aufwand auf das Jahr 20_2 übertragen werden.

Die Rechnungsabgrenzung wird wie folgt verbucht:

[1] Das lateinische Wort *transire* bedeutet wörtlich *hinübergehen.* Im Rechnungswesen wird der Begriff *transitorisch* verwendet für Geschäftsfälle, deren Wirkung über das Abschlussdatum hinaus in die nächste Periode geht.

Buchungen 20_1

Datum	Text	Buchung	Aktive Rechnungs-abgrenzung[1] Soll	Aktive Rechnungs-abgrenzung[1] Haben	Mietaufwand Soll	Mietaufwand Haben
31.10.	Zahlung	Mietaufwand/Post			1 200	
31.12.	Abgrenzung	Aktive Rechnungsabgrenzung/ Mietaufwand	1 000			1 000
31.12.	Salden			**1 000**		**200**
			1 000	1 000	1 200	1 200

Buchungen 20_2

Datum	Text	Buchung	Aktive Rechnungs-abgrenzung Soll	Aktive Rechnungs-abgrenzung Haben	Mietaufwand Soll	Mietaufwand Haben
1.1.	Eröffnung	Aktive Rechnungsabgrenzung/Bilanz	1 000			
1.1.	Rückbuchung[2]	Mietaufwand/ Aktive Rechnungsabgrenzung		1 000	1 000	

Durch die Rechnungsabgrenzung 20_1 wird erreicht, dass sich die Zahlung von Fr. 1200.– nur als Aufwand von Fr. 200.– auf das laufende Jahr auswirkt. Durch die Rückbuchung der Rechnungsabgrenzung zu Beginn des folgenden Jahres werden die Fr. 1000.– dem Jahr 20_2 als Mietaufwand belastet. Das Konto Aktive Rechnungsabgrenzung ist nach der Rückbuchung ausgeglichen.

Das Konto Aktive Rechnungsabgrenzung (Transitorische Aktiven) wird nur für den Jahresabschluss gebraucht. Da es sich bei den aktiven Rechnungsabgrenzungen immer um kurzfristige Forderungen handelt, werden sie in der Bilanz im Umlaufvermögen aufgeführt (Kontengruppe 130 im Kontenrahmen KMU).

Fussnoten zu dieser Seite:

1 Die aktive Rechnungsabrenzung wird oft mit **ARA** abgekürzt. Das Konto wird auch **Transitorische Aktiven (TA)** genannt.

Die aktive Rechnungsabrenzung stellt im Beispiel ein **Leistungsguthaben** dar: Diese Unternehmung (die Mieterin) hat das Recht, den Lagerraum noch weitere 10 Monate zu benutzen; der Mietzins dafür ist schon bezahlt.

Eine aktive Rechnungsabrenzung kann auch aus einem **Geldguthaben** bestehen: Ein Darlehensgläubiger zum Beispiel bucht am Jahresende den aufgelaufenen Marchzins mit der Buchung Aktive Rechnungsabrenzung (Transitorische Aktiven)/Zinsertrag.

2 Die Rückbuchung wird mit dem gegenüber der Rechnungsabgrenzung umgekehrten Buchungssatz vorgenommen.

Fussnoten zu Seite 72:

1 Die Passive Rechnungsabgrenzung wird oft mit **PRA** abgekürzt. Das Konto wird auch **Transitorische Passiven (TP)** genannt.

Die passive Rechnungsabgrenzung stellt hier eine **Geldschuld** dar: Die Unternehmung hat das Kapital schon drei Monate beansprucht, aber noch keinen Zins bezahlt.

Eine passive Rechnungsabgrenzung kann auch aus einer **Leistungsschuld** bestehen: Ein Vermieter bucht zum Beispiel am Jahresende den für das neue Jahr im Voraus erhaltenen Mietzins mit der Buchung Ertrag aus Liegenschaften/Passive Rechnungsabgrenzung (Transitorische Passiven).

2 Die Rückbuchung wird mit dem gegenüber der Rechnungsabgrenzung umgekehrten Buchungssatz vorgenommen.

Beispiel 2

Passive Rechnungsabgrenzung (Transitorische Passiven)

Eine Unternehmung nimmt am 30. September 20_1 von einer Bank ein Darlehen von Fr. 200 000.– auf. Der Zinsfuss beträgt 6 %. Der Zins muss nach Ablauf eines Jahres (nachschüssig) bezahlt werden.

Wird die Buchhaltung am 31. Dezember 20_1 abgeschlossen, muss der Zinsaufwand wie folgt auf das laufende und das nächste Geschäftsjahr verteilt werden:

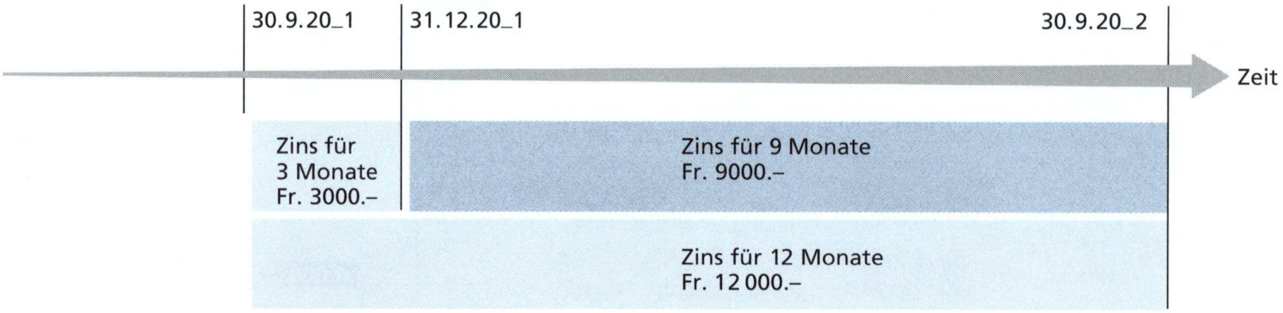

Da der erste Jahreszins von Fr. 12 000.– erst am 30. September 20_2 zur Zahlung fällig wird, wurden in dieser Unternehmung bis zum Jahresabschluss Ende 20_1 noch keine Zinsen verbucht. Weil das Kapital im alten Jahr bereits drei Monate beansprucht worden ist, muss der entsprechende Marchzins für 20_1 als Aufwand und als Schuld verbucht werden.

Buchungen 20_1

Datum	Geschäftsfall	Buchung	Passive Rechnungsabgrenzung[1]		Zinsaufwand	
31.12.20_1	Rechnungsabgrenzung	Zinsaufwand/ Passive Rechnungsabgrenzung		3 000	3 000	
31.12.20_1	Abschluss	Passive Rechnungsabgrenzung/Bilanz	**3 000**			
		ER/Zinsaufwand				**3 000**
			3 000	3 000	3 000	3 000

Buchungen 20_2

Datum	Geschäftsfall	Buchung	Passive Rechnungsabgrenzung[1]		Zinsaufwand	
01.01.20_2	Eröffnung	Bilanz/ Passive Rechnungsabgrenzung		3 000		
01.01.20_2	Rückbuchung[2]	Passive Rechnungsabgrenzung/ Zinsaufwand	3 000			3 000
30.09.20_2	Zinszahlung	Zinsaufwand/Bank			**12 000**	

Durch die Rechnungsabgrenzung Ende 20_1 erreicht man, dass der anteilige Zinsaufwand von Fr. 3000.– der laufenden Rechnungsperiode belastet wird. Mit der Rückbuchung der Abgrenzung zu Beginn des folgenden Jahres sowie der Verbuchung der Zinszahlung am 30. September werden der neuen Periode Fr. 9000.– Zins belastet (Fr. 12 000.– abzüglich Fr. 3000.–). Das Konto Passive Rechnungsabgrenzung ist nach der Rückbuchung ausgeglichen.

Das Konto Passive Rechnungsabgrenzung wird nur für den Jahresabschluss gebraucht und wird im kurzfristigen Fremdkapital bilanziert.

[1] und [2] Die Fussnoten stehen auf Seite 71.

Übersicht über die Rechnungsabgrenzungen

Es können folgende vier Fälle von Rechnungsabgrenzungen (transitorischen Abgrenzungen) unterschieden werden:

Geschäftsfall	Rechnungsabgrenzung
Fall 1: Noch nicht bezahlter Aufwand Ein im laufenden Geschäftsjahr noch nicht verbuchter Aufwand ist der laufenden Periode zu belasten. Beispiel: aufgelaufene Zinsen auf Passivdarlehen	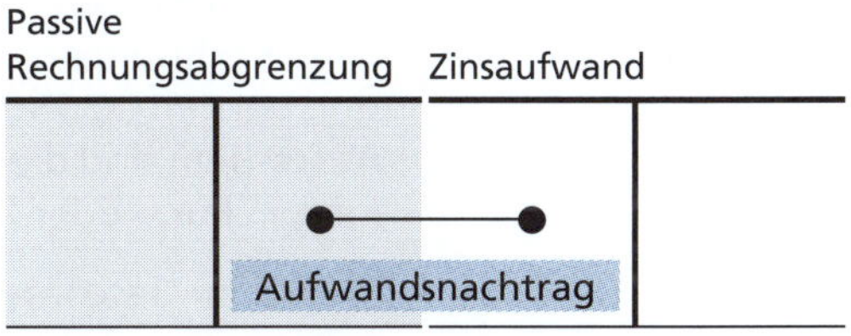
Fall 2: Noch nicht erhaltener Ertrag Ein im laufenden Geschäftsjahr noch nicht verbuchter Ertrag ist der laufenden Periode gutzuschreiben. Beispiel: aufgelaufene Zinsen auf Aktivdarlehen	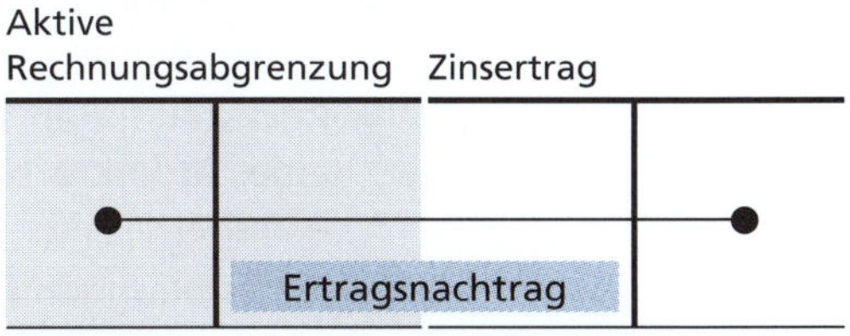
Fall 3: Vorausbezahlter Aufwand Ein im laufenden Geschäftsjahr verbuchter Aufwand ist ganz oder teilweise der nächsten Periode zu belasten. Beispiel: vorausbezahlte Mietzinse (Sicht des Mieters)	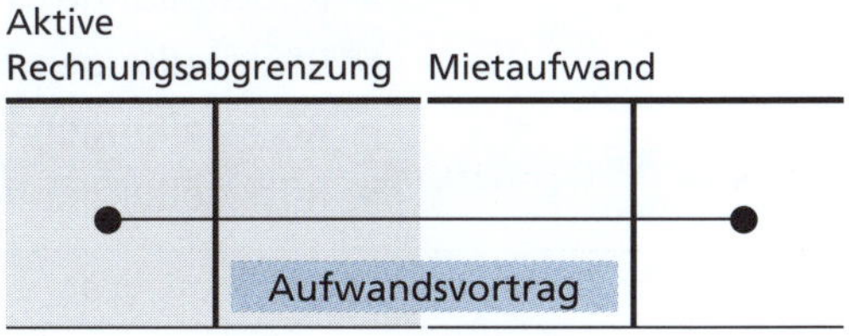
Fall 4: Im Voraus erhaltener Ertrag Ein im laufenden Geschäftsjahr verbuchter Ertrag ist ganz oder teilweise der nächsten Periode gutzuschreiben. Beispiel: im Voraus erhaltene Mietzinse (Sicht des Vermieters)	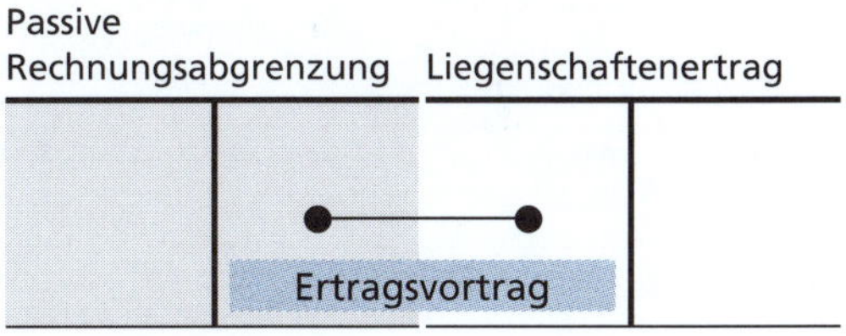

> Die Rechnungsabgrenzungen (transitorischen Buchungen) sind stets **erfolgswirksam,** d. h., die Gegenbuchungen zu den aktiven und passiven Rechnungsabgrenzungen erfolgen immer auf einem Aufwands- oder Ertragskonto.
>
> Buchungen über Rechnungsabgrenzungskonten erfolgen nur beim Jahresabschluss. Nach der Wiedereröffnung werden die aktiven oder passiven Rechnungsabgrenzungen durch Umkehrung der Buchungssätze, die zu ihrer Bildung geführt haben, aufgelöst.

Rückstellungen

Rückstellungen sind Verbindlichkeiten (Fremdkapital), deren Höhe und/oder Fälligkeit am Bilanzstichtag ungewiss, aber schätzbar sind.

Die Rückstellungen sind verwandt mit den passiven Rechnungsabgrenzungen (transitorische Passiven), weil beides zeitliche Abgrenzungen sind. Im Gegensatz zu den passiven Rechnungsabgrenzungen, wo die Verbindlichkeit meist eindeutig bestimmbar ist, sind bei den Rückstellungen Unsicherheiten bezüglich Höhe und Zeitpunkt vorhanden. Ausserdem sind die Rechnungsabgrenzungen immer kurzfristig, während die Rückstellungen kurz- oder langfristig sein können.

Es gibt im Geschäftsleben viele Ereignisse, bei denen Rückstellungen gebildet werden müssen. Die wichtigsten Fälle sind:

- Rückstellungen für nach dem Verkauf verbleibende Pflichten wie Serviceleistungen, Nacharbeiten oder Garantiereparaturen
- Rückstellungen für Beseitigungs- oder Wiederherstellungspflichten (z. B. Abbruch eines Atomkraftwerks am Ende der Nutzungsdauer und Entsorgung der radioaktiven Abfälle)
- Rückstellungen für Prozessrisiken (Gerichtsverfahren)
- Rückstellungen für Verpflichtungen aus der Personalvorsorge
- Rückstellungen für Sanierungen und Umstrukturierungen
- Rückstellungen für gewährte Bürgschaften
- Rückstellungen für noch nicht vorgenommene Grossrevisionen
- Rückstellungen für unterlassenen Liegenschaftsunterhalt

Beispiel

Rückstellungen für Prozessrisiken

Bei einer pharmazeutischen Unternehmung ergeben sich immer wieder gerichtliche Schadenersatzklagen wegen unerwünschter Nebenwirkungen von Medikamenten. Die Gerichtsverfahren dauern oft mehrere Jahre. Die Gerichtsentscheide lauten manchmal zugunsten und manchmal zulasten des Pharmabetriebs.

Datum	Geschäftsfall	Buchung	Rückstellungen		Prozessaufwand	
01.01.	Eröffnung (früher gebildete Rückstellungen für bestehende Prozessrisiken	Bilanz/Rückstellungen		20		
20.03.	Bildung einer Rückstellung aufgrund einer neuen gerichtlichen Klage[2]	Prozessaufwand[1]/ Rückstellungen		12	12	
10.06.	Auflösung einer früher gebildeten Rückstellung infolge Gerichtsentscheids zu unseren Gunsten	Rückstellungen/ Prozessaufwand[3]	7			7
28.09.	Verwendung einer früher gebildeten Rückstellung durch Schadenersatzzahlung infolge eines Gerichtsentscheids zu unseren Lasten	Rückstellungen/Bank	13			
31.12.	Abschluss	Rückstellungen/Bilanz	**12**			
		ER/Prozessaufwand				**5**
			32	32	12	12

Zusammenfassung

Rückstellungen sind Verbindlichkeiten, deren Höhe und/oder Fälligkeit ungewiss, aber schätzbar sind. Sie verändern sich durch drei Tatbestände:

Rückstellungen
Verbindlichkeiten (Fremdkapital) mit ungewisser Höhe und/oder Fälligkeit

Bildung	Auflösung	Verwendung
Eine Rückstellung ist zu bilden, wenn das Risiko entsteht.	Die Rückstellung ist aufzulösen, wenn das Risiko nicht mehr besteht.	Die Rückstellungen sind zu verwenden, wenn der Risikofall eintritt.
Die Bildung wird erfolgswirksam als Aufwand oder Ertragsminderung gebucht: Aufwand oder Ertrag/ Rückstellungen	Die Auflösung wird erfolgswirksam als Aufwandsminderung oder Ertrag gebucht: Rückstellungen/Aufwand oder Ertrag	Die Verwendung ist erfolgsneutral: Rückstellungen/Flüssige Mittel

1 Für die Bildung von Rückstellungen muss je nach Fall ein passendes Aufwandskonto gebildet werden. Die Bildung von Rückstellungen kann auch als Ertragsminderung verbucht werden (zum Beispiel bei Garantierückstellungen).

2 Rückstellungen werden entweder sofort bei Auftreten des entsprechenden Risikos verbucht oder dann spätestens beim Jahresabschluss.

3 Auflösungen können auch als ausserordentlicher Ertrag (Konto 8600 im Kontenrahmen KMU) gebucht werden, weil es sich meist um einen periodenfremden Tatbestand handelt.

3. Teil Ausgewählte Themen

Einleitung

In diesem Teil werden wichtige Fragen aus dem buchhalterischen Alltag von Unternehmungen beantwortet:

- Wie werden die Einkäufe und Verkäufe sowie die Vorräte in Handelsbetrieben und Fabrikationsunternehmungen erfasst?
- Wie funktioniert die Offenposten-Buchhaltung?
- Wie wird die Mehrwertsteuer verbucht und abgerechnet?
- Welche Probleme ergeben sich bei der Kalkulation von Kosten und Preisen für Produkte und Leistungen?
- Bei welchem Umsatz erreicht eine Unternehmung die Gewinnschwelle?
- Wie kann der Jahreserfolg mehrstufig analysiert werden?
- Wie werden Lohnabrechnungen unter Berücksichtigung der wichtigsten Sozialversicherungsbeiträge erstellt und verbucht?
- Wie lässt sich eine Immobilienbuchhaltung führen?
- Wie wird der Wertschriftenverkehr erfasst und die Rendite ermittelt?

Einkauf, Verkauf und Vorräte

a) Handelsbetrieb

Eine Handelsunternehmung kauft von verschiedenen Produzenten oder von anderen Handelsbetrieben Waren meist in grösseren Mengen ein, bildet damit ein Sortiment und bietet dieses ihren Kunden in kleineren Mengen zum Kauf an.

Der Handelsbetrieb stellt im Gegensatz zum Fabrikationsbetrieb keine neuen Produkte her, sondern erfüllt eine Vermittlerfunktion zwischen Produzenten und Verbrauchern; er gehört als Dienstleistungsbetrieb zum tertiären Wirtschaftssektor.

Kleinere Unternehmen erfassen den Warenverkehr in der Regel nach folgendem Schema:

Einkauf →	Lagerung →	Verkauf
Warenaufwand Da die Einkäufe meist zum sofortigen Verbrauch bestimmt sind, werden sie nicht aktiviert, sondern als Aufwand gebucht.[1] Wareneinkäufe werden zu **Einstandspreisen** erfasst.[2]	**Warenvorrat (Aktivkonto)** Das Warenvorratskonto ist ein **ruhendes Konto:** Es wird unter dem Jahr nicht verändert, sondern erst beim Abschluss dem neuen Warenvorrat gemäss Inventar angepasst. Die Anfangs- und Schlussbestände im Warenvorrat werden zu **Einstandspreisen** erfasst.	**Warenertrag** Die Warenverkäufe werden im Konto Warenertrag erfasst. Die Verbuchung erfolgt zu **Verkaufspreisen.**

[1] Nicht aktivieren bedeutet, dass die Einkäufe nicht als Aktiven in Form einer Warenvorratszunahme verbucht werden.

[2] Unter **Einstandspreis** versteht man den Einkaufspreis für eine Ware samt Bezugskosten. Er wird wie folgt ermittelt:

	Bruttoeinkaufspreis
./.	Preisminderungen (Rabatt, Skonto)
=	Nettoeinkaufspreis
+	Bezugskosten (z. B. Transportkosten, Zoll)
=	Einstandspreis

Der **Einstandswert** ergibt sich durch die Multiplikation des Einstandspreises mit der Menge.

Die Verbuchung von Wareneinkauf und Warenverkauf

Die Verbuchung der Wareneinkäufe und Warenverkäufe kann grundsätzlich wie folgt dargestellt werden:[1]

Warenaufwand

Soll	Haben
Einkäufe brutto	Rabatte von Lieferanten
	Skonti von Lieferanten
	Rücksendungen an Lieferanten
Bezugskosten zulasten des Käufers wie Transport oder Zoll	**Saldo** = Einstandswert = Warenaufwand

Warenertrag

Soll	Haben
Rabatte an Kunden	Verkäufe brutto
Skonti an Kunden	
Rücksendungen von Kunden	
Versandkosten zulasten des Verkäufers	
Saldo = Nettoerlös = Warenertrag = Umsatz	

Am Jahresende werden die Salden auf die Erfolgsrechnung übertragen:

Erfolgsrechnung

	Aufwand	Ertrag
	Warenaufwand	**Warenertrag**
Bruttogewinn	Übriger Aufwand wie Personal, Miete, Abschreibung, Zinsen	
	Gewinn	

[1] Bei der Verbuchung des Warenaufwands wird in diesem Abschnitt davon ausgegangen, dass die eingekauften Waren in der gleichen Periode wieder verkauft werden können, sodass sich der Warenvorrat nicht ändert. Die Veränderung des Warenvorrats wird im nächsten Abschnitt besprochen.

Beispiel 1

Wareneinkauf

Alle mit dem Wareneinkauf zusammenhängenden Geschäftsfälle werden auf dem Konto **Warenaufwand** verbucht. (Geschäftsverkehr summarisch in Kurzzahlen.)

Nr.	Geschäftsfall		Buchung	Kreditoren		Warenaufwand	
1	Anfangsbestand Kreditoren	40	Bilanz/Kreditoren		40		
2	Wareneinkäufe gegen Rechnung	350	Warenaufwand/Kreditoren		350	350	
3	Gutschriften von Lieferanten für nachträglich erhaltene Rabatte	16	Kreditoren/Warenaufwand	16			16
4	Gutschriften von Lieferanten für Rücksendungen mangelhafter Ware	10	Kreditoren/Warenaufwand	10			10
5	Barzahlung für Transportkosten	8	Warenaufwand/Kasse			8	
6	Zahlung von Lieferantenrechnungen: ► Skontoabzüge ► Bankzahlungen	 2 330	 Kreditoren/Warenaufwand Kreditoren/Bank	 2 330			 2
7	Abschluss		Kreditoren/Bilanz Erfolgsrechnung/Warenaufwand	**32**			 **330**
				390	390	358	358

Beispiel 2

Warenverkauf

Alle mit dem Warenverkauf zusammenhängenden Geschäftsfälle werden auf dem Konto **Warenertrag** verbucht. (Geschäftsverkehr summarisch in Kurzzahlen.)

Nr.	Geschäftsfall		Buchung	Debitoren		Warenertrag	
1	Anfangsbestand Debitoren	70	Debitoren/Bilanz	70			
2	Warenverkäufe gegen Rechnung	560	Debitoren/Warenertrag	560			560
3	Gutschriften an Kunden für nachträglich gewährte Rabatte	30	Warenertrag/Debitoren		30	30	
4	Gutschriften an Kunden für Rücknahmen mangelhafter Waren	20	Warenertrag/Debitoren		20	20	
5	Barzahlung von Versandfrachten zulasten des Verkäufers	7	Warenertrag/Kasse			7	
6	Zahlung von Kunden: ► Skontoabzüge ► Bankzahlungen	 3 487	 Warenertrag/Debitoren Bank /Debitoren		 3 487	 3	
7	Abschluss		Bilanz/Debitoren Warenertrag/Erfolgsrechnung		**90**	 **500**	
				630	630	560	560

Rabatte und Skonti werden auf der nächsten Doppelseite erläutert.

Rabatte werden vor allem gewährt als:

- ▶ Mengenrabatt bei Bezug von grossen Mengen
- ▶ Mängelrabatt bei mangelhafter Lieferung
- ▶ Wiederverkaufsrabatt bei Lieferungen an Händler
- ▶ Sonderrabatt zur Absatzförderung bei besonderen Gelegenheiten (z. B. Geschäftseröffnung, Firmenjubiläum, Liquidationen, Dorffest, Frühlingsbeginn, Januarloch)

Die Rabatte werden auf den Rechnungen ausgewiesen, und sowohl bei Wareneinkäufen als auch bei Warenverkäufen wird nach Möglichkeit immer der Nettobetrag nach Abzug des Rabatts verbucht, sodass die in Beispiel 1 gezeigte Rabattbuchung eher selten ist und nur bei nachträglich gewährten Rabatten vorkommt.

Der **Skonto** ist eine Belohnung für vorzeitige Bezahlung. Er wird in der Rechnung als Zahlungsbedingung erwähnt, aber er ist noch nicht abgezogen, weil der Schuldner ein Wahlrecht hat: Er kann die Rechnung vorzeitig unter Abzug von Skonto bezahlen, oder er kann die Rechnung später netto begleichen.

Das folgende Beispiel einer Lieferantenrechnung verdeutlicht den Unterschied zwischen Rabatt und Skonto:

Beispiel 3

Lieferantenrechnung mit Rabatt und Skonto

Schreibzeugfabrik AG

Bergstrasse 27
5000 Aarau

Office Center GmbH
Limmatstrasse 310
8005 Zürich

Aarau, 3. April 20_1

Rechnung Nr. 2338

10000 Schreibblöcke A4 kariert

Bruttopreis (Listenpreis)	Fr. –.50/Stück	Fr. 5 000.–
./. 20% Mengenrabatt		Fr. 1 000.–
Nettopreis (Rechnungsbetrag)		Fr. 4 000.–

Zahlungsbedingungen:
- ▶ 10 Tage 2% Skonto
- ▶ 30 Tage netto

Die Buchungssätze für den Krediteinkauf und die Bezahlung der 10000 Schreibblöcke in Beispiel 2 sind verschieden, je nachdem, ob der Käufer früher oder später bezahlt:

	Mit Skontoabzug (bei Zahlung innert 10 Tagen)		Ohne Skontoabzug (bei Zahlung innert 11 bis 30 Tagen)	
Krediteinkauf	Warenaufwand/Kreditoren	4 000	Warenaufwand/Kreditoren	4 000
Zahlung	Kreditoren/Warenaufwand Kreditoren/Bank	80 3 920	Kreditoren/Bank	4 000

Der Käufer erhält im obigen Beispiel vom Lieferanten grundsätzlich einen Kredit für 30 Tage. Wenn er die Schuld schon nach 10 Tagen begleicht (also 20 Tage früher), kann er einen Skonto von 2 % abziehen.

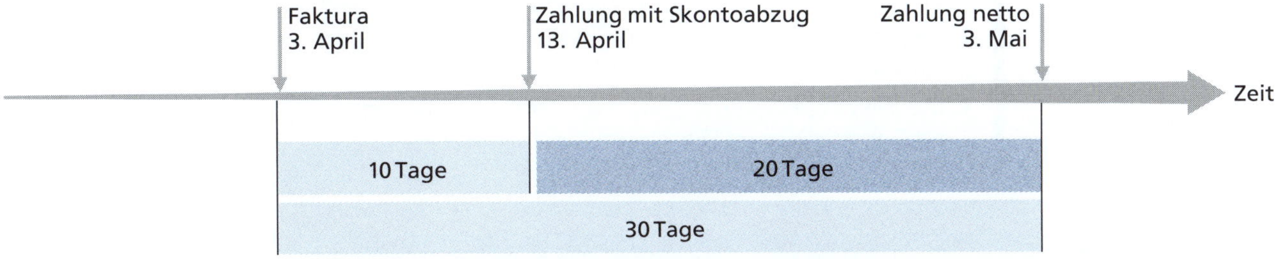

Damit wird klar, dass der Skonto den Charakter eines Zinses hat, und es stellt sich die Frage, welcher **Zinsfuss** dieser Skontogewährung zugrunde liegt. Da sich die Zinsfüsse normalerweise auf ein Jahr beziehen, muss der Skonto auf ein ganzes Jahr umgerechnet werden:

Zinsfuss (Skonto) für 20 Tage	2 %
Zinsfuss für 360 Tage (Jahreszinsfuss)	**36 %**

$$\frac{2\,\% \cdot 360 \text{ Tage}}{20 \text{ Tage}} = 36\,\% \text{ p.a.}$$

Für den Kunden lohnt es sich meist, den Skonto abzuziehen, weil der zugrunde liegende Jahreszinsfuss in der Regel hoch ist.

Auf der anderen Seite bietet ein Lieferant den Skonto aus folgenden Gründen an:

- Der Lieferant braucht dringend Geld und kann dies nicht anderweitig beschaffen, weil seine Bonität zu gering ist.
- Der Lieferant versucht mit der Skontogewährung, das Delkredere-Risiko (Risiko, dass der Kunde nicht zahlt) zu vermindern.
- Die Gewährung von Skonto kann branchenüblich sein (z. B. Baubranche).

Wegen des hohen Zinsfusses ist der Skonto heutzutage nicht mehr verbreitet.

Bestandesänderungen im Warenvorrat

Obwohl sich die Vorräte in einem Handelsbetrieb laufend verändern, werden die Bestandesänderungen in der Buchhaltung erst am Ende jeder Rechnungsperiode (meist Ende Jahr) erfasst. **Das Warenvorratskonto wird damit zum ruhenden Konto.** Dies bedeutet:

- Nach der Eröffnung des Kontos Warenvorrat werden unter dem Jahr keine Buchungen mehr auf diesem Konto vorgenommen (das Konto ruht).
- Am Jahresende ist das Konto Warenvorrat durch eine Korrekturbuchung anzupassen. Dabei gelten folgende Regeln:

1. Am Jahresende wird der neue Bestand aufgrund des Wareninventars[1] ermittelt und im Konto Warenvorrat als Schlussbestand (Saldo) eingetragen.
2. Die Bestandesänderung wird im Konto Warenvorrat als Differenz zwischen dem Anfangs- und dem Schlussbestand ermittelt.
3. Die Bestandesänderung wird als Korrekturbuchung im Konto Warenvorrat und als Gegenkonto im Warenaufwand erfasst.

[1] Bei der Inventur werden Ende Jahr alle Waren gezählt, gemessen oder gewogen. Durch Multiplikation der Lagermengen mit den entsprechenden Einstandspreisen ergibt sich der Wert des Warenvorrats. Das detaillierte Verzeichnis aller Waren mit Mengen und Einstandspreisen heisst Wareninventar.

Bei den Bestandesänderungen sind drei Fälle zu unterscheiden:

Bestandesänderungen im Warenvorrat

Fall 1: Keine Vorratsänderung	**Fall 2: Vorratszunahme**	**Fall 3: Vorratsabnahme**
Wurden alle eingekauften Waren innerhalb des gleichen Jahres wieder verkauft, so verändert sich der Warenvorrat nicht, weshalb am Jahresende keine Korrekturbuchung notwendig ist.	Wurden mehr Waren eingekauft als verkauft, ergibt sich aufgrund des Wareninventars Ende Jahr eine Zunahme des Warenvorrats. Die nicht verkauften Waren stellen keinen Warenaufwand dar, sondern sind als Vorratszunahme zu aktivieren.	Wurden mehr Waren verkauft als eingekauft, so ergibt sich aufgrund des Wareninventars Ende Jahr eine Abnahme des Warenvorrats. Die Vorratsabnahme stellt einen zusätzlichen Warenaufwand dar.
Korrekturbuchung: **Keine Buchung**	Korrekturbuchung: **Warenvorrat/Warenaufwand**	Korrekturbuchung: **Warenaufwand/Warenvorrat**

In Beispiel 4 werden diese drei Fälle mit summarischen Zahlen erläutert.

Beispiel 4

Bestandesänderungen

A. Schmidlin kauft das Trendgetränk BLUE DOG von einer Getränkefabrik für Fr. 2.–/Dose ein und verkauft es an schweizerische Diskotheken für Fr. 3.–/Dose.

	Einstandspreis je Dose	Fr. 2.–
+	Bruttogewinnzuschlag je Dose[1]	Fr. 1.–
=	Verkaufspreis je Dose	Fr. 3.–

Die Einkäufe und Verkäufe werden zur Vereinfachung gegen bar abgewickelt.

[1] Der Bruttogewinn dient dem Händler zur Deckung der allgemeinen Aufwände wie Personal, Miete, Abschreibungen oder Zinsen sowie zur Erzielung eines Reingewinns.

Fall 1: Keine Vorratsänderung

Datum	Geschäftsfall	Buchung	Warenvorrat		Warenaufwand		Warenertrag	
01.01.	Anfangsbestand Warenvorrat 2000 Dosen	Warenvorrat/Bilanz	4 000					
Diverse	Wareneinkäufe 6000 Dosen	Warenaufwand/Kasse			12 000			
Diverse	Warenverkäufe 6000 Dosen	Kasse/Warenertrag						18 000
31.12.	Schlussbestand Warenvorrat 2000 Dosen	Bilanz/Warenvorrat		**4 000**				
31.12.	Saldo Warenaufwand	ER/Warenaufwand				**12 000**		
31.12.	Saldo Warenertrag	Warenertrag/ER					**18 000**	
			4 000	4 000	12 000	12 000	18 000	18 000

Fall 2: Vorratszunahme

Datum	Geschäftsfall	Buchung	Warenvorrat		Warenaufwand		Warenertrag	
01.01.	Anfangsbestand Warenvorrat 2000 Dosen	Warenvorrat/Bilanz	4 000					
Diverse	Wareneinkäufe 6000 Dosen	Warenaufwand/Kasse			12 000			
Diverse	Warenverkäufe 5000 Dosen	Kasse/Warenertrag						15 000
31.12.	**Korrekturbuchung** Vorratszunahme 1000 Dosen	**Warenvorrat/Warenaufwand**	2 000			2 000		
31.12.	Schlussbestand Warenvorrat 3000 Dosen	Bilanz/Warenvorrat		**6 000**				
31.12.	Saldo Warenaufwand	ER/Warenaufwand				**10 000**		
31.12.	Saldo Warenertrag	Warenertrag/ER					**15 000**	
			6 000	6 000	12 000	12 000	15 000	15 000

Fall 3: Vorratsabnahme

Datum	Geschäftsfall	Buchung	Warenvorrat		Warenaufwand		Warenertrag	
01.01.	Anfangsbestand Warenvorrat 2000 Dosen	Warenvorrat/Bilanz	4 000					
Diverse	Wareneinkäufe 6000 Dosen	Warenaufwand/Kasse			12 000			
Diverse	Warenverkäufe 7000 Dosen	Kasse/Warenertrag						21 000
31.12.	**Korrekturbuchung** Vorratsabnahme 1000 Dosen	**Warenaufwand/Warenvorrat**		2 000	2 000			
31.12.	Schlussbestand Warenvorrat 1000 Dosen	Bilanz/Warenvorrat		**2 000**				
31.12.	Saldo Warenaufwand	ER/Warenaufwand				**14 000**		
31.12.	Saldo Warenertrag	Warenertrag/ER					**21 000**	
			4 000	4 000	14 000	14 000	21 000	21 000

Grafisch können die Konten Warenvorrat und Warenaufwand mit den Zahlen von Beispiel 4 wie folgt dargestellt werden (die Grössenverhältnisse sind nicht massstäblich):

Fall 1: Keine Vorratsänderung

Warenvorrat

Anfangsbestand 4 000	**Saldo 4 000** = Schlussbestand

Warenaufwand

Einstandswert der eingekauften Waren 12 000	**Saldo 12 000** = Warenaufwand = Einstandswert der verkauften Waren

Fall 2: Vorratszunahme

Warenvorrat

Anfangsbestand 4 000	**Saldo 6 000** = Schlussbestand
Vorratszunahme 2 000 (Korrekturbuchung)	

Warenaufwand

Einstandswert der eingekauften Waren 12 000	Vorratszunahme 2 000 (Korrekturbuchung)
	Saldo 10 000 = Warenaufwand = Einstandswert der verkauften Waren

Fall 3: Vorratsabnahme

Warenvorrat

Anfangsbestand 4 000	Vorratsabnahme 2 000 (Korrekturbuchung)
	Saldo 2 000 = Schlussbestand

Warenaufwand

Einstandswert der eingekauften Waren 12 000	**Saldo 14 000** = Warenaufwand = Einstandswert der verkauften Waren
Vorratsabnahme 2 000 (Korrekturbuchung)	

Bruttogewinn und zweistufige Erfolgsrechnung

Die Salden aller Aufwands- und Ertragskonten werden beim Abschluss auf die Erfolgsrechnung übertragen. Als Ergebnis ergibt sich ein Gewinn oder Verlust. (Die Zahlen nehmen keinen Bezug zu früheren Beispielen.)

Erfolgsrechung 20_1 (in Fr. 1000.–)

Aufwand		Ertrag	
Warenaufwand	300	Warenertrag	500
Personalaufwand	100		
Raumaufwand	30		
Abschreibungen	10		
Übriger Aufwand	40		
Gewinn	**20**		
	500		500

Für eine vertiefte Analyse des Ergebnisses ist es für einen Handelsbetrieb sinnvoll, die Erfolgsrechnung in zwei Stufen zu unterteilen und als Zwischenergebnis den Bruttogewinn auszuweisen:

Beispiel 5

Zweistufige Erfolgsrechnung

Mit den obigen Zahlen lässt sich der Erfolg zweistufig nachweisen:

Erfolgsrechung 20_1 (in Fr. 1000.–)

	Aufwand		Ertrag		
	Warenaufwand	300	Warenertrag	500	1. Stufe = Bruttogewinn
	Bruttogewinn	**200**			
		500		500	
Gemeinaufwand	Personalaufwand	100	Bruttogewinn	200	2. Stufe = Reingewinn
Gemeinaufwand	Raumaufwand	30			
Gemeinaufwand	Abschreibungen	10			
Gemeinaufwand	Übriger Aufwand	40			
	Reingewinn[1]	**20**			
		200		200	

Die zweistufige Erfolgsrechnung lässt sich wie folgt charakterisieren:

[1] Zur besseren Unterscheidung gegenüber dem Bruttogewinn wird der Gewinn oft auch als **Reingewinn** (im Sinne von Nettogewinn) bezeichnet.

1. Stufe

Aus der Gegenüberstellung von Warenertrag und Warenaufwand ergibt sich auf der ersten Stufe der **Bruttogewinn.** Er dient zur Deckung des Gemeinaufwands und ist eine zentrale Grösse bei der Beurteilung der Kosten- und Preispolitik einer Handelsunternehmung.

2. Stufe

Der Bruttogewinn steht als Ergebnis der ersten Stufe im Soll. Als Ausgangsgrösse für die zweite Stufe wird er im Haben vorgetragen.

Die zweite Stufe zeigt, ob der Bruttogewinn ausreicht, um die Gemeinaufwände zu decken und darüber hinaus einen angemessenen **Reingewinn** zu erzielen.

Unter **Gemeinaufwand** werden jene Aufwände zusammengefasst, die ohne unmittelbaren Zusammenhang mit einem konkreten Warengeschäft gemeinsam für alle Waren entstehen, zum Beispiel der Personalaufwand, Raumaufwand, Verwaltungsaufwand, Zinsaufwand oder Abschreibungsaufwand.

Kontoform und Berichtsform der zweistufigen Erfolgsrechnung

Auf der linken Seite wurde die zweistufige Erfolgsrechnung im Sinne der doppelten Buchhaltung in Form eines Kontos dargestellt (= Kontoform). Allerdings werden in der Praxis zweistufige Erfolgsrechnungen der Einfachheit halber meist in Form eines staffelförmigen Berichts ausgewiesen (= Berichtsform):

Erfolgsrechung (in Fr. 1000.–)

		Warenertrag	500	1. Stufe = Bruttogewinn
	./.	Warenaufwand	– 300	
	=	**Bruttogewinn**	**200**	
Gemeinaufwand	./.	Personalaufwand	– 100	2. Stufe = Reingewinn
	./.	Raumaufwand	– 30	
	./.	Abschreibungen	– 10	
	./.	Übriger Aufwand	– 40	
	=	**Reingewinn**	**20**	

Exkurs

Laufende Lagerführung

Bisher wurde der **Warenvorrat als ruhendes Konto** geführt. Diese bei KMUs sehr verbreitete Buchungsmethode zeichnet sich durch folgende Merkmale aus:

- Die Wareneinkäufe werden als Warenaufwand erfasst, da sie zum anschliessenden Weiterverkauf bestimmt sind.
- Unter dem Jahr erfolgen auf dem Warenvorrat keine Buchungen. Ende Jahr wird der Schlussbestand des Warenvorrats durch Inventur festgestellt.
- Die Bestandesänderung im Warenvorrat führt zu einer Korrekturbuchung.

In grösseren Betrieben kommt oft eine zweite Verbuchungsmethode für den Warenverkehr zum Einsatz, die **laufende (permanente) Lagerführung:**

- Die Wareneinkäufe werden als Zunahme des Warenvorrats verbucht.
- Die Warenverkäufe bewirken nebst dem Warenertrag auch eine Abnahme des Warenvorrats, die als Warenaufwand erfasst wird.
- Weil der Warenvorrat durch die Verbuchung von Wareneingängen und Warenausgängen laufend nachgeführt wird, ist der aktuelle Lagerbestand jederzeit auf dem Warenvorratskonto sichtbar.

Die Unterschiede zwischen den beiden Systemen werden anhand von Beispiel 6 erläutert.

Beispiel 6

Methoden zur Führung der Warenkonten

D. Fluder kauft einen Artikel zum Einstandspreis von Fr. 5.–/Stück und verkauft ihn zum Verkaufspreis von Fr. 8.–/Stück weiter.

Lösung 1 Warenvorrat als ruhendes Konto

Verbuchung der Wareneinkäufe als Warenaufwand

Datum	Geschäftsfall	Buchung	Warenvorrat		Warenaufwand		Warenertrag	
01.01.	Anfangsbestand 100 Stück	Warenvorrat/Bilanz	500					
15.01.	Krediteinkauf 1 000 Stück	Warenaufwand/Kreditoren			5 000			
23.01.	Kreditverkauf 800 Stück	Debitoren/Warenertrag						6 400
31.01.	Korrekturbuchung Vorratszunahme 200 Stück	Warenvorrat/ Warenaufwand	1 000			1 000		
31.01.	Warenvorrat gemäss Inventar 300 Stück	Bilanz/Warenvorrat		**1 500**				
	Saldo Warenaufwand	ER/Warenaufwand				**4 000**		
	Saldo Warenertrag	Warenertrag/ER					**6 400**	
			1 500	1 500	5 000	5 000	6 400	6 400

Lösung 2 Laufende Lagerführung

Verbuchung der Wareneinkäufe als Warenvorratszunahme

Datum	Geschäftsfall	Buchung	Warenvorrat		Warenaufwand		Warenertrag	
01.01.	Anfangsbestand 100 Stück	Warenvorrat/Bilanz	500					
15.01.	Krediteinkauf 1 000 Stück	Warenvorrat/Kreditoren	5 000					
23.01.	Kreditverkauf 800 Stück	Debitoren/Warenertrag						6 400
	Verbrauch (= Abnahme des Warenvorrats) 800 Stück	Warenaufwand/ Warenvorrat		4 000	4 000			
31.01.	Schlussbestand 300 Stück	Bilanz/Warenvorrat		**1 500**				
	Saldo Warenaufwand	ER/Warenaufwand				**4 000**		
	Saldo Warenertrag	Warenertrag/ER					**6 400**	
			5 500	5 500	4 000	4 000	6 400	6 400

Die beiden Methoden zur Verbuchung des Warenverkehrs lassen sich wie folgt charakterisieren:

Buchungsmethoden

Warenvorrat als ruhendes Konto	**Laufende Lagerführung (Warenvorrat laufend nachgeführt)**
Die **Einkäufe** werden gesamthaft (in einem Betrag für den gesamten Einkauf) als **Warenaufwand** verbucht, was buchhalterisch dann richtig ist, wenn angenommen werden kann, dass die eingekauften Artikel in der gleichen Geschäftsperiode wieder veräussert werden. Das Warenvorratskonto ist ein **ruhendes Konto,** weshalb der aktuelle Lagerbestand nicht aus der Buchhaltung ersichtlich ist.	Die **Einkäufe** werden einzeln (artikelweise) als Zunahme des **Warenvorrats** verbucht. Das Warenvorratskonto verändert sich nach jedem Einkauf um den entsprechenden Einstandswert, und der aktuelle (Soll-)Warenbestand[1] ist jederzeit aus der Buchhaltung ersichtlich.
Die Verkäufe werden nicht einzeln gebucht, sondern z. B. am Ende eines Tages anhand des Kassastreifens mit einer Buchung gesamthaft erfasst. Dabei muss der Warenaufwand nicht mehr gebucht werden, da dies ja schon beim Einkauf geschah: ► Kasse/Warenertrag (Verkaufswert gesamthaft)	Die Verkäufe führen für jeden einzelnen Artikel zu zwei Buchungen: ► Flüssige Mittel/Warenertrag (Verkaufspreis) ► Warenaufwand/Warenvorrat (Einstandspreis)
Am Jahresende muss der Warenvorrat mithilfe der Inventur ermittelt werden. Zu- oder Abnahmen des Warenvorrats gegenüber dem Anfangsbestand müssen mittels **Korrekturbuchung** erfasst werden: ► Vorratszunahme: Warenvorrat/Warenaufwand ► Vorratsabnahme: Warenaufwand/Warenvorrat	Das Konto Warenvorrat zeigt laufend den aktuellen Bestand, weshalb am Jahresende keine Korrekturbuchung nötig ist.
Der Vorteil dieses Systems ist: ► Die Anzahl Buchungen und damit der Arbeitsaufwand ist gering.	Die Vorteile dieses Systems sind: ► Das Konto Warenvorrat zeigt jederzeit den aktuellen Soll-Bestand. Dieser wird während des Jahres von Zeit zu Zeit durch physisches Zählen (Inventur) mit dem effektiven Bestand verglichen. Allfällige Differenzen werden sofort analysiert und verbucht. ► Da für jeden Artikel alle Ein- und Verkäufe einzeln erfasst wurden, sind umfangreiche Analysen bezüglich Umsätzen und Margen möglich.

[1] Das ist der Bestand, der gemäss Buchhaltung im Lager effektiv vorhanden sein sollte.

Anmerkungen zur laufenden Lagerführung

Wareneinkauf

Trifft eine Lieferung beim Händler ein, muss diese unverzüglich geprüft werden (so genannte **Wareneingangskontrolle):**

- ▶ Entspricht die gelieferte Ware der bestellten Ware?
- ▶ Ist die gelieferte Menge gleich gross wie die auf dem Lieferschein vermerkte Menge?
- ▶ Stimmt die Qualität?

Anschliessend sind für jeden Artikel folgende Daten im EDV-System zu erfassen:

- ▶ Artikel-Nr.
- ▶ Menge
- ▶ Einstandspreis

Um den zeit- und kostenintensiven Kontroll- und Erfassungsprozess zu vereinfachen, werden heute Bestellungen oft elektronisch ausgelöst und dem Lieferanten via Internet übermittelt. Der Lieferant sendet seine Lieferdaten wiederum elektronisch an den Besteller zurück. Anschliessend muss die Eingangskontrolle zwar vom Händler trotzdem durchgeführt werden, aber die Erfassung der Daten für die gelieferte Ware erfolgt wiederum automatisch. Der Fachausdruck für solche Internet-Lösungen heisst **b2b (business-to-business).**

Warenverkauf

In gut organisierten Handelsbetrieben werden auch die Verkäufe elektronisch erfasst, zum Beispiel an der Ladenkasse durch einen **Scanner,** der den **Strichcode** auf dem Artikel abtastet. Im EDV-System sind für den gescannten Artikel die Verkaufs- und Einstandspreise hinterlegt, sodass die beiden Buchungen automatisch ausgeführt werden können:

- ▶ Für die Ermittlung des Warenertrages wird die verkaufte Menge mit dem Verkaufspreis multipliziert. Buchungssatz: Kasse/Warenertrag.
- ▶ Für die Ermittlung des Warenaufwandes wird die verkaufte Menge mit dem Einstandspreis multipliziert. Buchungssatz: Warenaufwand/Warenvorrat.

Schwankungen der Einstandspreise

In den Schulbeispielen dieses Lehrbuchs wird der Einstandspreis nicht verändert, um den Rechenaufwand in Grenzen zu halten. In der Praxis ist es allerdings so, dass die Einstandspreise im Verlaufe der Zeit tendenziell eher steigen (z. B. infolge Erhöhung der Material- oder Personalkosten beim Lieferanten) und in einigen Fällen auch fallen (z. B. infolge technologischer Entwicklung im IT-Bereich oder wegen günstiger Wechselkursveränderungen).

In der Warenbuchhaltung können Einstandspreisschwankungen auf verschiedene Weise berücksichtigt werden:

- Am einfachsten ist es, wenn das EDV-System nach jeder Lieferung den neuen **durchschnittlichen Einstandspreis** berechnet und die Verkäufe dann zu diesem Durchschnittswert als Warenaufwand erfasst werden.

  Beispiel: Bisher liegen von einem Artikel 100 Stück zum Einstandspreis von Fr. 5.–/Stück an Lager. Neu dazu kommt ein Einkauf von 400 Stück zu Fr. 6.–/Stück. Der neue durchschnittliche Einstandspreis beträgt Fr. 5.80/Stück.[1] Ein Verkauf von 100 Stück würde demnach zu einem Warenaufwand von Fr. 580.– führen (100 Stück • Fr. 5.80/Stück).
- Es ist auch möglich, die Warenausgänge (Verkäufe) in der gleichen Reihenfolge wie die Wareneingänge (Einkäufe) zu bearbeiten. Die zuerst gelieferten Stücke werden rechnerisch auch zuerst wieder verkauft. Diese Methode heisst FIFO (first in – first out). Mit den Zahlen von vorher ergäbe sich nach der **FIFO-Methode** ein Warenaufwand von Fr. 500.– (100 Stück • Fr. 5.–/Stück).

Inventurdifferenzen

Ein weiteres Problem stellen in der Praxis die Inventurdifferenzen dar. Das sind Abweichungen zwischen den Beständen, die durch konkretes Zählen im Lager ermittelt wurden (so genannte Inventur), und den Beständen laut Buchhaltung. Mögliche Ursachen für solche Unterschiede sind:

- Fehlerhafte Buchungen
- Diebstahl
- Schwund[2]

Die Inventurbuchungen sind meistens negativ, d. h., die Inventur ergibt eine kleinere Menge, als die Buchhaltung aufweist (so genanntes **Inventarmanko**). Sie müssen deshalb vom Lagerbestand abgebucht werden:

Buchungssatz: Warenaufwand/Warenvorrat.

[1]
100 Stück • Fr. 5.–	=	Fr. 500.–
400 Stück • Fr. 6.–	=	Fr. 2 400.–
500 Stück		Fr. 2 900.–

Durchschnittspreis = Fr. 2 900.– : 500 Stück = Fr. 5.80

[2] Unter Schwund versteht man das bei längerer Lagerung durch natürliche Einflüsse bewirkte allmähliche Abnehmen des Gewichtes oder des Volumens von Vorräten, z. B. bei Backwaren, Früchten, Käse oder Flüssigkeiten.

b) Fabrikationsbetrieb

Ein Handelsbetrieb kauft Waren ein und verkauft diese unverändert weiter. Der Fabrikationsbetrieb ist komplexer: Material wird eingekauft und unter Einsatz von Arbeitskräften und Maschinen zu neuen Produkten verarbeitet.

Für die Erfassung der Vorräte werden drei verschiedene Konten benötigt:

Vorratskonten im Fabrikationsbetrieb

Materialvorrat	**Unfertige Erzeugnisse** Angefangene Fabrikate[1]	**Fertige Erzeugnisse** Fertigfabrikate
Das sind die Vorräte an Grundmaterialien, aus denen ein Produkt hergestellt wird (z. B. das Holz in einer Schreinerei).	Das sind die Bestände an teilweise fertig gestellten Fabrikaten, die sich noch in den Fabrikationshallen befinden (z. B. angefangene, unfertige Möbel in einer Schreinerei).	Das sind selbst hergestellte, ganz fertig gestellte Erzeugnisse, die zum Verkauf bereit stehen (z. B. fertige Möbel in einer Schreinerei).
Materialvorräte werden grundsätzlich zu **Einstandspreisen** bewertet und gleich verbucht wie die Warenvorräte im Handelsbetrieb.	Der Bestand an angefangenen Fabrikaten wird durch Inventur festgestellt und zu **Herstellkosten**[2] bewertet.	Der Bestand an fertigen Fabrikaten wird durch Inventur festgestellt und zu **Herstellkosten**[2] bewertet.
Bestandeskorrekturen erfolgen zu Einstandspreisen über das **Aufwandskonto** **Materialaufwand.**	Bestandeskorrekturen erfolgen zu Herstellkosten über das **Ertragskonto** **Bestandesänderungen** (an unfertigen Erzeugnissen).[3]	Bestandeskorrekturen erfolgen zu Herstellkosten über das **Ertragskonto** **Bestandesänderungen** (an fertigen Erzeugnissen).[3]
Beispiel Vorratszunahme: **Materialvorrat/ Materialaufwand**	Beispiel Vorratszunahme: **Unfertige Erzeugnisse/ Bestandesänderungen**	Beispiel Vorratszunahme: **Fertige Erzeugnisse/ Bestandesänderungen**

1 In einigen Branchen (z. B. in Dienstleistungsbetrieben oder bei Bauunternehmungen) werden die begonnenen, noch nicht abgeschlossenen Arbeiten auch als **nicht fakturierte Dienstleistungen** bzw. **angefangene Arbeiten** bezeichnet.

2 Die **Herstellkosten** bestehen aus Materialkosten und Fertigungskosten. Die Herstellkosten enthalten nebst dem verbrauchten Material auch die für die Herstellung der Fabrikate angefallenen Lohnkosten, Raumkosten, Abschreibungen oder Zinsen. Alle für die Verwaltung und den Vertrieb anfallenden Kosten gehören nicht zu den Herstellkosten.

	Materialkosten
+	Fertigungskosten
=	**Herstellkosten**
+	Verwaltungs- und Vertriebskosten
=	**Selbstkosten**

Ausführlich erklärt wird der Fabrikationsbetrieb im Lehrbuch von Leimgruber/Prochinig: Das Rechnungswesen als Führungsinstrument, Teil 3: Kostenrechnung.

3 Vereinfachend wird für die Bestandesänderungen an unfertigen und fertigen Erzeugnissen oft nur ein einziges Konto *Bestandesänderungen* verwendet (Konto 3080 im Kontenrahmen KMU).

Offenposten-Buchhaltung

Ordner für offene und bezahlte Rechnungen

Offene Kundenrechnungen

Offene Lieferantenrechnungen

Bezahlte Kundenrechnungen

Bezahlte Lieferantenrechnungen

In diesen Ordnern werden alle unbezahlten (offenen) Rechnungen abgelegt.

Die Ein- und Ausgangsfakturen werden nicht verbucht, sondern nur im Ordner abgelegt.

Gutschriften für Rücknahmen bzw. Rücksendungen, Rabatte und Skonti werden mit den Rechnungen zusammengeheftet bzw. auf den Rechnungen in Abzug gebracht.

Bei der Zahlung wird die Rechnung aus dem Ordner genommen, … → … als bezahlt gekennzeichnet und in den Ordnern für bezahlte Rechnungen abgelegt.

Bei der Zahlung wird der Verkauf bzw. der Einkauf wie ein Bargeschäft verbucht:

- Wareneinkauf: Warenaufwand/Flüssige Mittel
- Warenverkauf: Flüssige Mittel/Warenertrag

Die Debitoren und Kreditoren sind ruhende Konten, d. h., während des Jahres wird auf diesen Konten nicht gebucht.

Am Jahresende werden im Rahmen der Inventur die offenen Rechnungen zusammengezählt, was die Debitoren- und Kreditorenbestände in der Schlussbilanz ergibt.

Die Bestandesänderungen an offenen Rechnungen gegenüber dem Jahresanfang sind wie folgt zu verbuchen:

Bestandesänderungen	Debitoren	Kreditoren
Bestandeszunahme	**Debitoren/Warenertrag**	**Warenaufwand/Kreditoren**
Bestandesabnahme	**Warenertrag/Debitoren**	**Kreditoren/Warenaufwand**

Beispiel 1

Vergleich zwischen Führung des Debitorenkontos und Offenposten-Buchhaltung

		Mit Führung des Debitorenkontos				
Nr.	Geschäftsfall	Buchung	Debitoren		Warenertrag	
1	Anfangsbestand Debitoren (8 000)	Debitoren / Bilanz	8 000			
2	Bankzahlungen von Kunden (6 000)	Bank / Debitoren		6 000		
3a	Warenverkauf auf Kredit (3 000)	Debitoren / Warenertrag	3 000			3 000
b	Rücknahme mangelhafter Ware (700)	Warenertrag / Debitoren		700	700	
c	Nachträglich gewährter Rabatt (300)	Warenertrag / Debitoren		300	300	
d	Skonto 2 % auf Rechnungsbetrag (40)	Warenertrag / Debitoren		40	40	
e	Bankzahlung Restbetrag (1 960)	Bank / Debitoren		1 960		
4	Warenverkäufe auf Kredit (10 000)	Debitoren / Warenertrag	10 000			10 000
5	Bankzahlungen von Kunden (7 000)	Bank / Debitoren		7 000		
6	Abnahme des Debitorenbestandes gegenüber Anfangsbestand (3 000)	keine Buchung				
7a	Schlussbestand auf Bilanz	Bilanz / Debitoren		**5 000**		
b	Saldo auf Erfolgsrechnung	Warenertrag / ER			**11 960**	
			21 000	21 000	13 000	13 000

Beispiel 2

Vergleich zwischen Führung des Kreditorenkontos und Offenposten-Buchhaltung

		Mit Führung des Kreditorenkontos				
Nr.	Geschäftsfall	Buchung	Kreditoren		Warenaufwand	
1	Anfangsbestand Kreditoren (6 000)	Bilanz / Kreditoren		6 000		
2	Bankzahlungen an Kreditoren (5 000)	Kreditoren / Bank	5 000			
3a	Wareneinkauf auf Kredit (4 000)	Warenaufwand / Kreditoren		4 000	4 000	
b	Rückgabe mangelhafter Waren (600)	Kreditoren / Warenaufwand	600			600
c	Nachträglich erhaltener Rabatt (400)	Kreditoren / Warenaufwand	400			400
d	Skonto 2 % auf Rechnungsbetrag (60)	Kreditoren / Warenaufwand	60			60
e	Bankzahlung Restbetrag (2 940)	Kreditoren / Bank	2 940			
4	Wareneinkäufe auf Kredit (9 000)	Warenaufwand / Kreditoren		9 000	9 000	
5	Bankzahlungen an Kreditoren (8 000)	Kreditoren / Bank	8 000			
6	Abnahme des Kreditorenbestandes gegenüber Anfangsbestand (4 000)	keine Buchung				
7a	Schlussbestand auf Bilanz	Kreditoren / Bilanz	**2 000**			
b	Saldo auf Erfolgsrechnung	ER / Warenaufwand				**11 940**
			19 000	19 000	13 000	13 000

		Mit Offenposten-Buchhaltung						
Nr.	Geschäftsfall	Buchung			Debitoren		Warenertrag	
1	Anfangsbestand Debitoren (8 000)	Debitoren	/	Bilanz	8 000			
2	Bankzahlungen von Kunden (6 000)	Bank	/	Warenertrag				6 000
3a	Warenverkauf auf Kredit (3 000)	keine Buchung						
b	Rücknahme mangelhafter Ware (700)	keine Buchung						
c	Nachträglich gewährter Rabatt (300)	keine Buchung						
d	Skonto 2 % auf Rechnungsbetrag (40)	keine Buchung						
e	Bankzahlung Restbetrag (1 960)	Bank	/	Warenertrag				1 960
4	Warenverkäufe auf Kredit (10 000)	keine Buchung						
5	Bankzahlungen von Kunden (7 000)	Bank	/	Warenertrag				7 000
6	Abnahme des Debitorenbestandes ggenüber Anfangsbestand (3 000)	Warenertrag	/	Debitoren		3 000	3 000	
7a	Schlussbestand auf Bilanz	Bilanz	/	Debitoren[1]		**5 000**		
b	Saldo auf Erfolgsrechnung	Warenertrag	/	ER			**11 960**	
					8 000	8 000	14 960	14 960

		Mit Offenposten-Buchhaltung						
Nr.	Geschäftsfall	Buchung			Kreditoren		Warenaufwand	
1	Anfangsbestand Kreditoren (6 000)	Bilanz	/	Kreditoren		6 000		
2	Bankzahlungen an Kreditoren (5 000)	Warenaufwand	/	Bank			5 000	
3a	Wareneinkauf auf Kredit (4 000)	keine Buchung						
b	Rückgabe mangelhafter Waren (600)	keine Buchung						
c	Nachträglich erhaltener Rabatt (400)	keine Buchung						
d	Skonto 2 % auf Rechnungsbetrag (60)	keine Buchung						
e	Bankzahlung Restbetrag (2 940)	Warenaufwand	/	Bank			2 940	
4	Wareneinkäufe auf Kredit (9 000)	keine Buchung						
5	Bankzahlungen von Kreditoren (8 000)	Warenaufwand	/	Bank			8 000	
6	Abnahme des Kreditorenbestandes gegenüber Anfangsbestand (4 000)	Kreditoren	/	Warenaufwand	4 000			4 000
7a	Schlussbestand auf Bilanz	Kreditoren	/	Bilanz[1]	**2 000**			
b	Saldo auf Erfolgsrechnung	ER	/	Warenaufwand				**11 940**
					6 000	6 000	15 940	15 940

[1] Dieser Bestand muss am Jahresende durch Addition der offenen Rechnungen im entsprechenden Ordner ermittelt werden (Debitoren- bzw. Kreditoren-Inventar oder OP-Listen genannt).

Mehrwertsteuer

Die Mehrwertsteuer (MWST) ist eine **indirekte Bundessteuer.** Sie ist mit über einem Drittel der Gesamteinnahmen die wichtigste Geldquelle des Bundes.

Der Name Mehrwertsteuer rührt daher, dass der von einer Unternehmung geschaffene Mehrwert besteuert wird. Bei einer Kleiderfabrik beispielsweise besteht dieser Mehrwert hauptsächlich aus der Wertdifferenz zwischen den eingekauften Stoffen und den verkauften Kleidern. Die Steuer wird jeweils auf dem Nettobetrag der Wertschöpfung erhoben; die auf den vorangehenden Stufen bezahlte MWST kann als Vorsteuer in Abzug gebracht werden.

Die Abrechnung mit der Eidgenössischen Steuerverwaltung erfolgt in der Regel vierteljährlich.

Steuerpflichtig ist gemäss Bundesgesetz über die Mehrwertsteuer Art. 10

> … wer unabhängig von Rechtsform, Zweck und Gewinnabsicht ein Unternehmen betreibt … und unter eigenem Namen nach aussen auftritt.

Von der Steuerpflicht befreit sind:

- Unternehmen mit einem Jahresumsatz von weniger als 100 000 Franken.
- Nicht gewinnstrebige, ehrenamtlich geführte Sportvereine und gemeinnützige Institutionen mit einem Jahresumsatz von weniger als 150 000 Franken.

Besteuert werden folgende durch Steuerpflichtige getätigte **Umsätze,** sofern sie nicht ausdrücklich von der Steuer ausgenommen sind:

- die im Inland erbrachten Lieferungen von Gegenständen
- die im Inland erbrachten Dienstleistungen
- die Einfuhr von Gegenständen[1]
- der Bezug von Dienstleistungen von Unternehmen mit Sitz im Ausland[2]

1 Die MWST bei der Einfuhr von Gegenständen wird durch die Eidgenössische Zollverwaltung erhoben.

2 Beispiele für Einfuhren von Dienstleistungen sind: Bezug von Computerprogrammen eines ausländischen Anbieters übers Internet, Werbung für eine schweizerische Unternehmung in einer ausländischen Zeitung oder die Vermögensverwaltung durch eine ausländische Bank.

Zur Anwendung gelangen folgende **Steuersätze:**

Steuersätze

Normalsatz 8,0 %

Grundsätzlich werden alle Umsätze zum Normalsatz von 8,0 % besteuert. Zusammengefasst sind dies:

- Gegenstände wie Waren, Rohstoffe, Fahrzeuge, Maschinen, Mobiliar
- Energie wie Elektrizität, Gas, Heizöl, Treibstoffe
- Dienstleistungen von Reisebüros, Taxiunternehmen, Coiffeuren, Ingenieuren, Rechtsanwälten, Architekten, Werbebüros, Transportunternehmungen, Restaurants und Hotels[2]
- Gegenstände zum Eigenverbrauch

Reduzierter Satz 2,5 %

Der reduzierte Satz von 2,5 % kommt für Güter und Dienstleistungen des täglichen Bedarfs zur Anwendung:

- Nahrungsmittel
- Alkoholfreie Getränke
- Futtermittel
- Medikamente
- Zeitungen, Bücher
- Pflanzen, Sämereien
- Wasser in Leitungen
- Radio- und Fernsehgebühren
- Gegenstände zum Eigenverbrauch

Von der Steuer ausgenommene oder steuerbefreite Umsätze mit 0 %

Von der Steuer **ausgenommen** sind folgende Umsätze:[1]

- Ärzte, Zahnärzte, Heilbehandlungen
- Schulen
- Kirche, soziale Institutionen
- Kino, Theater, Konzerte
- Lotterien
- Sportanlässe
- Geld- und Kapitalverkehr
- Versicherungen
- Wohnungs- und Geschäftsmieten
- Liegenschaftskäufe
- Im eigenen Betrieb gewonnene Erzeugnisse der Landwirtschaft

Der Export von Gütern und Dienstleistungen ist grundsätzlich von der MWST **befreit.**[3]

1 Durch die Steuersatzreduktion bzw. das Ausnehmen bestimmter Umsätze von der Steuer soll die Deckung der Grundbedürfnisse für sozial schlechter gestellte Bevölkerungsschichten erleichtert werden. Auf den von der Steuer ausgenommenen Umsätzen ist **ein Abzug der Vorsteuer nicht möglich.**

Für verschiedene von der Steuer ausgenommene Umsätze kann die freiwillige Versteuerung beantragt werden. Ein häufiges Beispiel sind Sportanlässe, sofern die auf Eintritten oder Startgeldern geschuldeten Umsatzsteuern tiefer sind als die Vorsteuerabzüge.

2 Für Beherbergungsleistungen (Übernachtung und Frühstück) gilt ein Sondersatz von 3,8 %.

3 Die Steuerbefreiung der Exporte soll die internationale Konkurrenzfähigkeit der Schweiz fördern, was im Hinblick auf die Arbeitsplatzsicherung im Inland von Bedeutung ist. Diese Steuerbefreiung entspricht auch den internationalen Gepflogenheiten, wonach Exporte nur im Bestimmungsland besteuert werden. **Ein Vorsteuerabzug ist möglich.**

Wie funktioniert die Mehrwertsteuer?

Stoffhändler

Der Stoffhändler importiert Stoffe im Wert von Fr. 6000.– und verkauft diese weiter an eine Kleiderfabrik für Fr. 10 000.–.

Verkaufswert der Stoffe	10 000.–
+ Mehrwertsteuer 8,0 %	800.–
= Rechnung	10 800.–

MWST-Abrechnung	
Umsatzsteuer[1]	800.–
./. Vorsteuer[2]	480.–
Abzuliefernde MWST	320.–

Kleiderfabrik

Die Kleiderfabrik verarbeitet die Stoffe zu Kleidern und verkauft diese an eine Boutique für Fr. 30 000.–.

Verkaufswert der Kleider	30 000.–
+ Mehrwertsteuer 8,0 %	2 400.–
= Rechnung	32 400.–

MWST-Abrechnung	
Umsatzsteuer	2 400.–
./. Vorsteuer	800.–
Abzuliefernde MWST	1 600.–

Boutique

Die Boutique verkauft die Kleider an die Kundinnen für Fr. 70 000.–.

Verkaufswert der Kleider	70 000.–
+ Mehrwertsteuer 8,0 %	5 600.–
= Rechnung	75 600.–

MWST-Abrechnung	
Umsatzsteuer	5 600.–
./. Vorsteuer	2 400.–
Abzuliefernde MWST	3 200.–

Am Beispiel der Kleiderfabrik wird das Wesen der MWST gut veranschaulicht:

Verkaufswert der Kleider an die Kleiderboutique	30 000.–	
./. Einkaufswert der Stoffe (= Vorleistung)	10 000.–	
Geschaffener Mehrwert	20 000.–	100,0 %
Mehrwertsteuer	**1 600.–**	**8,0 %**

Auf den nächsten zwei Seiten wird die Verbuchung der Mehrwertsteuer nach der Netto- und der Bruttomethode am Beispiel der Kleiderboutique dargestellt..

1 Unter **Umsatzsteuer** versteht man die auf dem Umsatz geschuldete Mehrwertsteuer.

2 Unter **Vorsteuer** versteht man die auf empfangenen Lieferungen und Leistungen bezahlte Mehrwertsteuer. Sie kann von der geschuldeten Umsatzsteuer in Abzug gebracht werden. Den abzugsfähigen Betrag nennt man auch Vorsteuerabzug. Er beträgt hier 8,0 % von Fr. 6000.– und wird am Zoll erhoben.

Die Abrechnung der Vorsteuer ist in diesem Beispiel vereinfacht dargestellt. In der Praxis könnten auch die auf der Beschaffung von Maschinen, Mobiliar und Zutaten wie Faden und Knöpfen bezahlten Vorsteuern in Abzug gebracht werden (siehe Beispiel nächste Seite).

Beispiel 1 — Verbuchung der MWST nach der Nettomethode

Datum	Geschäftsverkehr		Buchung		Betrag	Debitor Vorsteuer[1]		Kreditor Umsatzsteuer	
			Soll	Haben					
4.1.	Kauf Ladeneinrichtung								
	Kaufpreis	10 000.–	Mobiliar	Kreditoren	10 000.–				
	+ MWST 8,0 %	800.–	Debitor Vorsteuer	Kreditoren	800.–	800			
	Rechnung	10 800.–							
5.1.	Kleidereinkauf								
	Kaufpreis	30 000.–	Warenaufwand	Kreditoren	30 000.–				
	+ MWST 8,0 %	2 400.–	Debitor Vorsteuer	Kreditoren	2 400.–	2 400			
	Rechnung	32 400.–							
Div.	Kleiderverkäufe								
	Verkaufspreis	70 000.–	Kasse	Warenertrag	70 000.–				
	+ MWST 8,0 %	5 600.–	Kasse	Kreditor Umsatzsteuer	5 600.–				5 600
	Kassabeleg	75 600.–							
20.2.	Energierechnungen								
	Nettobetrag	1 500.–	Energieaufwand	Kreditoren	1 500.–				
	+ MWST 8,0 %	120.–	Debitor Vorsteuer	Kreditoren	120.–	120			
	Rechnung	1 620.–							
10.3.	Kleidereinkauf								
	Kaufpreis	20 000.–	Warenaufwand	Kreditoren	20 000.–				
	+ MWST 8,0 %	1 600.–	Debitor Vorsteuer	Kreditoren	1 600.–	1 600			
	Rechnung	21 600.–							
Div.	Kleiderverkäufe								
	Verkaufspreis	40 000.–	Kasse	Warenertrag	40 000.–				
	+ MWST 8,0 %	3 200.–	Kasse	Kreditor Umsatzsteuer	3 200.–				3 200
	Kassabeleg	43 200.–							
31.3.	MWST-Abrechnung								
	Umsatzsteuerschuld	8 800.–	Kreditor Umsatzsteuer	Debitor Vorsteuer	4 920.–		4 920	4 920	
	./. Vorsteuerguthaben	–4 920.–							
	abzuliefernde MWST	3 880.–							
5.4.	Postüberweisung der MWST netto	3 880.–	Kreditor Umsatzsteuer	Post	3 880.–			3 880	
						4 920	4 920	8 800	8 800

Von der Eidgenössischen Steuerverwaltung wird die Nettomethode empfohlen. Für kleinere Unternehmungen ist aber oft die auf der nächsten Seite dargestellte Bruttomethode attraktiver, da die MWST nicht bei jedem steuerpflichtigen Ein- und Verkauf einzeln gebucht werden muss.

[1] Für die Vorsteuerverbuchung werden von der Steuerverwaltung zwei getrennte Konten verlangt:
- ▶ Debitor Vorsteuer für Material- und Dienstleistungsaufwand
- ▶ Debitor Vorsteuer für Investitionen und übriger Betriebsaufwand

Aus methodischen Gründen wird hier ein einziges Konto verwendet.

Beispiel 2 — Verbuchung der MWST nach der Bruttomethode

Datum	Geschäftsverkehr		Buchung Soll	Buchung Haben	Betrag	Debitor Vorsteuer		Kreditor Umsatzsteuer	
4. 1.	Kauf Ladeneinrichtung								
	Kaufpreis	10 000.–							
	+ MWST 8,0 %	800.–							
	Rechnung	10 800.–	Mobiliar	Kreditoren	10 800.–				
5. 1.	Kleidereinkauf								
	Kaufpreis	30 000.–							
	+ MWST 8,0 %	2 400.–							
	Rechnung	32 400.–	Warenaufwand	Kreditoren	32 400.–				
Div.	Kleiderverkäufe								
	Verkaufspreis	70 000.–							
	+ MWST 8,0 %	5 600.–							
	Kassabeleg	75 600.–	Kasse	Warenertrag	75 600.–				
20. 2.	Energierechnungen								
	Nettobetrag	1 500.–							
	+ MWST 8,0 %	120.–							
	Rechnung	1 620.–	Energieaufwand	Kreditoren	1 620.–				
10. 3.	Kleidereinkauf								
	Kaufpreis	20 000.–							
	+ MWST 8,0 %	1 600.–							
	Rechnung	21 600.–	Warenaufwand	Kreditoren	21 600.–				
Div.	Kleiderverkäufe								
	Verkaufspreis	40 000.–							
	+ MWST 8,0 %	3 200.–							
	Kassabeleg	43 200.–	Kasse	Warenertrag	43 200.–				
31. 3.	Umsatzsteuer 1. Quartal[1]		Warenertrag	Kreditor Umsatzsteuer	8 800.–				8 800
	Vorsteuer 1. Quartal[2]								
	Vorsteuer auf Mobiliar		Debitor Vorsteuer	Mobiliar	800.–	800			
	Vorsteuer auf Energie		Debitor Vorsteuer	Energieaufwand	120.–	120			
	Vorsteuer auf Kleidereinkauf		Debitor Vorsteuer	Warenaufwand	4 000.–	4 000			
31. 3.	MWST-Abrechnung								
	Umsatzsteuerschuld	8 800.–	Kreditor Umsatzsteuer	Debitor Vorsteuer	4 920.–		4 920	4 920	
	./. Vorsteuerguthaben	–4 920.–							
	abzuliefernde MWST	3 880.–							
5. 4.	Postüberweisung der MWST netto	3 880.–	Kreditor Umsatzsteuer	Post	3 880.–			3 880	
						4 920	4 920	8 800	8 800

[1] Abrechnung Umsatzsteuern

		108,0 %	8,0 %
Div.	Kleiderverkäufe	75 600	5 600
Div.	Kleiderverkäufe	43 200	3 200
31. 3.	Umsatzsteuerschuld		8 800

[2] Abrechnung Vorsteuern

		108,0 %		8,0 %
4. 1.	Kauf Ladeneinrichtung	10 800		800
20. 2.	Energieaufwand	1 620		120
5. 1.	Kleidereinkauf	32 400	2 400	
10. 3.	Kleidereinkauf	21 600	1 600	4 000
31. 3.	Vorsteuerguthaben			4 920

MWST-Abrechnung mit Saldosteuersätzen

Zur Vereinfachung von Buchhaltung und Administration kann auf Antrag des Steuerpflichtigen die MWST-Abrechnung mittels **Saldosteuersätzen** gewählt werden. Diese Abrechnungsart hat den Vorteil, dass die auf dem Umsatz anrechenbare Vorsteuer nicht ermittelt und verbucht werden muss und lediglich der Umsatz mittels eines branchenabhängigen Saldosteuersatzes besteuert wird.[1] Die Steuerabrechnung mit der MWST-Verwaltung erfolgt zudem nur halbjährlich.

Voraussetzungen für die Abrechnung mittels Saldosteuersatz sind:

- ▶ Der steuerbare Jahresumsatz (inklusive MWST) darf nicht mehr als Fr. 5020000.–. betragen.
- ▶ Die nach dem massgebenden Saldosteuersatz zu bezahlenden Steuern dürfen pro Jahr Fr. 109000.– nicht übersteigen.

> Der Steuerpflichtige hat diese Abrechnungsmethode während einer Steuerperiode beizubehalten; ein Wechsel von der effektiven zur Abrechnung mit Saldosteuersatz ist frühestens nach 3 Jahren möglich.

[1] Branchenbezogene Saldosteuersätze sind z. B.

▶ Bäckerei	0,6 %
▶ Drogerie	1,3 %
▶ Möbelgeschäft	2,1 %
▶ Reisebüro	2,1 %
▶ Optiker	3,7 %
▶ Maler/Tapezierer	5,2 %
▶ Treuhänder	6,1 %
▶ Temporärfirma	6,7 %

Beispiel 3

Verbuchung der MWST nach der Saldomethode

Ein Architekt erzielt einen Halbjahresumsatz von Fr. 200 000.– ohne Mehrwertsteuer. Gegenüber den Kunden rechnet er die MWST mit 8,0 % ab, gegenüber der Steuerverwaltung hingegen nur zum bewilligten Saldosteuersatz von 6,1 %, da er auf den Vorsteuerabzug verzichtet.

Datum	Geschäftsverkehr		Buchung Soll	Buchung Haben	Betrag	Kreditor Umsatzsteuer[1] Soll	Kreditor Umsatzsteuer[1] Haben	Honorarertrag Soll	Honorarertrag Haben
Div.	Honorarrechnungen								
	Nettopreis	200 000.–							216 000
	+ MWST 8,0 %[1]	16 000.–							
	Rechnungen	216 000.–	Debitoren	Honorarertrag	216 000.–				
10. 6.	Mobiliarkauf								
	Kaufpreis	10 000.–							
	+ MWST 8,0 %	800.–							
	Rechnung	10 800.–	Mobiliar	Kreditoren	10 800.–				
20. 6.	Energierechnungen								
	Nettobetrag	1 500.–							
	+ MWST 8,0 %	114.–							
	Rechnung	1 614.–	Energieaufwand	Kreditoren	1 620.–				
30. 6.	MWST-Abrechnung								
	MWST 6,1 % vom Honorarumsatz von 216 000.–[2]		Honorarertrag	Kreditor Umsatzsteuer	13 176.–		13 176	13 176	
2. 7.	Postüberweisung der geschuldeten MWST		Kreditor Umsatzsteuer	Post	13 176.–	13 176			
	Saldo		Honorarertrag	Erfolgsrechnung				**202 824**	
						13 176	13 176	216 000	216 000

[1] In seinen Rechnungen an die Kunden macht der Architekt keinen Hinweis auf den Saldosteuersatz, sondern verrechnet ausschliesslich 8,0 % MWST.

[2] Die Ermittlung der Vorsteuer entfällt. Im Gegensatz zur normalen MWST-Abrechnung ist der an die Kunden verrechnete Umsatz hier 100 %.

Die Steuerpflichtigen rechnen mit der Eidgenössischen Steuerverwaltung in der Regel nach vereinbartem Entgelt ab. Die Abrechnung erfolgt grundsätzlich vierteljährlich, bei der Anwendung von Saldosteuersätzen halbjährlich. Der geschuldete Betrag muss innert 60 Tagen bezahlt werden.

Abrechnungsart

Nach vereinbartem Entgelt (Rechnungen)

Die Umsatzsteuer wird aufgrund der Rechnungen an die Kunden abgerechnet, die Vorsteuer aufgrund der Rechnungen der Lieferanten.

Diese Abrechnungsart entspricht dem Normalfall.

Für die Eidgenössische Steuerverwaltung ist von Vorteil, dass sie rascher zu ihrem Geld kommt, weil die Rechnungsstellung an die Kunden zeitlich vor der Zahlung erfolgt.

Vorteilhaft für den Steuerpflichtigen ist, dass er die Vorsteuer bereits bei Erhalt der Lieferantenrechnung geltend machen kann (und nicht erst bei deren Bezahlung).

Nachteilig ist, dass bei Rabatt- und Skontoabzug, bei Rücksendungen und bei Debitorenverlusten die Zahlung niedriger ist als der Rechnungsbetrag und deshalb der steuerbare Umsatz nachträglich korrigiert werden muss.

Nach vereinnahmtem Entgelt (Zahlungen)

Die Umsatzsteuer wird aufgrund der eingegangenen Zahlungen der Kunden abgerechnet, die Vorsteuer aufgrund der an die Lieferanten geleisteten Zahlungen.

Diese Abrechnungsart ist nur mit einer speziellen Bewilligung der Eidgenössischen Steuerverwaltung möglich. Sie ist vor allem für Geschäfte mit grossem Barverkehr geeignet.

Kalkulation im Handel

Unter Kalkulation[1] wird im Rechnungswesen die Ermittlung der Kosten für eine bestimmte Leistungseinheit (Stück, Kilogramm, Meter, Liter usw.) verstanden. Im Handel hat die Kalkulation zwei Ziele:

- Bestimmung des Einstandspreises, der Selbstkosten und des Nettoerlöses[2]
- Ermittlung der Zuschlagssätze zur Preisfindung bei neuen Warenangeboten, für die kein Marktpreis besteht.

Von Einzelkalkulation spricht man, wenn die Berechnungen sich auf einen einzelnen Artikel beziehen, von Gesamtkalkulation, wenn die Kalkulation eine ganze Abteilung oder einen ganzen Betrieb umfasst.

Kalkulation

Gesamtkalkulation

- Die Gesamtkalkulation erfasst die gesamten Kosten für alle Artikel oder Leistungen einer Abteilung bzw. eines Betriebes.
- Aus der Gesamtkalkulation werden die Zuschlagssätze für die Einzelkalkulation abgeleitet.

Einzelkalkulation

- Die Einzelkalkulation erfasst nur die Kosten für einen bestimmten Artikel oder eine bestimmte Leistung.
- In der Einzelkalkulation werden die Zuschlagssätze aus der Gesamtkalkulation zur Bestimmung der Selbstkosten und des Nettoerlöses für das einzelne Verkaufsobjekt angewandt.

1 Früher wurden die Preise mithilfe von Kalkkügelchen (Calculi) berechnet. Diese Berechnungsart hat der heutigen Preisfindung mittels Kalkulation den Namen gegeben.

2 In der Kalkulation wird meistens von Kosten und Erlösen gesprochen, statt von Aufwand und Ertrag, um den unternehmungsinternen Charakter solcher Rechnungen zum Ausdruck zu bringen.

Beispiel 1

Gesamtkalkulation und Berechnung der Zuschlagssätze

Ausgangslage bildet die Erfolgsrechnung eines Optikergeschäfts:

Erfolgsrechnung 20_1

Nettoerlös[1]		420 000
./. Warenaufwand		– 200 000
= **Bruttogewinn**		**220 000**
./. Gemeinaufwand		
▶ Personalaufwand	– 150 000	
▶ Raumaufwand	– 30 000	
▶ Übriger Aufwand	– 20 000	– 200 000
= **Reingewinn**		**20 000**

Die Zusammenhänge zwischen den verschiedenen Grössen der Erfolgsrechnung lassen sich grafisch wie folgt veranschaulichen:

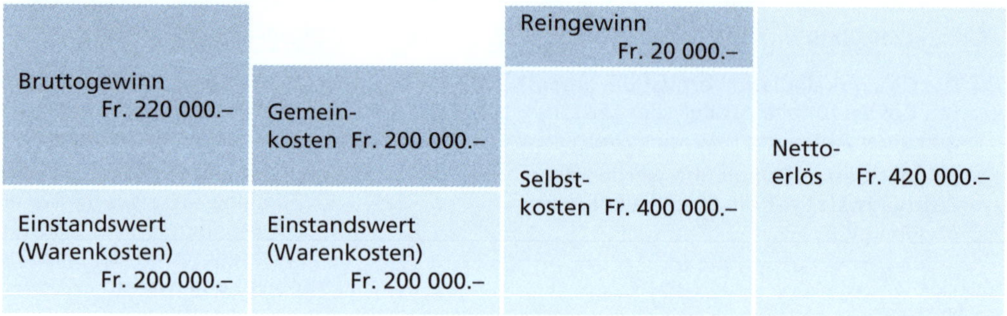

[1] Anstatt Nettoerlös werden synonym oft auch folgende Begriffe verwendet: Umsatz, Verkaufsumsatz, Verkaufserlös, Warenertrag.

Im Rahmen der **Gesamtkalkulation** werden für die wichtigsten Grössen die prozentualen Zusammenhänge ermittelt. Diese Prozentsätze werden **Zuschlagssätze** genannt.

Berechnung der Zuschlagssätze aus der Gesamtkalkulation

Gesamtkalkulation		Gemeinkosten-Zuschlag	Reingewinn-Zuschlag	Bruttogewinn-Zuschlag[1]	Formeln für die Zuschlagssätze
Einstandswert	200 000	100 %		100 %	
+ Gemeinkosten	200 000	100 %			$\frac{\text{Gemeinkosten} \cdot 100\%}{\text{Einstandswert}}$
= Selbstkosten	400 000	200 %	100 %	110 %	$\frac{\text{Bruttogewinn} \cdot 100\%}{\text{Einstandswert}}$
+ Reingewinn	20 000		5 %		$\frac{\text{Reingewinn} \cdot 100\%}{\text{Selbstkosten}}$
= Nettoerlös	420 000		105 %	210 %	

[1] Der Bruttogewinn wird in der Praxis vor allem in der Bilanz- und Erfolgsanalyse auf den Nettoerlös bezogen (statt wie hier auf den Einstandswert). Dieser prozentuale Bezug wird **Bruttogewinnmarge** (manchmal auch Bruttogewinnquote) genannt:

Bruttogewinnmarge Bruttogewinn in Prozenten des Nettoerlöses	$\frac{\text{Bruttogewinn} \cdot 100\%}{\text{Nettoerlös}}$	$\frac{220\,000 \cdot 100\%}{420\,000}$	52,4 %

Beispiel 2

Einzelkalkulation vom Einstand zum Bruttoverkaufspreis

In der Einzelkalkulation werden die aus der Gesamtkalkulation gewonnenen Zuschlagssätze für ein einzelnes Produkt angewandt.

Zu welchem Preis soll ein Feldstecher zum Einstandspreis von Fr. 300.– im Laden angeboten werden, wenn den Kunden ein Rabatt von 10% und ein Skonto von 2 % gewährt wird? Die Mehrwertsteuer von 8,0 % ist im Preis einzurechnen.

Einzelkalkulation

	Einstandspreis[1]	Fr.	300.–	100 %	
+	Gemeinkosten	Fr.	300.–	100 %	
=	Selbstkosten	Fr.	600.–	200 % →	100 %
+	Reingewinn	Fr.	30.–		5 %
=	Nettoerlös[2]	Fr.	630.–	98 % ←	105 %
+	Skonto	Fr.	12.85	2 %	
=	Rechnungsbetrag	Fr.	642.85	100 % →	90 %
+	Spezialrabatt	Fr.	71.45		10 %
=	Bruttoverkaufspreis ohne MWST	Fr.	714.30		100 %
+	MWST[3]	Fr.	57.15		8 %
=	Bruttoverkaufspreis mit MWST	Fr.	771.45		108 %

[1] Mit dem **Bruttogewinnzuschlag** ist es möglich, vom Einstandspreis direkt auf den Nettoerlös zu schliessen:

	Einstandspreis	300.–	100 %
+	Bruttogewinn	330.–	110 %
=	Nettoerlös	630.–	210 %

[2] In anderen Lehrmitteln werden für Nettoerlös oder Zahlung auch die Begriffe Nettobarverkauf oder Nettoverkaufspreis verwendet.

[3] Falls der Kunde den Rabatt oder den Skonto beansprucht, vermindert sich die abzuliefernde Mehrwertsteuer um den entsprechenden Prozentsatz.

Mehrstufige Erfolgsrechnung

Für die Analyse des Jahresergebnisses ist eine mehrstufige Gliederung unerlässlich.

Beispiel 1 zeigt, dass nur der mehrstufige Erfolgsausweis eine differenzierte Analyse der unternehmerischen Tätigkeit ermöglicht:

- Mit **Betrieb** bezeichnet man die Haupttätigkeit der Unternehmung; das ist in dieser Unternehmung der Handel mit Waren. In der einstufigen Erfolgsrechnung wird nicht sichtbar, dass der Betrieb verlustbringend ist.
- Der Unternehmungsgewinn kommt nur dank dem positiven Einfluss von **neutralem** Ertrag zustande. Neutral bedeutet: nicht zum betrieblichen Kernbereich gehörend. Hier zum Beispiel der Ertrag und der Aufwand eines nicht betriebsnotwendigen Wohnblocks sowie ein Gewinn bei der Veräusserung von Anlagevermögen.[1]

Beispiel 1 **Einstufige und dreistufige Erfolgsrechnung**

Einstufige Erfolgsrechnung

	Warenertrag	100
+	Liegenschaftenertrag	15
+	Veräusserungsgewinn	9
./.	Warenaufwand	– 60
./.	Personalaufwand	– 25
./.	Mietaufwand	– 7
./.	Übriger Gemeinaufwand	– 16
./.	Liegenschaftenaufwand	– 6
=	**Gewinn**	**10**

Dreistufige Erfolgsrechnung

	Warenertrag		100
./.	Warenaufwand		– 60
=	**Bruttogewinn**		**40**
./.	Personalaufwand	Gemeinaufwand	– 25
./.	Raumaufwand	Gemeinaufwand	– 7
./.	Übriger Gemeinaufwand	Gemeinaufwand	– 16
=	**Betriebsverlust**		**– 8**
+	Liegenschaftsertrag	Neutraler Aufwand und Ertrag	15
./.	Liegenschaftsaufwand	Neutraler Aufwand und Ertrag	– 6
+	Veräusserungsgewinn	Neutraler Aufwand und Ertrag	9
=	**Unternehmungsgewinn**		**10**

Je nach Branche und Informationsbedürfnissen ist eine andere Anzahl Stufen zweckmässig. Erfolgsrechnungen von Handelsbetrieben sind in der Praxis oft dreistufig:

1. Stufe Bruttogewinn

Der Bruttogewinn ergibt sich aus der Gegenüberstellung von Warenertrag und Warenaufwand.

Der Bruttogewinn dient zur Deckung des Gemeinaufwands und ist eine zentrale Grösse bei der Beurteilung der Kosten- und Preispolitik einer Handelsunternehmung.

2. Stufe Betriebserfolg

Vom Bruttogewinn wird der Gemeinaufwand abgezogen und als Ergebnis der Betriebserfolg ausgewiesen.

Sämtliche Aufwände und Erträge der beiden ersten Stufen sind betrieblicher Natur, d. h., sie stehen im Zusammenhang mit dem eigentlichen Betriebszweck (hier der Handel mit Waren).

3. Stufe Unternehmenserfolg

In der dritten Stufe werden zusätzlich die neutralen Aufwände und Erträge berücksichtigt und als Resultat der Unternehmungserfolg (Gesamterfolg der Unternehmung) ermittelt.

Neutrale Aufwände sind entweder betriebsfremd oder ausserordentlich (siehe nächste Seite).

[1] Wenn Anlagevermögen zu einem über dem Buchwert liegenden Verkaufspreis veräussert wird, entsteht ein so genannter Veräusserungsgewinn (siehe Kapitel 25).

Schematisch dargestellt, ergibt sich folgende Gliederung von Aufwand und Ertrag:

Gesamte Unternehmung

Betrieb

Betriebliche Aufwände und Erträge stehen im Zusammenhang mit dem eigentlichen Betriebszweck (hier der Handel mit Waren).

In Handelsbetrieben wird zuerst der betriebliche Bruttogewinn ausgewiesen, dann der betriebliche Nettogewinn (kurz Betriebsgewinn genannt).[1]

Beispiele:

- Warenertrag
- Warenaufwand
- Personalaufwand
- Raumaufwand
- Reparatur und Unterhalt
- Fahrzeugaufwand
- Versicherungsaufwand
- Energieaufwand
- Werbeaufwand
- Abschreibungen
- Sonstiger Betriebsaufwand
- Zinsaufwand/Zinsertrag

Neutraler Bereich

Betriebsfremd

Betriebsfremde Aufwände und Erträge entstehen aus nicht betriebstypischen Tätigkeiten.

Beispiele:

Erträge und Aufwände aus nicht betriebsnotwendigen

- Wohnliegenschaften
- Wertschriftenanlagen
- Beteiligungen
- Direkte Steuern

Ausserordentlich

Ausserordentliche Aufwände und Erträge entstehen aufgrund von ungewöhnlichen, seltenen, periodenfremden nicht wiederkehrenden Ereignissen.

Beispiele:

- Einmaliger Veräusserungsgewinn oder -verlust
- Verluste aus Verstaatlichungen
- Erdbebenschäden
- Periodenfremde, aussergewöhnliche Auflösung nicht mehr benötigter Rückstellungen
- Einmalige Subventionen

[1] Gemäss Obligationenrecht wird der Betrieb nicht weiter unterteilt. Hingegen scheidet der Kontenrahmen KMU in der Kontenklasse 7 noch **Nebenbetriebe** separat aus (vgl. Anhang 2 dieses Buchs):

- In der Praxis wird häufig die **Betriebsliegenschaft** als Nebenbetrieb betrachtet (im Sinne eines Profit Centers). Um die Aufwände und Erträge der Betriebsliegenschaft separat zu erfassen, werden die Konten Liegenschaftsaufwand (Immobilienaufwand) und Liegenschaftsertrag (Immobilienertrag) geführt.
- Die ertragsbringende Anlage von überschüssiger Liquidität des Betriebs in Form von **Wertpapieren** kann auch als Nebenbetrieb mit den Konten Wertschriftenaufwand und Wertschriftenertrag erfasst werden.
- Ebenfalls als Nebenbetrieb betrachtet werden können betriebsnotwendige **Beteiligungen** an anderen Unternehmen mit den Konten Beteiligungsaufwand und Beteiligungsertrag.

Der **Kontenrahmen KMU** (siehe Anhang 2) berücksichtigt die Anforderungen an eine differenzierte Analyse des Jahresergebnisses. Die Kontennummern in den Kontenklassen 3 bis 8 wurden so gewählt, dass sich eine mehrstufige Erfolgsrechnung in Berichtsform nach dem Gesamtkostenverfahren (sogenannte Produktions-Erfolgsrechnung) gemäss folgendem Muster erstellen lässt (Kontenklassen bzw. Kontengruppen in der hintersten Spalte):

Beispiel 2

Erfolgsrechnung

	Nettoerlöse aus Lieferungen und Leistungen	3
+/–	Bestandesänderungen an unfertigen und fertigen Erzeugnissen bzw. nicht fakturierten Dienstleistungen	3
=	**Betrieblicher Ertrag aus Lieferungen und Leistungen**	
./.	Material- und Warenaufwand sowie Aufwand für Drittleistungen	4
./.	Personalaufwand	5
./.	Übriger Betriebsaufwand (ohne Abschreibungen und Zinsen)	60–67
=	**Betriebsergebnis vor Zinsen, Steuern und Abschreibungen (EBITDA)[1]**	
./.	Abschreibungen	68
=	**Betriebsergebnis vor Zinsen und Steuern (EBIT)**	
+/–	Zinsaufwand und Zinsertrag (Finanzaufwand und Finanzertrag)	69
=	**Betriebsergebnis vor Steuern**	
+/–	Aufwand und Ertrag von Nebenbetrieben	7
+/–	Betriebsfremder Aufwand und Ertrag	8
+/–	Ausserordentlicher Aufwand und Ertrag	8
=	**Unternehmenserfolg vor Steuern**	
./.	Direkte Steuern	89
=	**Unternehmenserfolg**	

Je nach Branche und Anwendungsfall können noch Zwischenergebnisse hinzugefügt oder weggelassen werden.

[1] EBITDA = Earnings before Interest, Taxes, Depreciation and Amortization

- Interest = Zinsen
- Taxes = Steuern
- Depreciation = Abschreibung von materiellem Anlagevermögen
- Amortization = Abschreibung von immateriellem Anlagevermögen

Lohnabrechnung

«Jeder Arbeiter ist seines Lohnes wert.»

(Lukas 10.7)

Dieses alte Zitat hat heute genauso Gültigkeit wie vor 2000 Jahren. Aber – was früher oft durch Naturalien oder bar auf die Hand abgegolten wurde – erfordert heute aufwändige Abrechnungen. Nicht nur der Arbeitende will seinen Lohn, auch die verschiedenen Sozialversicherungen beanspruchen namhafte Arbeitnehmer- und Arbeitgeberbeiträge.

Beispiel 1

Remo Ferrari ist Bankprokurist und verdient monatlich Fr. 12 000.– brutto. Er hat ein schulpflichtiges Kind. Seine Lohnabrechnung sieht wie folgt aus:

Bruttolohn				12 000.–	
Kinderzulagen				300.–	12 300.–
Abzüge					
AHV, IV, EO	5,15 %	von	12 000.–	618.–	
ALV[1]	1,1 %	von	10 500.–	115.50	
	0,5 %	von	1 500.–	7.50	
PK	7,0 %	von	9 952.50	696.70	
NBU	0,8 %	von	12 000.–	96.–	1 533.70
Nettolohn					10 766.30

Neben den in der Lohnabrechnung enthaltenen Beiträgen des Arbeitnehmers zahlt der Arbeitgeber ebenfalls Beiträge an die Sozialversicherungen:

Sozialversicherungsbeiträge des Arbeitgebers				
AHV, IV, EO	5,15 %	von	12 000.–	618.–
VK	0,309 %	von	12 000.–	37.10
ALV[1]	1,1 %	von	10 500.–	115.50
	0,5 %	von	1 500.–	7.50
PK	10,0 %	von	9 952.50	995.25
BU	0,2 %	von	12 000.–	24.–
FAK	1,5 %	von	12 000.–	180.–
Total				1 977.35

[1] Zur gestaffelten Berechnung der ALV-Beiträge siehe Fussnote [3] auf Seite 116.

Beispiel 2 Verbuchung des Gehaltes von Remo Ferrari, Bankprokurist. (Die Beiträge sind aus Platzgründen auf ganze Franken auf- oder abgerundet.)

		Betrag	Lohnaufwand		Sozialversicherungsaufwand		Kreditoren AHV, IV, EO, ALV, PK, UV, FAK	
	Bruttolohn	12 000						
	Kinderzulagen	300		300			300	
beiträge	AHV-Beitrag 5,15 % von 12 000	618	618					618
	ALV-Beitrag 1,1 % von 10 500 = 116 + 0,5 % von 1 500 = 7	123	123					123
	Pensionskassenbeitrag 7 % von 9 953	697	697					697
	NBU-Beitrag 0,8 % von 12 000	96	96					96
	Nettolohn	10 766	10 766					
beiträge	AHV-Beitrag 5,15 % von 12 000	618			618			618
	Verwaltungskosten 3 % von 1 236	37			37			37
	ALV-Beitrag 1,1 % von 10 500 = 116 + 0,5 % von 1 500 = 7	123			123			123
	Pensionskassenbeitrag 10 % von 9 953	995			995			995
	BU-Beitrag 0,2 % von 12 000	24			24			24
	FAK-Beitrag 1,5 % von 12 000	180			180			180
	Salden			**12 000**		**1 977**	**3 211**	
			12 300	12 300	1 977	1 977	3 511	3 511

Die Erläuterungen zu den Sozialversicherungen sind auf der nächsten Seite.

Überblick über die Sozialversicherungen

Bezeichnung der Sozialversicherung	Abkürzung	Zweck	Beiträge in % des Bruttolohnes		
			Arbeitnehmer	Arbeitgeber	Total
Alters- und Hinterlassenenversicherung[1]	AHV	Schutz gegen die wirtschaftlichen Folgen von Alter und Tod in Form von Alters-, Witwen- und Waisenrenten.	4,2 %	4,2 %	8,4 %
Invalidenversicherung[1]	IV	Schutz gegen die Folgen von Erwerbsunfähigkeit durch körperlichen oder geistigen Gesundheitsschaden.	0,7 %	0,7 %	1,4 %
Erwerbsersatzordnung[1]	EO	Anspruch von Dienstpflichtigen auf Erwerbsausfallentschädigung während des Militär- oder Zivilschutzdienstes und von erwerbstätigen Frauen während 14 Wochen nach der Niederkunft.	0,25 %	0,25 %	0,5 %
Verwaltungskostenbeitrag[2]	VK	Verwaltungskostenbeitrag der Arbeitgeber auf den gesamten AHV/IV/EO-Abgaben an die Ausgleichskassen.	–	0,309 %	0,309 %
Arbeitslosenversicherung und Insolvenzentschädigung[3]	ALV	Absicherung gegen Arbeitslosigkeit und Zahlungsunfähigkeit des Arbeitgebers.	1,1 %	1,1 %	2,2 %
Berufsunfallversicherung[4]	BU	Versicherungsschutz gegen Folgen von Unfällen während der Arbeitszeit und auf dem Arbeitsweg.	–	0,1–1 %	0,1–1 %
Nichtberufsunfallversicherung	NBU	Versicherungsschutz gegen Folgen von Unfällen während der Freizeit.	0,5–1 %	–	0,5–1 %
Pensionskasse[5]	PK	Berufliche Vorsorge (2. Säule, BVG) als Ergänzung zur staatlichen Vorsorge. Umfasst Alters-, Witwen- und Waisen- sowie Invalidenrente.	5–7 % vom Bruttolohn minus Koordinationsabzug	5–10 % vom Bruttolohn minus Koordinationsabzug	10–17 %
Familienausgleichskasse[6]	FAK	Sozialer Ausgleich durch Auszahlung von Kinder- und Ausbildungszulagen bis zum vollendeten 25. Altersjahr an Arbeitnehmer.	–	je nach Kanton 1–3 %	1–3 %

1 Für Selbstständigerwerbende gelten leicht reduzierte Sätze bis maximal: AHV 7,8 %, IV 1,4 %, EO 0,5 % = total 9,7 %. FAK-Beitrag kantonal geregelt 0,9 % – 3 %

2 Der Arbeitgeber zahlt zusätzlich einen Verwaltungskostenbeitrag von 3% der AHV/IV/EO-Beiträge an die AHV-Ausgleichskasse, das sind 0,309 % des Bruttolohnes. Bei grösseren Beitragssummen gelten reduzierte Sätze. Der Einfachheit halber wird in diesem Buch generell mit einem Satz von 3 % gerechnet.

3 Versichert wird nur bis zu einem bestimmten Bruttolohn (im Jahr 2013 bis Fr. 126 000.– jährlich, bzw. Fr. 10 500.– monatlich). Je nach Lage auf dem Arbeitsmarkt, d. h. je nach Höhe der Arbeitslosigkeit, schwankt dieser Prozentsatz. Die ALV-Beiträge werden ebenfalls über die AHV-Ausgleichskasse abgerechnet. Für Löhne bis Fr. 126 000.–, beträgt der Beitragssatz 2,2 %. Für höhere Löhne ab Fr. 126 000.– wird ein Solidaritätsbeitrag von 1 % erhoben. Alle Beiträge werden hälftig von Arbeitgeber- und Arbeitnehmerseite bezahlt.

4 Die Unfallversicherung UV umfasst die Berufsunfall- und die Nichtberufsunfallversicherung. Die Prämienhöhe ist bei der BU vom Unfallrisiko der entsprechenden Berufsgattung abhängig. Die BU-Versicherung ist bis zu einem Einkommen von Fr. 126 000.– obligatorisch, nachher freiwillig.

Zusammenfassende Darstellung zur Lohnabrechnung

Arbeitnehmer			Arbeitgeber		
Die Arbeitnehmerbeiträge werden direkt vom Lohn abgezogen Buchung: Lohnaufwand/ Kreditoren	AHV, IV, EO	5,15 %	AHV, IV, EO	5,15 %	Die Arbeitgeberbeiträge werden als Sozialaufwand verbucht Buchung: Sozialaufwand/ Kreditoren
	ALV	1,1 %	ALV	1,1 %	
	NBU	0,5–1 %	BU	0,1–1 %	
	PK	5–7 %	PK	5–10 %	
			FAK	1–3 %	
Die Nettolohnauszahlung erfolgt über die flüssigen Mittel Buchung: Lohnaufwand/ Flüssige Mittel	Nettolohn	85–90 %			
Die Gutschrift der Kinderzulagen erfolgt über die FAK Buchung: Kreditoren/ Lohnaufwand					

[5] Die Versicherungsbeiträge für die berufliche Vorsorge sind von den Leistungen der meist privaten Pensionskassen abhängig. Der Arbeitgeber muss mindestens die Hälfte der Gesamtkosten tragen. Viele Arbeitgeber übernehmen mehr als den obligatorischen Prämienanteil. Versichert wird in der Regel der um den Koordinationsabzug verminderte Jahreslohn. Der Koordinationsabzug beträgt Fr. 24 570.–; das sind 7/8 der maximalen Altersrente von Fr. 28 080.– (Stand 2013).

[6] Bei Betrieben, die an die Familienausgleichskasse (FAK) angeschlossen sind, zahlt der Arbeitgeber für die Entrichtung von Kinder- und Ausbildungszulagen einen zusätzlichen Beitrag, der sich kantonal unterscheidet. Ebenso unterscheiden sich die von den Kantonen ausbezahlten Kinder- und Ausbildungszulagen; sie betragen mindestens Fr. 200.– pro Kind/Monat. Die Abrechnungen erfolgen über die kantonalen AHV-Ausgleichskassen.

37

Immobilien

Die Immobilienbuchhaltung umfasst alle mit dem Kauf, der Verwaltung und dem Verkauf von Liegenschaften zusammenhängenden Geschäftsfälle. Zu den Liegenschaften, auch Immobilien genannt, zählen vor allem:

- Stockwerkeigentum
- Gebäude
- Grundstücke

Die Buchungen erfolgen in den Bestandeskonten Immobilien und Hypotheken sowie den Erfolgskonten Immobilienaufwand und Immobilienertrag.[1]

Immobilienbuchhaltung

Immobilien	Hypotheken	Immobilienaufwand	Immobilienertrag
Das Immobilienkonto hält die Zuwächse und Abgänge bei den Liegenschaften fest.	Die Hypotheken zeigen den Bestand und die Zu- und Abgänge der pfandgesicherten Darlehen auf den Liegenschaftsbesitz.	Im Immobilienaufwand werden alle durch die Liegenschaften verursachten Aufwände aufgezeichnet.	Der Immobilienertrag umfasst alle Erträge, welche mit der Nutzung der Liegenschaft erwirtschaftet werden.

Immobilien

Anfangsbestand	Verkäufe
Käufe	Wertminderungen
Neubauten	Verkaufsverlust
Wertvermehrende Renovationen	Schlussbestand (Saldo)

Hypotheken

Rückzahlungen	Anfangsbestand
Schlussbestand (Saldo)	Erhöhungen

Immobilienaufwand

Hypothekarzinsen	Saldo
Liegenschaftsunterhalt	
Energieaufwand	
Abgaben, Gebühren, Steuern	
Versicherungen	
Verwaltungsaufwand	
Reinigung u. Hauswartung	
Verkaufsverluste	
Abschreibungen	

Immobilienertrag

Saldo	Eigenmietwert Geschäft
	Eigenmietwert Privatwohnung
	Mietzinseinnahmen Geschäfte
	Mietzinseinnahmen Wohnungen
	Mietzinseinnahmen Garagen

[1] Anstelle der Konten Immobilien, Immobilienaufwand und Immobilienertrag werden synonym auch die Konten Liegenschaften, Liegenschaftsaufwand und Liegenschaftsertrag verwendet.

Liegenschaften können buchhalterisch auf drei verschiedene Arten behandelt werden:

- als rein betrieblich genutzte Liegenschaften
- als Nebenbetrieb der Unternehmung im Sinne eines Profit Centers
- als betriebsfremder, unabhängiger Teil der Unternehmung

In den folgenden Ausführungen wird der Geschäftsverkehr einer als **Nebenbetrieb** genutzten Liegenschaft dargestellt.

Beispiel

Immobilienbuchhaltung

Schreiner H. Ott hat auf den 1. Januar 20_1 ein Mehrfamilienhaus für Fr. 2000000.– gekauft. An eigenen Mitteln bringt er Fr. 500000.– auf, den Rest finanziert er mit einem Hypothekardarlehen, verzinslich zu 4 %. H. Ott nutzt das Erdgeschoss als Geschäftslokalitäten für seine Schreinerei, und die Attikawohnung bewohnt er mit seiner Familie. Die mittleren Etagen mit drei Wohnungen werden an Dritte weiter vermietet. Alle Zahlungen erfolgen über die Bank.

Im Folgenden ist die Verbuchung des Liegenschaftskaufs und des summarischen Geschäftsverkehrs dargestellt:

		Bestandeskonten				Erfolgskonten			
Geschäftsfall	Buchung	Immobilien		Hypotheken		Immobilienaufwand		Immobilienertrag	
Kauf									
Anzahlung mit eigenen Mitteln	Immobilien/Bank	500 000							
Restfinanzierung durch Hypothekardarlehen zu 4 %	Immobilien/ Hypotheken	1 500 000			1 500 000				
Handänderungssteuer und Grundbuchgebühren[1]	Immobilien/Bank	21 000							
Aufwände									
Unterhalt und Reparaturen	Immobilien-aufwand/Bank					4 000			
Gebühren und Versicherungen	Immobilien-aufwand/Bank					3 000			
Energie (Heizung und Strom allgemein)	Immobilien-aufwand/Bank					2 000			
Hypothekarzinsen	Immobilien-aufwand/Bank					60 000			
Verwaltungsaufwand	Immobilien-aufwand/Bank					5 000			
Reinigung und Hauswartung	Immobilien-aufwand/Bank					6 000			
Abschreibungen	Immobilien-aufwand/Immobilien		11 000			11 000			
Erträge									
Mieteinnahmen	Bank/ Immobilienertrag								66 000
Mietwert Geschäft[2]	Mietaufwand/ Immobilienertrag								30 000
Mietwert Privatwohnung[3]	Privat/ Immobilienertrag								24 000
Abschluss									
Salden	Diverse Buchungen		**2 010 000**	**1 500 000**			**91 000**	**120 000**	
		2 021 000	2 021 000	1 500 000	1 500 000	91 000	91 000	120 000	120 000

Bilanz 31. 12. 20_1 (Auszug)[4]

Immobilien	2 010 000	Hypotheken	1 500 000

Erfolgsrechnung für 20_1 (Auszug)[4]

Immobilienaufwand	91 000	Immobilienertrag	120 000
Immobiliengewinn	**29 000**		
	120 000		120 000

[1] Die Handänderungssteuer und Grundbuchgebühren erhöhen den Kaufpreis der Liegenschaft und werden auf Immobilien gebucht. Beim Verkauf werden sie als Verkaufsaufwand über Immobilienaufwand abgebucht.

[2] Die Liegenschaft gehört zum Geschäftsvermögen der Schreinerei. Der Schreinerei ist der Mietwert für die benutzten Räume zu belasten, da sonst der Betriebsaufwand zu klein ausgewiesen würde und in der Liegenschaftsrechnung der Immobilienertrag um diesen Betrag zu gering ausfallen würde.

[3] Schreiner H. Ott bewohnt selber eine Wohnung in dieser Liegenschaft. Um den tatsächlichen Liegenschaftsertrag nachzuweisen, muss der Mietwert, der bei einer Vermietung an Dritte erzielt werden könnte, in den Liegenschaftsertrag einfliessen. Der Mietwert ist Schreiner Ott auf seinem Privatkonto zu belasten und im Liegenschaftsertrag gutzuschreiben.

[4] Die Bilanz und Erfolgsrechnung sind unvollständig; sie enthalten nur die Zahlen zur Liegenschaft.

Wertschriften

Unter Wertschriften fasst man im Rechnungswesen die zur **Kapitalanlage** geeigneten Wertpapiere wie Aktien, Partizipationsscheine (PS), Obligationen oder Pfandbriefe zusammen.[1] Regelmässig an der Börse gehandelte Wertpapiere werden auch als Effekten bezeichnet.

Mit dem Kauf von Wertschriften **bezwecken** Unternehmungen:

- überschüssige Liquidität ertragsbringend anzulegen[2]
- oder sich am Kapital einer anderen Unternehmung zu beteiligen, um einen massgeblichen Einfluss auf sie auszuüben und an ihrem wirtschaftlichen Erfolg teilzuhaben.

Die beiden wichtigsten Arten von Wertschriften sind Aktien und Obligationen, die sich stark voneinander unterscheiden:

- Mit dem Kauf von **Aktien** wird man Teilhaber einer anderen Unternehmung und partizipiert an deren wirtschaftlichen Entwicklung. Deshalb erbringen die Aktien in guten Jahren hohe Dividenden und Kursgewinne. Bei schlechtem Geschäftsgang wird keine Dividende ausgeschüttet, und es entstehen rasch grosse Kursverluste.
- **Obligationen** stellen als Gläubigerpapier eine Forderung dar. Sie werden vom Schuldner in der Regel fest verzinst und am Ende der Laufzeit zurückbezahlt. Obligationen unterliegen geringen Kursschwankungen.

[1] In diesem Kapitel werden die Wertschriften nur im Sinne von Kapitalanlagen besprochen. Wertpapiere sind für die Unternehmung auch Instrumente der **Kapitalbeschaffung,** die auf der Passivseite zu bilanzieren sind, zum Beispiel:

- Aktien dienen den Aktiengesellschaften zur Beschaffung von **Eigenkapital.**
- Obligationen werden von (grossen) Unternehmen und der öffentlichen Hand zur Beschaffung von **Fremdkapital** ausgegeben.

[2] Um die jederzeitige Zahlungsbereitschaft zu sichern, muss eine Unternehmung genügend flüssige Mittel halten. Allerdings wirft das Geld in der Kasse gar keinen Zins ab, und Guthaben bei den Banken oder der Post erbringen sehr wenig Zins. Deshalb legen Unternehmungen die nicht sofort benötigten flüssigen Mittel oft kurzfristig in Wertpapieren an (so genannte Kasseneffekten).

Je nach Art und Zweck der Wertschriften, werden die Wertschriftenbestände auf der Aktivseite der Bilanz an verschiedenen Orten aufgeführt:

Bilanz

Aktiven (Kapitalanlage)	Passiven (Kapitalbeschaffung)
Umlaufvermögen ► **Flüssige Mittel**[1] Wertschriften gehören zu den flüssigen Mitteln, wenn der Anlagehorizont sehr kurz ist (in der Regel bis 90 Tage) und sie börsengängig, d.h. jederzeit verkäuflich sind, und keinen wesentlichen Wertschwankungen unterliegen. ► Forderungen ► Vorräte	**Fremdkapital**
Anlagevermögen ► **Finanzanlagen** Wertschriften gehören ins Anlagevermögen, wenn der Anlagehorizont mehr als ein Jahr beträgt. Beteiligungen gehören auf jeden Fall zum Anlagevermögen. ► Sachanlagen ► Immaterielle Anlagen	**Eigenkapital**

Der Wertpapierhandel wird an der Schweizer Börse (Swiss Exchange, SIX) elektronisch über ein Computersystem abgewickelt. Für den Wertpapierhandel an der Börse bedarf es einer staatlichen Bewilligung. Der Anleger kann die Effekten nicht selbst an der Börse kaufen oder verkaufen, sondern muss einer zum Handel zugelassenen Bank den entsprechenden Auftrag erteilen.

[1] In OR 959a wird die Bilanzposition «Flüssige Mittel und kurzfristig gehaltene Aktiven mit Börsenkurs» genannt.

Beispiel 1

Kauf von Aktien

Die Meier AG beauftragt die RegioBank mit dem Kauf von 100 Namenaktien der Pharma AG. Die RegioBank schickt dem Auftraggeber nach Ausführung des Auftrags folgende Abrechnung:

Kauf von Wertschriften[1]

	100 Namenaktien Pharma AG zum Kurs 900.–[2]	CHF 90 000.–[3]
+	Spesen[4]	CHF 900.–
=	Endbetrag der Bankabrechnung, Valuta 14. 01. 20_1	CHF 90 900.–

Die Verbuchung dieses Kaufs wird in Beispiel 2 gezeigt.

[1] Diese Abrechnung ist gleichzeitig eine Eingangsanzeige ins Wertschriftendepot der Meier AG bei der RegioBank und eine Belastungsanzeige für das Kontokorrentkonto der Meier AG bei der RegioBank.

[2] Unter Kurs versteht man den Preis an der Börse für eine Aktie (so genannter Stückkurs).

[3] Das ist der Kurswert. Er ergibt sich durch die Multiplikation der Stückzahl mit dem Stückkurs.

[4] Der Einfachheit halber wurden hier die verschiedenen Spesen in einem Betrag zusammengefasst. Die Spesen betragen bei kleineren Aufträgen etwa 1 % des Kurswerts.

Den grössten Teil dieser Spesen erhält die Bank als Entschädigung für ihre Arbeit; das ist die so genannte Kommission oder Courtage. Sodann wird die Übertragung von Wertschriften durch Effektenhändler mit einer indirekten Bundessteuer belastet (so genannte Umsatzsteuer), die bei diesem Aktienkauf 0,75 Promille des Kaufpreises beträgt. Ausserdem erhebt die Schweizer Börse eine geringe Gebühr für die Benützung ihrer elektronischen Handelsplattform.

Beim Kauf müssen die Spesen zum Kurswert hinzugezählt werden, da sie den Kauf verteuern. Beim Verkauf werden die Spesen vom Kurswert abgezählt, da sie den Verkaufserlös schmälern.

Beispiel 2

Wertschriftenbuchhaltung am Beispiel von Aktien

Zu führen sind die Wertschriftenkonten der Meier AG für das Jahr 20_1. Es wird angenommen, dass die Meier AG vor dem Aktienkauf vom 14. Januar 20_1 keine Wertschriften besessen hat.

Datum	Geschäftsfall	Buchung	Wertschriften-bestand (Aktivkonto)		Wertschriften-aufwand		Wertschriften-ertrag	
14.01.20_1	Aktienkauf, Kurswert	Wertschriftenbestand/ Bank	90 000					
	Aktienkauf, Spesen	Wertschriften-aufwand/Bank			900			
25.05.20_1	Bankgutschrift der Nettodividende (65 %)[1]	Bank/Wertschriften-ertrag						1 300
	Verrechnungssteuer auf Dividende (35 %)	Debitor VSt/ Wertschriftenertrag						700
06.12.20_1	Bankbelastung für Depotgebühren[2]	Wertschriften-aufwand/Bank			140			
31.12.20_1	Kursgewinn Aktien[3]	Wertschriftenbestand/ Wertschriftenertrag	8 000					8 000
	Abschluss	Diverse		**98 000**		**1 040**	**10 000**	
			98 000	98 000	1 040	1 040	10 000	10 000

[1] Gutschriftsanzeige der Bank

Dividendenauszahlung Pharma AG	
Bruttodividende für 100 Namenaktien zu 20.–/Aktie	2 000.–
./. Verrechnungssteuer 35 %	700.–
= Nettodividende, Valuta 25.5.20_1	1 300.–

[2] Die Wertschriften befinden sich (in elektronischer Form) im Depot der Bank. Für die Depotführung verlangt die Bank eine Gebühr, die vom Depotwert und der Anzahl Titel abhängt.

[3] Am Ende des Jahres werden die Aktien gemäss OR 960b zum Börsenkurs Ende Dezember bewertet. Gegenüber dem Kaufpreis ergibt sich ein Kursgewinn von Fr. 80.– je Aktie:

Kurswert der Aktien beim Kauf	100 Aktien zum Kurs 900.–	90 000.–
Kurswert der Aktien beim Abschluss	100 Aktien zum Kurs 980.–	98 000.–
Kursgewinn	100 Aktien zu 80.–	8 000.–

Dieser **Kursgewinn** von Fr. 8000.– wird als **nicht realisiert** bezeichnet, weil er nur durch die buchmässige Bewertung am Jahresende entstand und nicht durch Verkauf wirklich (real) erzielt wurde.

Der Kursgewinn ist vorzugsweise wie oben beschrieben zu ermitteln. Er lässt sich aber auch direkt im Konto Wertschriftenbestand bestimmen: Wenn zuerst als Saldo der Wertschriftenbestand gemäss Wertschrifteninventar eingesetzt wird, ergibt sich im Konto eine Differenz, die dem Kursgewinn (bzw. in anderen Beispielen dem Kursverlust) entspricht.

Beispiel 3

Kauf von Obligationen

Die Huber AG beauftragt die RegioBank mit dem Kauf von Obligationen der Schweizerischen Eidgenossenschaft mit einem Nominalwert von Fr. 100 000.–. Die RegioBank schickt dem Auftraggeber nach Ausführung des Auftrags am 30. September 20_3 folgende Abrechnung:

Kauf von Wertschriften

	CHF 100 000.–[1] 4 %[2] Schweizerische Eidgenossenschaft 20_1 bis 20_9[3] Zinstermin 30. Juni, zum Kurs 102 %[4]	CHF 102 000.–
+	Marchzins vom 30.06. bis 30.09.[5]	CHF 1 000.–
=	Zwischentotal	CHF 103 000.–
+	Spesen	CHF 1 030.–
=	Endbetrag der Bankabrechnung, Valuta 30.09.20_3	CHF 104 030.–

Die Verbuchung dieses Kaufs wird in Beispiel 4 gezeigt.

[1] Das ist der Nominalwert (Nennwert), d.h. der auf der Obligation aufgedruckte Betrag.

[2] Zu diesem Zinsfuss wird die Obligation während der Laufzeit verzinst: erstmals am 30. Juni 20_2, letztmals am 30. Juni 20_9.

[3] Die Laufzeit dauert von der Ausgabe (Emission) der Anleihe am 30. Juni 20_1 bis zu ihrer Rückzahlung am 30. Juni 20_9.

[4] Der Kurs von Obligationen wird in Prozenten des Nominalwerts angegeben (Prozentkurs).

[5] **Erläuterungen zum Marchzins**

Der Käufer kann am nächsten Zinstermin (30.06.20_4) durch Einreichung des Zinscoupons den ganzen Jahreszins einkassieren. Da der Verkäufer entsprechend seiner Besitzdauer (vom 30.06. bis 30.09.20_3) Anspruch auf einen Anteil am Jahreszins hat, muss ihm der Käufer beim Erwerb der Obligation den **Marchzins für die Zeit zwischen dem letzten Zinstermin und dem Verkaufsdatum** bezahlen.

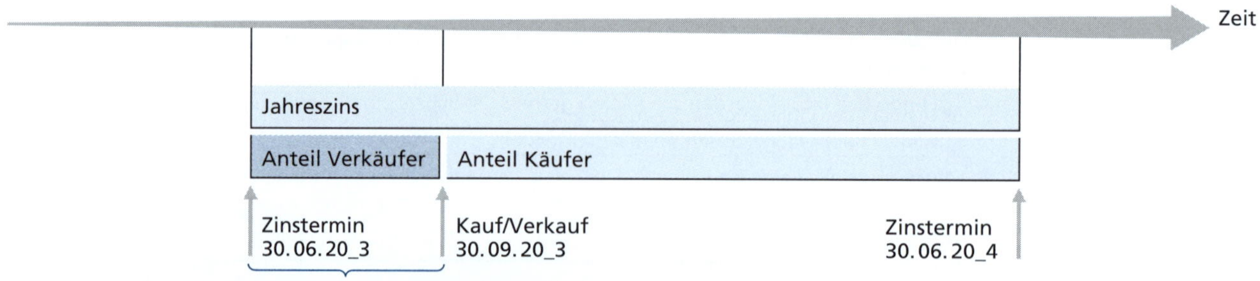

$$\text{Marchzins} = \frac{\text{Kapital} \cdot \text{Zinsfuss} \cdot \text{Tage}}{100 \cdot 360} = \frac{100\,000 \cdot 4 \cdot 90}{100 \cdot 360} = 1000$$

Weil sich durch den Marchzins der Verkaufserlös für den Verkäufer erhöht und sich gleichzeitig der Kaufpreis für den Käufer vergrössert, muss der Marchzins immer zum Kurswert addiert werden.

Beispiel 4 **Wertschriftenbuchhaltung am Beispiel von Obligationen**

Zu führen sind die Wertschriftenkonten der Huber AG, die vor dem Obligationenkauf vom 30. September 20_3 keine Wertschriften besass.

Datum	Geschäftsfall	Buchungssatz	Wertschriftenbestand (Aktivkonto)		Wertschriftenaufwand		Wertschriftenertrag	
30.09.20_3	Obligationenkauf, Kurswert	Wertschriftenbestand/ Bank	102 000					
	Obligationenkauf, Marchzins	Wertschriftenertrag/ Bank					1 000	
	Obligationenkauf, Spesen	Wertschriftenaufwand/ Bank			1 030			
06.12.20_3	Bankbelastung für Depotgebühren	Wertschriftenaufwand/ Bank			150			
31.12.20_3	Zeitliche Abgrenzung Zins[1]	Aktive Rechnungsabgrenzung/Wertschriftenertrag						2 000
	Kursverlust auf den Obligationen[2]	Wertschriftenaufwand/ Wertschriftenbestand		600	600			
	Abschluss	Diverse		**101 400**		**1 780**	[3]**1 000**	
			102 000	102 000	1 780	1 780	2 000	2 000

Das folgende Beispiel enthält alle wichtigen Buchungen im Zusammenhang mit Wertschriftengeschäften.

1 Als Aktive Rechnungsabgrenzung ist der vom letzten Zinstermin bis Ende Jahr (180 Tage) aufgelaufene Zins zu berücksichtigen:

Aufgelaufener Zins	$\frac{\text{Kapital} \cdot \text{Zinsfuss} \cdot \text{Tage}}{100 \cdot 360}$	$\frac{100\,000 \cdot 4 \cdot 180}{100 \cdot 360}$	2000

2 Der Börsenkurs Ende Dezember beträgt 101,4 %. Gegenüber dem Kauf entsteht ein Kursverlust von 0,6 % des Nominalwerts.

Kurswert der Obligationen beim Kauf	100 000.– zum Kurs 102 %	102 000.–
Kurswert der Obligationen beim Abschluss	100 000.– zum Kurs 101,4 %	101 400.–
Kursverlust	0,6 % von 100 000.–	600.–

Dieser Kursverlust von Fr. 600.– wird als nicht realisiert bezeichnet, weil er nur durch die buchmässige Bewertung am Jahresende entstand und nicht durch Verkauf wirklich (real) erzielt wurde.

Der Kursverlust ist vorzugsweise wie oben beschrieben zu ermitteln. Er lässt sich aber auch direkt im Konto Wertschriftenbestand bestimmen: Wenn zuerst als Saldo der Wertschriftenbestand gemäss Wertschrifteninventar eingesetzt wird, ergibt sich im Konto eine Differenz, die dem Kursverlust (bzw. in anderen Beispielen dem Kursgewinn) entspricht.

3 Der Saldo des Kontos Wertschriftenertrag zeigt den Zins für drei Monate Besitzdauer (vom 30. 09. bis 31. 12. 20_3).

■ Beispiel 5

Wertschriftenbuchhaltung

Über den Wertschriftenverkehr der Produkta AG liegen für das Jahr 20_2 folgende Belege vor:

Wertschrifteninventar am 31.12.20_1 (= am 1.1.20_2 übernommene Bestände)

Anzahl bzw. Nominalwert	Titelbezeichnung	Kurs	Kurswert
2 000	Namenaktien Chemie AG	80.–	160 000.–
400 000.–	6 % Obligationen Kraftwerk Eglisau 20_1 bis 20_9, Zinstermin 30. Mai	110 %	440 000.–
			600 000.–

Bankabrechnung über den Verkauf von Wertschriften

	1 000 Namenaktien Chemie AG zum Kurs 120.–	120 000.–
./.	Spesen	– 1 200.–
=	Endbetrag der Bankabrechnung, Valuta 20. März 20_2	118 800.–

Gutschriftsanzeige der Bank

Dividendenauszahlung Chemie AG		
	Bruttodividende für 1 000 Namenaktien zu 4.–/Aktie	4 000.–
./.	Verrechnungssteuer 35 %	– 1 400.–
=	Nettodividende, Valuta 15. April 20_2	2 600.–

Gutschriftsanzeige der Bank

6 % Obligationen Kraftwerk Eglisau 20_1 bis 20_9		
	Bruttozins	24 000.–
./.	Verrechnungssteuer 35 %	– 8 400.–
=	Nettozins, Valuta 30. Mai 20_2	15 600.–

Bankabrechnung über den Verkauf von Wertschriften

CHF 100 000.– 6%, Kraftwerk Eglisau 20_1 bis 20_9		
	Zinstermin 30. Mai, zum Kurs 108 %	108 000.–
+	Marchzins vom 30.05. bis 30.09.20_2 (120 Tage)	2 000.–
=	Zwischentotal	110 000.–
./.	Spesen	– 1 100.–
=	Endbetrag der Bankabrechnung, Valuta 30. September 20_2	108 900.–

Bankbelastungsanzeige

Depotspesen, Valuta 10. Dezember 20_2	700.–

Wertschrifteninventar am 31.12.20_2

Anzahl bzw. Nominalwert	Titelbezeichnung	Kurs	Kurswert
1 000	Namenaktien Chemie AG	110.–	110 000.–
300 000.–	6 % Obligationen Kraftwerk Eglisau 20_1 bis 20_9, Zinstermin 30. Mai	105 %	315 000.–
			425 000.–

Im Journal und Hauptbuch ergeben sich aufgrund dieser Belege folgende Eintragungen:

Datum	Geschäftsfall	Buchungssatz	Wertschriften-bestand		Wertschriften-aufwand		Wertschriften-ertrag	
01.01.20_2	Eröffnung Wertschriftenbestand	Wertschriftenbestand/ Bilanz	600 000					
	Rückbuchung aufgelaufener Zins[1]	Wertschriftenertrag/ Aktive Rechnungsabgrenzung					14 000	
20.03.20_2	Aktienverkauf, Kurswert	Bank/ Wertschriftenbestand		120 000				
	Aktienverkauf, Spesen	Wertschriftenaufwand/ Bank			1 200			
	Kursgewinn[2]	Wertschriftenbestand/ Wertschriftenertrag	40 000					40 000
15.04.20_2	Gutschrift Netto-dividende	Bank/ Wertschriftenertrag						2 600
	Verrechnungssteuer	Debitor VSt/ Wertschriftenertrag						1 400
30.05.20_2	Gutschrift Nettozins	Bank/ Wertschriftenertrag						15 600
	Verrechnungssteuer	Debitor VSt/ Wertschriftenertrag						8 400
30.09.20_2	Obligationenverkauf, Kurswert	Bank/ Wertschriftenbestand		108 000				
	Marchzinsen	Bank/ Wertschriftenertrag						2 000
	Spesen	Wertschriftenaufwand/ Bank			1 100			
	Kursverlust[3]	Wertschriftenaufwand/ Wertschriftenbestand		2 000	2 000			
10.12.20_2	Depotspesen	Wertschriftenaufwand/ Bank			700			
31.12.20_2	Aufgelaufene Obligationenzinsen[4]	Aktive Rechnungsabgrenzung/Wertschriftenertrag						10 500
	Kursgewinn Aktien[5]	Wertschriftenbestand/ Wertschriftenertrag	30 000					30 000
	Kursverlust Obligationen[6]	Wertschriftenaufwand/ Wertschriftenbestand		15 000	15 000			
	Salden	Diverse		**425 000**		**20 000**	**96 500**	
			670 000	670 000	20 000	20 000	110 500	110 500

[1] bis [6] Die Fussnoten sind auf der nächsten Seite.

Überblick über die Wertschriftenkonten

Für die Verbuchung von Wertschriftengeschäften werden drei Konten benötigt, die schematisch wie folgt dargestellt werden können:

Wertschriftenbestand (Aktivkonto)

Anfangsbestand	▶ Verkäufe ▶ Kursverluste
▶ Käufe ▶ Kursgewinne	Schlussbestand (Saldo)

Wertschriftenaufwand

▶ Spesen ▶ Depotgebühren ▶ Kursverluste	Aufwandsminderungen
	Saldo

Wertschriftenertrag[7]

Ertragsminderungen (z.B. bezahlte Marchzinsen)	▶ Dividendenerträge ▶ Zinserträge ▶ Kursgewinne ▶ Erhaltene Marchzinsen
Saldo	

1 Ende letztes Jahr wurde das aufgelaufene Zinsguthaben auf der Obligationenanleihe transitorisch abgegrenzt: 6 % von 400 000.– für 210 Tage (vom 30. Mai bis 31. Dezember 20_1) = 14 000.–.

2 Der Kursgewinn von 40.– je Aktie ergibt sich als Differenz zwischen 80.– (Inventarkurs bei Eröffnung) und 120.– (Verkaufspreis). 1000 Aktien zu 40.– = 40 000.–. Dieser Kursgewinn wird als **realisierter Kursgewinn** bezeichnet, weil er durch den Verkauf der Wertpapiere wirklich (real) erzielt wurde.

Bei diesem Kursgewinn handelt es sich nicht um den gegenüber dem seinerzeitigen Kaufpreis erzielten Gewinn, sondern um den im Jahr 20_2 im Vergleich zur Eröffnungsbilanz erwirtschafteten. Für weiter gehende Analysen wären umfangreiche zusätzliche (informatikgestützte) Aufzeichnungen notwendig, die sich nur bei grossem Wertschriftenverkehr lohnen.

3 Der Kursverlust beträgt 2% (Eröffnungskurs gemäss Inventar 110%, Verkaufskurs 108 %). 2% von 100 000.– ergeben 2000.–. Dieser Kursverlust ist realisiert, weil er durch den Verkauf der Wertpapiere entstanden ist.

4 6 % von 300 000.– für 210 Tage (vom 30. Mai bis 31. Dezember 20_2) = 10 500.–.

5 Der Kursgewinn je Aktie beträgt 30.–. Dieser Betrag ergibt sich aus der Bewertungsdifferenz zwischen den Inventaren Anfang und Ende Jahr. 1000 Aktien zu 30.– = 30 000.–. Dieser Kursgewinn ist unrealisiert, d. h., er ist nur buchmässig entstanden und nicht durch den Verkauf der Aktien wirklich erzielt worden.

6 Aus dem Inventar von Anfang Jahr ergibt sich ein Kurs von 110 % und aus dem Inventar von Ende Jahr ein solcher von 105 %. Der Kursverlust beträgt 5 % von 300 000.–, d. h. 15 000.–. Dieser Kursverlust ist unrealisiert, denn er ergibt sich nur buchmässig als Bewertungsdifferenz.

7 Wenn die Wertschriften den Charakter einer Beteiligung aufweisen, werden folgende Konten verwendet: Beteiligungen (Aktivkonto), Beteiligungsaufwand und Beteiligungsertrag. Die Buchungsregeln gelten sinngemäss.

Exkurs

Die Rendite von Wertschriften

Unter Rendite (oder Rentabilität) versteht man das in Prozenten ausgedrückte Verhältnis zwischen dem jährlichen Ertrag, den ein bestimmtes Vermögen abwirft, und dem für den Erwerb dieses Vermögens eingesetzten Kapital:

$$\text{Rendite} \quad \frac{\text{Jahresertrag}}{\text{Kapitaleinsatz}}$$

Dabei ist der Kapitaleinsatz der bezahlte Kaufpreis.

Der Jahresertrag setzt sich aus Dividenden (bei Aktien) oder Zinsen (bei Obligationen) sowie Kursgewinnen oder -verlusten zusammen.

Bei einer Kapitalanlage sind für die Investoren drei Gesichtspunkte wichtig, die in der Betriebswirtschaftslehre als **magisches Dreieck der Kapitalanlage** dargestellt werden:

Rendite
Hauptziel der Kapitalanleger ist meist die Erzielung einer angemessenen Rendite.

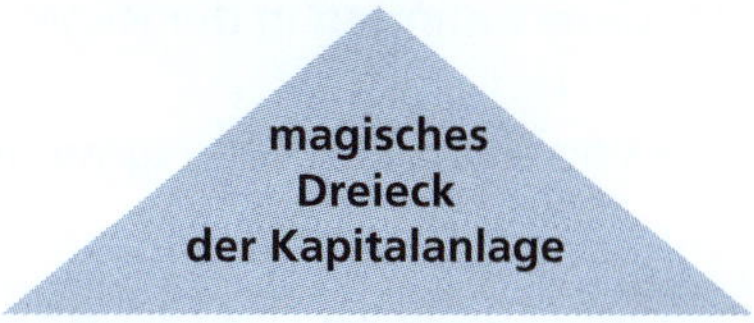

Sicherheit
Das Verlustrisiko (z. B. Zahlungsunfähigkeit des Schuldners, Kursverluste bei Aktien) sollte möglichst gering sein.

Liquidität
Das ist die Verfügbarkeit des Geldes. Wie rasch lässt sich die Anlage wieder in Bargeld umwandeln?[1]

Zwischen Rendite und Sicherheit einer Anlage besteht ein **Zielkonflikt:** Je höher beispielsweise der vom Schuldner angebotene Zinsfuss bei einer Obligationenanleihe ist, desto grösser ist das Risiko der Zahlungsunfähigkeit des Schuldners. Auf der anderen Seite sind Anleihen von sicheren Schuldnern leider niedrig verzinslich (z. B. Obligationen der Schweizerischen Eidgenossenschaft). Ein anderes Beispiel sind Anlagen in Aktien, die zwar ein hohes Kursverlustrisiko bergen, aber auch grosse Kursgewinnchancen eröffnen.

Auch zwischen Liquidität und Rendite besteht ein Zielkonflikt: Je länger die Laufzeit einer Obligationenanleihe ist, desto höher ist normalerweise der Zinsfuss.

[1] Für den Investor (Kapitalanleger) ist die finanzielle Flexibilität sehr wichtig:
- Damit er seine Zahlungsverpflichtungen erfüllen kann, darf er nicht alle verfügbaren flüssigen (liquiden) Mittel langfristig anlegen.
- Wenn sich günstige Gelegenheiten für Investitionen ergeben, müssen die finanziellen Mittel vorhanden sein (und allenfalls bestehende Kapitalanlagen rasch in flüssige Mittel verwandelt werden können).

Beispiel 6

Dividendenrendite von Aktien

Eine Inhaberaktie der Tiefbau AG kann an der Börse zum Kurs von Fr. 200.– erworben werden. Die Dividende beträgt Fr. 6.–.

Wie gross ist die Dividendenrendite, d. h. die Rendite ohne Berücksichtigung von Kursdifferenzen?

Rendite	$\frac{\text{Jahresertrag}}{\text{Kapitaleinsatz}}$	$\frac{6}{200}$	**3 %**

Der Kapitaleinsatz entspricht dem Kaufpreis für die Aktie.

Der Jahresertrag besteht in diesem Beispiel nur aus der Dividende. Der Ertrag wird immer auf ein Jahr bezogen, damit die Rendite mit alternativen Kapitalanlagen verglichen werden kann, zum Beispiel mit dem (Jahres-)Zinsfuss einer Obligation. Auch andere Renditen, z. B. die Eigenkapital- oder die Gesamtkapitalrendite einer Unternehmung, beziehen sich immer auf ein Jahr.

Obwohl die Kauf- und Verkaufsspesen bei kleineren Aufträgen etwa je 1% des Kurswerts ausmachen, werden sie der Einfachheit halber sowohl von den Banken als auch in der Wirtschaftspresse meist vernachlässigt. Auch die Depotgebühren bleiben bei Renditeberechnungen in der Regel unberücksichtigt.

Beispiel 7

Rendite von Aktien (mit Kursgewinn, Besitzdauer ein Jahr)

Eine Inhaberaktie der Tiefbau AG wird an der Börse zum Kurs von Fr. 200.– erworben und ein Jahr später zu Fr. 220.– verkauft. Die Dividende beträgt Fr. 6.–.

Wie gross ist die Rendite unter Berücksichtigung des erzielten Kursgewinnes?

Rendite	$\frac{\text{Jahresertrag}}{\text{Kapitaleinsatz}}$	$\frac{26}{200}$	**13 %**

Berechnung des Jahresertrags

	Dividende	6.–
+	Kursgewinn (Verkaufskurs 220 ./. Kaufkurs 200)	20.–
=	Jahresertrag	26.–

Beispiel 8

Rendite von Aktien (mit Kursverlust, Besitzdauer ein Jahr)

Grundsätzlich gelten die Zahlen von Beispiel 7. Allerdings wird die Aktie ein Jahr später zu Fr. 190.– verkauft, sodass ein Kursverlust entsteht.

Wie gross ist die Rendite unter Berücksichtigung des erlittenen Kursverlusts?

Rendite	$\frac{\text{Jahresertrag}}{\text{Kapitaleinsatz}}$	$\frac{-4}{200}$	**– 2 %**

Berechnung des Jahresertrags

	Dividende	6.–
./.	Kursverlust (Verkaufskurs 190 ./. Kaufkurs 200)	– 10.–
=	Jahresertrag	– 4.–

Beispiel 9

Rendite von Aktien (mit Kursgewinn, Besitzdauer über ein Jahr)

Eine Inhaberaktie der Tiefbau AG wird an der Börse zum Kurs von Fr. 200.– erworben und zweieinhalb Jahre (= 900 Tage) später zu Fr. 220.– wieder verkauft. Die Dividenden betrugen im ersten Jahr Fr. 6.– und im zweiten Jahr Fr. 9.–.

Wie gross ist die Rendite unter Berücksichtigung des erzielten Kursgewinnes?

Rendite	$\frac{\text{Jahresertrag}}{\text{Kapitaleinsatz}}$	$\frac{14}{200}$	**7 %**

Berechnung des Jahresertrags

Dividenden[1]	6 + 9	15.–
+ Kursgewinn	Verkaufskurs 220 ./. Kaufkurs 200	20.–
= Ertrag in 900 Tagen		35.–
Jahresertrag	35 : 900 Tage • 360 Tage	14.–

Beispiel 10

Rendite von Obligationen (mit Kursverlust, Besitzdauer ein Jahr)

H. Haller kaufte Obligationen der Schweizerischen Eidgenossenschaft, Zinsfuss 4 %, Laufzeit 20_1 bis 20_9, zum Kurs 103 %. Ein Jahr später verkauft er die Obligationen zum Kurs 102 %.

Wie gross ist die Rendite unter Berücksichtigung des erlittenen Kursverlustes?

Rendite	$\frac{\text{Jahresertrag}}{\text{Kapitaleinsatz}}$	$\frac{3}{103}$	**2,91 %**

Berechnung des Jahresertrags

Jahreszins	4 % des Nominalwerts von 100	4.–
./. Kursverlust	Verkaufskurs 102 ./. Kaufkurs 103	– 1.–
= Jahresertrag		3.–

Bei Obligationen werden Zinsen, Kursdifferenzen und Kapitaleinsatz immer bezüglich einem Nominalwert von Fr. 100.– berechnet.[2]

[1] In diesen zweieinhalb Jahren erhielt der Investor nur zwei Dividenden, weil er die Aktie im ersten Jahr nach der Dividendenausschüttung erworben hatte. Hätte er die Papiere vor der Generalversammlung gekauft, wäre er in nur zweieinhalb Jahren in Genuss von drei Dividendenausschüttungen gekommen.

[2] Damit wird das Rechnen einfacher und übersichtlicher. Rechnete man zum Beispiel mit einem Nominalwert von Fr. 400 000.– (weil dieser dem tatsächlichen Geschäft zugrunde liegt), so würden der Jahresertrag und der Kapitaleinsatz je 4000-mal grösser. Nur kürzt sich dieser Faktor 4000 über und unter dem Bruchstrich wieder weg, sodass die Rendite unverändert bleibt.

Beispiel 11

Rendite von Obligationen (mit Kursgewinn, Besitzdauer über ein Jahr)

H. Haller kaufte am 30. Juni 20_3 Obligationen der Schweizerischen Eidgenossenschaft, Zinsfuss 4 %, Laufzeit 20_1 bis 20_9, zum Kurs 97 %. Am 30. Oktober 20_5 verkauft er die Obligationen (nach einer Besitzdauer von 840 Tagen) zum Kurs 99 %.

Wie gross ist die Rendite unter Berücksichtigung des erzielten Kursgewinnes?

Rendite	$\frac{\text{Jahresertrag}}{\text{Kapitaleinsatz}}$	$\frac{4{,}86}{97}$	**5,01 %**

Berechnung des Jahresertrags

	Jahreszins	4 % des Nominalwerts von 100	4.–
./.	Kursgewinn pro Jahr	(99–97) : 840 Tage • 360 Tage	–.86
=	Jahresertrag		4.86

Bei der Renditeberechnung für Obligationen ist es einfacher, nur die Kursdifferenz aufs Jahr umzurechnen, weil der Zins sich immer auf ein Jahr bezieht und direkt übernommen werden kann.[1]

[1] Der Zeitpunkt des Kaufs oder Verkaufs spielt bei Obligationen keine Rolle, da bei Kaufs- und Verkaufsabrechnungen immer anteilige Marchzinsen berücksichtigt werden.

Im Unterschied zu den Obligationen ist es beim Kauf oder Verkauf von Aktien nicht möglich, eine «Marchdividende» zu berechnen, da die Dividende im Zeitpunkt des Aktienkaufs noch nicht feststeht, weil sie vom Geschäftsergebnis und vom nächsten Generalversammlungsbeschluss abhängig ist: Kauft jemand eine Aktie *vor* der Generalversammlung, so erhält er nach der Generalversammlung die beschlossene Dividende; kauft er die Aktie *nach* der Generalversammlung, bekommt er im laufenden Jahr keine Dividende.

4. Teil Buchführungsvorschriften, stille Reserven und Aufbau des Rechnungswesens

Buchführungsvorschriften

Die kaufmännische Buchführung und Rechnungslegung ist im 32. Titel des schweizerischen Obligationenrechts geregelt:

Buchführungs- und Rechnungslegungsvorschriften[1]

Allgemein gültige Vorschriften (OR 957)	**Rechnungslegung für grössere Unternehmen** (OR 961)	**Abschluss nach anerkanntem Standard** (OR 962)
Diese Vorschriften sind anwendbar auf ▶ alle Einzelunternehmen und Personengesellschaften ab einem jährlichen Umsatzerlös von Fr. 500 000[2] ▶ juristische Personen wie AG oder GmbH	Besondere Vorschriften gelten für Unternehmen, die zu einer ordentlichen Revision verpflichtet sind. Das sind grundsätzlich Unternehmen, die folgende Grössen überschreiten: Bilanzsumme 20 Mio., Umsatzerlös 40 Mio., 250 Vollzeitstellen.	Börsenkotierte Unternehmen müssen zusätzlich einen Abschluss nach einem anerkannten Standard zur Rechnungslegung erstellen. Bei nicht börsenkotierten Unternehmen können mindestens 20 % der Gesellschafter einen solchen Abschluss verlangen.
Zu den allgemeinen Vorschriften gehören: ▶ die anzuwendenden **Grundsätze** ordnungsmässiger Buchführung und Rechnungslegung. ▶ Inhalt und Aufbau der im Geschäftsbericht enthaltenen Jahresrechnung, bestehend aus **Bilanz, Erfolgsrechnung und Anhang.** ▶ die **Bewertung** der Aktiven und Verbindlichkeiten. ▶ die Pflicht zur Aufbewahrung von Buchhaltung und Belegen während zehn Jahren.	Diese Unternehmen müssen zusätzlich ▶ als Teil der Jahresrechnung eine **Geldflussrechnung** erstellen: ▶ einen **Lagebericht** verfassen, der den vergangenen und künftig erwarteten Geschäftsverlauf und die wirtschaftliche Lage des Unternehmens darstellt.	Der Abschluss soll ein den tatsächlichen Verhältnissen entsprechendes Bild der Vermögens-, Finanzierungs- und Ertragslage der Unternehmung vermitteln, die so genannte **True-and-Fair-View.** Die Anforderungen an Buchführung und Rechnungslegung sind sehr hoch. Anerkannte Standards sind die Swiss GAAP FER, die IFRS und ausnahmsweise die US GAAP.[3]

Die Buchführung bildet die Grundlage der Rechnungslegung. Sie erfasst diejenigen Geschäftsvorfälle und Sachverhalte, die für die Darstellung der Vermögens-, Finanzierungs- und Ertragslage notwendig sind. Sie wird in Landeswährung oder in der für die Geschäftstätigkeit wesentlichen Währung geführt. Nebst den Landessprachen ist für die Buchführung auch Englisch erlaubt.

1 Der Gesetzgeber unterscheidet zwischen Buchführung und Rechnungslegung: Buchführung umschreibt die Tätigkeit des Führens einer Buchhaltung; Rechnungslegung bezeichnet das Ergebnis der durch die Buchführung erfassten Geschäftsfälle.

2 Einzelunternehmen und Personengesellschaften mit weniger als 500 000 Franken Umsatzerlös müssen rechtlich gesehen lediglich eine einfache Buchhaltung führen (mit Einnahmen und Ausgaben sowie einer Vermögensübersicht; sogenanntes «Milchbüchlein»).

3 Gemäss Verordnung des Bundesrates über die anerkannten Standards zur Rechnungslegung (VASR). In der Fussnote auf der nächsten Seite werden die Standards kurz charakterisiert.

Die Hauptunterschiede zwischen dem obligationenrechtlichen Buchführungsrecht und den anerkannten Standards lassen sich tabellarisch wie folgt darstellen:

Merkmale	Obligationsrecht	Swiss GAAP FER, IFRS und US GAAP[1]
Welche Unternehmungen müssen die Vorschriften anwenden?	Alle buchführungspflichtigen Unternehmungen in der Schweiz.	Diese Vorschriften sind hauptsächlich für börsenkotierte Gesellschaften anwendbar. Bei den anderen Unternehmen ist ein solcher Abschluss auf Verlangen der Gesellschafter zu erstellen (zum Beispiel von Aktionären mit mindestens 20 % des Grundkapitals).
Welches ist der zentrale Grundsatz ordnungsmässiger Rechnungslegung?	Die **Vorsicht** ist der dominierende Grundsatz: Der Adressat des Geschäftsberichts soll sich darauf verlassen können, dass die wirtschaftliche Lage der Gesellschaft mindestens so gut ist, wie in der Jahresrechnung dargestellt.	Die **Wahrheit** ist der wichtigste Grundsatz. Der Abschluss soll ein den tatsächlichen Verhältnissen entsprechendes Bild der Vermögens-, Finanzierungs- und Ertragslage der Unternehmung vermitteln (sogenannte **True-and-Fair-View**).
Wer steht im Zentrum der Betrachtungen, der Gläubiger oder der Investor?	Der **Gläubigerschutz** hat Priorität: Ein Kreditgeber soll sich darauf verlassen können, dass es der Unternehmung wirtschaftlich mindestens so gut geht, wie in der Jahresrechnung dargestellt. Die korrekte Information der Eigentümer (der Aktionäre) ist zweitrangig.	Die Investoren (die Aktionäre) sollen über die wirtschaftliche Lage ihrer Unternehmung wahrheitsgetreu informiert werden.
Welche stillen Reserven sind gestattet?	Die auf der Bilanzvorsicht basierenden Bewertungsvorschriften des Obligationenrechts ermöglichen die Bildung von **stillen Willkürreserven** (siehe nächstes Kapitel).	Es ist der Geschäftsleitung nicht erlaubt, willkürlich stille Reserven zu bilden.

Es bestehen in der Schweiz über 400 000 Unternehmungen; davon sind nur etwas mehr als 300 börsenkotiert. Deshalb stehen in diesem Lehrbuch die allgemeinen obligationenrechtlichen Vorschriften im Zentrum; auf die Rechnungslegung börsenkotierter Unternehmungen wird nicht weiter eingegangen.

[1] Die vom Obligationenrecht genannten anerkannten Standards zur Rechnungslegung können im Überblick wie folgt beschrieben werden:

Standards zur Rechnungslegung

Swiss GAAP FER
Swiss Generally Accepted Accounting Principles, Fachempfehlungen zur Rechnungslegung

- Die Swiss GAAP FER werden nur in der Schweiz angewandt.
- Hauptstärke: Die Regeln sind kurz, bündig und allgemein verständlich formuliert.
- Hauptschwäche: Die Regeln sind manchmal large und lassen zu viele alternative Methoden zu.
- Dieses Regelwerk umfasst etwa 250 Seiten.

IFRS
International Financial Reporting Standards

- Die IFRS sind weltweit in über 100 Ländern anerkannt.
- Hauptstärke: Die IFRS sind ein umfassendes Regelwerk, das vor allem auf Regeln (Prinzipien, Grundsätzen) beruht.
- Hauptschwäche: Der Umfang ist beträchtlich, was den Einsatz von (teuren) Spezialisten notwendig macht.
- Dieses Regelwerk umfasst etwa 3000 Seiten.

US GAAP
United States Generally Accepted Accounting Principles

- Die US GAAP werden hauptsächlich in den USA angewandt.
- Hauptstärke: Die US GAAP sind meist sehr genau und lassen wenig Spielraum.
- Hauptschwächen: Das Regelwerk ist umfangreich und kompliziert. Es enthält viele Einzelvorschriften und wenig allgemein gültige Regeln.
- Dieses Regelwerk umfasst über 30 000 Seiten.

Grundsätze ordnungsmässiger Buchführung und Rechnungslegung

Eine ordnungsmässige Buchführung bzw. Rechnungslegung lässt sich durch folgende Grundsätze charakterisieren:

- **Vollständigkeit**
  Alle für eine bestimmte Information (insbesondere für die Ermittlung von Vermögen und Erfolg) erheblichen Tatbestände müssen erfasst werden.
- **Klarheit**
  Die Buchführung muss für eine Fachperson in allen Teilen mühelos verständlich sein.
- **Aktualität**
  Die Buchhaltung muss laufend nachgeführt werden und innert angemessener Frist die Ergebnisse liefern.
- **Systematik**
  Bei der Buchführung sollen alle zweckmässigen Ordnungsprinzipien angewandt werden. Beispiele sind die Chronologie der Journalbuchungen oder der Einsatz von Kontenplänen und Gliederungsschemen für das Hauptbuch sowie die Bilanz und Erfolgsrechnung.
- **Nachprüfbarkeit**
  Von der Erfassung der Buchungstatbestände mithilfe von Belegen oder Hilfsbüchern über die Verarbeitung in Journal und Hauptbuch bis zum Schlussergebnis in Bilanz und Erfolgsrechnung soll ein lückenloser Zusammenhang bestehen. Für jede Buchung muss ein Beleg vorhanden sein.
- **Vorsicht**
  In der Jahresrechnung soll sich das Unternehmen gegenüber anderen nicht reicher und im Zweifel eher ärmer darstellen, als es der Wirklichkeit entspricht. Bei Unsicherheit sind demnach die Aktiven und Erträge eher zu tief anzusetzen und die Schulden und Aufwände eher zu hoch.
- **Wesentlichkeit**
  Bei der Rechnungslegung kommt es nicht auf absolute Genauigkeit an, sondern es müssen die wesentlichen Zahlen und Beziehungen stimmen. Unwesentliche Einflussgrössen, die das Urteil des Informationsempfängers nicht beeinflussen, können auch weggelassen werden.
- **Stetigkeit**
  Bilanzen und Erfolgsrechnungen sind von Jahr zu Jahr nach den gleichen Grundsätzen bezüglich Darstellung, Inhalt und Bewertung aufzustellen.
- **Fortführung der Unternehmenstätigkeit**
  Bei der Bewertung ist davon auszugehen, dass die Unternehmung eine unbestimmte, voraussichtlich längere Zeit weitergeführt wird.
- **Verrechnungsverbot (Bruttoprinzip)**
  Es ist unzulässig, Aktiven und Passiven sowie Aufwand und Ertrag miteinander zu verrechnen. Diese Positionen sind einzeln (brutto) auszuweisen.
- **Zeitliche Abgrenzung (Periodizität)**
  Die Auswirkungen von Geschäftsvorfällen werden als Aufwand oder Ertrag jener Periode zugerechnet, in der sie auftreten, und nicht dann, wenn flüssige Mittel ein- bzw. ausbezahlt werden.
- **Wirtschaftlichkeit (Zweckmässigkeit)**
  Die Buchführung ist mit Kosten verbunden. Diese Kosten sollen nicht höher ausfallen als der Nutzen, der aus den Informationen gewonnen werden kann.

Bewertungsvorschriften des Obligationenrechts

Beim Abschluss der Buchhaltung stellt sich die Frage, zu welchem Wert die einzelnen Bilanzpositionen in die Bilanz einzusetzen sind. Diese Tätigkeit der Wertermittlung nennt man **bewerten**; das Ergebnis heisst **Bewertung**.

Nur die Aktiven und das Fremdkapital müssen bewertet werden; das Eigenkapital ergibt sich als Saldo:

Bilanz

Aktiven	Passiven
Aktiven Vermögen	**Fremdkapital** Verbindlichkeiten, Schulden
	Eigenkapital Netto- oder Reinvermögen

Bei einigen Bilanzpositionen ist die Bewertung einfach:

- Das Schweizer Geld in der Kasse zum Beispiel lässt sich leicht zählen (sogenannter Kassensturz); der Wert ist genau bestimmt.
- Ebenso steht die genaue Höhe einer Darlehensschuld in Schweizer Franken fest.

Bei den meisten Bilanzpositionen ist der Wert allerdings nicht so einfach feststellbar:

- Soll beispielsweise die Geschäftsliegenschaft zum früheren Kaufpreis oder zum geschätzten heutigen Marktwert in der Bilanz aufgeführt werden?
- Wie hoch sollen die Abschreibungen auf dem Mobiliar sein?
- Welchen Wert hat das Warenlager?
- Wie viele Debitoren werden voraussichtlich nicht zahlen?
- Welche Rückstellungen sind angemessen?
- Zu welchem Wechselkurs soll ein Guthaben in fremder Währung umgerechnet werden?

Weil die Bewertung der Aktiven und des Fremdkapitals bei der Ermittlung des Eigenkapitals und des Periodenerfolgs von grosser Bedeutung ist, enthält das Obligationenrecht im Rahmen der Buchführungs- und Rechnungslegungsvorschriften auch Bestimmungen zur Bewertung.

Fussnoten zur rechten Seite:

1 Unter **Anschaffungskosten** versteht man

- bei Maschinen, Mobiliar oder Fahrzeugen den Kaufpreis zuzüglich Bezugskosten wie Fracht und Zoll sowie die Montagekosten
- bei Liegenschaften den Kaufpreis zuzüglich Handänderungssteuer und Grundbuchgebühr
- bei Waren oder Material den Einstandspreis (Ankauf zuzüglich Bezugskosten wie Fracht und Zoll)

Die **Herstellungskosten** (auch Herstellkosten genannt) umfassen die Material- und Fertigungskosten, nicht aber die Verwaltungs- und Vertriebskosten.

2 **Nettoveräusserungswert** = geschätzter Verkaufserlös abzüglich noch anfallender Kosten für Fertigstellung und Veräusserung.

3 Imparität heisst wörtlich Ungleichheit. Hier werden nicht realisierte Gewinn und Verluste ungleich behandelt.

Die obligationenrechtlichen Bewertungsvorschriften lassen sich wie folgt zusammenfassen:

Bewertungsvorschriften des Obligationsrechts

Allgemeine Vorschriften	Vorschriften für ausgewählte Aktiven
Aktiven und Verbindlichkeiten sind in der Regel einzeln zu bewerten. Die Bewertung hat **vorsichtig** zu erfolgen, darf aber die zuverlässige Beurteilung der wirtschaftlichen Lage nicht verhindern. Die **Aktiven** dürfen höchstens zu Anschaffungs- oder Herstellungskosten[1] bewertet werden. Nutzungs- und altersbedingte sowie anderweitige Wertverluste müssen durch Abschreibungen bzw. Wertberichtigungen berücksichtigt werden. **Verbindlichkeiten** werden zum Nennwert bilanziert. Die Rückstellungen müssen mindestens so hoch sein wie der erwartete Mittelabfluss.	**Aktiven mit Börsenkurs** (zum Beispiel Wertschriften oder Edelmetalle) dürfen zum Kurs am Bilanzstichtag bewertet werden, auch wenn dieser über dem Anschaffungswert liegt. **Vorräte** dürfen grundsätzlich höchstens zu Anschaffungs- oder Herstellungskosten bewertet werden. Wenn ihr Wert am Bilanzstichtag unter den Nettoveräusserungswert[2] sinkt, so muss dieser tiefere Wert eingesetzt werden. **Beteiligungen** (in der Regel ab 20 % Kapitalanteil) gehören zum Anlagevermögen und dürfen höchstens zu Anschaffungskosten bilanziert werden, auch wenn sie börsenkotiert sind.

Der wichtigste Bewertungsgrundsatz im Obligationenrecht ist die Vorsicht. Das Vorsichtsprinzip verlangt, dass sich die Unternehmung gegenüber anderen nicht reicher und im Zweifel ärmer darstellen soll, als sie in Wirklichkeit ist. Deshalb sind die Aktiven und Erträge eher zu tief, die Verbindlichkeiten und Aufwände eher zu hoch anzusetzen.

Das Vorsichtsprinzip lässt sich durch drei Grundsätze verdeutlichen:

Vorsichtsprinzip

Realisationsprinzip	Niederstwertprinzip	Imparitätsprinzip
Gewinne dürfen erst ausgewiesen werden, wenn sie durch Verkauf erzielt worden sind.	Von mehreren für die Bewertung zur Verfügung stehenden Werten muss der niedrigste genommen werden.	*Gewinne* dürfen erst ausgewiesen werden, wenn sie durch Verkauf erzielt worden sind (= Realisationsprinzip); *Verluste* müssen dagegen schon gezeigt werden, wenn deren Eintritt möglich ist.
Beispiel: Die Vorräte dürfen nicht schon zu Verkaufspreisen bilanziert werden, sondern höchstens zu Anschaffungs- bzw. Herstellkosten.	Beispiel: Bei den Vorräten müssen die Anschaffungs- bzw. Herstellkosten mit dem Nettoveräusserungswert verglichen werden. Der niedere von beiden Werten ist für die Bilanzierung massgeblich.	Beispiel: Steigt der Wert der Vorräte am Bilanzstichtag über die Anschaffungs- bzw. Herstellkosten (= unrealisierter Gewinn), darf nicht aufgewertet werden; sinkt der Wert unter den Nettoveräusserungswert (= unrealisierter Verlust), muss abgewertet werden.

[1] bis [3] Die Fussnoten sind auf der linken Seite.

42

Stille Reserven

Das Rechnungswesen ist das wichtigste Informationsmittel einer Unternehmung. Die Informationen richten sich an externe und interne Adressaten (Empfänger).

Adressaten

Externe

Externe Rechnungen sind zur Information Dritter (vor allem der Aktionäre und der Steuerbehörden) bestimmt. Sie zeigen in der Regel nicht die wahre Vermögens- und Ertragslage.

Interne

Interne Rechnungen sind als Entscheidungsgrundlage sowie als Kontrollinstrument für die Unternehmungsleitung bestimmt. Sie sind nach **True-and-Fair-View** erstellt und geben die wirklichen Werte wieder (so weit dies überhaupt möglich ist).

Handelsbilanz

Sie wird nach den Bewertungsvorschriften des **Obligationenrechts** erstellt und richtet sich hauptsächlich an die Aktionäre.[1]

Eine Unterbewertung von Aktiven bzw. Überbewertung von Verbindlichkeiten ist gestattet und in der Praxis verbreitet.

Steuerbilanz

Grundsätzlich ist die Handelsbilanz massgeblich für die Erstellung der Steuerbilanz; jedoch müssen die zusätzlichen Bewertungsvorschriften des **Steuerrechts** berücksichtigt werden.

In der Praxis von KMUs sind Handels- und Steuerbilanz oft identisch.

[1] Da die Aktionäre keine Treuepflicht gegenüber der Aktiengesellschaft haben (ein Aktionär kann gleichzeitig Aktien zweier sich konkurrenzierenden Unternehmungen halten), verfügen sie nicht über ein vollständiges Informationsrecht.

In der schweizerischen Wirtschaftspraxis unterscheiden sich interne und externe Abschlussrechnungen in der Regel deutlich: Externe Bilanzen und Erfolgsrechnungen basieren auf den obligationenrechtlichen Bewertungsvorschriften und zeigen in der Regel eine schlechtere Vermögens- und Ertragslage, als es der Wirklichkeit entspricht.

In externen Bilanzen werden in der Regel die Aktiven unterbewertet und das Fremdkapital überbewertet. Das Eigenkapital (als Saldogrösse der Bilanz) ist daher in der externen Bilanz kleiner als in der internen. Die Differenz zwischen dem in der externen Bilanz ausgewiesenen und dem effektiven Eigenkapital gemäss interner Bilanz nennt man **stille Reserven.**[1]

Beispiel 1

Der Bestand an stillen Reserven

Um das Wesen der stillen Reserven zu verdeutlichen, wurde in der unten stehenden externen Bilanz das Anlagevermögen (als Folge zu hoher Abschreibungen) um 20 unterbewertet. Bei den anderen Vermögens- und Schuldenpositionen bestehen in diesem Einführungsbeispiel der Einfachheit halber keine Bewertungsunterschiede.[2]

Externe Schlussbilanz 31.12.20_1

Aktiven		Passiven		
Flüssige Mittel	20	Fremdkapital	50	
Debitoren	30			
Vorräte	30	Grundkapital	30	Eigenkapital 70
Anlagevermögen	40	Offene Reserven[3]	20	
		Gewinnvortrag[4]	20	

Interne Schlussbilanz 31.12.20_1

Aktiven		Passiven		
Flüssige Mittel	20	Fremdkapital	50	
Debitoren	30			
Vorräte	30	Grundkapital	30	Eigenkapital 90
Anlagevermögen	60	Offene Reserven[3]	20	
		Gewinnvortrag[4]	20	
		Stille Reserven[5]	20	

1 Still nennt man diese Reserven deshalb, weil sie in der externen Bilanz nicht sichtbar, d. h. für Aussenstehende nicht erkennbar sind. Auf Englisch heissen sie *secret reserves,* was geheime Reserven bedeutet.

2 Bezüglich Problematik der latenten Steuern auf den Bewertungsunterschieden zwischen interner Bilanz und Steuerbilanz wird auf die Lehrbücher «Konzernrechnung» und «Konsolidierung» von Urs Prochinig, Andreas Winiger und Hansueli von Gunten verwiesen.

3 Im Gegensatz zu den stillen Reserven sind die offenen Reserven in der externen Bilanz ausgewiesen, d. h. für Aussenstehende erkennbar. Die offenen Reserven setzen sich zusammen aus der gesetzlichen Kapitalreserve, der gesetzlichen Gewinnreserve und den freiwilligen Gewinnreserven.

4 Der Gewinnvortrag enthält den 20_1 erzielten Gewinn sowie einen allfälligen Gewinnrest aus dem Vorjahr. Der externe und der interne Gewinnvortrag sind immer gleich gross. Über die Verwendung dieses Betrages beschliesst die Generalversammlung. Den Aktionären sind nur die externen Zahlen bekannt, weshalb der Gewinnvortrag keine stillen Reserven enthalten kann.

5 Da die interne Bilanz die richtige Höhe des Eigenkapitals zeigen soll, müssen die stillen Reserven in der internen Bilanz als Eigenkapital-Bestandteil aufgeführt werden. Dieser Bilanzposten gibt an, um wie viel das Eigenkapital in der externen Bilanz tiefer bilanziert ist.

Beispiel 2

Die Bildung von stillen Reserven

Dieses Beispiel bildet die Fortsetzung von Beispiel 1; die Schlussbilanz von Beispiel 1 entspricht der Eröffnungsbilanz in Beispiel 2.

Im Jahr 20_2 wird durch eine erhöhte Abschreibung auf dem Anlagevermögen eine zusätzliche stille Reserve 10 gebildet.

Externe Eröffnungsbilanz 1. 1. 20_2

Aktiven		Passiven		
Flüssige Mittel	20	Fremdkapital	50	
Debitoren	30			
Vorräte	30	Grundkapital	30	Eigenkapital 70
Anlagevermögen[1]	40	Offene Reserven	20	
		Gewinnvortrag	20	

Interne Eröffnungsbilanz 1. 1. 20_2

Aktiven		Passiven		
Flüssige Mittel	20	Fremdkapital	50	
Debitoren	30			
Vorräte	30	Grundkapital	30	Eigenkapital 90
Anlagevermögen	60	Offene Reserven	20	
		Gewinnvortrag	20	
		Stille Reserven[1]	20	

Externe Erfolgsrechnung 20_2

Aufwand		Ertrag	
Warenaufwand	140	Verkaufserlös	300
Personalaufwand	60		
Abschreibungen[2]	20		
Diverser Aufwand	60		
Gewinn	20		

Interne Erfolgsrechnung 20_2

Aufwand		Ertrag	
Warenaufwand	140	Verkaufserlös	300
Personalaufwand	60		
Abschreibungen	10		
Diverser Aufwand	60		
Gewinn	30		

Externe Schlussbilanz 31. 12. 20_2

Aktiven		Passiven	
Flüssige Mittel	25	Fremdkapital	45
Debitoren	35		
Vorräte	40	Grundkapital	30
		Offene Reserven	25
Anlagevermögen[4]	20	Gewinnvortrag[3]	20

Eigenkapital 75

Interne Schlussbilanz 31. 12. 20_2

Aktiven		Passiven	
Flüssige Mittel	25	Fremdkapital	45
Debitoren	35		
Vorräte	40	Grundkapital	30
		Offene Reserven	25
Anlagevermögen	50	Gewinnvortrag[3]	20
		Stille Reserven[4]	30

Eigenkapital 105

Durch die Bildung von stillen Reserven werden in der externen Erfolgsrechnung der Aufwand zu hoch und der Gewinn zu tief ausgewiesen.

1 In der externen Eröffnungsbilanz vom 1. 1. 20_2 ist das Anlagevermögen um 20 unterbewertet. Der Anfangsbestand an stillen Reserven beträgt demnach 20 (vgl. Schlussbilanz vom 31. 12. 20_1).

2 Durch überhöhte Abschreibungen in der externen Erfolgsrechnung werden im Verlaufe des Jahres 20_2 zusätzlich 10 stille Reserven gebildet.

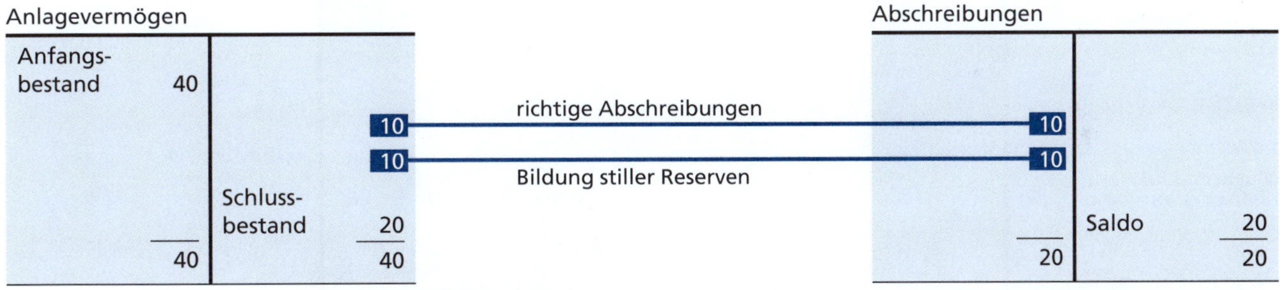

Der Buchungssatz verdeutlicht, dass durch die Bildung von stillen Reserven der Aufwand in der externen Erfolgsrechnung zu hoch und das Vermögen in der externen Bilanz zu tief ausgewiesen wird.

Abschreibungen/Anlagevermögen	10
(+ Aufwand)	(– Vermögen)

Da der effektive Aufwand um 10 kleiner ist als der extern ausgewiesene, ist der effektive Gewinn um 10 höher.

3 Aus dem Gewinnvortrag wurden 15 Dividenden ausgeschüttet und 5 den offenen Reserven zugewiesen. Der neue Gewinnvortrag enthält den 20_2 erzielten Gewinn.

4 In der externen Schlussbilanz vom 31. 12. 20_2 wird das Anlagevermögen um 30 unterbewertet. Der Schlussbestand an stillen Reserven beträgt demnach 30.

Diesen Endbestand an stillen Reserven erhält man auch, wenn man zum Anfangsbestand an stillen Reserven die in der Periode 20_2 neu gebildeten stillen Reserven addiert:

Anfangsbestand an stillen Reserven gemäss Eröffnungsbilanz	20
Zuwachs an stillen Reserven gemäss Erfolgsrechnung	10
Endbestand an stillen Reserven gemäss Schlussbilanz	30

Beispiel 3 — Die Auflösung von stillen Reserven

Dieses Beispiel bildet die Fortsetzung von Beispiel 2; die Schlussbilanz von Beispiel 2 entspricht der Eröffnungsbilanz in Beispiel 3.

Im Jahr 20_3 werden durch zu geringe Abschreibungen auf dem Anlagevermögen die früher gebildeten stillen Reserven um 5 vermindert.

Externe Eröffnungsbilanz 1. 1. 20_3

Aktiven		Passiven		
Flüssige Mittel	25	Fremdkapital	45	
Debitoren	35	Grundkapital	30	Eigenkapital 75
Vorräte	40	Offene Reserven	25	
Anlagevermögen[1]	20	Gewinnvortrag	20	

Interne Eröffnungsbilanz 1. 1. 20_3

Aktiven		Passiven		
Flüssige Mittel	25	Fremdkapital	45	
Debitoren	35	Grundkapital	30	Eigenkapital 105
Vorräte	40	Offene Reserven	25	
Anlagevermögen	50	Gewinnvortrag	20	
		Stille Reserven[1]	30	

Externe Erfolgsrechnung 20_3

Aufwand		Ertrag	
Warenaufwand	160	Verkaufserlös	320
Personalaufwand	60		
Abschreibungen[2]	5		
Diverser Aufwand	65		
Gewinn	30		

Interne Erfolgsrechnung 20_3

Aufwand		Ertrag	
Warenaufwand	160	Verkaufserlös	320
Personalaufwand	60		
Abschreibungen[2]	10		
Diverser Aufwand	65		
Gewinn[2]	25		

Externe Schlussbilanz 31. 12. 20_3

Aktiven		Passiven		
Flüssige Mittel	25	Fremdkapital	40	
Debitoren	40	Grundkapital	30	Eigenkapital 90
Vorräte	50	Offene Reserven	30	
Anlagevermögen[4]	15	Gewinnvortrag[3]	30	

Interne Schlussbilanz 31. 12. 20_3

Aktiven		Passiven		
Flüssige Mittel	25	Fremdkapital	40	
Debitoren	40	Grundkapital	30	Eigenkapital 115
Vorräte	50	Offene Reserven	30	
Anlagevermögen	40	Gewinnvortrag[3]	30	
		Stille Reserven[4]	25	

> **Durch die Auflösung von stillen Reserven werden in der externen Erfolgsrechnung der Aufwand zu tief und der Gewinn zu hoch ausgewiesen.**

1 In der externen Eröffnungsbilanz vom 1. 1. 20_3 ist das Anlagevermögen um 30 unterbewertet. Der Anfangsbestand an stillen Reserven beträgt demnach 30 (vgl. Schlussbilanz vom 31. 12. 20_2).

2 Durch zu kleine Abschreibungen in der externen Erfolgsrechnung werden im Verlaufe des Jahres 20_3 von den früher gebildeten stillen Reserven 5 aufgelöst.

Anlagevermögen

Soll		Haben	
Anfangsbestand	20		10
	5	Schlussbestand	15
	25		25

Abschreibungen

Soll		Haben	
	10		5
		Saldo	5
	10		10

richtige Abschreibungen: 10 (Anlagevermögen Haben → Abschreibungen Soll)

AUflösung stiller Reserven: 5 (Abschreibungen Haben → Anlagevermögen Soll)

Die Buchung verdeutlicht, dass durch die Auflösung von stillen Reserven der Aufwand in der externen Erfolgsrechnung um 5 zu tief eingesetzt wird. Die Unterbewertung des Anlagevermögens in der externen Bilanz wird um 5 vermindert.

Anlagevermögen/Abschreibungen	5
(+ Vermögen) (– Aufwand)	

Da der effektive Aufwand um 5 höher ist als der extern ausgewiesene, ist der effektive Gewinn um 5 tiefer.

3 Aus dem Gewinnvortrag wurden 15 Dividenden ausgeschüttet und 5 den offenen Reserven zugewiesen. Der neue Gewinnvortrag enthält den 20_3 erzielten Gewinn.

4 In der externen Schlussbilanz vom 31. 12. 20_3 wird das Anlagevermögen um 25 unterbewertet. Der Schlussbestand an stillen Reserven beträgt demnach 25.

Diesen Endbestand an stillen Reserven erhält man auch, wenn man vom Anfangsbestand an stillen Reserven die in der Periode 20_3 aufgelösten stillen Reserven wegzählt:

Anfangsbestand an stillen Reserven gemäss Eröffnungsbilanz	30
Auflösung an stillen Reserven gemäss Erfolgsrechnung	– 5
Endbestand an stillen Reserven gemäss Schlussbilanz	25

Beispiel 4

Bereinigung von Bilanz und Erfolgsrechnung

Diese Doppelseite zeigt ein vollständiges und übersichtliches Beispiel zur Bereinigung von Bilanz und Erfolgsrechnung. (Es besteht kein Bezug zum Zahlenmaterial der drei vorangegangenen Beispiele.)

Gegeben sind die externen Werte sowie die Bestände und Veränderungen an stillen Reserven. Gesucht sind die internen (bereinigten) Werte.

Angaben über die stillen Reserven

	Anfangsbestand an stillen Reserven	Endbestand an stillen Reserven	Veränderung an stillen Reserven
Warenvorrat	100	120	+ 20
Anlagevermögen	300	330	+ 30
Fremdkapital (Rückstellungen)[1]	40	50	+ 10
	440	500	+ 60

Erfolgsrechnung

Aufwand	extern (unbereinigt)	Bereinigung	intern (bereinigt)	Ertrag	extern (unbereinigt)	Bereinigung	intern (bereinigt)
Warenaufwand	1 000	**(20)**	**980**	Warenertrag	2 000	–	**2 000**
Personalaufwand	500	–	**500**				
Abschreibungen	100	**(30)**	**70**				
Übriger Aufwand	350	**(10)**	**340**				
Gewinn	50	**60**	**110**				
	2 000	–	**2 000**		2 000	–	**2 000**

[1] Die Bildung der Rückstellungen erfolgt über den übrigen Aufwand.

Eröffnungsbilanz

Aktiven | Passiven

	extern (unbereinigt)	Bereinigung	intern (bereinigt)		extern (unbereinigt)	Bereinigung	intern (bereinigt)
Flüssige Mittel	50	–	**50**	Fremdkapital	370	**(40)**	**330**
Forderungen	150	–	**150**	Aktienkapital	200	–	**200**
Warenvorrat	200	**100**	**300**	Offene Reserven	200	–	**200**
Anlagevermögen	400	**300**	**700**	Stille Reserven	–	**440**	**440**
				Gewinnvortrag	30	–	**30**
	800	**400**	**1 200**		800	**400**	**1 200**

Schlussbilanz vor Gewinnverbuchung

Aktiven | Passiven

	extern (unbereinigt)	Bereinigung	intern (bereinigt)		extern (unbereinigt)	Bereinigung	intern (bereinigt)
Flüssige Mittel	40	–	**40**	Fremdkapital	440	**(50)**	**390**
Forderungen	160	–	**160**	Aktienkapital	200	–	**200**
Warenvorrat	240	**120**	**360**	Offene Reserven	210	–	**210**
Anlagevermögen	460	**330**	**790**	Stille Reserven[1]	–	**440**	**440**
				Gewinnvortrag	0	–	**0**
				Gewinn	50	**60**	**110**
	900	**450**	**1 350**		900	**450**	**1 350**

Schlussbilanz nach Gewinnverbuchung

Aktiven | Passiven

	extern (unbereinigt)	Bereinigung	intern (bereinigt)		extern (unbereinigt)	Bereinigung	intern (bereinigt)
Flüssige Mittel	40	–	**40**	Fremdkapital	440	**(50)**	**390**
Forderungen	160	–	**160**	Aktienkapital	200	–	**200**
Warenvorrat	240	**120**	**360**	Offene Reserven	210	–	**210**
Anlagevermögen	460	**330**	**790**	Stille Reserven[1]	–	**500**	**500**
				Gewinnvortrag[2]	50	–	**50**
	900	**450**	**1 350**		900	**450**	**1 350**

1 Zu den stillen Reserven von 440 vor Gewinnverbuchung wird die Zunahme der stillen Reserven von 60 addiert, was die stillen Reserven von 500 nach Gewinnverbuchung ergibt.

2 Externer und interner Gewinnvortrag entsprechen sich, weil es sich um den Betrag handelt, über den die Aktionäre an der Generalversammlung im Rahmen der Gewinnverwendung beschliessen können. Den Aktionären sind nur die externen Zahlen bekannt.

Zusammenfassung

Durch die **Bildung von stillen Reserven** werden in der externen Erfolgsrechnung der Aufwand zu hoch (bzw. der Ertrag zu tief) und der Gewinn zu tief ausgewiesen.

Die Bildung stiller Reserven ist auf zwei Wegen möglich:

Bildung von stillen Reserven

Unterbewertung von Aktiven

- Kassabestände in fremder Währung: Umrechnungskurs zu tief
  - Betriebsaufwand/Kasse
- Wertschriften: Bilanzierung unter den aktuellen Börsenkursen
  - Wertschriftenaufwand/ Wertschriftenbestand
- Debitoren in Schweizer Franken: Delkredere höher als das tatsächliche Risiko
  - Debitorenverluste/Delkredere
- Debitoren in fremder Währung: Umrechnungskurs zu tief
  - Warenertrag/Debitoren
- Warenvorräte: Bilanzierung unter dem Einstandswert
  - Warenaufwand/Warenvorrat
- Mobiliar, Maschinen, Fahrzeuge: Abschreibungen höher als der tatsächliche Wertverzehr
  - Abschreibungen/Mobilien
- Liegenschaften: zu viel abschreiben oder bei steigendem Wert den Anschaffungswert in der Bilanz belassen.
  - Immobilienaufwand/Immobilien, oder die stillen Reserven entstehen ohne Buchungssatz.

Überbewertung von Schulden

- Kreditoren und andere Schulden in fremder Währung: Umrechnungskurse zu hoch
  - Warenaufwand/Kreditoren
- Rückstellungen: mehr Rückstellungen als nötig
  - Garantieaufwand/Rückstellungen

Die **Auflösung stiller Reserven** erfolgt durch die umgekehrten Buchungen. Dadurch werden in der externen Erfolgsrechnung der Aufwand zu tief (bzw. der Ertrag zu hoch) und der Gewinn zu hoch ausgewiesen.

Die Bestände an stillen Reserven in der Bilanz können sich von Periode zu Periode durch Bildung oder Auflösung von stillen Reserven verändern.

Der Bestand an stillen Reserven

Das ist die Differenz zwischen externem und internem Eigenkapital.

Weil in der externen Bilanz die Aktiven unterbewertet und das Fremdkapital überbewertet werden, ist das Eigenkapital in der externen Bilanz tiefer als in der internen Bilanz.

Die Differenz wird deshalb als stille Reserven bezeichnet, weil dieser Teil des Eigenkapitals für die Leser der externen Bilanz nicht sichtbar ist.

Die Bildung von stillen Reserven

Der Bestand an stillen Reserven nimmt zu.

Der Bestand an stillen Reserven wird erhöht, wenn in einer Periode mehr Aufwand oder weniger Ertrag gebucht wird, als betriebswirtschaftlich richtig ist.

Beispiele:

- Es wird zu viel abgeschrieben, womit die Unterbewertung der Aktiven zunimmt.
- Es werden zu viele Rückstellungen gebildet, womit die Überbewertung des Fremdkapitals steigt.

Durch die Bildung stiller Reserven wird der **Gewinn tiefer** ausgewiesen, als es der Wirklichkeit entspricht.

Die Auflösung von stillen Reserven

Der Bestand an stillen Reserven nimmt ab.

Früher gebildete Bestände an stillen Reserven können wieder aufgelöst werden, wenn in einer Periode weniger Aufwand oder mehr Ertrag gebucht wird, als betriebswirtschaftlich richtig ist.

Beispiele:

- Es wird zu wenig abgeschrieben, womit die Unterbewertung der Aktiven abnimmt.
- Es werden zu wenig Rückstellungen gebildet, womit sich die Überbewertung des Fremdkapitals verkleinert.

Durch die Auflösung stiller Reserven wird der **Gewinn höher** ausgewiesen, als es der Wirklichkeit entspricht.

Gesetzliche Grundlagen der stillen Reserven

Aus den folgenden OR-Artikeln geht hervor, dass die Bildung bzw. Auflösung stiller Reserven auch vom revidierten Obligationenrecht in beliebigem Umfang gestattet wird:

- OR 958c: In den Grundsätzen ordnungsmässiger Rechnungslegung wird die Vorsicht genannt, nicht aber die Wahrheit (True-and-Fair-View).
- OR 959c Abs. 1 Ziff. 3: Im Anhang muss der Gesamtbetrag der aufgelösten stillen Reserven ausgewiesen werden, sofern dadurch das Ergebnis wesentlich günstiger dargestellt wird.
- OR 960 Abs. 2: Bei den Bewertungsvorschriften wird als Grundsatz eine vorsichtige Bewertung verlangt, was bedeutet, dass Aktiven unterbewertet und Verbindlichkeiten überbewertet werden dürfen.
- OR 960a: Aktiven dürfen höchstens zu Anschaffungs- und Herstellkosten bewertet werden, auch wenn die Marktwerte gestiegen sind. Ausserdem können zu Wiederbeschaffungszwecken sowie zur Sicherung des dauernden Gedeihens des Unternehmens zusätzliche Abschreibungen vorgenommen werden. Darüber hinaus kann von einer Auflösung nicht mehr begründeter Wertberichtigungen abgesehen werden.
- OR 960e: Rückstellungen dürfen zur Sicherung des dauernden Gedeihens des Unternehmens gebildet werden und müssen nicht aufgelöst werden, sofern sie nicht mehr begründet sind.

Arten von stillen Reserven

Aus betriebswirtschaftlicher Sicht können zwei Arten von stillen Reserven unterschieden werden:

Stille Reserven

Zwangsreserven

Zwangsreserven entstehen ohne Zutun der Geschäftsleitung automatisch durch Wertsteigerungen, die wegen der gesetzlichen Höchstbewertungsvorschriften für die Aktiven nicht ausgewiesen werden dürfen.

Beispiele:

- Ein Grundstück darf höchstens zum Anschaffungswert bewertet werden, auch wenn der Marktwert höher liegt.
- Eine Beteiligung darf höchstens zum Anschaffungswert bilanziert werden, auch wenn die Beteiligung im Wert steigt.

Willkürreserven

Willkürreserven (auch Absichts- oder Verwaltungsreserven genannt) werden von der Geschäftsleitung bewusst gebildet, in der Absicht, den Vermögens- und Erfolgsausweis zu beeinflussen.

Beispiele:

- Die Warenvorräte werden um den steuerlich erlaubten Drittel unter dem Einstandswert bilanziert.
- Die Rückstellungen werden bewusst höher ausgewiesen, als betriebswirtschaftlich korrekt wäre.

Aus steuerlicher Sicht kann zwischen anerkannten und nicht anerkannten stillen Reserven unterschieden werden:

Nach Obligationenrecht erlaubte stille Reserven

Nach Steuerrecht anerkannt

Nach Obligationenrecht dürfen im Prinzip beliebig viele stille Reserven gebildet werden. Viele stille Reserven werden auch von den Steuergesetzen anerkannt.

Beispiele:

- Die Warenvorräte dürfen um einen Drittel unterbewertet werden.
- Das Delkredere darf pauschal festgesetzt werden (5 % auf inländischen Forderungen, 10 % auf ausländischen).

Nach Steuerrecht nicht anerkannt

Einige vom Obligationenrecht erlaubte stille Reserven sind von den Steuergesetzen nicht zugelassen und werden von den Steuerbehörden aufgerechnet. Damit sollen angemessene Steuereinnahmen gewährleistet werden.

Beispiele:

- Betriebswirtschaftlich nicht begründbare Rückstellungen werden steuerlich nicht anerkannt.
- Überhöhte Abschreibungen werden aufgerechnet (von Kanton zu Kanton verschieden).

Beispiel

Anschaffungswert einer Sachanlage	100
Kalkulatorische (= betriebswirtschaftlich richtige) Abschreibung	15
Steuerlich anerkannte (zugelassene) Abschreibung	20
Buchmässige Abschreibung	50
Handelsrechtlich erlaubte, aber steuerlich nicht anerkannte stille Reserven (50 – 20)	30
+ Handelsrechtlich erlaubte und steuerlich zugelassene stille Reserven (20 – 15)	5
= Gesamtbetrag an stillen Reserven (50 – 15)	35

Beurteilung der stillen Reserven

Bei der Diskussion über die Zweckmässigkeit von stillen Reserven geht es in der Regel nicht um die auch international verbreiteten Zwangsreserven, sondern um die **Willkürreserven.** Die willkürliche Bewertung von Aktiven und Fremdkapital ist eine schweizerische Besonderheit, die nicht mit dem Grundkonzept der **True-and-Fair-View** vereinbar ist, welches den Swiss GAAP FER, den IFRS und den US GAAP zugrunde liegt.

Das Hauptproblem der stillen Willkürreserven liegt nicht einmal so sehr in der unrichtigen Darstellung der Vermögenslage. Schwerwiegender ist die Tatsache, dass durch die Bildung bzw. Auflösung von stillen Reserven die Darstellung der **Ertragslage** manipuliert werden kann, ohne dass der externe Adressat der Jahresrechnung imstande wäre, diese verzerrte irreführende Darstellung zu erkennen. Etwas abgeschwächt wird dieses Problem allerdings durch die Pflicht zur Angabe von wesentlichen Auflösungen stiller Reserven im Anhang (OR 959c Abs. 1 Ziff. 3).

Als Vorteil der schweizerischen Lösung wird oft aufgeführt, dass durch die Bildung von stillen Reserven der extern ausgewiesene Gewinn verkleinert wird, sodass den Aktionären weniger Gewinnanteile ausgeschüttet werden. Die zurückbehaltenen Gewinne stehen dem Unternehmen als zusätzliche eigene Mittel für die Finanzierung von Investitionen oder Forschung und Entwicklung zur Verfügung (so genannte **verdeckte Selbstfinanzierung**). Dieses selbst erarbeitete Eigenkapital erfordert im Gegensatz zum Aktienkapital keine periodischen Auszahlungen in Form von Dividenden und verursacht im Unterschied zum Fremdkapital keine festen Zins- und Rückzahlungsverpflichtungen.[1]

Sofern die stillen Reserven steuerlich anerkannt sind, führt eine Verminderung des ausgewiesenen Gewinnes bzw. des Vermögens zu einer **geringeren Steuerbelastung.**

Stille Reserven sind verstecktes Eigenkapital und bilden ein bewertungsmässiges **Fettpolster für schlechte Zeiten:** Die Gesellschaft kann durch die Auflösung von stillen Reserven den Verlustausweis verkleinern oder sogar beseitigen. Gegen aussen erscheint das Unternehmen dadurch in besserem Licht. Zu beachten ist jedoch, dass Bildung und Auflösung von stillen Reserven weder Gewinne noch Verluste wirklich verändern. Die finanzielle Realität des Unternehmens bleibt unverändert, lediglich deren buchhalterische Darstellung wird verschleiert. Stille (wie auch offene) Reserven sind auch nicht zur «Sicherung des dauernden Gedeihens des Unternehmens» geeignet, wie sich dies der Gesetzgeber vorstellt, denn Reserven sind nur eine rechnerische Grösse; es handelt sich dabei nicht um Vermögenswerte oder gar Geldbestände.

[1] Die *offene* Selbstfinanzierung durch bewusstes Zurückbehalten eines Teils des Gewinns hätte finanzwirtschaftlich allerdings die gleiche Wirkung wie die verdeckte; sie ist aber in der Praxis gegenüber dividendenhungrigen Aktionären schwieriger durchsetzbar.

43 Aufbau des Rechnungswesens

In kleineren Unternehmen lässt sich die Buchhaltung genau so führen, wie im Lehrmittel dargestellt.[1]

Grössere Unternehmen arbeiten zur effizienten Bewältigung der grossen Datenmengen zusätzlich mit **Hilfsbüchern,** deren Daten elektronisch ins Hauptbuch übertragen werden.

Debitorenbuchhaltung
Hilfsbuch

Kreditorenbuchhaltung
Hilfsbuch

Lagerbuchhaltung
Hilfsbuch

Lohnbuchhaltung
Hilfsbuch

Anlagenbuchhaltung
Hilfsbuch

Finanzbuchhaltung

- Journal (zeitliche Aufzeichnung der Geschäftsfälle)
- Hauptbuch (kontenmässig-systematische Aufzeichnung der Geschäftsfälle)
- Bilanz (Darstellung der Vermögenslage)
- Erfolgsrechnung (Darstellung der Ertragslage)
- Geldflussrechnung (Darstellung der Liquiditäts- und Finanzlage)[2]

Die einzelnen Hilfsbücher lassen sich wie folgt umschreiben:

- **Debitorenbuchhaltung**
  Die durch den Verkauf (bzw. die Auftragsabwicklung) ausgestellten Kundenrechnungen werden in der Debitorenbuchhaltung pro Kunde einzeln erfasst und überwacht (Mahnwesen).

  Die im Hilfsbuch einzeln erfassten Beträge werden summarisch periodisch im Hauptbuch auf dem Konto Debitoren verbucht. Die Gegenbuchungen erfolgen je nach Fall auf ein Ertragskonto oder die flüssigen Mittel.

- **Kreditorenbuchhaltung**
  Die einzelnen Lieferantenrechnungen werden in der Kreditorenbuchhaltung kontiert und im Hilfsbuch für Kreditoren einzeln je Lieferant erfasst. Aufgrund der Fälligkeiten werden Zahlungsaufträge an die Lieferanten aufbereitet.

  Die im Hilfsbuch einzeln erfassten Beträge werden summarisch periodisch im Hauptbuch auf dem Konto Kreditoren verbucht. Die Gegenbuchungen erfolgen je nach Fall auf einem Aktivkonto (Vorräte und Sachanlagen) oder einem Aufwandskonto.

- **Lagerbuchhaltung**
  Die Lagereingänge und -ausgänge werden pro Artikel mengen- und wertmässig verwaltet und ausgewertet. Periodisch erfolgt eine Kontrolle der Lagerbestände (Inventur).

  Die im Hilfsbuch einzeln erfassten und bewerteten Bewegungen werden summarisch im Hauptbuch auf den Konten Waren- oder Materialvorrat sowie Waren- oder Materialaufwand verbucht.

1 Als Praxisbeispiel dient der Fall am Ende des 1. Teils des Lehrbuchs, der mit der Buchhaltungs-Software **EasyAccounting** gelöst werden kann.

2 Die Geldflussrechnung (Mittelflussrechnung) wird erklärt im Lehrbuch von Leimgruber/Prochinig: Das Rechnungswesen als Führungsinstrument, Kapitel 12, Verlag SKV.

- **Lohnbuchhaltung**
  Die Löhne und Sozialabgaben von Arbeitnehmern und Arbeitgebern werden pro Mitarbeiter einzeln aufbereitet.

  Die im Hilfsbuch einzeln erfassten Beträge werden als Summen periodisch im Hauptbuch auf verschiedene Bilanzkonten (zum Beispiel Kreditor AHV, Kreditor SUVA, Bank) sowie Aufwandskonten (zum Beispiel Lohn, Sozialaufwand) verbucht.

- **Anlagenbuchhaltung**
  Beim Kauf wird der Anschaffungswert für jede Sachanlage einzeln erfasst. Dabei wird festgelegt, wie die Sachanlage abgeschrieben wird.

  Die im Hilfsbuch ermittelten Abschreibungsbeträge werden summarisch im Hauptbuch als Wertberichtigung auf Sachanlagen sowie als Abschreibungsaufwand verbucht.

Finanzbuchhaltung (FIBU) und Betriebsbuchhaltung (BEBU)

Ab einer bestimmten Unternehmensgrösse oder Komplexität sind die Informationen aus der gesetzlich vorgeschriebenen Finanzbuchhaltung für die Führung einer Unternehmung nicht ausreichend.

Deshalb wird oft zusätzlich eine Betriebsbuchhaltung (auch Kostenrechnung genannt) geführt, die folgende Aufgaben hat:

- Die Aufwände der FIBU werden sachlich abgegrenzt und in der BEBU als Kosten den einzelnen Produkten zugerechnet, wodurch der **Erfolg je Produkt** ermittelt werden kann.
- Abweichungen der effektiven Kosten gegenüber den Planvorgaben werden analysiert und geben Anstoss für Verbesserungen der Produktionsprozesse **(Soll/Ist-Vergleich).**
- Die BEBU liefert die Grundlagen für die **Kalkulation** von Herstellkosten, Selbstkosten und Verkaufspreisen.[1]

[1] Die Kostenrechnung wird erklärt im Lehrbuch von Leimgruber/Prochinig: Das Rechnungswesen als Führungsinstrument, Teil 3, Verlag SKV.

Aufgaben

1. Teil Die Grundlagen des Rechnungswesens

Vermögen, Fremd- und Eigenkapital

11.01

Zur Vermögenslage der Privatperson **Aline Hotz** sind am 10. März 20_1 die folgenden Angaben bekannt:

Bargeld Fr. 1100.–, Guthaben bei der Bank Fr. 9200.–, Kleider und Schuhe Fr. 3800.–, Auto Toyota Fr. 24 000.–, Wohnungseinrichtung mit Schränken, Bett, Tisch, Stühlen, Teppichen und Bildern Fr. 12 000.–, Audio- und TV-Anlage Fr. 2500.–, Küchen- und Kochutensilien Fr. 1100.–, unbezahlte Rechnungen Fr. 2300.–.

a) Ermitteln Sie das Vermögen, die Schulden (Fremdkapital) und das Reinvermögen (Eigenkapital) von Aline Hotz am 10. März 20_1, indem Sie den entsprechenden Text mit dazugehörigem Betrag ins Schema einsetzen.

Vermögen	....	Fr.	
	....	Fr.	
	....	Fr.	
	....	Fr.	
	....	Fr.	
	....	Fr.	
	....	Fr.	Fr. ....
./. Schulden			Fr. ....
= Reinvermögen			Fr.

b) Setzen Sie die unter a) ermittelten Totalbeträge für das Vermögen, das Fremd- und das Eigenkapital per 10. März 20_1 in die grafische Darstellung ein.

Vermögen Fr.	Schulden Fr. ....
	Reinvermögen Fr. ....

11.02

Die Unternehmungen sind gemäss Obligationenrecht verpflichtet, am Ende jedes Geschäftsjahres ein **Inventar** zu erstellen. Unter Inventar versteht man ein detailliertes Verzeichnis aller Vermögens- und Schuldenteile einer Unternehmung.

Ermitteln Sie aufgrund des am 31. 12. 20_2 erstellten Inventars eines CD- und DVD-Shops das Vermögen, das Fremd- sowie das Eigenkapital (Lösungshilfe unten stehend, alle Zahlen in Franken).

Inventar vom 31. 12. 20_2

Kassenbestand (gemäss Kassasturz)		3 700.–
Postguthaben (gemäss Saldomeldung)		9 300.–
Offene Rechnungen an Grosskunden		
▶ Videothek International School, Zürich	2 700.–	
▶ Video- und CD-Ausleih, Zürich	4 150.–	6 850.–
Vorräte an Compactdiscs		
▶ 200 Stück zu 4.–	800.–	
▶ 500 Stück zu 8.–	4 000.–	
▶ 700 Stück zu 10.–	7 000.–	11 800.–
Vorräte an DVDs		
▶ 150 Stück zu 12.–	1 800.–	
▶ 250 Stück zu 15.–	3 750.–	5 550.–
Ladeneinrichtung		
▶ 10 Regale zu 150.–	1 500.–	
▶ 1 Verkaufskorpus	2 300.–	
▶ 6 Abspielgeräte zu 500.–	3 000.–	6 800.–
Unbezahlte Rechnungen von Lieferanten		
▶ Audio-Video GmbH, Berlin	4 100.–	
▶ Decca, Zürich	2 900.–	
▶ Phonodor, London	3 000.–	10 000.–

Lösungshilfe zu 11.02

Vermögen		**Fremdkapital** (Schulden)	
....	....	....	....
....	....	**Eigenkapital** (Reinvermögen)	
....	....	....	....
....	....		
....	....		
....	________		

11.03

Vom Wasser- und Segelsportshop **Nautica** in Meilen sind bei der Inventur (d. h. bei den Inventararbeiten) am 31. 12. 20_3 die nachstehenden Bestände aufgenommen worden (alle Zahlen in Franken):

Inventar vom 31.12. 20_3

Kassenbestand		2 100.–
Postguthaben (gemäss Saldomeldung)		9 400.–
Unbezahlte Rechnungen von Kunden		
▶ R. Thöny, Dübendorf	850.–	
▶ E. Lirk, Zumikon	1 170.–	
▶ H. Erni, Wallisellen	700.–	
▶ H. Huber, Zürich	690.–	
▶ M. Stämpfli, Maur	510.–	
▶ T. Schwaiger, Rafz	580.–	4 500.–
Schuhe		
▶ 10 Paar HH Aqua-Schuhe zu 95.– je Paar	950.–	
▶ 25 Paar Windwater Shoes zu 80.– je Paar	2 000.–	
▶ 30 Paar Crocs Bootsschuhe zu 40.– je Paar	1 200.–	
▶ 20 Marine Stiefel zu 55.– je Paar	1 100.–	5 250.–
Bordhosen		
▶ 80 Stück Musto Fast-Dry zu 90 je Stück	7 200.–	
▶ 60 Stück Jeans Bermuda zu 65.–	3 900.–	11 100.–
Rettungswesten		
▶ 6 Stück Duo Protect zu 300.– je Stück	1 800.–	
▶ 5 Stück Long Lite zu 110.– je Stück	550.–	
▶ 5 Stück Secumar zu 80.– je Stück	400.–	2 750.–
Badehosen		
▶ 60 Frauen-Badeanzüge Caribia	4 260.–	
▶ 50 Männer-Badehosen	1 740.–	6 000.–
Sammelposten Pullover, Jacken, Poloshirts		5 800.–
Ladeneinrichtung		
▶ 20 Regale zu 140.–	2 800.–	
▶ Verkaufskorpus, Spiegel, Kabinen	4 300.–	7 100.–
Unbezahlte Lieferantenrechnungen		
▶ Aqua Fabrics, Hongkong	6 100.–	
▶ Navigation SA, Arbon	3 450.–	
▶ Wassersport AG, Zürich	1 550.–	11 100.–
Bankschuld laut Kontoauszug Raiffeisenkasse, Meilen		2 900.–
Darlehensschuld Raiffeisenkasse, Meilen		20 000.–

a) Beschriften Sie in der nachstehenden Lösungshilfe die fehlenden Titel, und ermitteln Sie das Vermögen, das Fremdkapital und das Eigenkapital für den 31. 12. 20_3.

Lösungshilfe zu 11.03

b) Im Inventar werden die Vorräte zum Einkaufswert aufgeführt, da die Ware noch nicht verkauft ist. Würden diese Waren zu den im Laden angeschriebenen Verkaufspreisen zusammengerechnet, ergäbe sich ein Gesamtwert von Fr. 46 350.–.

Mit welchem Zuschlag in Prozenten vom Einkaufspreis (Bruttogewinnzuschlag) rechnet der Segelsportshop, um den Verkaufspreis zu erhalten?

c) Weshalb ist die Ladeneinrichtung mit lediglich Fr. 7100.– aufgeführt?

11.04

In der Buchhaltung werden für viele Vermögens- und Schuldenpositionen besondere Bezeichnungen verwendet.

Schreiben Sie die folgenden Fachausdrücke neben die passende allgemeine Umschreibung:

- Bank
- Debitoren
- Fahrzeuge
- Fertigfabrikate
- Angefangene Arbeiten
- Hypotheken
- Kasse
- Kreditoren
- Liegenschaften, Immobilien
- Mobilien
- Post
- Rohmaterial
- Waren

Allgemeine Umschreibung	Fachausdruck
Bargeld (Münzen und Noten in der Kasse)	
Guthaben bei der Post	
Guthaben bei der Bank	
Forderungen aus Lieferungen und Leistungen, offene Kundenrechnungen	
Handelswaren zum Verkauf	
Fertig erstellte Erzeugnisse zum Verkauf	
Rohstoffe zur Verarbeitung	
Begonnene Arbeiten an einem Auftrag (Bauarbeiten, Dienstleistungen)	
Laden- und Büroeinrichtungen (Pulte, Stühle, Schränke, Regale), EDV-Anlagen, Maschinen	
Geschäfts- und Wohngebäude, Grundstücke	
Verbindlichkeiten aus Lieferungen und Leistungen, offene Lieferantenrechnungen	
Personenwagen, Liefer- und Lastwagen	
Darlehen gegen Verpfändung einer Liegenschaft	

Die Bilanz

12.01

In der **Bilanz** werden die Aktiven und Passiven einander gegenübergestellt. Die Aktiven stehen für das Vermögen, die Passiven stehen für das Fremdkapital und das Eigenkapital. Die im Inventar detailliert aufgeführten Vermögens- und Schuldenteile werden in der Bilanz zu wichtigen Bilanzpositionen zusammengefasst.

a) Errichten Sie für den CD- und DVD-Shop aus Aufgabe 11.02 aufgrund des Inventars die Bilanz vom 31.12.20_2. Benutzen Sie folgende Lösungshilfe:

Bilanz vom 31. Dezember 20_2

Aktiven			Passiven	
Umlaufvermögen			**Fremdkapital**	
....	....		....	....
....	....			
....	....			
....	________	....		
Anlagevermögen			**Eigenkapital**	
....		________	....	________

b) Das Wort Bilanz kommt vom italienischen Wort bilancia (Waage). Was hat eine Bilanz mit einer Waage gemeinsam?

c) Wie gross ist das Fremdkapital in Prozenten der Bilanzsumme?

d) Weshalb wird die Aktivseite der Bilanz auch als Investitionsseite, die Passivseite als Finanzierungsseite bezeichnet?

12.02

Von der **Dorfapotheke P. Dietschi** ist folgende Bilanz bekannt (Kurzzahlen).

Bilanz vom 31. Dezember 20_3

Aktiven			Passiven		
Umlaufvermögen			**Fremdkapital**		
Kasse	3		Kreditoren	4	
Post	6		Darlehen	20	
Debitoren	2		Hypothek	300	324
Vorräte	55	66			
Anlagevermögen					
Mobilien	14		**Eigenkapital**		
Immobilien	420	434	Eigenkapital		176
		500			500

a) Was versteht man unter Aktiven?

b) Was versteht man unter Passiven?

c) Nach welchem Gesichtspunkt werden die Aktiven in Umlauf- und Anlagevermögen gegliedert?

d) Nach welchem Gesichtspunkt wird das Fremdkapital geordnet?

e) Welche Probleme können sich ergeben, wenn eine Unternehmung mit einem zu hohen Fremdkapitalanteil finanziert ist?

12.03

Aufgrund der Angaben in Aufgabe 11.03 ist eine gut gegliederte Bilanz für den Wasser- und Segelsportshop **Nautica** zu erstellen.

Bilanz vom 31. 12. 20_3

Aktiven			Passiven		

12.04

a) Wie wird eine Bilanz gegliedert? Setzen Sie die richtigen Gliederungsbegriffe auf die kurzen Zeilen des Bilanzschemas.

Bilanz vom 31. 12. 20_1

Aktiven	Passiven
....	....
....	....
....	....
....	....
....	....
....	
....	
....	....
....	....
....	
....	

b) Die folgenden Bilanzpositionen sind in obiger Bilanz richtig einzusetzen.

Bank(schuld), Debitoren, Eigenkapital, Darlehensschuld, Fahrzeuge, Fertigfabrikate, Hypotheken, Immobilien, Kasse, Kreditoren, Maschinen, Mobiliar, Post, Rohmaterial, Wertschriften[1].

c) Um welche Art von Betrieb handelt es sich hier? Begründen Sie Ihre Antwort.

d) Weshalb gehört zur Bilanz immer das Datum des Bilanzstichtags?

[1] Wertschriften werden gehalten, um überschüssige Liquidität, das sind flüssige Mittel wie Kassenbestände, Post- oder Bankguthaben, vorübergehend ertragsbringend anzulegen. Häufig handelt es sich um an der Börse gehandelte Wertpapiere.

12.05

Oft ist aus der Zusammensetzung der Aktiven und teilweise auch der Passiven die Zugehörigkeit zu einem **Wirtschaftssektor** bzw. einer Branche erkennbar.

Wirtschaftssektoren

Primärer Wirtschaftssektor (Urproduktion)	Sekundärer Wirtschaftssektor (Verarbeitung)	Tertiärer Wirtschaftssektor (Dienstleistungen)

a) Geben Sie je drei weitere typische Betriebsbeispiele für jeden Wirtschaftssektor.

Beispiele:	Beispiele:	Beispiele:
▶ Landwirtschaft	▶ Pharmaindustrie	▶ Handel
▶	▶	▶ ....
▶	▶	▶ ....
▶	▶	▶ ....

b) Geben Sie an, um welche Branche es sich bei den nachstehend abgebildeten Bilanzen handeln könnte (Zahlen in Fr. 1000.–).

Bilanz 31. 12. 20_1

Aktiven		Passiven	
Umlaufvermögen		**Fremdkapital**	
Flüssige Mittel[1]	2	Kreditoren	10
Debitoren	3	Hypothek	40
Setzlinge	35		
Dünger	10		
Anlagevermögen		**Eigenkapital**	
Mobilien	4	Eigenkapital	650
Maschinen	46		
Immobilien	600		
	700		700

Bilanz 31. 12. 20_1

Aktiven		Passiven	
Umlaufvermögen		**Fremdkapital**	
Flüssige Mittel[1]	5	Kreditoren	50
Debitoren	45	Darlehen	100
Stoffvorräte	100		
Kleider	450		
Anlagevermögen		**Eigenkapital**	
Mobilien	15	Stammkapital	500
Maschinen	50	Reserven	45
Fahrzeug	35	Gewinnvortrag	5
	700		700

Bilanz 31. 12. 20_1

Aktiven		Passiven	
Umlaufvermögen		**Fremdkapital**	
Flüssige Mittel[1]	5	Kreditoren	30
Debitoren	15	Darlehen	20
		Hypotheken	200
Anlagevermögen		**Eigenkapital**	
Mobilien	10	Aktienkapital	250
Fahrzeuge	270	Reserven	190
Immobilien	400	Gewinnvortrag	10
	700		700

....

c) Welche Rechtsform weisen die obigen drei Betriebe auf?

....

[1] Unter flüssigen Mitteln wurden hier Kassabestände sowie Post- und Bankguthaben zusammengefasst.

12.06

Für die folgenden Unternehmungen sind gut gegliederte Bilanzen zu erstellen. Für Teilaufgabe a) ist das Bilanzschema vorgegeben. Die Aufgaben b) bis d) sind selber zu skizzieren. Alle Bilanzen sind auf den 31. 12. 20_1 zu erstellen, die Beträge verstehen sich in Fr. 1000.–.

a) **Schreinerei H. Bättig**

Bankguthaben 48, Darlehensschuld 50, Debitoren 21, Fahrzeuge 13, Holzvorrat 14, Kasse 2, Kreditoren 2, Maschinen 19, Mobilien 7, Werkzeuge 6, Eigenkapital?

Bilanz vom 31. 12. 20_1

Aktiven	Passiven

b) **Landwirtschaftsbetrieb R. Pfeiffer**

Boden (Ackerland, Wiesen und Wald) 140, Darlehensschuld 25, Debitoren 2, Fahrzeuge (Ladewagen, Traktor mit Zubehör und Anhänger) 70, Futtervorräte 7, Haus mit Scheune 700, Hypotheken 300, Kasse 8, Kreditoren 6, Mastkälber 5, Milchkühe 100, Mobiliar 14, Post 4, Eigenkapital?

c) **Treuhandbüro R. Fluck**

Bankschuld 40, Debitoren 42, EDV-Anlagen 25, Fahrzeug 35, Hypotheken 300, Immobilien 500, Kasse 5, Kreditoren 2, Mobiliar 20, Post 13, Eigenkapital?

d) **Fussballclub Furioso**

Fahrzeuge 30, Flüssige Mittel 45, Forderungen aus Lieferungen und Leistungen 12, Fussballplatz mit Bauten 150, Hypotheken 100, Kreditoren 20, Maschinen 18, Mobiliar 17, Spielerverträge 170, Vorräte 3, Eigenkapital?

12.07

Von einer Unternehmung liegt folgende mit Mängeln behaftete Bilanz vor:

Bilanz vom 1. 1. bis 31. 12. 20_1

Aktiven			Passiven		
Umlaufvermögen			**Fremdkapital**		
Kassa	20		Debitoren	110	
Darlehen von A	150		Bankguthaben	50	
Post	70		Aktienkapital	1 000	1 160
Kreditoren	200				
Gewinnvortrag	210	650			
Anlagevermögen			**Eigenkapital**		
Warenvorräte	1 250		Immobilien	1 200	
Mobilien	100		Reserven	440	1 640
Hypotheken	800	2 150			
		2 800			2 800

a) Beheben Sie die Mängel, und erstellen Sie eine korrekte Bilanz per 31. 12. 20_1.

....

Aktiven			Passiven		
Umlaufvermögen			**Fremdkapital**		
Anlagevermögen			**Eigenkapital**		

b) In welcher Branche ist diese Unternehmung tätig?

c) Welche Rechtsform hat diese Unternehmung?

d) Was ist ein Gewinnvortrag?

12.08

Ordnen Sie die aufgeführten Bilanzpositionen einer Aktiengesellschaft durch Ankreuzen der richtigen Kontengruppe zu.

Nr.	Bilanzposition	Umlaufvermögen	Anlagevermögen	Fremdkapital	Eigenkapital
1	Post				
2	Hypothekarverbindlichkeiten				
3	Vorräte Handelswaren				
4	Maschinen und Apparate				
5	Verbindlichkeiten aus Lieferungen und Leistungen (Kreditoren)				
6	EDV-Anlagen				
7	Bankguthaben				
8	Reserven				
9	Geschäftsliegenschaften				
10	Darlehensschulden				
11	Fertige Erzeugnisse				
12	Mobiliar und Einrichtungen				
13	Beteiligungen				
14	Aktienkapital				
15	Kasse				
16	Wertschriften				
17	Rohstoffe				
18	Patente				
19	Gewinnvortrag				
20	Forderungen aus Lieferungen und Leistungen (Debitoren)				

12.09

Beschreiben Sie, was in der Buchhaltung unter den folgenden Begriffen verstanden wird.

Nr.	Begriff	Beschreibung
1	Kassa	
2	Post	
3	Debitoren	
4	Kreditoren	
5	Mobilien	
6	Immobilien	
7	Hypotheken	
8	Fremdkapital	
9	Eigenkapital	
10	Aktiven	
11	Passiven	
12	Bilanz	
13	Inventar	
14	Wertpapiere	
15	Reserven	
16	Gewinnvortrag	

Veränderungen der Bilanz durch Geschäftsfälle

13.01

U. Waser eröffnet am 1. März 20_1 ein Taxiunternehmen. Bei der Gründung leistet sie aus ihrem Privatvermögen eine Kapitaleinlage von Fr. 40 000.–, die sie auf das Bankkonto des Geschäfts einzahlt.

a) Wie lautet die Bilanz nach der Gründungseinlage am 1. März 20_1?

b) Wie verändert sich die Bilanz durch die nachfolgenden Geschäftsfälle?

- ▶ Es ist nach jedem Geschäftsfall eine neue Bilanz zu errichten.
- ▶ Bei den Auswirkungen in der Bilanz sind die Veränderungen der Aktiven bzw. Passiven hinzuschreiben und jeweils die Entwicklung der Bilanzsumme anzukreuzen. (Als Muster sind die Auswirkungen der Gründung bereits eingetragen.)

c) Warum ist trotz der verschiedenen Geschäftsfälle die Bilanzgleichung (Summe der Aktiven = Summe der Passiven) erhalten geblieben?

Aufgabe 13.01

Geschäftsfälle	Bilanzen	Auswirkungen in der Bilanz
1. 3. Eröffnung durch Einzahlung von Fr. 40 000.–	**Bilanz vom 1. 3. 20_1** Aktiven / Passiven	+ Aktiven + Passiven Die Bilanzsumme X wird grösser ☐ wird kleiner ☐ bleibt gleich
2. 3. Kauf eines Taxis für Fr. 50 000.– gegen Rechnung	**Bilanz vom 2. 3. 20_1** Aktiven / Passiven	Die Bilanzsumme ☐ wird grösser ☐ wird kleiner ☐ bleibt gleich
4. 3. Bankzahlung an den Fahrzeugverkäufer Fr. 35 000.–	**Bilanz vom 4. 3. 20_1** Aktiven / Passiven	Die Bilanzsumme ☐ wird grösser ☐ wird kleiner ☐ bleibt gleich
5. 3. Barbezug ab dem Bankkonto Fr. 3 000.–	**Bilanz vom 5. 3. 20_1** Aktiven / Passiven	Die Bilanzsumme ☐ wird grösser ☐ wird kleiner ☐ bleibt gleich
8. 3. Der Fahrzeugverkäufer ist bereit, Fr. 10 000.– seines Restguthabens in ein langfristiges Darlehen umzuwandeln.	**Bilanz vom 8. 3. 20_1** Aktiven / Passiven	Die Bilanzsumme ☐ wird grösser ☐ wird kleiner ☐ bleibt gleich

13.02

W. Fürst eröffnet am 1. Juni 20_5 ein eigenes Ingenieurbüro in der Rechtsform einer Einzelunternehmung. Aus seinem Privatvermögen leistet er eine Kapitaleinlage von Fr. 40 000.– und zahlt diese als Gründungseinlage auf das Postkonto des Geschäftes ein.

a) Wie lautet die Bilanz der neu gegründeten Einzelunternehmung am 1. 6. 20_5?

Gründungsbilanz vom 1. 6. 20_5

Aktiven	Passiven

b) Am 2. Juni kauft W. Fürst Mobilien für Fr. 25 000.– auf Kredit.

Wie lautet die Bilanz nach diesem Kauf?

Bilanz vom 2. 6. 20_5

Aktiven		Passiven	

c) Am 10. Juni zahlt W. Fürst einen Teilbetrag der Rechnung durch Postüberweisung.

Wie lautet die Bilanz nach der Postüberweisung von Fr. 10 000.–?

Bilanz vom 10. 6. 20_5

Aktiven		Passiven	

d) Am 12. Juni bezieht W. Fürst am Postomat einen Betrag von Fr. 2000.– für die Geschäftskasse.

Wie lautet die Bilanz nach dem Barbezug?

Bilanz vom 12. 6. 20_5

Aktiven		Passiven	

e) Am 19. Juni wandelt der Mobilien-Lieferant Fr. 10 000.– in ein langfristiges Darlehen um.

Wie lautet die Bilanz nach Umwandlung der Kreditorenschuld in ein Darlehen?

Bilanz vom 19.6.20_5

Aktiven		Passiven	

f) Wie verändert sich die Bilanzsumme durch die oben behandelten Geschäftsfälle? Kreuzen Sie die richtige Lösung an.

Geschäftsfall		Bilanzsumme steigt	Bilanzsumme sinkt	Bilanzsumme bleibt
1.6.	Kapitaleinlage			
2.6.	Kauf von Mobiliar auf Kredit			
10.6.	Postüberweisung			
12.6.	Barbezug ab Postomat			
19.6.	Kreditor gewährt Darlehen			

g) Weshalb ist die Bilanzgleichung (Summe der Aktiven = Summe der Passiven) bei allen Geschäftsfällen erhalten geblieben?

h) Geben Sie ein eigenes Beispiel, bei welchem die Bilanzsumme steigt.

i) Geben Sie ein eigenes Beispiel, bei welchem die Bilanzsumme sinkt.

k) Bei welcher Art von Geschäftsfällen bleibt die Bilanzsumme unverändert?

13.03

Die Eröffnungsbilanz[1] des Transportunternehmers H. Huber zeigt am Jahresanfang folgendes Bild (alle Zahlen in Fr. 1000.–):

Eröffnungsbilanz vom 1. 1. 20_1

Aktiven			Passiven		
Umlaufvermögen			**Fremdkapital**		
Kassa	4		Kreditoren	50	
Post	25		Hypotheken	300	350
Bank	16				
Debitoren	28				
Treibstoffvorrat	37	110			
Anlagevermögen			**Eigenkapital**		
Mobiliar	18		Eigenkapital		500
Fahrzeuge	122				
Immobilien	600	740			
		850			850

Erstellen Sie die Bilanz vom 15. Januar 20_1 nach Berücksichtigung der folgenden Geschäftsfälle:

4. 1. Kauf eines neuen Transporters für 60 gegen Rechnung.
7. 1. Kunden zahlen 15 auf das Postkonto ein.
11. 1. Barbezug ab Postomat 3
12. 1. Barverkauf von altem Mobiliar 2

Bilanz vom 15. 1. 20_1

Aktiven			Passiven		
Umlaufvermögen			**Fremdkapital**		
....	....		....	....	
....	....		....	________	....
....	....				
....	....				
....	________	....			
Anlagevermögen			**Eigenkapital**		
....	....		....		....
....	....				
....	________	________			________

[1] Unter Eröffnungsbilanz versteht man die Bilanz, mit welcher eine neue Rechnungsperiode eröffnet wird, meistens der 1. Januar als Beginn eines neuen Geschäftsjahres.

13.04

Welche Bilanzpositionen werden durch die folgenden Geschäftsfälle verändert? Geben Sie durch + und – für jeden Fall an, ob die betroffenen Bestände grösser oder kleiner werden. Die Lösung zum ersten Geschäftsfall ist bereits eingetragen (Bank = Aktivkonto).

Nr.	Geschäftsfall	+/–	Bilanzpositionen[1]
1	Barbezug am Bankomaten	+ –	Kasse Bank
2	Barkauf eines neuen PCs		
3	Postüberweisung an einen Lieferanten		
4	Aufnahme eines Darlehens. Die Gutschrift des Darlehensbetrages erfolgt auf dem Postkonto.		
5	Kauf einer Liegenschaft. Die Finanzierung erfolgt durch Aufnahme einer Hypothek.		
6	Verkauf von altem Mobiliar gegen bar.		
7	Die Geschäftsinhaberin erhöht die Kapitaleinlage durch eine Überweisung auf das Bankkonto.		
8	Gewährung eines Darlehens an einen Geschäftsfreund durch Postüberweisung.		
9	Umwandlung einer Lieferantenschuld in ein fünfjähriges Darlehen.		
10	Bareinzahlung auf das Bankkonto.		
11	Ein Kunde zahlt auf das Postkonto ein.		
12	Verkauf von Wertschriften. Bankgutschrift des Verkaufserlöses.		

[1] Die Reihenfolge der Bilanzpositionen spielt in dieser Übung keine Rolle.

Das Konto

14.01

Das **Malergeschäft P. Moser** führt für die laufenden Barzahlungen ein **Kassabuch** (auch Kassenbuch genannt).

Kassabuch

Datum	Text (Geschäftsverkehr)	Soll	Haben
1.3.	Anfangsbestand (Saldovortrag)	1 500	
5.3.	Kauf von Büromaterial		180
9.3.	Kauf von Malutensilien (Fr. 720.–)		
11.3.	Barspende für Rotes Kreuz (Fr. 100.–)		
15.3.	Barbezug am Bancomaten (Fr. 1 000.–)		
20.3.	Blumenkauf für Büro (Fr. 50.–)		
22.3.	Reparatur am Lieferwagen bar bezahlt (Fr. 650.–)		
31.3.	Schlussbestand (Saldo)		
1.4.	Saldovortrag		

a) Was bedeutet der Saldovortrag am 1. März?

b) Tragen Sie den Geschäftsverkehr für den Monat März mit den entsprechenden Beträgen in der Soll- oder Habenspalte ein.

c) Auf welchen Betrag müsste ein Kassensturz am 21. März lauten?

d) Schliessen Sie das Kassabuch für den Monat März ab.

e) Wie lautet die Eröffnung des Kassabuchs am 1. April?

f) Welche Eintragungen sind grundsätzlich im Soll und welche im Haben zu buchen?

g) Eine Gegenüberstellung der Zu- und Abgänge, wie sie hier im Kassabuch erfolgte, nennt man **Konto.** Das Kassakonto ist ein Aktivkonto, da der Kassabestand zu den Aktiven einer Unternehmung zählt. Die Buchungsregeln sind dieselben für alle Aktivkonten.

Leiten Sie mithilfe des Kassabuchs die Buchungsregeln für ein **Aktivkonto** her, und tragen Sie diese Regeln im schematisch dargestellten Aktivkonto ein. Verwenden Sie die folgenden Ausdrücke:

- Anfangsbestand
- Schlussbestand (Saldo)
- Zunahmen
- Abnahmen

Aktivkonto

Soll Haben

Passivkonto

Soll Haben

h) Die Verbuchung in den Passivkonten ist im Vergleich zu den Aktivkonten gerade seitenverkehrt.

Füllen Sie mit den gleichen Begriffen von oben das schematisch gezeichnete Passivkonto analog zum Aktivkonto aus.

i) Angenommen, es handle sich beim Aktivkonto um das Fahrzeugkonto. Welche Tatbestände könnten zu einer Abnahme im Haben des Kontos führen?

k) Angenommen, es handle sich beim Passivkonto um eine Hypothekarschuld. Welcher Tatbestand könnte zu einer Abnahme im Soll des Kontos führen?

14.02

Der Zahlungsverkehr der **Arztpraxis Dr. Brunner** wird teilweise über das **Postkonto** abgewickelt.

a) Führen Sie das Postkonto für den Monat Juni. Das Konto ist Ende Monat abzuschliessen und im neuen Monat wieder zu eröffnen.

Postkonto

Datum	Geschäftsverkehr	Soll	Haben	Saldo
1.6.	Anfangsbestand (Saldovortrag)			12 780
3.6.	Überweisung an Kreditor Zentrallabor (Fr. 1 260.–)			
10.6.	Zahlungsgutschrift von diversen Patientendebitoren (Fr. 6 480.–)			
11.6.	Spende für Alzheimervereinigung (Fr. 100.–)			
15.6.	Barbezug am Postomaten (Fr. 400.–)			
20.6.	Zahlungsgutschrift von Patientin M. Hauser (Fr. 395.–)			
28.6.	Belastung der Swisscom für Telefon und Internet (Fr. 245.–)			
30.6.	Belastung für die Zahlung von Versicherungsprämien (Fr. 2 670.–)			
30.6.	Belastung Praxismiete (Fr. 4 020.–)			
30.6.	Schlussbestand (Saldo)			
1.7.	Anfangsbestand (Saldovortrag)			

b) Wie wird in der Praxis überprüft, ob der Saldo gemäss Postkonto mit dem tatsächlichen Guthaben bei der Post übereinstimmt?

c) Warum werden die Konten in der Praxis meist mit einer Saldospalte geführt?

d) Handelt es sich beim Schlussbestand um einen Soll- oder einen Habensaldo? Begründen Sie Ihre Antwort.

14.03

Für die Verbuchung des Geschäftsverkehrs mit den Kunden führt die **Imhaus Geräte GmbH** ein **Debitorenkonto (Forderungen aus Lieferungen und Leistungen).**

a) Führen Sie das Debitorenkonto. Das Konto ist abzuschliessen und am 1. Oktober wieder zu eröffnen.

Debitorenkonto

Datum	Geschäftsverkehr	Soll	Haben	Saldo
1.9.	Anfangsbestand (Saldovortrag) (Fr. 11 630.–)			
4.9.	Rechnung an P. Kuhn (Fr. 1 310.–)			
9.9.	Bankzahlung von CasaNova SA (Fr. 4 175.–)			
12.9.	Rechnung an Meyer AG (Fr. 3 300.–)			
15.9.	Rabattgutschrift an Meyer AG (Fr. 330.–)			
22.9.	Bankzahlung der Meyer AG (Rest)			
25.9.	Faktura an A. Kleiner (Fr. 790.–)			
29.9.	Teilzahlung von P. Kuhn (Fr. 500.–)			
30.9.	Bankzahlung von R. Hofer (2 465.–)			
30.9.	Schlussbestand (Saldo)			
1.10.	Anfangsbestand (Saldovortrag)			

b) Wofür könnte Debitor Meyer AG am 15.9. eine Rabattgutschrift erhalten haben?

c) Kreuzen Sie an, welche der folgenden Buchungstatbestände in den Vormonaten zum Anfangsbestand von Fr. 11 630.– am 1. September geführt haben könnten:

- ☐ An Debitoren versandte Rechnungen
- ☐ Zahlungen an Kreditoren
- ☐ Erhaltene Gutschriften für zurückgeschickte Waren
- ☐ Von Kreditoren erhaltene Rechnungen
- ☐ Rabatte an Kunden
- ☐ Zahlungen von Debitoren auf das Bankkonto
- ☐ Umwandlung eines Debitorenguthabens in ein kurzfristiges Darlehen
- ☐ Anfangsbestand vom 1. Januar

14.04

Für die Verbuchung des Geschäftsverkehrs mit den Lieferanten führt das **Pneucenter Schlatter AG** ein **Kreditorenkonto (Verbindlichkeiten aus Lieferungen und Leistungen).**

a) Führen Sie das Kreditorenkonto. Das Konto ist abzuschliessen und am 1. November wieder zu eröffnen.

Kreditorenkonto

Datum	Geschäftsverkehr	Soll	Haben	Saldo
1.10.	Anfangsbestand (Saldovortrag) (Fr. 25 970.–)			
5.10.	Rechnung von Pirelli SA (Fr. 4 800.–)			
8.10.	Bankzahlung an Firestone AG (Fr. 6 350.–)			
13.10.	Rechnung von Goodyear SA (Fr. 2 530.–)			
14.10.	Rabattgutschrift von Pirelli SA, 10 % auf Rechnung vom 5.10.			
21.10.	Bankzahlung an Pirelli SA (Rest)			
23.10.	Faktura von Michelin SA (Fr. 8 500.–)			
29.10.	Postzahlung an Semperit AG (Fr. 3 470.–)			
30.10.	Skonto auf Rechnung von Michelin SA (2 %)			
30.10.	Bankzahlung an Michelin SA (Rest)			
31.10.	Teilzahlung durch Post an Kreditor Bau AG für erfolgten Umbau (Fr. 10 000.–)			
31.10.	Schlussbestand (Saldo)			
1.11.	Anfangsbestand (Saldovortrag)			

b) Welche anderen Kreditoren neben den Kreditoren aus Lieferungen und Leistungen kennen Sie?

14.05

Führen Sie für das **Gartencenter Hoffmann AG,** Unterengstringen, das Kreditorenkonto für den Monat März 20_8. Ermitteln Sie den Schlussbestand, und eröffnen Sie das Konto wieder am 1. April 20_8. Alle Beträge in Franken.

1.3. Saldovortrag 12 745; 4.3. Bankzahlung an P. Gerber, Dietikon, 3150; 6.3. Rechnung von Hauenstein AG, Rafz, 6850; 7.3. Rechnung von T. Van Ordt, Stäfa, 4295; 10.3. Postüberweisung an R. Kurattli, Trogen, 1380; 13.3. Bankzahlung an Hauenstein AG, Rafz, unter Abzug von 2 % Skonto (Rechnung vom 6.3.); 18.3. Rechnung von Rutishauser AG, Fällanden, 5200.–; 21.3. Postzahlung an E. Meier, Rüti, 2430; 22.3. Faktura von Blumenbörse, Zürich, 5140; 25.3. Mengenrabatt 10 % (auf Rechnung vom 18.3.) von Rutishauser AG, Fällanden; 31.3. Rechnung von Garage H. Huber, Zürich, für Servicearbeiten 950.

14.06

Bankkonten können sowohl aktiv- als auch passiv sein.

a) Wie lauten die Buchungsregeln für ein Bankguthaben bzw. für eine Bankschuld?

Bankguthaben

Soll	Haben
....	
	....
....	
	....

Bankschuld

Soll	Haben
	....
....	
	....
....	

b) Führen Sie das Bankkonto der privaten **Handelsschule Merkur AG** für den Monat Januar.

Bank

Datum	Geschäftsverkehr	Soll	Haben	Saldo
1.1.	Anfangsbestand (Saldovortrag)	9 200		9 200
6.1.	Studenten überweisen Schulgelder (Fr. 21 600.–)			
9.1.	Barbezug (Fr. 1 000.–)			
11.1.	Zahlung an Verlag SKV für Schulbücher (Fr. 3 120.–)			
13.1.	Zahlung an Computer Shop (Fr. 15 450.–)			
17.1.	Überweisung von Schulgeldern (Fr. 7 200.–)			
25.1.	Zahlung der Dozentenlöhne (Fr. 16 100.–)			
28.1.	Überweisung der Monatsmiete für Schulräume (Fr. 7 330.–)			
30.1.	Barbezug am Bankomaten für die Lehrmittelkasse (Fr. 1 500.–)			
31.1.	Schlussbestand (Saldo)			
1.2.	Anfangsbestand (Saldovortrag)			

c) Handelt es sich bei diesem Bankkonto um ein Aktiv- oder Passivkonto?

d) Weshalb wird ein Barbezug im Bankkonto in jedem Fall im Haben verbucht?

e) Wie überprüft die Schulleiterin, ob die Buchungen in diesem Bankkonto mit den Buchungen bei der Bank übereinstimmen?

14.07

Nachfolgend sind die drei Konten **Bank, Debitoren und Kreditoren** abgebildet. Allerdings sind sie nur mit den Buchstaben X, Y und Z überschrieben und nicht mit den richtigen Bezeichnungen.

Konto X

Datum	Text (Geschäftsverkehr)	Soll	Haben	Saldo
1. 1.	Anfangsbestand (Saldovortrag)		6 000	6 000
5. 1.	Lieferung an Kunden / von Lieferanten		2 000	8 000
9. 1.	Seine / Unsere Postzahlung	1 400		6 600
10. 1.	Seine / Unsere Rabattgewährung	200		6 400
11. 1.	Seine / Unsere Zahlung	4 000		2 400
24. 1.	Seine / Unsere Rücksendung	500		1 900
31. 1.	Schlussbestand (Saldo)			
1. 2.	Anfangsbestand (Saldovortrag)			

Konto Y

Datum	Text (Geschäftsverkehr)	Soll	Haben	Saldo
1. 1.	Anfangsbestand (Saldovortrag)		15 000	15 000
8. 1.	Einlage / Bezug des Geschäftsinhabers	10 000		5 000
11. 1.	Zahlungen von Kunden / an Lieferanten	4 000		1 000
17. 1.	Rückzahlung des gewährten / erhaltenen Darlehens		5 000	6 000
22. 1.	Kauf / Verkauf von Mobiliar gegen Bankcheck		3 000	9 000
28. 1.	Barbezug / Bareinlage	2 000		7 000
31. 1.	Schlussbestand (Saldo)			
1. 2.	Anfangsbestand (Saldovortrag)			

Konto Z

Datum	Text (Geschäftsverkehr)	Soll	Haben	Saldo
1. 1.	Anfangsbestand (Saldovortrag)	8 200		8 200
9. 1.	Rücksendung von / an A. Amrein		600	7 600
11. 1.	Zahlungen an Lieferanten / von Kunden		4 000	3 600
14. 1.	Unsere / Seine Lieferung	2 400		6 000
19. 1.	Unsere / Seine Rabattgewährung		240	5 760
22. 1.	Unser Kreditverkauf / Krediteinkauf	2 000		7 760
29. 1.	Sein / Unser Skontoabzug		60	7 700
29. 1.	Seine / Unsere Postüberweisung		1 940	5 760
31. 1.	Schlussbestand (Saldo)			
1. 2.	Anfangsbestand (Saldovortrag)			

a) Wie heissen die mit Buchstaben bezeichneten Konten in Wirklichkeit?

Konto X = ……

Konto Y = ……

Konto Z = ……

b) In den Konten enthalten die blau geschriebenen Textstellen jeweils zwei Vorschläge für einen zum Geschäftsfall passenden Text. Ein Vorschlag ist jeweils richtig; den falschen müssen Sie streichen.

c) Schliessen Sie die drei Konten ab.

d) Wie hoch sind die offenen (noch unbezahlten) Lieferantenrechnungen am 31. Januar?

e) Weist das Bankkonto am 31. Januar ein Guthaben oder eine Schuld gegenüber der Bank aus?

f) Wie hoch sind die Kundenforderungen am 31. Januar?

14.50

14.51

14.52

14.53

Unter diesen Nummern finden Sie auf **EasyAccounting** weitere Aufgaben zur Kontenführung.

Der Download von EasyAccounting ist unter **www.verlagskv.ch/easyaccounting** beschrieben.

Journal und Hauptbuch

15.01

Jeder Geschäftsfall wird durch einen **Beleg** dokumentiert, zum Beispiel eine Quittung, eine Rechnung, eine Gutschrifts- bzw. eine Belastungsanzeige der Bank oder ein Kontoauszug der Post. Diese Belege bilden die Grundlage für die Verbuchung.

Damit man weiss, wie die Belege zu verbuchen sind, müssen diese **kontiert** werden, d. h., man muss auf den Belegen vermerken, auf welchen Konten gebucht werden muss. Dazu werden die Belege oft mit einem Kontierungsstempel abgestempelt.

Geben Sie bei den folgenden Belegen die Verbuchung durch Ausfüllen des Kontierungsstempels an:

Beleg Nr. 1:
Gutschriftsanzeige der Bank
Debitor D. Fluder überweist Fr. 8700.–.

Soll-buchung	Haben-buchung	Betrag

Beleg Nr. 2:
Bancomatquittung
Barbezug von Fr. 1000.–

Soll-buchung	Haben-buchung	Betrag

Beleg Nr. 3:
Kontoauszug der Post
Überweisung von Fr. 3300.–
an Kreditor N. Brockhaus

Soll-buchung	Haben-buchung	Betrag

Beleg Nr. 4:
Quittung
Barkauf eines PCs im Media-Markt
für Fr. 6100.–

Soll-buchung	Haben-buchung	Betrag

Beleg Nr. 5:
Belastungsanzeige der Bank
Überweisung von Fr. 2400.– an Kreditor
R. Schmied

Soll-buchung	Haben-buchung	Betrag

15.02

Von der **Handelsunternehmung M. Arnold AG** liegt die folgende Eröffnungsbilanz per 1. 1. 20_7 vor. Die Beträge sind in Fr. 1000.–.

Eröffnungsbilanz vom 1. 1. 20_7

Aktiven			Passiven		
Umlaufvermögen			**Fremdkapital**		
Kassa	8		Kreditoren	80	
Post	25		Darlehen	100	
Bank	55		Hypotheken	350	530
Debitoren	43				
Warenvorrat	339	470			
Anlagevermögen			**Eigenkapital**		
Mobiliar	55		Aktienkapital	500	
Fahrzeuge	45		Reserven	125	
Immobilien	630	730	Gewinnvortrag	45	670
		1 200			1 200

Vervollständigen Sie das Journal mit den richtigen Buchungssätzen.[1] Die zur Verfügung stehenden Konten ersehen Sie aus obiger Bilanz.

Journal

Datum	Text (Geschäftsfall)	Buchung Soll	Buchung Haben	Betrag
4. 1.	Barbezug am Bancomaten 1			
5. 1.	Überweisung von 2 durch Debitor J. König auf das Postkonto			
10. 1.	Teilrückzahlung des Darlehens durch Banküberweisung von 20			
16. 1.	Postzahlung an Kreditor M. Schäuble 12			
18. 1.	Bankgutschrift für die Zahlung von Debitor S. Haas 4			
21. 1.	Mobiliarkauf auf Kredit 6			
24. 1.	Bankgutschrift für die Aufnahme einer Hypothek 100			
26. 1.	Banküberweisung für den Kauf eines kleinen Lagerhauses 120			
28. 1.	Überweisung vom Postkonto auf das Bankkonto 10			
30. 1.	Barverkauf eines alten Lieferwagens 9			

[1] Im **Journal** werden die Geschäftsfälle chronologisch (d. h. zeitlich geordnet) aufgezeichnet. Nebst Buchungsdatum und Text für die Beschreibung der einzelnen Geschäftsfälle enthält das Journal auch die zugehörigen Buchungssätze.

Um die Verbuchung eines Geschäftsfalls so kurz wie möglich darzustellen, bedient man sich des **Buchungssatzes.** Der Buchungssatz ist gleich aufgebaut wie der Kontierungsstempel: Zuerst wird jenes Konto aufgeführt, in das die Solleintragung erfolgt, und nachher das Konto mit der Habenbuchung. Am Schluss wird der Betrag genannt.

15.03

In der Buchhaltung werden die einzelnen Geschäftsfälle im Journal und im **Hauptbuch**[1] erfasst.

- Im Journal werden die Geschäftsfälle in zeitlicher Reihenfolge erfasst.
- Im Hauptbuch werden die Geschäftsfälle nach Konten geordnet aufgezeichnet.

K. Becker führt eine **Beratungsfirma für EDV Systeme.** Die Eröffnungsbilanz per 1. 1. 20_8 lautet:

Eröffnungsbilanz vom 1. 1. 20_8

Aktiven			Passiven		
Umlaufvermögen			**Fremdkapital**		
Kassa	100		Kreditoren	1 250	
Post	1 400		Darlehen	5 000	6 250
Bank	2 000				
Debitoren	600	4 100			
Anlagevermögen			**Eigenkapital**		
Mobiliar		2 300	Eigenkapital		3 750
EDV-Anlagen		3 600			
		10 000			10 000

a) Eröffnen Sie aufgrund der Zahlen der Eröffnungsbilanz die Konten des Hauptbuches. Die Lösungshilfe finden Sie auf der rechten Seite.

b) Vervollständigen Sie das Journal.

Journal

Datum	Text (Geschäftsfall)	Buchung Soll	Buchung Haben	Betrag
5. 1.	Debitor P. Stähli überweist Fr. 400.– auf das Postkonto.			
11. 1.	Einzahlung in die Kasse ab Postomat, Fr. 1 000.–			
15. 1.	Kreditkauf von Mobiliar für Fr. 750.–			
19. 1.	Banküberweisung an Kreditor M. Muggli, Fr. 980.–			
22. 1.	Bankzahlung von Debitor F. Lüthi, Fr. 120.–			
27. 1.	Barkauf eines Bildes für das Büro, Fr. 450.–			
29. 1.	Kreditverkauf eines alten PCs für Fr. 320.–			
30. 1.	Barkauf von Software für Fr. 390.–			

c) Übertragen Sie die Buchungen des Journals ins Hauptbuch

d) Die Konten des Hauptbuchs sind abzuschliessen, die Saldi in die Schlussbilanz vom 31. 1. 20_8 zu übertragen.

[1] Unter **Hauptbuch** versteht man die Gesamtheit der für die Verbuchung der Geschäftsfälle notwendigen Konten.

Hauptbuch

Kasse

EDV-Anlagen

Post

Kreditoren

Bank

Darlehen

Debitoren

Eigenkapital

Mobiliar

Schlussbilanz vom 31. 1. 20_8

Aktiven

Passiven

15.04

L. Lang eröffnet am 1.4.20_1 die private Musikschule **Musicworld Zürich.** Als Kapitaleinlage zahlt er Fr. 30 000.– auf ein neu eröffnetes Bankkonto ein.

a) Wie lautet die Gründungsbilanz am 1.4.20_1?

Gründungsbilanz 1.4.20_1

Aktiven	Passiven

b) Führen Sie das Journal für den Monat April 20_1. Es sind die Konten des Hauptbuches auf der rechten Seite zu verwenden.

Journal

Datum	Text (Geschäftsfall)	Buchung Soll	Buchung Haben	Betrag
5.4.	Bareinlage in die Geschäftskasse durch Bezug von Fr. 1 000.– am Bancomaten			
7.4.	Kreditkauf von Mobiliar für Büro und Übungsraum, Fr. 7 200.–			
9.4.	Barkauf von zwei 3/4-Geigen für Fr. 900.–			
11.4.	Kreditkauf eines Übungsklaviers für Fr. 3 500.– bei Musik Schmied			
16.4.	Banküberweisung auf ein neu eröffnetes Postkonto Fr. 3 000.–			
21.4.	Postüberweisung einer Teilzahlung an Musik Schmied (siehe 11.4.) von Fr. 1 500.–			
24.4.	A. Hug gewährt an Musicworld ein dreijähriges Darlehen von Fr. 25 000.– durch Bankzahlung			
27.4.	Banküberweisung für den Kauf eines Occasion-Konzertflügels, Fr. 50 000.–			
30.4.	Rabattgutschrift auf dem Mobiliarkauf (siehe 7.4.) von 5 %			

c) Die Bestände der Gründungsbilanz und die Buchungen des Journals sind ins Hauptbuch zu übertragen.

d) Schliessen Sie die Konten des Hauptbuchs ab, und errichten Sie die Schlussbilanz per 30.4.20_1.

Hauptbuch

Kasse

Kreditoren

Post

Darlehen

Bank

Eigenkapital

Musikinstrumente

Mobiliar

Schlussbilanz vom 30.4.20_1

Aktiven	Passiven

15.05

Aus der Buchhaltung der im Jahre 20_1 neu gegründeten Einzelunternehmung C. Baumgartner ist das Hauptbuch abgebildet. Um die Zusammengehörigkeit von Soll- und Habenbuchungen eindeutig darzustellen, wurden anstelle von Kalenderdaten die Nummern ① bis ⑩ verwendet.

Hauptbuch

Kasse

Soll			Haben
③	1 000		

Kreditoren

Soll			Haben
⑦	45 000	②	15 000
		④	80 000

Post

Soll			Haben
①	50 000	③	1 000
		⑦	45 000

Bank(schuld)

Soll			Haben
⑥	150 000	⑤	300 000
⑧	50 000		
⑨	30 000		

Mobiliar

Soll			Haben
②	15 000		

Darlehen

Soll			Haben
		⑨	30 000

Fahrzeuge

Soll			Haben
④	80 000		
⑩	20 000		

Hypotheken

Soll			Haben
		⑥	150 000

Immobilien

Soll			Haben
⑤	300 000		

Eigenkapital

Soll			Haben
		①	50 000
		⑧	50 000
		⑩	20 000

a) Führen Sie das Journal. Als Muster ist der Geschäftsfall Nr. ① bereits eingetragen.

Journal

Datum (Nr.)	Text (Geschäftsfall)	Buchung Soll	Buchung Haben	Betrag
①	Gründung der Unternehmung durch Postüberweisung des Inhabers	Post	Eigenkapital	50 000
②				
③				
④				
⑤				
⑥				
⑦				
⑧				
⑨				
⑩				

b) Schliessen Sie die Konten des Hauptbuchs ab, und errichten Sie die Schlussbilanz per 31. 12. 20_1.

Schlussbilanz vom 31. 12. 20_1

Aktiven		Passiven	
Umlaufvermögen		**Fremdkapital**	
Kasse		Kreditoren	
Post		Bank	
		Darlehen	
Anlagevermögen		Hypotheken	
Mobiliar			
Fahrzeuge		**Eigenkapital**	
Immobilien		Eigenkapital	

15.06

In den bisherigen Aufgaben wurde die Buchhaltung von Hand geführt. Zu Beginn einer Rechnungsperiode mussten die Anfangsbestände aus der Eröffnungsbilanz von Hand ins Hauptbuch übertragen werden. Und am Schluss der Rechnungsperiode wurden die Salden der Hauptbuchkonten wieder von Hand in die Schlussbilanz übertragen.

EDV-Systeme verbuchen sowohl die Eröffnung wie auch den Abschluss automatisch, sodass man sich in der Praxis um diese Buchungen nicht zu kümmern braucht.

Damit Sie das System der doppelten Buchhaltung besser verstehen lernen, werden in dieser Aufgabe nebst den gewohnten Buchungssätzen für den Geschäftsverkehr ausnahmsweise auch die Eröffnungs- und Abschlussbuchungen verlangt. (Diese sind im folgenden Journal blau dargestellt.)

Für die Treuhandunternehmung P. Signorell gilt folgende Eröffnungsbilanz:

Eröffnungsbilanz 1.1.20_1

Aktiven			Passiven	
Umlaufvermögen			**Fremdkapital**	
Kasse	2 000		Kreditoren	8 000
Bank	28 000	30 000		
Anlagevermögen			**Eigenkapital**	
Mobilien		40 000	Eigenkapital	62 000
		70 000		70 000

Führen Sie das Journal und das Hauptbuch. Wie lautet die Schlussbilanz?

Journal

Datum	Text (Geschäftsfall)	Buchungssatz Soll	Buchungssatz Haben	Betrag
1.1.	Anfangsbestand Kasse (Eröffnung)	Kasse	Eröffnungsbilanz	2 000.–
1.1.	Anfangsbestand Bank (Eröffnung)			28 000.–
1.1.	Anfangsbestand Mobilien (Eröffnung)			40 000.–
1.1.	Anfangsbestand Kreditoren (Eröffnung)			8 000.–
1.1.	Anfangsbestand Eigenkapital (Eröffnung)			62 000.–
8.1.	Kauf von Mobiliar auf Kredit			10 000.–
14.1.	Bankzahlung an Kreditor P. Ellis			5 000.–
22.1.	Barbezug am Bancomaten			1 000.–
31.1.	Saldo Kasse (Abschluss)	Schlussbilanz	Kasse	3 000.–
31.1.	Saldo Bank (Abschluss)			
31.1.	Saldo Mobilien (Abschluss)			
31.1.	Saldo Kreditoren (Abschluss)			
31.1.	Saldo Eigenkapital (Abschluss)			

Hauptbuch

Kasse

Soll	Haben

Kreditoren

Soll	Haben

Bank

Soll	Haben

Eigenkapital

Soll	Haben

Mobilien

Soll	Haben

Schlussbilanz vom 31. 1. 20_1

Aktiven		Passiven	
Umlaufvermögen		**Fremdkapital**	
Kasse		Kreditoren	
Bank			
Anlagevermögen		**Eigenkapital**	
Mobilien		Eigenkapital	

15.07

Damit die Übersicht in der Buchhaltung gewahrt bleibt und eine gezielte Auswertung der Aufzeichnungen möglich ist, führen die Unternehmungen einen **Kontenplan.** Darunter versteht man ein übersichtlich gegliedertes und systematisch geordnetes Verzeichnis aller Konten, welche die Unternehmung verwendet.

Für die **Maurer AG** gilt folgender Kontenplan:

Umlaufvermögen	**Fremdkapital**
Kasse	Kreditoren
Post	Bank
Bank	Darlehen
Debitoren	Hypothek
Warenvorrat	
Anlagevermögen	**Eigenkapital**
Maschinen	Aktienkapital
Mobiliar	Reserven
Fahrzeuge	Gewinnvortrag
Immobilien	

Vervollständigen Sie das Journal für das 2. Halbjahr 20_9 (alle Beträge in Fr. 1000.–):

Journal

Datum	Text (Geschäftsfall)	Buchungssatz		Betrag
		Soll	Haben	
1.7.	Banküberweisung von Debitor O. Jansen			3
16.7.	Postzahlung an Kreditor P. Kunz			2
27.7.	Barkauf von Mobiliar			1
3.8.		Fahrzeuge	Kreditoren	45
11.8.		Darlehen	Post	20
4.9.	Der Maurer AG wird eine Hypothek gewährt, der Betrag wird auf das Bankkonto einbezahlt.			300
4.9.		Immobilien	Bank	500
20.9.	Maschinenkauf auf Kredit			12
30.9.	Bankzahlung der Aktionäre zur Aktienkapitalerhöhung			100
7.10.		Debitor	Fahrzeuge	8
11.11.	Rückzahlung des Darlehens an M. Minder durch die Bank			30
16.11.	Barverkauf alter Büroeinrichtungen			4
26.11.	Die Schuld bei Kreditor D. Meyer wird in ein langfristiges Darlehen umgewandelt.			25
1.12.	Kreditor S. Käser nimmt eine alte Maschine an Zahlungs statt.			5
15.12.		Post	Kasse	6

15.08

Vervollständigen Sie das Journal mithilfe der Aktiv- und Passivkonten gemäss Kontenrahmen KMU, den Sie als Anhang 2 hinten im Buch finden. Die Beträge verstehen sich in Fr. 1000.–. Die Geschäftsfälle sind voneinander unabhängig.

Nr.	Text (Geschäftsfall)	Buchung Soll	Buchung Haben	Betrag
1	Kauf von Mobiliar auf Kredit (15)			
2	Die neu angeschaffte EDV-Anlage wird bar bezahlt (7).			
3	M. Arnold wird eine gebrauchte Produktionsanlage auf Kredit verkauft (20).			
4	Kauf eines Lieferwagens auf Kredit (42)			
5	Barbezug am Postomat (2)			
6	Kauf von kotierten Wertschriften durch die Bank (37)			
7	Der Geschäftsinhaber erhöht seine Kapitaleinlage durch Überschreibung einer privaten Liegenschaft (300).			
8	Einem Kreditor wird eine alte Maschine an Zahlung gegeben (6).			
9	Debitoren zahlen auf das Bankkonto ein (23).			
10	Kreditverkauf ausgedienter Büroeinrichtungen (4)			
11	Ein Debitor begleicht seine Schuld durch Lieferung von Hardware (3).			
12	Aufnahme einer Hypothek zur Finanzierung eines Anbaus an die unter Nr. 7 erworbene Liegenschaft (100)			
13	Bankzahlung für den fertiggestellten Liegenschaftsanbau (130)			
14	Für Mängel am gekauften Mobiliar (Nr. 1) wird ein Rabatt von 20 % gewährt.			
15	Bankgutschrift für verkaufte Beteiligungspapiere (40)			
16	Für den neuen Lieferwagen (Nr. 4) wird eine erste Teilzahlung von 1/3 des Kaufspreises durch die Bank bezahlt.			
17	Restzahlung für das gekaufte Mobiliar (Nr. 1 und 14) durch die Post			
18	Der Geschäftsinhaber reduziert seine Kapitaleinlage durch Entnahme von Wertschriften (20).			
19	An U. Dürr wird ein langfristiges Darlehen gewährt und durch die Post überwiesen (20).			
20	Bankgutschrift für die Zahlung von M. Arnold (Nr. 3), unter Abzug von 5 % Skonto (es gibt zwei Buchungen!)			

Die Erfolgsrechnung

16.01

Mithilfe dieser Aufgabe kann sich ein Lernender selbstständig oder in Gruppenarbeit in den Problemkreis der Erfolgsrechnung einarbeiten.

W. Helbling hat eine Privatschule in gemieteten Räumen gegründet. Die zusammengefassten Geschäftsfälle für den Gründungsmonat Juni lauten:

1. Bankeinlage von W. Helbling	Fr. 15 000.–
2. Kauf von Mobilien auf Kredit	Fr. 10 000.–
3. Bareinzahlung von W. Helbling	Fr. 5 000.–
4. Bankzahlung der Löhne für Juni	Fr. 8 000.–
5. Bankzahlung der Miete	Fr. 2 000.–
6. Versand von Rechnungen für Schulgelder	Fr. 12 000.–
7. Wertverlust auf den Mobilien durch die Nutzung	Fr. 100.–
8. Verschiedene Barauslagen (Büromaterial, Porti usw.)	Fr. 900.–

Aufgaben

a) Wie gross ist aufgrund Ihrer Überlegungen der Gewinn oder Verlust im Monat Juni?

b) Verbuchen Sie die Geschäftsfälle des Monats Juni im Journal. Verwenden Sie sinnvolle Konten, wo nötig auch solche, die Sie noch nicht kennen.

Journal

Nr.	Text	Buchung		Betrag
		Soll	Haben	
1				
2				
3				
4				
5				
6				
7				
8				

c) Setzen Sie die im Journal verwendeten «neuen» Konten (das sind Konten, die nicht in die Bilanz gehören) wie folgt in die Erfolgsrechnung ein:
- Die Sollbuchungen des Journals gehören als Aufwand auf die Sollseite.
- Die Habenbuchungen des Journals gehören als Ertrag auf die Habenseite.

Erfolgsrechnung für den Monat Juni

Aufwand		Ertrag	

d) Schliessen Sie das Konto Erfolgsrechnung ab, indem Sie die Differenz zwischen Aufwands- und Ertragsseite ermitteln und diesen Saldo als Gewinn bzw. Verlust bezeichnen.

e) Vergleichen Sie den ermittelten Erfolg mit Ihrem unter a) ermittelten Resultat.

f) Welche Erkenntnisse liefert die Erfolgsrechnung zusätzlich zur Bilanz?

g) Welche der folgenden Aussagen zu Aufwand und Ertrag sind aufgrund der unter c) erstellten Erfolgsrechnung richtig? Die richtigen Antworten sind anzukreuzen.

Aufwand		Ertrag	
	Ein Aufwand bewirkt eine Abnahme von Vermögen (man wird «ärmer»).		Ein Ertrag bewirkt eine Vermögenszunahme (man wird «reicher»).
	Aufwand kann mit Ausgaben (Barzahlung) gleichgesetzt werden.		Ertrag kann mit Einnahmen (Barentschädigung) gleichgesetzt werden.
	Aufwand kann als Wertverlust definiert werden.		Ertrag kann als Wertzuwachs definiert werden.
	Aufwände werden immer im Soll gebucht.		Erträge werden immer im Haben gebucht.
	Aufwände können Schuldenzunahmen bewirken, z. B. Bankschulden.		Erträge können Schuldenabnahmen bewirken, z. B. Bankschulden.

16.02

In der Erfolgsrechnung werden die Aufwände und Erträge einer bestimmten Periode einander gegenübergestellt. Als Differenz ergibt sich der Erfolg.

Erstellen Sie für folgende Betriebe die Erfolgsrechnung für das Jahr 20_1, und ermitteln Sie den Erfolg. Hinweis: Die Zahl der Hilfslinien entspricht nicht unbedingt der Zahl der einzutragenden Aufwände und Erträge. Die Beträge sind in Fr. 1000.–.

a) **Kleiderboutique**

- Warenaufwand 720
- Atelieraufwand 40
- Personalaufwand 130
- Raumaufwand (Miete, Energie, Reinigung) 90
- Verkaufsertrag 1000
- Verwaltungsaufwand 15
- Werbeaufwand 50
- Zinsaufwand 20
- Abschreibungen 15

Erfolgsrechnung für 20_1

Aufwand		Ertrag	

b) **Schreinerei**

- Materialaufwand 100
- Lohnaufwand 80
- Sozialaufwand 18
- Mietaufwand 10
- Unterhalt und Reparaturen 5
- Zinsertrag 1
- Fahrzeugaufwand 10
- Werbeaufwand 5
- Abschreibungen 13
- Fabrikateertrag 270

Erfolgsrechnung für 20_1

Aufwand		Ertrag	

16.03

Vervollständigen Sie die Erfolgsrechnungen aus unterschiedlichen Branchen:

Warenhandelsbetrieb

Erfolgsrechnung

Aufwand		Ertrag	
…………	670	…………	990
…………	200	Zinsertrag	10
Mietaufwand	30		
Werbeaufwand	40		
Abschreibungen	10		
Übriger Aufwand	20		
Gewinn	**30**		
	1 000		1 000

Fabrikationsbetrieb

Erfolgsrechnung

Aufwand		Ertrag	
…………	400	Fabrikateertrag	960
…………	300		
Mietaufwand	40		
Energie	50		
Unterhalt	60		
…………	100		
Übriger Aufwand	50	…………	
	1 000		1 000

Versicherungsgesellschaft

Erfolgsrechnung

Aufwand		Ertrag	
…………	600	…………	750
Personalaufwand	150	Kapitalerträge	250
Übriger Aufwand	120		
…………			
	1 000		1 000

Bank

Erfolgsrechnung

Aufwand		Ertrag	
…………	550	…………	750
Kommissionsaufwand	50	Kommissionserträge	200
…………	200	Wertschriftenerträge	50
Raumaufwand	30		
Übriger Aufwand	70		
…………			
	1 000		1 000

Schule

Erfolgsrechnung

Aufwand		Ertrag	
…………	680	…………	520
Materialaufwand	40	Subventionen	480
…………	110		
Energieaufwand	20		
Abschreibungen	70		
Übriger Aufwand	50		
…………			
	1 000		1 000

Fussballclub

Erfolgsrechnung

Aufwand		Ertrag	
…………	540	…………	430
Spielbetrieb	160	TV-Einnahmen	100
Warenaufwand	40	…………	60
Unterhalt Anlagen	70	Sponsoringertrag	220
Abschreibungen	60		
…………	80		
Übriger Aufwand	50		
		…………	
	1 000		1 000

16.04

Geben Sie die passenden Kontenbezeichnungen zu den entsprechenden Umschreibungen.

Erfolgsrechnung für 20_1

Aufwand | Ertrag

Umschreibung	Kontenbezeichnung	Kontenbezeichnung	Umschreibung
Verbrauch von Handelswaren zum Verkauf			Ertrag aus dem Verkauf von Handelswaren
Verbrauch von Rohmaterial für die Produktion			Ertrag aus dem Verkauf von produzierten Fertigfabrikaten
Entschädigung an die Arbeitnehmer für geleistete Arbeit			Ertrag aus dem Erbringen von Dienstleistungen für Kunden
Wertverminderungen auf dem Anlagevermögen			Ertrag aus der Übernahme von Risiken für Versicherte
Zahlungen für benutzte Räumlichkeiten			Ertrag aus dem Überlassen von Sachen zum Gebrauch
Ausgaben für Instandhaltung von Mobilien und Immobilien			Erhaltene Zinsen und Dividenden aus Wertpapieranlagen
Entschädigung für von Dritten beanspruchtes Kapital			Ertrag aus Kapital, das Dritten zur Verfügung gestellt wird
Ausgaben für Treibstoff, Unterhalt, Versicherungen und Verkehrsabgaben für die Fahrzeuge			
Ausgaben für Inserate, Drucksachen, Reklame, Sponsoring usw.			
Verbrauch von Strom und Heizöl			
Sammelkonto für diverse Betriebsaufwände wie Telefon, Büromaterial, Porti usw.			
Saldo zum Ausgleich des Ertragsüberschusses			Saldo zum Ausgleich des Aufwandüberschusses

16.05

Für die folgenden Unternehmungen sind die Erfolgsrechnung und die Bilanz zu erstellen. Die Konten sind in der Aufgabenstellung in alphabetischer Reihenfolge geordnet.

a) **Handel AG** (alle Beträge sind in Fr. 1000.–, die Zahl der Hilfslinien entspricht nicht immer der Zahl der einzutragenden Konten).

Abschreibungen 53. Aktienkapital 800, Einrichtungen 70, Fahrzeuge 64, Debitoren 129, Flüssige Mittel 68, Gewinnvortrag 200, Hypotheken 500, Immobilien 1000, Kreditoren 101, Mietaufwand 36, Nebenerträge 52, Personalaufwand 580, Reserven 250, Verkaufsertrag 2420, Warenaufwand 1465, Warenvorräte 520, Übriger Aufwand 115, Zinsaufwand 28, Gewinn?

Erfolgsrechnung für 20_1

Aufwand		Ertrag	

Bilanz vom 31. 12. 20_1

Aktiven			Passiven		
Umlaufvermögen			**Fremdkapital**		
Anlagevermögen			**Eigenkapital**		

b) **Fabrikation AG** (Bilanz und Erfolgsrechnung sind selber zu zeichnen.)

Abschreibungen 113, Aktienkapital 1000, Bankschulden 86, Debitoren 424, EDV-Anlagen 89, Einrichtungen 64, Energieaufwand 54, Fabrikateertrag 2544, Fahrzeugaufwand 41, Fahrzeuge 91, Flüssige Mittel 133, Forschung und Entwicklung 94, Hypotheken 600, Immobilien 900, Kreditoren 579, Lohnaufwand 705, Maschinen 170, Materialaufwand 1140, Reserven 135, Sozialaufwand 140, Übriger Betriebsaufwand 78, Unterhalt und Reparaturen 103, Vorräte Fabrikate 26, Vorräte Rohstoffe 97, Werkzeuge 136, Wertschriften 270, Wertschriftenertrag 65, Zinsaufwand 42, Zinsertrag 16, Gewinn?

c) **Sozialwerk CARE FOR YOU** (Bilanz und Erfolgsrechnung sind selber zu zeichnen.)

Abschreibungen 110, Beiträge der Fürsorgebehörden 1022, Darlehen 50, Debitoren 157, Eigenkapital 3372, Energieaufwand 36, Erträge aus Job-Service 258, Flüssige Mittel 555, Hypotheken 1100, Immobilien 3790, Kantonale Betriebsbeiträge 517, Kreditoren 95, Lebensmittelaufwand 48, Lohnaufwand 1373, Mietzinserträge 14, Mobilien 105, Sozialaufwand 237, Spenden(ertrag) 342, Übriger Betriebsaufwand 106, Übriger Personalaufwand 39, Unterhalt und Reparaturen 75, Verwaltungsaufwand 82, Warenvorräte 10, Zinsaufwand 41, Gewinn?

16.06

Kreuzen Sie in der folgenden Darstellung für die einzelnen Konten die zutreffende Spalte an.

Nr.	Sachverhalte	Bilanzkonten		Erfolgskonten	
		Aktiven	Passiven	Aufwand	Ertrag
1	Bank(schulden)				
2	Reserven				
3	Werbung				
4	Verbindlichkeiten aus Lieferungen				
5	Fertigfabrikate				
6	Energieverbrauch				
7	Mietzinseinnahmen				
8	Unterhalt und Reparaturen				
9	Gewinnvortrag				
10	Löhne				
11	Beteiligungen				
12	Abschreibungen				
13	Zinsen für an Dritte gewährte Darlehen				
14	Sozialleistungen				
15	Forderungen aus Lieferungen				
16	Warenverkauf				
17	Warenvorräte				
18	Büromaterialverbrauch				
19	EDV-Anlagen				
20	Erhaltenes Darlehen				

16.07

Das Eigenkapital oder Reinvermögen einer Unternehmung errechnet sich als Saldo zwischen dem Vermögen (Aktiven) und den Schulden (Fremdkapital). Erfolgswirksame Geschäftsfälle beeinflussen immer das Reinvermögen:

> Aufwandsverbuchungen führen zu einer Abnahme des Reinvermögens (man wird «ärmer»), Ertragsverbuchungen führen zu einer Zunahme des Reinvermögens (man wird «reicher»).

Bilanz

Aktiven	Passiven
Umlaufvermögen	Fremdkapital (Schulden)
Anlagevermögen	Eigenkapital (Reinvermögen)

a) Beurteilen Sie, welche Auswirkungen die folgenden Geschäftsfälle auf das Reinvermögen des Coiffeur-Salons Lara haben:

Nr.	Geschäftsfälle	Reinvermögen		
		bleibt unverändert	nimmt zu	nimmt ab
1	Barkauf einer neuen Föhnhaube			
2	Bareinzahlung auf das Postkonto			
3	Postüberweisung der Monatsmiete			
4	Eine Kundin zahlt bar für Haarwaschen und -schneiden.			
5	Debitoren zahlen auf die Post			
6	Kreditkauf eines neuen Kundensessels			
7	Barverkauf des alten Mobiliars (zum Buchwert)[1]			
8	Postbelastung für Telefonspesen			
9	Banküberweisung an Kreditoren			
10	Bankbelastung für Versicherungsprämien			
11	Rechnungsversand für Haarpflege an Kundinnen im Altersheim			

b) Welche dieser Buchungen sind erfolgswirksam (verändern den Gewinn oder Verlust)?

[1] Der Buchwert ist der Wert gemäss Buchhaltung.

16.08

a) Verbuchen Sie folgende erfolgswirksame Geschäftsfälle des Coiffeur-Salons Lara, und weisen Sie die Auswirkungen auf die Bilanz und Erfolgsrechnung nach.

Aufwandsverbuchung

Geschäftsfälle	Bilanzkonto	Aufwandskonto	Auswirkungen
1. Postüberweisung der Monatsmiete Fr. 1 500.–	**Post** Soll / Haben	**Mietaufwand** Soll / Haben	+ Aufwand – Aktiven Das Reinvermögen ☐ wird grösser ☐ wird kleiner ☐ bleibt gleich
2. Banküberweisung der Monatslöhne Fr. 5 000.–	**Bankschuld** Soll / Haben	**Lohnaufwand** Soll / Haben	.... Das Reinvermögen ☐ wird grösser ☐ wird kleiner ☐ bleibt gleich

Ertragsverbuchung

Geschäftsfälle	Bilanzkonto	Ertragskonto	Auswirkungen
3. Barzahlungen von Kundinnen für Haarschneiden Fr. 2 000.–	**Kasse** Soll / Haben	**Ertrag aus Coiffeurarbeiten** Soll / Haben	.... Das Reinvermögen ☐ wird grösser ☐ wird kleiner ☐ bleibt gleich
4. Kundinnen zahlen die ausgeführten Coiffeurarbeiten mit EC-Direct auf das Bankkonto Fr. 3 500.–	**Bankschuld** Soll / Haben		.... Das Reinvermögen ☐ wird grösser ☐ wird kleiner ☐ bleibt gleich

b) Die Buchungsregeln für die Aufwands- und Ertragskonten ergeben sich zwangsläufig aus ihrer Verbindung mit den Aktiv- und Passivkonten. Leiten Sie aus den nebenstehenden vier Geschäftsfällen die Buchungsregeln für die Erfolgskonten her, und veranschaulichen Sie diese in den Kontenschemen.

Aufwandskonto

Soll	Haben
....	Aufwandsminderungen
	....

Ertragskonto

Soll	Haben
	....
....	

c) Erklären Sie, warum es bei den Aufwands- und Ertragskonten keine Anfangsbestände gibt.

d) Geben Sie Beispiele für Aufwands- bzw. Ertragsminderungen.

Aufwandsminderungen	Ertragsminderungen
....	....
....	....
....	....

e) In welche Abschlussrechnung sind die Saldi aus den Aufwands- bzw. Ertragskonten zu übertragen?

f) Weshalb spricht man bei Aufwands- und Ertragskonten von Erfolgskonten?

g) Welche Erfolgskonten bewirken

- eine Zunahme des Reinvermögens? ....
- eine Abnahme des Reinvermögens? ....

16.09

Welche Geschäftsfälle haben die folgenden Buchungen im **Haushaltgeschäft R. Grieshaber** bewirkt? Die erfolgswirksamen und die erfolgs*un*wirksamen Vorgänge sind in der entsprechenden Spalte anzukreuzen.

Nr.	Buchung Soll	Buchung Haben	Geschäftsfälle	erfolgswirksam	erfolgs*un*wirksam
1	Kasse	Bank			
2	Post	Mietertrag			
3	Lohnaufwand	Bank			
4	Debitoren	Warenertrag			
5	Mobiliar	Kreditoren			
6	Bank	Wertschriften			
7	Immobilien	Eigenkapital			
8	Zinsaufwand	Bank			
9	Abschreibungen	Einrichtungen			
10	Warenertrag	Debitoren			
11	Büromaterial	Kasse			
12	Bank	Darlehen			
13	Eigenkapital	Fahrzeug			
14	Reparaturen	Kasse			
15	Debitoren	Maschine			
16	Immobilien	Hypotheken			
17	Werbung	Kreditoren			
18	Bank	Zinsertrag			
19	Darlehen	Post			
20	Sozialaufwand	Kreditoren			

16.10

a) Wie lauten die Buchungen zu den Geschäftsfällen im Journal? Zeigen Sie zudem die Auswirkungen auf die Bestandes- und Erfolgskonten auf (Aktiven = a, Passiven = p, Aufwand = A, Ertrag = E). Die Auswirkung bei Nr. 1ist bereits eingetragen.

Journal

Nr.	Geschäftsfall	Buchung		Auswirkungen	
		Soll	Haben	Soll	Haben
1	Barkauf von Mobiliar			+a	−a
2	Debitoren zahlen auf das Postkonto ein.				
3	Banküberweisung (Bankschuld) für die Miete der Geschäftsräume				
4	Die Rechnung für ein Werbeinserat trifft ein.				
5	Die Post belastet Telefon- und Internet-gebühren.				
6	Lohnzahlungen durch Postzahlung				
7	Verkauf von Waren auf Kredit				
8	Debitoren zahlen auf das Bankkonto (Bankschuld) ein.				
9	Die Bank belastet Zinsen (Bankschuld).				
10	Die EDV-Anlagen werden abgeschrieben.				
11	Der Kauf eines Landstückes wird durch Hypotheken finanziert.				
12	Einem Debitoren wird auf der verkauften Ware ein Rabatt gewährt.				
13	Das Aktienkapital wird erhöht. Die Ein-zahlung des Gegenwertes erfolgt auf die Bank (Bankguthaben).				
14	Rückzahlung eines Bankdarlehens mit Erlös aus Wertschriftenverkauf				
15	Bankgutschrift (Bankguthaben) für Zinsen auf dem gewährten Darlehen an L. Hess				
16	Für die auf Kredit gekaufte EDV-Anlage wird ein Sonderrabatt gewährt.				
17	Die Rechnung für Versicherungsprämien trifft ein.				
18	Barverkauf von selbst erstellten Fabrikaten				
19	Postrückzahlung einer von uns irrtümlich doppelt einbezahlten Monatsmiete				
20	Monatsrechnung für Dieselbezug für den kleinen Transportwagen				

b) Kreuzen Sie an, wie sich die folgenden Buchungen auf den Gewinn auswirken.

	Zunahme	Abnahme	keine Wirkung
Buchung Nr. 1			
Buchung Nr. 4			
Buchung Nr. 10			
Buchung Nr. 15			

16.11

Das folgende Journal wurde von einem frisch eingestellten Hilfsbuchhalter geführt. Die Beschreibung der Geschäftsfälle ist tadellos, doch haben sich bei den Buchungen etliche Fehler eingeschlichen. In der Korrekturspalte sind die Buchungen – wenn nötig – so zu berichtigen, dass die Geschäftsfälle zusammen mit der Korrektur richtig verbucht sind. Als Beispiel ist die Korrektur der 1. Buchung schon eingetragen.

Nr.	Geschäftsfall	Buchungssatz		Korrekturbuchungen	
		Soll	Haben	Soll	Haben
1	Kreditkauf eines Fahrzeuges	Fahrzeuge	Debitoren	Debitoren	Kreditoren
2	Eine neue Liegenschaft wird mit Hypotheken finanziert.	Immobilien	Hypotheken		
3	Die Bank schreibt Zinsen auf dem Kontokorrent gut.	Darlehen	Zinsertrag		
4	Kreditverkauf von selbst hergestellten Fabrikaten	Kreditoren	Fabrikateertrag		
5	Der Eigentümer erhöht seine Kapitaleinlage durch eine Postüberweisung.	Post	Eigenkapital		
6	Barkauf von Büromaterial wie Papier, Toner, Kugelschreiber usw.	Mobilien	Kasse		
7	Durch Banküberweisung wird ein Teil der Hypotheken zurückbezahlt.	Hypotheken	Bank		
8	Die Rechnung für die Autoreparatur ist eingetroffen.	Reparaturaufwand	Kasse		
9	Für Mängel an den verkauften Produkten wird einem Kunden ein Rabatt gewährt (siehe Buchung 4).	Warenaufwand	Debitoren		
10	Die Zinsen für eine Darlehensschuld werden durch die Bank überwiesen.	Darlehen	Bank		
11	Die Maschinen werden Ende Jahr abgeschrieben.	Abschreibungen	Maschinen		
12	Bankgutschrift der Mietzinsen für vermietete Geschäftsräume	Mietaufwand	Bank		

16.12

Die **Produktions-GmbH** führt das Aufwandskonto **Unterhalt und Reparaturen.**

a) Der Geschäftsverkehr ist zu verbuchen und der Saldo nachzuführen. Das Konto ist per 31. 3. abzuschliessen.

Unterhalt und Reparaturen

Datum	Geschäftsverkehr	Soll	Haben	Saldo
4. 1.	Rechnung der Mecano AG für Servicearbeiten an der Verpackungsmaschine (Fr. 640.–)			
11. 1.	Faktura von Göldi AG für Installationen (Fr.1 800.–)			
23. 1.	Rechnung der Sanitär S. A. für Leitungsreparaturen (Fr. 1 260.–)			
5. 2.	10 % Winterrabatt auf der Rechnung der Mecano AG vom 4. 1.			
19. 2.	Bareinkauf von Verbrauchsmaterial (Fr. 734.–)			
27. 2.	Rechnung von R. Maler für Ausbesserungsarbeiten am Fabrikgebäude (Fr. 2 480.–)			
14. 3.	Barzahlung für diverse Schmiermittel (Fr. 278.–)			
31. 3.	Die in den obigen Rechnungen enthaltene Mehrwertsteuer (MWST) von 8 % wird von der eidg. Steuerverwaltung als Vorsteuerabzug zurückgefordert (Fr. 528.–).			

b) Weshalb beginnt das Konto nicht mit einem Anfangsbestand?

c) Welche Eintragungen sind grundsätzlich im Soll, welche im Haben zu verbuchen?

16.13

Die **Produktions-GmbH** wickelt den Produkteverkauf über das Konto **Fabrikateertrag** ab.

a) Der Geschäftsverkehr ist zu verbuchen und der Saldo nachzuführen. Das Konto ist per 31. 3. abzuschliessen.

Fabrikatertrag

Datum	Geschäftsverkehr	Soll	Haben	Saldo
6. 1.	Rechnung an Schneider AG (Fr. 3 387.–)			
10. 1.	Ladenverkäufe bar (Fr. 1 210.–)			
17. 1.	Rechnung an U. Schläpfer (Fr. 2 360.–)			
10. 2.	Gewährung eines Sonderrabattes von 10 % an U. Schläpfer			
22. 2.	Rechnung an Musterbau AG (Fr. 4 580.–)			
27. 2.	Barverkäufe an der Wintermesse (Fr. 1 456.–)			
4. 3.	Rücknahme mangelhafter Fabrikate (Fr. 850.–)			
31. 3.	Die in den obigen Verkäufen enthaltene Mehrwertsteuer (MWST) von 8 % wird der eidg. Steuerverwaltung gutgeschrieben.			

b) Welche Eintragungen sind grundsätzlich im Soll, welche im Haben zu verbuchen?

c) Weshalb spricht man bei der mit 8 % eingerechneten Mehrwertsteuer von einer Umsatzsteuer?

d) Welche anderen MWST-Sätze sind Ihnen noch bekannt?

16.14

Den Buchungen der **Transport AG** liegt folgender Kontenplan zugrunde:

Aktiven	Passiven	Aufwand	Ertrag
Kasse Post Debitoren Mobiliar Fahrzeuge	Kreditoren Bank Darlehen Aktienkapital	Personalaufwand Mietaufwand Fahrzeugaufwand Werbeaufwand Übriger Aufwand Zinsaufwand Abschreibungen	Transportertrag

Vervollständigen Sie das Journal für den Monat Dezember 20_7.

Journal

Datum	Text	Buchung Soll	Buchung Haben	Betrag
3. 12.	Rechnung für Ersatzteile für den Kiestransporter			3 280
6. 12.	Debitor Spieler zahlt durch Postüberweisung.			4 870
8. 12.	Versand von Rechnungen für ausgeführte Transporte			7 690
11. 12.	Rechnung der Druckerei für Inseratewerbung in der Lokalzeitung			975
12. 12.	Bareinnahme für einen Maschinentransport			745
13. 12.	Bankgutschrift für die Zahlung eines Kunden			2 140
20. 12.	Rechnung der Swisscom für Telefon- und Internetspesen			630
21. 12.	Begleichung offener Rechnungen durch Postüberweisung			3 720
22. 12.	Barzahlung für Behebung eines Blechschadens an einem Kleintransporter			1 410
22. 12.	Postbelastung für die Miete			4 150
23. 12.	Bankbelastung für die Dezemberlöhne			17 360
23. 12.	Rechnungen für Fahrzeugsteuern und -versicherungen			2 960
29. 12.	Bankbelastung für diverse Zahlungen an Kreditoren			1 380
30. 12.	Bankbelastung für Darlehenszinsen			2 500
30. 12.	Monatsrechnung der Migrol Tankstelle für Dieselbezug			1 665
31. 12.	Abschreibungen auf Mobiliar			12 000
31. 12.	Abschreibungen auf Fahrzeugen			35 000
31. 12.	Teilrückzahlung des Passivdarlehens durch die Bank			10 000

16.15

Die **physikalische Therapie K. Louis** führt in ihrer Buchhaltung folgende Konten:

Aktiven	Passiven	Aufwand	Ertrag
Kasse Post Bank Debitoren Mobiliar	Kreditoren Eigenkapital	Personalaufwand Mietaufwand Versicherungsaufwand Energieaufwand Übriger Aufwand Abschreibungen	Behandlungsertrag

Erstellen Sie für den Monat Mai das Journal mit den folgenden Geschäftsfällen.

2.5.	Belastung des Postkontos für Telefon und Internet	180
3.5.	Rechnungsversand an die Krankenkasse Concordia	5 800
6.5.	Barzahlung der Patientin A. Stähli für Massage und Fangopackung	130
7.5.	Bankgutschrift für bezahlte Rechnungen der Krankenkasse KTP	3 270
10.5.	Barbezug vom Postomaten	500
11.5.	Barzahlung für Behandlungsmaterialen wie Massageöl, Essenzen, Lehm	230
14.5.	Versand von Rechnungen an die Krankenkasse Progres	1 810
16.5.	Postzahlungen für Elektrisch und Heizung	320
19.5.	Barzahlung von Blumenschmuck für die Therapieräume	80
21.5.	Gutschriftanzeige der Post für bezahlte Rechnungen der Krankenkasse Concordia	4 600
25.5.	Lohnzahlung durch Postüberweisung an die Angestellte M. Hinnen	3 800
28.5.	Rechnung für Versicherungsprämien	590
29.5.	Bankbelastung für Mietzinszahlung	2 890
30.5.	Barkauf eines Holzregals für das Behandlungszimmer	760
31.5.	Barzahlung einer Privatpatientin für eine Akutbehandlung	150

16.16

Im folgenden sind die Buchungssätze für den Januar 20_6 im Journal der Einzelunternehmerin **A. Beyer, Geschenkartikel,** korrekt eingetragen. Ergänzen Sie die Buchungen mit dem entsprechenden Text.

Journal

Datum	Text	Buchung		Betrag
		Soll	Haben	
4.1.		Bank	Eigenkapital	10 000
6.1.		Verwaltungsaufwand	Kasse	180
9.1.		Debitoren	Verkaufsertrag	1 450
12.1.		Versicherungsaufwand	Kreditoren	290
15.1.		Verkaufsertrag	Debitoren	60
15.1.		Bank	Debitoren	750
18.1.		Kreditoren	Post	830
21.1.		Energieaufwand	Kreditoren	175
28.1.		Raumaufwand	Post	940

Doppelter Erfolgsnachweis

17.01

In den vorangehenden Kapiteln haben Sie mit den Konto, dem Journal, dem Hauptbuch sowie der Bilanz alle Elemente der doppelten Buchhaltung kennen gelernt.

Mit dieser Aufgabe können Sie nun zum ersten Mal, eine Geschäftsbuchhaltung von Anfang bis Schluss einer Periode selbständig führen. Nach diesem Kapitel beherrschen Sie das **System der doppelten Buchhaltung.**

S. Nüesch führt seit kurzem als Einzelunternehmerin eine eigene Anwaltskanzlei. Ihre Hauptgebiete sind Familienrecht und Sozialversicherungen. Die Eröffnungsbilanz lautet (alle Zahlen in Fr. 1000.–):

Eröffnungsbilanz vom 1. 1. 20_9

Aktiven			Passiven		
Umlaufvermögen			**Fremdkapital**		
Kassa	3		Kreditoren	1	
Debitoren	12	15	Bank	6	7
Anlagevermögen			**Eigenkapital**		
Mobilien		15	Eigenkapital		23
		30			30

a) Die Geschäftsfälle für das Jahr 20_9 sind in dieser Aufgabe summarisch dargestellt. Führen sie mithilfe der Konten des Hauptbuches (auf der rechten Seite dargestellt) das Journal.

Journal

Nr.	Geschäftsfall	Buchung Soll	Buchung Haben	Betrag
1	Versand von Honorarrechnungen			215
2	Zahlung von Mandanten (Debitoren) auf das Bankkonto			165
3	Lohnzahlungen an die Teilzeit arbeitende Sekretärin durch Banküberweisung			40
4	Werbeinserate und -aktionen bar bezahlt			2
5	Barbezüge ab Bank für die Geschäftskasse			4
6	Barkauf eines Kopierer/Druckers			1
7	Rechnungen für übrigen Aufwand (Zinsen, Energie, Büromaterial)			9
8	Bankzahlungen für Miete			51
9	Barbezüge für Spesen			2
10	Lohnbezüge der Inhaberin durch die Bank			78
11	Bankzahlungen an Kreditoren			7
12	Abschreibungen auf Mobilien			3

b) Führen Sie das Hauptbuch (Eröffnung, Geschäftsverkehr und Abschluss).

c) Wie gross ist der erzielte Gewinn?

d) Wie hoch ist das Einkommen der Jungunternehmerin aus Geschäftstätigkeit?

e) Wie hätten sich höhere Lohnbezüge der Unternehmerin auf Gewinn und Einkommen ausgewirkt?

Hauptbuch 20_9

Kasse

Kreditoren

Personalaufwand

Honorarertrag

Mietaufwand

Bank

Werbeaufwand

Debitoren

Übriger Aufwand

Eigenkapital

Mobilien

Abschreibungen

Schlussbilanz vor Gewinnverbuchung 31. 12. 20_9

Erfolgsrechnung 20_9

17.02

Von der **IT-GmbH,** einer Unternehmung, welche Beratungen und Installationen im EDV-Bereich anbietet, liegt die Eröffnungsbilanz per 1. 1. 20_5 vor.

Eröffnungsbilanz vom 1. 1. 20_5

Aktiven			Passiven		
Umlaufvermögen			**Fremdkapital**		
Kassa	7		Kreditoren	9	
Debitoren	33	40	Bank	8	
			Darlehen	20	37
Anlagevermögen			**Eigenkapital**		
Mobiliar	35		Stammkapital	100	
EDV-Anlagen	65	100	Reserven	3	103
		140			140

a) Führen Sie das Journal für das Jahr 20_5. Die Geschäftsfälle sind summarisch dargestellt. Die Konten ersehen Sie aus dem Hauptbuch auf der rechten Seite.

Journal

Nr.	Geschäftsfall	Buchung		Betrag
		Soll	Haben	
1	Rechnungen an Kunden für geleistete Beratungsaufträge und Installationen			685
2	Bankgutschriften für Kundenzahlungen			692
3	Belastungsanzeige der Bank für Lohnzahlungen und Sozialleistungen			531
4	Hard- und Softwarekäufe auf Kredit			42
5	Banküberweisung an Lieferanten			39
6	Bareinnahmen für Akutdienstleistungen			8
7	Barzahlung von Büromaterial und Spesen			7
8	Bankbelastung für Darlehenszinsen			1
9	Rückzahlung Darlehen durch Bank			20
10	Abschreibungen auf Mobiliar			8
11	Abschreibungen auf EDV-Anlagen			20
12	Belastungsanzeigen der Bank für übrigen Aufwand			43
13	Bankbelastung für Mietzinsen			41

b) Führen Sie das Hauptbuch (Eröffnung, Geschäftsverkehr und Abschluss)

c) Wie gross ist der erzielte Gewinn?

d) Wie hoch ist die Eigenkapitalrendite (Jahresgewinn in Prozenten des Eigenkapitals anfangs Jahr)?

Hauptbuch 20_5

Kasse

Debitoren

Mobilien

EDV-Anlagen

Kreditoren

Bank

Darlehen

Stammkapital

Reserven

Personalaufwand

Mietaufwand

Übriger Aufwand

Zinsaufwand

Abschreibungen

Dienstleistungsertrag

Schlussbilanz vor Gewinnverbuchung 31. 12. 20_5

Erfolgsrechnung 20_5

17.03

Weil in der doppelten Buchhaltung jeder erfolgswirksame Geschäftsfall zugleich ein Bilanz- und ein Erfolgskonto verändert, wird der Erfolg (Gewinn oder Verlust) doppelt nachgewiesen:

- in der Schlussbilanz als Differenz zwischen Vermögen und eingesetztem Kapital
- in der Erfolgsrechnung als Differenz zwischen Aufwand und Ertrag

Schematisch lassen sich Bilanz und Erfolgsrechnung bei Gewinn und bei Verlust wie folgt darstellen:

Beispiel 1 **Gewinn**

Bilanz

Aktiven	Passiven
Aktiven	Passiven
	Gewinn

Erfolgsrechnung

Aufwand	Ertrag
Aufwand	Ertrag
Gewinn	

Beispiel 2 **Verlust**

Schlussbilanz

Aktiven	Passiven
Aktiven	Passiven
Verlust	

Erfolgsrechnung

Aufwand	Ertrag
Aufwand	Ertrag
	Verlust

Ermitteln Sie in der Tabelle die fehlenden Grössen, und setzen Sie diese in die Tabelle ein. Der Erfolg ist jeweils als Gewinn oder Verlust zu bezeichnen. Alle Beträge sind Kurzzahlen. Die Aufgaben a) bis f) sind voneinander unabhängig.

Aufgabe	Aktiven	Passiven	Aufwand	Ertrag	Erfolg	
a)	50	45		80		
b)	8	9	14			
c)		200		500	Gewinn	30
d)	34		50		Gewinn	4
e)		100	300	280		
f)	300			700	Verlust	80

17.04

In der Tabelle sind die fehlenden Grössen zu ermitteln. Bezeichnen Sie den Erfolg als Gewinn oder Verlust. Die Teilaufgaben sind unabhängig voneinander, die Beträge sind Kurzzahlen.

Aufgabe	Aktiven	Passiven	Aufwand	Ertrag	Erfolg	
a)	15	13		45		
b)	60		195	186		
c)		200		420	Gewinn	45
d)		140	290		Verlust	25
e)		330	950	890		
f)	800			2 450	Gewinn	140
g)	600	670	1 420			
h)		37	62		Gewinn	9
i)		350	1 468		Verlust	23
k)	89			274	Gewinn	11

17.05

Zeichnen Sie ein Journal für das **Innenarchitekturbüro Maria Belfiore,** und verbuchen Sie die folgenden Geschäftsfälle des 4. Quartals 20_7. Für die Buchungen sind die Konten des Kontenrahmens KMU im Anhang zu verwenden.

1.10.	Die Eigentümerin erhöht ihre Kapitaleinlage über die Bank.	20 000
3.10.	Kauf eines neuen EDV-Systems auf Kredit	12 500
7.10.	Bankzahlung der Quartalsmiete	11 100
10.10.	Versand von Rechnungen für Beratungen und Gestaltungsvorschläge	94 600
21.10.	Gewährung eines Rabattes an Kunde P. Natale (Rechnung für einen Gestaltungsentwurf)	1 200
29.10.	Bankzahlung des EDV-Kaufes von 3.10. unter Abzug von 2 % Skonto	?
2.11.	Gutschrift der Bank für eingegangene Kundenzahlungen	76 950
4.11.	Barvergütung an die Geschäftsinhaberin für Repräsentationsspesen und Werbung	970
7.11.	Belastungsanzeige der Bank für diversen Aufwand wie Zinsen, Energie, Büromaterial	3 760
19.11.	Postzahlungen von Kunden	7 420
21.11.	Die Rechnung für Reparaturen am Firmenwagen trifft ein.	845
11.12.	Bankzahlung an Möbellieferant für seine Lieferung am 25.9.	6 270
13.12.	Barzahlung für Jahresabschlussessen	780
20.12.	Bankbelastungen für Lohnzahlungen und Sozialleistungen	39 280
31.12.	Abschreibungen auf Mobiliar und Einrichtungen (12.5 % von Fr. 40 000)	?
31.12.	Abschreibungen auf EDV Hard- und Software (20 % von Fr. 30 000)	?
31.12.	Abschreibungen auf Fahrzeug (40 % auf Buchwert von Fr. 18 000)	?

17.06

H. P. Graf betreibt die **Gartenplan AG.** Zu den Kernaufgaben gehören die Planung, die Bauleitung und die Realisation von öffentlichen und privaten Garten- und Parkanlagen.

Die Eröffnungsbilanz für das Jahr 20_6 lautet (alle Zahlen in Fr. 1000.–):

Eröffnungsbilanz vom 1. 1. 20_6

Aktiven			Passiven		
Umlaufvermögen			**Fremdkapital**		
Kassa	7		Kreditoren	8	
Debitoren	30	37	Bank	16	
			Darlehen	50	74
Anlagevermögen			**Eigenkapital**		
Mobilien	156		Aktienkapital	100	
Fahrzeug	27	183	Reserven	46	146
		220			220

a) Die Geschäftsfälle für das Jahr 20_6 sind summarisch aufgelistet. Führen sie mithilfe der Hauptbuchkonten (auf der rechten Seite dargestellt) das Journal.

Journal

Nr.	Geschäftsfall	Buchung Soll	Buchung Haben	Betrag
1	Kunden zahlen Ihre Rechnungen auf das Bankkonto ein.			434
2	Rechnungsversand für abgeschlossene Planungs-, Leitungs- und Realisationsaufgaben			412
3	Barzahlung von Inseraten im Lokalblatt, Werbegeschenken und Flyers			8
4	Barbezüge ab Bancomat			15
5	Banküberweisungen für Mieten			51
6	Bankzahlungen für Autoversicherungsprämie und -steuern			2
7	Rechnungen für Büromaterialeinkäufe			1
8	Bankbelastung für Darlehenszinsen			3
9	Rechnungen für Energie, Wasser und Entsorgung			4
10	Barzahlung von Service- und Treibstoffaufwand für Geschäftswagen			7
11	Barkauf von Software			4
12	Bankbelastungen für Lohnbezüge und Sozialaufwand			297
13	Bankzahlungen an Kreditoren			9
14	Abschreibung auf Mobilien, 25 % vom Buchwert			?
15	Abschreibungen Fahrzeug			10

b) Führen Sie das Hauptbuch (Eröffnung, Geschäftsverkehr und Abschluss).

c) Wie gross ist der Erfolg?

d) Welche Versicherungsbeiträge beinhaltet der Sozialaufwand unter Nr. 12?

e) Zu welchem Zinsfuss wird das Darlehen verzinst (Nr. 8)?

Hauptbuch 20_6

Kasse

Debitoren

Mobilien

Fahrzeug

Kreditoren

Bank

Darlehen

Aktienkapital

Reserven

Personalaufwand

Mietaufwand

Fahrzeugaufwand

Übriger Aufwand

Zinsaufwand

Abschreibungen

Dienstleistungsertrag

Schlussbilanz vor Gewinnverbuchung 31. 12. 20_6

Erfolgsrechnung 20_6

17.50

C. Wölfle betreibt seit letztem Jahr eine Einzelunternehmung als **Fahrlehrer.** Er führt die Buchhaltung am PC mithilfe von **EasyAccounting,** einem elektronischen Buchhaltungsprogramm. Gegeben ist die Eröffnungsbilanz für das zweite Jahr.

Eröffnungsbilanz vom 1. 1. 20_2[1]

Aktiven				Passiven			
	Umlaufvermögen				**Fremdkapital**		
1000	Kasse	840		2000	Kreditoren	961	
1010	Post	4 132		2400	Darlehen	20 000	20 961
1100	Debitoren	2 340	7 312				
	Anlagevermögen				**Eigenkapital**		
1510	Einrichtung Büro	3 400		2800	Eigenkapital		30 651
1511	Einrichtung Theoriesaal	1 900					
1530	Fahrzeug	39 000	44 300				
			51 612				51 612

Aufgaben

a) Starten Sie die Buchhaltungs-Software **EasyAccounting,** und öffnen Sie Aufgabe Nr. 17.50 (www.verlagskv.ch/easyaccounting).

Im Journal sehen Sie, dass die Eröffnung des neuen Geschäftsjahres bereits verbucht worden ist. Auch der Kontenplan ist bereits vorhanden, da er aus dem Vorjahr übernommen wurde.

[1] Weil diese Aufgabe elektronisch gelöst wird, sind die Konten wie in der Praxis üblich mit Kontennummern versehen.

b) Verbuchen Sie die folgenden Geschäftsfälle des Jahres 20_2 im Journal. Verwenden Sie für die Buchungssätze anstelle von Kontennamen die vorgesehenen Kontennummern. Eine Belegnummer brauchen Sie nicht einzutragen.

Datum[1]	Geschäftsfall	Betrag
1	Kauf eines Fernsehgerätes mit Video für den Theorieunterricht auf Kredit	3 230.–
2	Bareinnahmen aus Fahrschule	43 430.–
3	An Fahrschüler/innen versandte Rechnungen für Fahrschule	27 610.–
4	Bareinnahmen aus Theorieunterricht	8 300.–
5	Bareinzahlungen auf Postkonto	44 000.–
6	Postzahlungen für Miete Theorielokal	6 000.–
7	Kundenzahlungen auf das Postkonto	26 840.–
8	Postzahlungen für Lohn des Geschäftsinhabers	36 000.–
9	Benzinrechnungen	6 814.–
10	Postzahlungen für Fahrzeugsteuern und Versicherungen	2 840.–
11	Rechnungen für Reklame im lokalen Kino	1 800.–
12	Rechnung an einen Werbekunden für Reklameaufschrift am Auto	1 540.–
13	Rechnungen für Unterhalt und Reparaturen	7 430.–
14	Postzahlungen an Lieferanten	18 960.–
15	Abschreibung Fahrschulauto	10 000.–
16	Abschreibung Einrichtung Theorielokal	500.–
17	Abschreibung Einrichtung Büro	800.–
18	Postzahlungen für übrigen Aufwand	3 721.–

c) Das EDV-System hat die Buchungen des Journals automatisch ins Hauptbuch übertragen, sodass Sie nun die Schlussbilanz per 31. 12. 20_2 sowie die Erfolgsrechnung für 20_2 am Bildschirm anschauen und mit dem Printer ausdrucken können.[2]

[1] Anstelle eines in der Praxis üblichen Datums wird hier für jeden Geschäftsfall eine Nummer verwendet, weil der Geschäftsverkehr summarisch zusammengefasst ist.

[2] Sie können auch das Journal oder die Konten auf dem Bildschirm betrachten und mit dem Printer ausdrucken. Falls gewünscht, können alle Abschlussdokumente unter MS-Excel weiterbearbeitet werden.

17.51

Curling ist eine faszinierende Sportart auf Eis, bei der die Spieler versuchen, ihre wie Bettflaschen aussehenden Granitsteine möglichst nahe an ein etwa 50 Meter entferntes Ziel zu spielen. Beim Gleiten übers Eis drehen sich (engl. to curl) die Steine um die eigene Achse, was dem aus Schottland stammenden Spiel den Namen gab.

Der **Curling Club Baden Regio** betreibt eine ganzjährig bespielbare Eishalle. Die Mitglieder des Clubs sind zugleich Aktionäre. Die Eröffnungsbilanz lautet:

Eröffnungsbilanz 1.1.20_1

Aktiven				Passiven			
	Umlaufvermögen				**Fremdkapital**		
1000	Kasse	7 800		2000	Kreditoren	8 600	
1020	Bank	22 700		2451	Hypotheken	1 700 000	1 708 600
1100	Debitoren	4 100	34 600				
	Anlagevermögen				**Eigenkapital**		
1510	Einrichtungen	156 000		2800	Aktienkapital	900 000	
1600	Gebäude	2 450 000	2 606 000	2900	Reserven	32 000	932 000
			2 640 600				2 640 600

Verbuchen Sie die summarisch zusammengefassten Geschäftsfälle des Jahres 20_1 mit **EasyAccounting,** und stellen Sie Ende Jahr die Erfolgsrechnung sowie die Schlussbilanz auf.

Datum	Geschäftsfall	Betrag
1	Bankgutschriften für die jährlichen Mitgliederbeiträge	180 000.–
2	Bar eingenommene Eintrittsgelder von Gastspielern	24 200.–
3	Versandte Rechnungen für Eisvermietungen an Drittpersonen	65 600.–
4	Bankgutschriften für Pachtzinszahlungen[1]	30 000.–
5	Versandte Rechnungen für vermietete Werbeflächen in der Halle	32 000.–
6	Bankgutschriften für übrige Erträge (z.B. Sponsoring)	9 400.–
7	Erhaltene Rechnungen für Energieverbrauch und Eisaufbereitung	41 500.–
8	Bankzahlung für Abgaben an den schweizerischen Curlingverband	18 000.–
9	Bankzahlungen für Löhne (vor allem an den Eismeister sowie für Reinigung)	48 000.–
10	Bankzahlung für Baurechtszins[2]	54 000.–
11	Bankzahlungen für Hypothekarzinsen	102 000.–
12	Bankzahlungen von Debitoren	95 000.–
13	Amortisation Hypothek (Rückzahlung durch Bank)	60 000.–
14	Bankzahlungen für übrigen Aufwand	37 200.–
15	Bankzahlungen an Kreditoren	43 400.–
16	Abschreibung Gebäude	80 000.–
17	Abschreibung Einrichtungen (Spielmaterial, Garderoben, Restaurant)	12 500.–
18	Erhöhung des Aktienkapitals (Banküberweisungen durch neue Clubmitglieder)	45 000.–

[1] Das Restaurant der Eishalle ist an eine Wirtin verpachtet, die auf eigene Rechnung arbeitet.

[2] Baurecht bedeutet, dass das Land, auf dem die Curlinghalle steht, sich nicht im Eigentum des Curling Clubs befindet, sondern nur für 30 Jahre gemietet wurde. Der Baurechtszins ist das Entgelt für die Benützung des Landes. Das vom Curling Club erstellte Gebäude fällt nach Ablauf von 30 Jahren ins Eigentum des Landeigentümers.

17.52

Am 1. Dezember 20_1 eröffnete Dr. J. Haas eine **Arztpraxis.**

Führen Sie für die neu eröffnete Praxis die Buchhaltung für den Monat Dezember 20_1. Dr. J. Haas wünscht eine Verbuchung mit **EasyAccounting** aufgrund des folgenden **Kontenplans:**

Aktiven	Passiven	Aufwand	Ertrag
1000 Kasse	2000 Kreditoren	5000 Lohnaufwand	3400 Honorarertrag
1010 Post	2100 Bank	6000 Mietaufwand	
1100 Debitoren	2400 Darlehen	6300 Versicherungs-aufwand	
1500 Apparate	2800 Eigenkapital	6700 Übriger Aufwand	
1510 Mobiliar		6800 Abschreibungen	
1530 Fahrzeug		6900 Zinsaufwand	

a) Erfassen Sie die Konten gemäss Kontenplan.

b) Buchen Sie die Eröffnung im Journal.

c) Verbuchen Sie die Geschäftsfälle vom Dezember im Journal.

Datum	Geschäftsfall	Beleg Nr.	Betrag
1.12.	Dr. Haas zahlt eine Kapitaleinlage auf das Postkonto ein.	1	50 000.–
1.12.	Kauf von Mobiliar auf Kredit	2	12 000.–
2.12.	Verschiedene Rechnungen für die Lieferung medizinischer Apparate	3	130 000.–
4.12.	Barbezug von der Post	4	4 000.–
6.12.	Postzahlung der Lieferantenrechnung vom 1. 12. unter Abzug von 2 % Skonto.	5	?
7.12.	Barzahlung für verschiedene Aufwendungen	6	2 300.–
10.12.	Zahlung der Miete durch die Bank	7	12 000.–
15.12.	Aufnahme eines Darlehens und Einzahlung auf das Bankkonto	8	100 000.–
16.12.	Barzahlung für die Reinigung der Praxisräume	9	300.–
18.12.	Belastung des Postkontos für Telefontaxen und -gebühren	10	750.–
19.12.	Bankzahlung an verschiedene Lieferanten	11	112 000.–
20.12.	Lohnzahlungen durch die Bank	12	13 500.–
21.12.	Die Gutschrift eines Lieferanten wegen Mängel an einem Apparat trifft ein.	13	2 000.–
22.12.	Postzahlung an verschiedene Lieferanten	14	13 000.–
22.12.	Postzahlung von diversen Versicherungsprämien	15	2 100.–
27.12.	Abschreibungen auf Mobiliar	16	200.–
27.12.	Abschreibungen auf den medizinischen Apparaten	17	1 500.–
27.12.	Versand von Rechnungen an Patientinnen und Patienten	18	24 300.–
31.12.	Die Bank belastet für Darlehenszinsen	19	500.–
31.12.	Barzahlung für Porti, Spesen und verschiedene Spenden	20	650.–

d) Ermitteln Sie mithilfe von Erfolgsrechnung und Schlussbilanz den erzielten Gewinn oder Verlust für den Monat Dezember.

17.53

Die **URSINA-Verlags AG** ist Herausgeberin einer kleinen Regionalzeitung im Raum Ostschweiz. Diese Regionalzeitung ist zugleich Amtsblatt des Bezirkes.

Der bisherige Buchhalter wurde auf Ende Jahr pensioniert, was als Gelegenheit genutzt wird, auf das neue Buchhaltungsprogramm **EasyAccounting** umzusteigen. Der letzte Jahresabschluss des Verlages zeigt folgendes Bild (der Gewinn wurde den Reserven zugewiesen):

Schlussbilanz 31.12.20_0

Aktiven							Passiven
	Umlaufvermögen				**Fremdkapital**		
1000	Kasse	8 000		2000	Kreditoren	4 000	
1010	Post	16 000		2400	Darlehen	50 000	
1020	Bank	15 000		2440	Hypotheken	300 000	354 000
1100	Debitoren	33 000	72 600				
	Anlagevermögen						
1510	Mobiliar	41 000			**Eigenkapital**		
1530	Fahrzeug	17 000		2800	Aktienkapital	100 000	
1600	Immobilien	420 000	478 000	2900	Reserven	96 000	196 000
			550 000				550 000

Erfolgsrechnung 20_0

Aufwand					Ertrag
4000	Druckaufwand	820 000	3400	Insertionsertrag	1 124 600
5000	Lohnaufwand	451 000	3500	Abonnementsertrag	195 400
6700	Übriger Aufwand	124 500	3600	Gemeinde-Subventionen	170 000
6800	Abschreibungen	26 000			
6900	Zinsaufwand	17 500			
	Gewinn	51 000			
		1 490 000			1 490 000

a) Eröffnen Sie das Hauptbuch für die Ursina-Verlags AG.[1]

[1] Verwenden Sie für das Konto Eröffnungsbilanz die Kontennummer 9100, sodass beispielsweise die Eröffnungsbuchung für das Kassenkonto 1000 an 9100 lautet.

b) Verbuchen Sie die summarisch zusammengefassten Geschäftsfälle des ersten Halbjahres 20_1 im Journal.

Datum	Geschäftsfall	Betrag
1	Versand von Rechnungen für Inserate	613 700.–
2	Rechnung der Druckerei Hofstetter AG für Druckkosten	397 000.–
3	Rechnungsversand für Abonnementsgebühren	76 400.–
4	Subventionszahlungen der Gemeinden auf das Bankkonto	78 300.–
5	Bankbelastung für die Hypothekarzinsen	6 750.–
6	Bankvergütungen von Debitoren	430 000.–
7	Postzahlungen von Debitoren	267 600.–
8	Barzahlungen für diverse Aufwände	6 850.–
9	Kreditkauf von neuem Mobiliar	12 400.–
10	Barzahlung für Reparaturarbeiten an der Liegenschaft	780.–
11	Rechnungen für Strom und Heizung	3 920.–
12	Inserenten bezahlen bar	4 450.–
13	Postbelastung für Telefon- und Faxgebühren	5 860.–
14	Bankzahlungen an Kreditoren	401 300.–
15	Postüberweisungen für Gehaltszahlungen	266 400.–
16	Abschreibungen auf Mobiliar	8 000.–
17	Abschreibungen auf Fahrzeugen	6 000.–
18	Bankbelastung für Amortisation der Hypothek	20 000.–

c) Wie gross ist der im ersten Halbjahr 20_1 erzielte Gewinn oder Verlust?

Fremde Währungen

18.01

a) Wie heissen diese Länder und ihre Währungen? Vgl. Schweiz.

b) Malen Sie auf der Karte alle Länder mit dem Euro als Zahlungsmittel an.

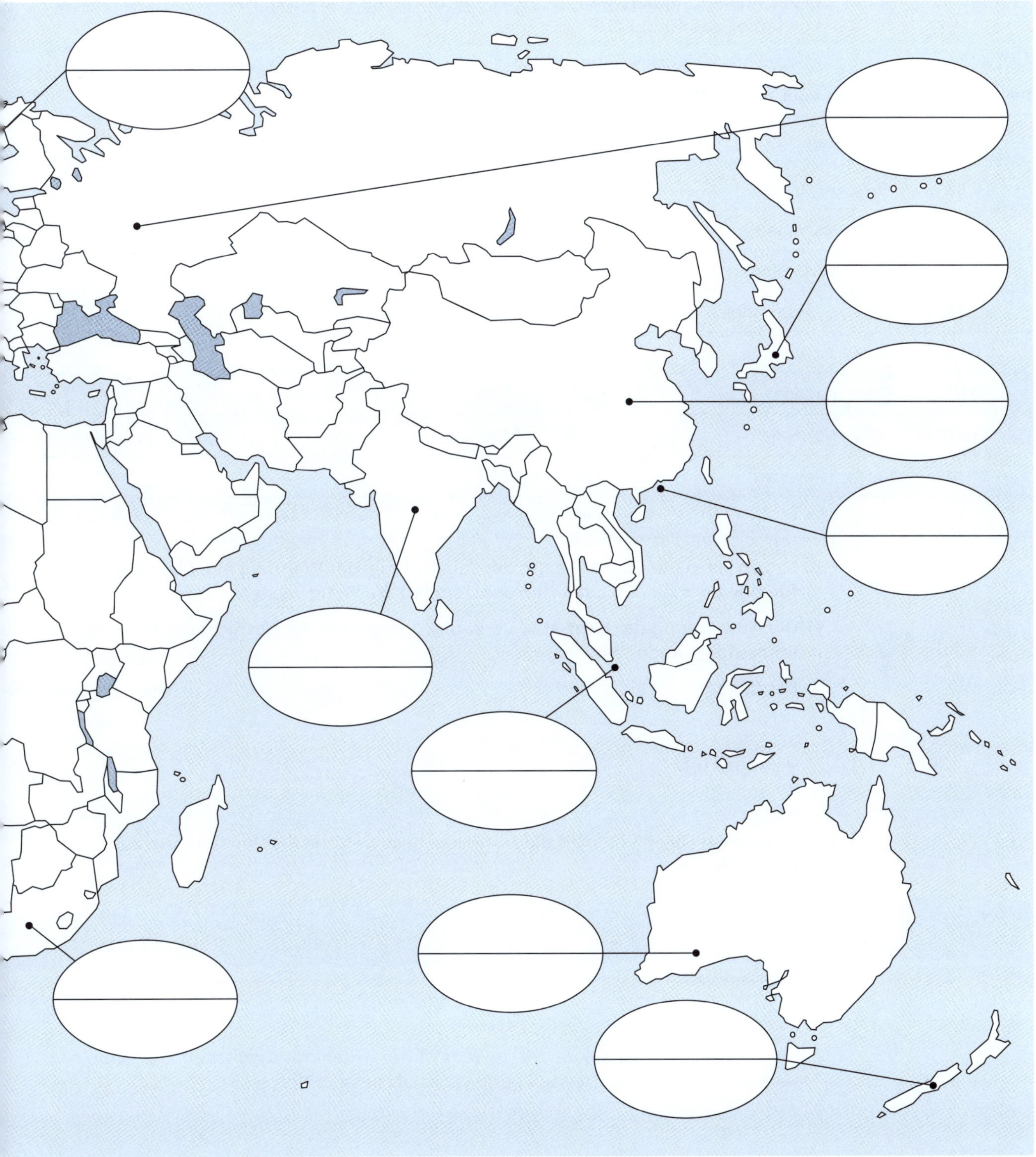

18.02

Die Währungen der verschiedenen Länder bzw. Ländergruppen werden heute mit dem so genannten ISO-Währungskürzel bezeichnet. Diese internationalen Abkürzungen haben den Vorteil, dass sie in allen Sprachen gleich lauten. Die ersten beiden Buchstaben bezeichnen normalerweise das Land, der dritte die Währung. Für den Schweizer Franken lautet das Kürzel CHF.

a) Welche ISO-Kürzel haben die im Kursblatt aufgeführten Währungen?

Devisen- und Notenkurse vom 20. Juni 20_3

Devisen		Land	Noten		Währung	ISO-Kürzel	Notierung in Einheiten
Kauf	Verkauf		Kauf	Verkauf			
0.87	0.90	Australien	0.83	0.93			
16.25	16,70	Dänemark	15.65	17.31			
1.21	1.25	EWU-Länder	1.19	1.27			
1.43	1.47	Grossbritannien	1.36	1.53			
0.96	0.99	Japan	0.92	1.03			
0.89	0.92	Kanada	0.87	0.94			
15.87	16.35	Norwegen	15.28	16.95			
14.10	14.52	Schweden	13.47	15.14			
0.91	0.93	USA	0.88	0.96			

b) Setzen Sie in der letzten Spalte der Tabelle bei jeder Währung ein, ob sich der Preis für eine oder für 100 Einheiten der fremden Währung versteht.

c) Die Anwendung der Kauf- und Verkaufskurse erfolgt aus der Sicht der Banken. Demzufolge bedeuten:

Kaufkurs:

Verkaufskurs:

d) In welchen Fällen kommen die Notenkurse, in welchen die Devisenkurse zur Anwendung?

Notenkurs:

Devisenkurs:

e) Begründen Sie, weshalb die Marge (das ist der Unterschied zwischen Kauf- und Verkaufskurs) bei den Devisen geringer ist als bei den Noten.

18.03

Welchen Kurs wählt die Bank? Kreuzen Sie das richtige Feld an.

Aufgabe	Geschäftsfall	Devisen		Noten	
		Kauf	Verkauf	Kauf	Verkauf
a)	Ein amerikanischer Tourist tauscht bei einer Raiffeisenbank USD-Noten in CHF-Noten um.				
b)	Eine Sängerin kauft im Flughafen Zürich kurz vor dem Abflug nach Tokio JPY und zahlt in CHF.				
c)	Ein Schweizer bezieht mit seiner Eurocard in London GBP aus dem Geldautomaten. Die Belastung erfolgt auf der Monatsrechnung in CHF.				
d)	Ein schweizerischer Importeur zahlt eine in EUR ausgestellte Rechnung durch Banküberweisung. Die Belastung erfolgt auf seinem CHF-Konto.				
e)	Einem schweizerischen Exporteur werden zur Begleichung einer Rechnung AUD überwiesen. Die Gutschrift dafür erfolgt auf seinem CHF-Konto.				
f)	Eine Schweizerin kauft auf USD lautende Reisechecks. Die Belastung erfolgt in CHF auf ihrem Salärkonto.				
g)	Ein deutscher Tourist bezieht mithilfe seiner EC-Karte an einem Bancomaten in Zürich CHF. Die Belastung erfolgt auf seinem Konto in EUR.				

18.04

Vervollständigen Sie die Tabelle mithilfe des Kursblattes von Aufgabe 18.02.

Aufgabe	Geschäftsfall	Kurs	Betrag in CHF
a)	Ein Bankkunde kauft USD 2 400.– in Banknoten.		
b)	Die Bank wechselt Banknoten von SEK 3 300.– in CHF um.		
c)	Eine Kundin beauftragt die Bank, eine Überweisung von GBP 790.– nach London auszuführen.		
d)	Ein Reisender wechselt in Zürich seine auf JPY 18 000.– lautenden Reisechecks in Bargeld um.		
e)	Die Bank schreibt einer Kundin einen Check von AUD 650.– auf ihrem Konto gut.		
f)	Ein Schweizer Importeur lässt seinem italienischen Lieferanten für eine gekaufte Maschine EUR 9 400.– überweisen.		

18.05

Berechnen sie den angewandten Kurs aus Schweizer Sicht:

Aufgabe	Geschäftsfall	Angewandter Kurs
a)	Für den Kauf von USD 720.– zahlte eine Touristin CHF 669.60.	
b)	Für GBP 2 460.– erhielt ein Kunde CHF 3 542.40.	
c)	Eine Überweisung nach Japan von JPY 700 000.– kostet CHF 6 720.–.	
d)	Ein Check von EUR 12 400.– wurde mit CHF 15 624.– belastet.	
e)	Für ihren Bezug am Bancomaten in Stockholm von SEK 500.– werden einer Schweizer Touristin CHF 72.75 belastet.	
f)	Für die aus Australien zurückgebrachten Reisechecks im Betrag von AUD 650.– erhält ein Reisender CHF 572.–.	

18.06

Wie lauten die Buchungen für die folgenden Geschäftsfälle? Die Buchhaltung wird in CHF geführt.

Journal

Aufgabe	Text	Buchung		Betrag
		Soll	Haben	
a)	Kreditkauf einer Maschine in Frankreich für EUR 4 200.–, Kurs 1.24			
b)	Bankzahlung der Transportkosten von EUR 380.– für obige Maschine, Kurs 1.22			
c)	Kreditverkauf von Waren nach Japan im Betrag von JPY 44 250.–, Kurs 0.98			
d)	Bankbelastung für die Gehaltsüberweisung von CAD 6 800.– für einen in Kanada tätigen Angestellten, Kurs 0.94			
e)	Bankgutschrift für den Verkauf einer Geschäftsliegenschaft in Italien für EUR 400 000.–, Kurs 1.21			
f)	Die Hotelrechnung von USD 890.– für eine Geschäftsreise des Geschäftsinhabers wurde von der Bank belastet, Kurs 0.95.			

18.07

a) Ein Reisender kauft USD 300.– für CHF 285.–.
Zu welchem Kurs hat die Bank umgerechnet?

b) Ein Schweizer Importeur überweist seinem Lieferanten in Birmingham GBP 467.50.
Wie hoch ist die Bankbelastung bei einem Kurs von 1.46?

c) Ein Schweizer Exporteur reicht seiner Bank einen Check in der Höhe von JPY 47 650.– ein.
Auf wie viel CHF lautet die Gutschrift bei einem Umrechnungskurs von 0.96?

d) Eine Schweizerin erhält für ihre belgischen Obligationen EUR 165.– Zins.
Die Bank schreibt ihr CHF 202.95 gut.
Zu welchem Kurs wurden die EUR umgerechnet?

e) Für EUR 400.– erhält ein Franzose in Paris CHF 496.–.
Berechnen Sie, mit welchem Kurs die EUR in Paris auf die Schweiz umgerechnet wurden (Kurs in EUR auf 3 Dezimalen genau angeben).

f) Retour von einer Geschäftsreise, tauscht N. Kubli die restlichen CAD um und erhält dafür CHF 258.50 bei einem Umrechnungskurs von CHF 0.88/CAD.
Wie viele CAD hat N. Kubli umgetauscht?

g) Für eine Vergütung an den Lieferanten in Stockholm in der Höhe von SEK 52 850.– verrechnet die Bank des Schweizer Importeurs CHF 7 668.55.
Mit welchem Umrechnungskurs hat die Bank gerechnet?

18.08

Ein Kur- und Wellnesscenter in Österreich wirbt in der Schweiz mit Gesundheitswochen zu Spezialkonditionen.

a) Wie hoch ist die Tagespauschale in CHF, wenn pro Tag EUR 125.– verlangt werden und mit einem Umrechnungskurs von 1.25 gerechnet wird?

b) Ein Schweizer Kunde zahlt seinen Kuraufenthalt mit Kreditkarte. Welchen Kurs wendet die Bank an? (Richtige Antwort ankreuzen.)

- ☐ Devisen/Geld
- ☐ Noten/Geld
- ☐ Devisen/Brief
- ☐ Noten/Brief

c) Dem Schweizer Kunden werden für 6 Tage Kuraufenthalt CHF 950.– auf seinem Bankkonto belastet.
Mit welchem Kurs hat die Bank umgerechnet (Kurs auf 3 Dezimalen angeben)?

18.09

Daniela May kauft in Spanien eine Tasche. Sie erhält auf dem im Schaufenster angeschriebenen Preis einen Rabatt von 10 %. Sie übergibt der Verkäuferin eine 50-Euro-Note und erhält ein Herausgeld von 14 Euro.

a) Mit welchem Preis war die Tasche im Schaufenster angeschrieben?

b) Zurück in der Schweiz, sieht Daniela May dieselbe Tasche in Basel in einem Schaufenster für CHF 49.90 angeschrieben.
Wie viel günstiger bzw. teurer hat sie die Tasche in Spanien gekauft, wenn ihre Euros zum Kurs 1.27 umgerechnet wurden?

c) Bei welchem EUR-Umrechnungskurs in der Schweiz hätten sich die beiden Angebote gerade entsprochen (Kurs auf 3 Dezimalen angeben)?

18.10

Die Maschinen AG exportierte Maschinen im Wert von USD 36 450.– nach Chicago. Bei der Rechnungsstellung belief sich der USD-Kurs auf CHF 0.98.–.

a) Mit welchem Verkaufserlös in CHF hat die Maschinen AG bei Rechnungsstellung gerechnet?

b) Drei Monate nach Rechnungsstellung erfolgt die Zahlung des amerikanischen Kunden auf die Schweizer Bank zum Kurs 0.91.
Welcher Betrag in CHF wird gutgeschrieben?

c) Wie gross ist der durch den Kurseinbruch erlittene Erlösrückgang in CHF und in Prozenten des bei der Rechnungsstellung angenommenen Verkaufserlöses?

18.11

Ein Schweizer Exporteur verkauft Waren nach Norwegen in drei Teillieferungen:

a) Ermitteln Sie das Total der erfolgten Bankgutschriften in CHF.

Datum	Tageskurs	Betrag in NOK	Betrag in CHF
4.2.	15.90	2 950.–	
5.3.	16.10	4 900.–	
11.4.	15.80	3 875.–	

b) Berechnen Sie den für die ganze Sendung angewandten durchschnittlichen Umrechnungskurs auf 3 Dezimalen genau.

18.12

Eine Kreditkartenorganisation verrechnete T. Liniger CHF 226.50 für zwei Übernachtungen in der Ernest Hemingway Lodge in Key West, USA. Die Kosten betrugen USD 240.–.

a) Mit welchem Umrechnungskurs hatte die Kreditkartenorganisation gerechnet, wenn bekannt ist, dass sie eine Bearbeitungsgebühr von 0,5 % auf dem Rechnungsbetrag des Hotels und für die Transaktion noch CHF 1.50 verlangt?

b) Welcher Umrechnungskurs kam zur Anwendung? (Richtiges ankreuzen!)

- ☐ Noten
- ☐ Devisen
- ☐ Kauf
- ☐ Verkauf

18.13

Eine Schweizer Importunternehmung hatte im Frühjahr eine Rechnung von 360 000 Yen zu begleichen. Der Devisenkurs für JPY betrug damals CHF 0.95. Anstatt einer Direktzahlung aus der Schweiz wäre auch eine Vergütung mit USD durch eine Bank in Chicago möglich gewesen.

Hätte sich dieser Umweg über Amerika gelohnt, wenn der USD-Kurs in Zürich damals auf 0.90 stand und der Yen-Kurs in Amerika auf 0.94 (JPY 100.– = USD –.94)? An zusätzlichen Bankkosten wären durch die indirekte Zahlung CHF 27.– angefallen.

18.14

Ein Schweizer Tourist wechselt auf dem Flugplatz Kloten für fünf 100-Franken-Noten GBP und USD um. Er möchte gleich viele Pfund- wie Dollarnoten. Die Kurse betragen für den USD 0.96 und für das GBP 1.54.

Wie viele GBP und USD erhält der Tourist?

18.15

In einem Pariser Schaufenster ist ein Kleid mit EUR 830.– angeschrieben. Mit welchem Preis müsste dasselbe Kleid in London zum Verkauf angeboten werden, wenn es dort gleich teuer wie in Paris verkauft werden soll? Der Kurs in Zürich für einen EUR beträgt 1.26 und für ein GBP 1.52.

18.16

Ein Schweizer Händler wird von seiner Bank für aus Japan importierte Autoradios mit den unten aufgeführten Beträgen belastet.

a) Ermitteln Sie die Gesamtbelastung für diese Käufe.

b) Berechnen Sie den durchschnittlich angewandten Umrechnungskurs auf Rappen genau.

Datum	Betrag in JPY	Kurs	Betrag in CHF
22.3.	354 000.–	1.02	
15.5.	198 000.–	0.96	
28.6.	567 000.–	1.01	
	Total 1 119 000.–	b)	a)

18.17

Ein Schweizer kauft auf dem Flugplatz in Kopenhagen einen Artikel für DKK 1160.–. Er bezahlt bar mit einer 200-Franken-Note und erhält noch DKK 70.– Herausgeld.

a) Zu welchem Kurs wurden die Schweizer Franken umgerechnet?

b) Wie lautet aufgrund dieser Umrechnung die Kursnotierung in Dänemark auf die Schweiz?

18.18

Die Zürrer Gartenbau GmbH, Erstellung von Outdoor-Pools, beauftragt ihre Bank, einem deutschen Lieferanten für eine Wärmepumpe EUR 8650.– zu überweisen. Gleichzeitig wird von einem amerikanischen Kunden ein Check von USD 12 760.– eingelöst. Die Differenz zwischen der Überweisung bzw. der Checkgutschrift wird dem Geschäftskonto belastet oder gutgeschrieben.

Die Kurse sind der Tabelle aus Aufgabe 18.02 zu entnehmen.

18.19

Nennen Sie die Buchungssätze und die Beträge. Die Buchhaltung wird in CHF geführt (Beträge auf ganze CHF runden).

Journal

Nr.	Text	Buchung Soll	Buchung Haben	Betrag
1a)	Kreditkauf einer Maschine in Japan für JPY 780 000.–, Kurs 1.01			
b)	Bankbelastung für den Kauf obiger Maschine, Kurs 0.99			
c)	Verbuchung der Kursdifferenz			
2a)	Kreditverkauf von Waren nach Italien für EUR 40 000.–, Kurs 1.27			
b)	Gewährung eines Rabattes wegen Mängeln an der verkauften Ware 10 %			
c)	Der italienische Kunde zahlt die Rechnung auf die Bank ein zum Kurs 1.25			
d)	Verbuchung der Kursdifferenz			
3a)	Kreditverkauf einer selbst hergestellten Schweissanlage nach Australien für AUD 220 000.–, Kurs 0.90			
b)	Bankgutschrift für die Überweisung des australischen Kunden zum Kurs 0.93			
c)	Verbuchung der Kursdifferenz			
4a)	Rechnung an einen Mandanten in Schweden für ein Rechtsgutachten für SEK 36 000. Kurs 14.50			
b)	Bankgutschrift für die Zahlung obiger Rechnung, Kurs 14.55			
c)	Verbuchung der Kursdifferenz			
5a)	Kreditkauf einer Produktionsanlage in England für GBP 45 000, Kurs 1.50			
b)	Nachträglich gewährter Rabatt 5 %			
c)	Bankzahlung unter Abzug von 2 % Skonto, Zahlungskurs 1.60			
d)	Verbuchung Kursdifferenz			

Zinsrechnen

19.01

Formen Sie die allgemeine Zinsformel um, indem Sie die Gleichung nach den gesuchten Grössen Kapital (K), Zinsfuss (p) und Tage (t) auflösen.

$\text{Zins} = \frac{\text{Kapital} \cdot \text{Zinsfuss} \cdot \text{Tage}}{100 \cdot 360} = \frac{K \cdot p \cdot t}{100 \cdot 360} = Z$	
K =	
p =	
t =	

19.02

Ermitteln Sie auf jeder Zeile die fehlende Grösse.

Nr.	Kapital (K)	Zinsfuss (p)	Tage (t)	Zins (Z)
1	8 000	3	360	
2	3 000	4	240	
3	4 000	5		100
4	5 000		150	125
5		6	90	30

19.03

Nach wie vielen Tagen ergibt ein Kapital von Fr. 24 000.– bei einem Zinsfuss von 2 % einen Zins von Fr. 160.–?

19.04

Welches Kapital gibt bei einem Zinsfuss von 3,25 % in 200 Tagen einen Zins von Fr. 162.50?

19.05

Welcher Zinsfuss bringt bei einem Kapital von Fr. 60 000.– in 90 Tagen einen Zins von Fr. 712.50?

19.06

Die **Heinrich AG** legte überschüssige Liquidität von Fr. 80 000.– in Obligationen der schweizerischen Eidgenossenschaft mit einem Zinsfuss von 3 % an. Die Obligationen befinden sich im Wertschriftendepot bei der Kantonalbank.

a) Erstellen Sie die Bankabrechnung für die Gutschrift des Jahreszinses.

	Zins (brutto)	Fr.	100 %
./.	Verrechnungssteuer	Fr.	%
	Zins (netto)	Fr.	%

b) Zur Absicherung gegen die Steuerhinterziehung überweist die Bank 35 % des Bruttozinses als Verrechnungssteuer an die eidg. Steuerverwaltung.
Wie verbucht die Heinrich AG die Gutschriftsanzeige der Bank?

Soll	Haben	Betrag

c) Welche Voraussetzungen sind vom Bankkunden zu erfüllen, um die Verrechnungssteuer zurückerstattet zu erhalten?

d) Wie bucht die Heinrich AG einige Zeit später die Rückerstattung der Verrechnungssteuer durch die Post?

Soll	Haben	Betrag

19.07

E. Farner nimmt für Fr. 20 000.– ein Darlehen auf, Wert 31. 1. 20_8, Zinsfuss 5 %.
Die Rückzahlung erfolgt in drei Teilzahlungen:

- die Hälfte am 31. Mai 20_8
- ein Viertel am 30. September 20_8
- der Rest samt Zins am 31. Dezember 20_8.

a) Wie gross ist der gesamte Zins, Wert 31. Dezember 20_8?

b) Welchen Betrag muss E. Farner am 31. Dezember 20_8 gesamthaft zurückzahlen?

19.08

In den meisten Schweizer Banken werden die Tage nicht genau nach Kalender, sondern nach den Regeln der **deutschen Zinsusanz** (Usanz = Brauch, Gepflogenheit im Geschäftsverkehr) gerechnet. Die deutsche Usanz lautet:

- Das Zinsjahr hat immer 360 Tage.
- Der Zinsmonat hat 30 Tage.
- Der letzte Kalendertag eines Monats gilt immer als der dreissigste Tag des Monats.

Ermitteln Sie die Anzahl Tage nach deutscher Usanz.

Aufgabe	Zeitspanne	Anzahl Tage
a)	15.5.2014 bis 18.5.2014	
b)	15.5.2014 bis 31.5.2014	
c)	30.5.2014 bis 1.6.2014	
d)	31.5.2014 bis 30.6.2014	
e)	1.6.2014 bis 30.6.2014	
f)	13.8.2016 bis 24.12.2016	
g)	15.2.2016 bis 28.5.2016	
h)	15.2.2016 bis 29.2.2016	
i)	15.2.2016 bis 28.2.2016	
k)	15.2.2017 bis 28.2.2017	

19.09

Nebst der in der Schweiz mehrheitlich verwendeten deutschen Usanz kommen weltweit noch viele andere Usanzen zur Anwendung.

- **Englische Usanz:** Tage genau nach Kalender, das Jahr mit 365 Tagen
- **Internationale Usanz:** Tage genau nach Kalender, das Jahr nur mit 360 Tagen
- **Japanische Usanz:** Tage nach Kalender plus 1 Tag, das Jahr mit 365 Tagen

a) Ermitteln Sie den Zins für ein zu 6 % p.a. verzinsliches Darlehen von Fr. 500 000 vom 1.2.2011 bis 28.2.2011 nach den verschiedenen Usanzen.

Zinsusanz	Anzahl Tage	Zins
Deutsche Usanz		
Englische Usanz		
Internationale Usanz		
Japanische Usanz		

b) Wie lautet die Regel für die Festlegung der Schaltjahre?

c) Nennen Sie die Schaltjahre zwischen 2014 und 2030.

19.10

Eine Rechnung von Fr. 140 000.– wurde am 31. März 20_1 zur Zahlung fällig. Wegen Zahlungsschwierigkeiten ersuchte der Kunde um Ratenzahlungen mit einem Verzugszins von 6 %, was der Gläubiger akzeptierte.

1. Rate	Fr. 30 000.–	Fällig am 30. Juni 20_1
2. Rate	Fr. 50 000.–	Fällig am 30. September 20_1
3. Rate	Fr. 60 000.–	Fällig am 31. Oktober 20_1

Auf welchen Betrag lautet die Schlusszahlung inkl. gesamter Verzugszins am 31. Oktober 20_1, wenn nach der Deutschen Zinsusanz gerechnet wird?

19.11

Das Konto eines Bankkunden wird auf Ende Dezember 20_8 abgeschlossen. Es liegen folgende Daten vor:

- Rechnungsperiode: 15. 7. bis 31. 12. 20_8
- Zinsfuss 4 %
- Spesen Fr. 33.60
- Saldo zu Gunsten des Kunden vor Abschlussbuchung: 53 544.–
- Habenzins netto (ohne Verrechnungssteuer) Fr. 219.70

a) Wie viele Tage wurde das Kontokorrent verzinst (deutsche Usanz)?

b) Wie hoch ist der Bruttozins?

c) Wie viel beträgt der Saldo nach den Abschlussbuchungen?

d) Wie hoch müsste ein festes Darlehen sein, damit in derselben Zeitspanne bei gleichem Zinsfuss derselbe Bruttozins erzielt würde?

19.12

K. Maurer legt bei einer Privatbank Fr. 150 000.– zu 4 % für ein Jahr an. Nach 9 Monaten erhöht die Bank den Zinsfuss auf 5 %.

a) Wie gross ist der Jahreszins?

b) Wie hoch müsste der Jahreszinsfuss bei einer anderen Bank sein, dass K. Maurer gleich viel Zins erhielte wie bei a)?

19.13

Zwei gleiche Kapitalien werden zu unterschiedlichen Zinssätzen angelegt. Das erste Kapital wird für 8 Monate zu 3 % angelegt.

Wie lang muss das zweite Kapital zu 4 % am Zins liegen, um gleich viel Zins zu erzielen wie das erste?

19.14

S. Mägli hat bei einer Bank EUR 45 000 angelegt. Nach 10 Monaten zahlt ihm die Bank bei einem Umrechnungskurs von 1.42 CHF CHF 65 763.75 zurück.

Zu welchem Zinsfuss wurde das Kapital verzinst?

19.15

Ein grosser Teil des Zahlungsverkehrs wird über Bank- und Postkonten abgewickelt. Weil sich die Höhe des Kontostandes durch die Zahlungsein- und ausgänge häufig ändert, werden solche Konten als **Kontokorrente** geführt (italienisch conto corrente bedeutet laufende Rechnung).

Berechnen Sie für folgendes Salärkonto den Zins, und schliessen Sie das Kontokorrent ab. (Das Kontokorrent wird aus der Sicht der Bank erstellt, d. h., der Anfangsbestand im Haben bedeutet für die Bank eine Schuld und für den Kontoinhaber ein Guthaben.)

Datum	Text	Verkehr		Saldo		Valuta	Tage	Zins	
		Soll	Haben	Soll	Haben			Soll	Haben
01. 10.	Saldovortrag zu Ihren Gunsten		6 000.00		6 000.00	30. 09.			
23. 10.	Barbezug	1 000.00			5 000.00	23. 10.			
28. 10.	Gutschrift Salär		4 400.00		9 400.00	28. 10.			
15. 11.	Vergütungsauftrag	3 200.00			6 200.00	15. 11.			
27. 11.	Gutschrift Salär		4 400.00		10 600.00	27. 11.			
10. 12.	Kauf von Wertschriften	8 200.00			2 400.00	13. 12.			
28. 12.	Gutschrift Salär		4 400.00		6 800.00	28. 12.			
31. 12.	Zins (p = 2 %)					31. 12.			
31. 12.	Verrechnungssteuer 35 %					31. 12.			
31. 12.	Spesen	15.00				31. 12.			
31. 12.	Saldo zu Ihren Gunsten								

19.16

Berechnen Sie die Saldi, die Tage und den Zins, und schliessen Sie das Kontokorrent ab.

Kontokorrent

Datum	Text	Verkehr		Saldo		Valuta	Tage	Zins	
		Soll	Haben	Soll	Haben			Soll	Haben
01.10.	Saldovortrag	12 000.00				30.09.			
04.10.	Zahlungen von Kunden		10 500.00			04.10.			
23.10.	Wertpapierverkauf		6 900.00			23.10.			
05.11.	Barbezug	1 000.00				05.11.			
20.12.	Zahlungen an Lieferanten	5 800.00				20.12.			
31.12.	Sollzins 6 %					30.12.			
31.12.	Habenzins 0,5 %					30.12.			
31.12.	Verrechnungssteuer 35 %					30.12.			
31.12.	Kommission und Spesen	60.00				30.12.			
31.12.	Saldo					30.12.			

19.17

Wie verbucht der Bankkunde die in Aufgabe 19.16 aufgeführten Geschäftsfälle?

Datum	Text	Buchung		Bank	
		Soll	Haben	Soll	Haben
01.10.	Saldovortrag				
04.10.	Zahlungen von Kunden				
23.10.	Wertpapierverkauf				
05.11.	Barbezug				
20.12.	Zahlungen an Lieferanten				
31.12.	Sollzins 6 %				
31.12.	Habenzins 0,5 %				
31.12.	Verrechnungssteuer 35 %				
31.12.	Kommission und Spesen				
31.12.	Saldo				

19.50
19.51
19.52

Unter diesen Nummern finden Sie auf **EasyAccounting** weitere Aufgaben zur Kontenführung.

Der Download von EasyAccounting ist unter **www.verlagskv.ch/easyaccounting** beschrieben.

2. Teil Der Jahresabschluss

Einzelunternehmung

21.01

In der **Buchhaltung** einer Einzelunternehmung werden für die Abwicklung des Verkehrs zwischen der Geschäftsinhaberin bzw. dem Geschäftsinhaber und der Unternehmung zwei Konten benötigt:

- Das **Eigenkapitalkonto** zeigt das der Unternehmung langfristig zur Verfügung gestellte Kapital.
- Im **Privatkonto** werden die laufend anfallenden Gutschriften und Bezüge des Geschäftsinhabers aufgezeichnet. Vor dem Jahresabschluss wird der Saldo des Privatkontos immer über das Eigenkapital ausgeglichen. Das Privatkonto erscheint deshalb nie in der Bilanz einer Einzelunternehmung.

T. Vonesch ist eine jung verwitwete Mutter von zwei schulpflichtigen Kindern. Als gelernte Schneiderin gründet sie als Einzelunternehmerin ein Nähatelier, um die knappe Witwen- und Halbwaisenrente aufzubessern. Sie bittet Sie um Abklärung folgender Fragen:

Nr.	Frage	Antwort
1	Wie ist die Firma (Name) für das Atelier von T. Vonesch zu bilden?	
2	Welche minimale Kapitaleinlage muss T. Vonesch leisten?	
3	Welche Bestimmungen bestehen für den Handelsregister-Eintrag?	
4	Wie haftet die Inhaberin einer Einzelunternehmung?	

Nr.	Frage	Antwort
5	Frau Vonesch befürchtet ein buchhalterisches Chaos zwischen privaten Haushaltauslagen und Geschäftseinnahmen und -ausgaben. Mithilfe des Privatkontos kann sie die beiden Bereiche auf einfache Art trennen. Setzen Sie die folgenden Geschäftsfälle im nebenstehenden Privatkonto richtig ein: ► Barbezüge ► Eigenzins ► Warenbezüge ► Eigenlohn ► Privatrechnungen durch Geschäft bezahlt	**Privatkonto** Soll — Haben Belastungen für: Barbezüge; Warenbezüge; P. durch G. bezahlt Gutschriften für: Eigenzins; Eigenlohn
6	Was bedeutet es, wenn das Privatkonto Ende Jahr einen Sollüberschuss aufweist?	
7	Weshalb wird der Geschäftsinhaberin ein Eigenlohn gutgeschrieben?	
8	Weshalb wird der Geschäftsinhaberin für das zur Verfügung gestellte Kapital ein Eigenzins gutgeschrieben?	
9	Das Unternehmereinkommen setzt sich aus Eigenlohn, Eigenzins und Gewinn zusammen. Kann durch die Gutschrift eines hohen Eigenzinses das Unternehmereinkommen erhöht werden?	
10	Inwiefern unterscheiden sich die Geschäftsfälle, die über das Privatkonto gebucht werden, von jenen, die über das Eigenkapitalkonto abgerechnet werden?	
11	Der Abschluss der Einzelunternehmung erfolgt buchhalterisch in drei Schritten. Wie lauten die Buchungen für diese Schritte? 1. Ausgleich des Privatkontos (Sollüberschuss) 2. Gewinnverbuchung 3. Saldo des Eigenkapitals auf die Bilanz	1. ...... 2. ...... 3. ......
12	Weshalb erscheint das Eigenkapitalkonto in der Bilanz, das Privatkonto jedoch nicht?	

21.02

M. Keller führt eine eigene **Drogerie** in Bülach.

a) Verbuchen Sie die ausgewählten, summarisch zusammengefassten Geschäftsfälle auf der Grundlage des Kontenrahmens KMU. Die Beträge sind in Fr. 1000.

Journal und Hauptbuch

Nr.	Text	Sollbuchung	Habenbuchung	Betrag	Eigenkapital	Privat
1	Anfangsbestand Eigenkapital			200		
2	Barbezüge von M. Keller für private Zwecke			50		
3	Barverkäufe von Waren			800		
4	Private Warenbezüge			4		
5	Bankzahlung für den Lohn einer Angestellten			70		
6	Privatrechnungen von M. Keller über das Bankkonto des Geschäfts bezahlt			25		
7	Erhöhung des Eigenkapitals durch Einbringung eines Fahrzeugs aus dem Privatvermögen			20		
8	Bankzahlung für die Miete des Geschäftslokals			48		
9	Bankbelastung für Darlehenszinsen			6		
10	Abschreibung des Geschäftsmobiliars			14		
11	Gutschrift Eigenlohn			90		
12	Gutschrift Eigenzins (2,5 % auf Anfangskapital)					
13	Ausgleich Privatkonto					
14	Übertrag des Jahresgewinns gemäss Erfolgsrechnung			15		
15	Schlussbestand Eigenkapital					

b) Berechnen Sie das Geschäftseinkommen der Drogistin.

c) Wie hoch wäre das Geschäftseinkommen der Drogistin, wenn weder Eigenlohn noch Eigenzins verbucht worden wären?

d) Wie lauten die Buchungsregeln für das Eigenkapital- und das Privatkonto?

21.03

Eine Bäuerin betreibt in einer kleinen Berggemeinde einen «Tante-Emma-Laden» und verkauft vorwiegend Milchprodukte, Frischgemüse und andere Waren des täglichen Bedarfs. Der Geschäftsverkehr mit dem Privat- und dem Eigenkapitalkonto ist für das Jahr 20_1 summarisch dargestellt.

a) Verbuchen Sie die summarischen Beträge, und gleichen Sie das Privatkonto aus. Der Erfolg ist mit dem Eigenkapital zu verrechnen.

Vorgänge	Buchung	Konten: Eigenkapital			
				Privat	
Eröffnung			100 000		
Gutschrift des Eigenlohns von Fr. 48 000.–					
Privatbezüge von Waren für Fr. 2 000.–					
Barbezug von R. Pfeiffer Fr. 55 000.–					
Eigenzins 5% vom Eigenkapital					
1. Schritt Privatkontoausgleich über das Eigenkapital					
				Erfolgsrechnung	
Total Jahresaufwand	Diverse			73 000	
Total Jahresertrag	Diverse				85 000
2. Schritt Erfolgsverrechnung mit dem Eigenkapital					
				Schlussbilanz	
Total Aktiven	Diverse			408 000	
Total Fremdkapital	Diverse				300 000
3. Schritt Eigenkapitalübertrag auf die Schlussbilanz					

b) Wie errechnet sich das Einkommen der Bäuerin aus Geschäftstätigkeit für das Jahr 20_1?

21.04

Führen Sie das Journal für die ausgewählten Geschäftsfälle der **Antikschreinerei** G. Kreider, Bulgenbach, und errechnen Sie das Unternehmereinkommen. Das Eigenkapital beträgt am Anfang der Periode Fr. 120 000.

1 G. Kreider bezieht für private Zwecke Fr. 500 aus der Geschäftskasse.

2 Kreditkauf einer Hobelmaschine in Deutschland für EUR 10 000. Die Rechnung wird zum Buchkurs von CHF 1.40/EUR erfasst.

3 Privatrechnungen von G. Kreider im Betrage von Fr. 2500 werden übers Bankkonto des Geschäfts bezahlt.

4 Rechnung der Garage von Fr. 1200 für ausgeführten grossen Service am Geschäftsauto.

5 Einem temporär angestellten Schreiner wird ein Lohn von Fr. 3200 per Bank überwiesen.

6 Der Lieferant der Hobelmaschine (siehe Nr. 2) gewährt nachträglich einen Rabatt von 10 %, der zum Buchkurs von CHF 1.40/EUR verbucht wird.

7 G. Kreider kauft ein neues Geschäftsauto und gibt sein bisheriges Fahrzeug zum Buchwert (= Wert des Fahrzeugs gemäss Buchhaltung) an Zahlung. Der Geschäftsfall ist über das Kreditorenkonto abzuwickeln.

	Brutto-Kaufpreis	46 000
./.	Rabatt	–6 000
=	Anschaffungswert	40 000
./.	Eintausch altes Auto	–8 000
./.	Barzahlung	–10 000
=	Restbetrag auf Kredit	22 000

8 Um eine geplante Vergrösserung des Betriebs zu ermöglichen, zahlt der Geschäftsinhaber Mitte Jahr aus seinem Privatvermögen Fr. 50 000 auf das Bankkonto des Geschäfts ein.

9 Die Rechnung für den Kauf der Hobelmaschine wird bezahlt (siehe Nr. 2 und 6). Die Bank belastet die Zahlung zum Kurs CHF 1.38/EUR.

10 G. Kreiders Steuerrechnung von Fr. 13 600 wird übers Bankkonto des Geschäfts bezahlt.

11 G. Kreider bezieht vom Geschäft einen nicht renovierten Antikschrank (Handelsware) im Einstandswert von Fr. 5000 für privaten Gebrauch.

12 Bankgutschrift für Zinsen auf dem Kontokorrent Fr. 130. Verrechnungssteuer auch buchen.

13 Das Geschäftsfahrzeug wird teilweise privat genutzt. Der Privatanteil wird aufgrund des Fahrtenbuchs auf Fr. 3000 festgelegt.

14 G. Kreider stellt sein Privatauto manchmal für Geschäftszwecke zur Verfügung. Gemäss Aufzeichnungen werden ihm Fr. 800 gutgeschrieben.

15 Dem Eigentümer sind als Eigenlohn Fr. 72 000 gutzuschreiben.

16 Das Eigenkapital vor Übertrag des Privatkontos und vor Gewinnverbuchung ist mit 3 % zu verzinsen. Der Eigenzins wird G. Kreider gutgeschrieben.

17 Das Privatkonto weist vor dem Abschluss einen Habensaldo (= Habenüberschuss) von Fr. 6200 auf.

18 Verbuchung des Gewinns von Fr. 16 000.

21.05

Von der **Autofahrschule** H. Hegi liegt die provisorische Probebilanz[1] für das Geschäftsjahr 20_5 vor.

a) Verbuchen Sie die unten aufgeführten Nachträge, und erstellen Sie die definitive Probebilanz.

b) Erstellen Sie die Erfolgsrechnung sowie die Bilanz nach Gewinnverbuchung.

c) Wie hoch ist das Unternehmereinkommen?

d) Wie hoch wären das Eigenkapital und das Unternehmereinkommen, wenn ein Eigenlohn von Fr. 80 000 verbucht worden wäre?

Probebilanz per 31. 12. 20_5

Konto	Provisorische Probebilanz		Nachträge		Definitive Probebilanz	
Kasse	93 000	91 000				
Post[2]	33 000	23 600				
Fahrzeug	32 000	6 400				
Eigenkapital vor Gewinnverbuchung		30 000				
Privat	55 000					
Lohnaufwand						
Fahrzeugaufwand	22 000					
Zinsaufwand						
Übriger Aufwand	8 000					
Ertrag Autofahrstunden		92 000				
	243 000	243 000				

Nachtragsbuchungen

1 Im übrigen Aufwand wurde aus Versehen eine über das Postkonto des Geschäfts bezahlte Privatrechnung von Fr. 400 erfasst.

2 Privatanteil Geschäftsfahrzeug: 0,8 % des Anschaffungswerts von Fr. 40 000 je Monat

3 Eigenlohn: Fr. 5000 je Monat

4 Eigenzins: 2,5 %

5 Übertrag Privatkonto

[1] Die Probebilanz wird auch Summenbilanz genannt, weil sie die Summen aller Soll- und Habenbuchungen in den einzelnen Konten zeigt. Sie dient der Kontrolle, dass jeder Geschäftsfall seinen Niederschlag gleichermassen im Soll und im Haben gefunden hat. Deshalb muss das Solltotal immer dem Habentotal entsprechen.

[2] Der Einfachheit halber wird hier (wie in vielen Aufgaben) die Erfassung eines Zinsertrags vernachlässigt.

21.06

Wie werden die genannten Geschäftsfälle in den Konten Eigenkapital und Privat erfasst? Die Lösungen sind mit **X** zu markieren; Nr. 1 ist als Muster bereits eingetragen.

Nr.	Geschäftsfälle	Eigenkapital		Privat	
		Soll	Haben	Soll	Haben
1	Anfangsbestand Eigenkapital (Eröffnung)		X		
2	Anfangsbestand Privat (Eröffnung)				
3	Barbezüge des Eigentümers aus der Geschäftskasse				
4	Warenbezüge des Geschäftsinhabers				
5	Erhöhung der Kapitaleinlage				
6	Eigenlohn				
7	Privatanteil am Geschäftsauto				
8	Eigenzins				
9	Eigenmiete (Privatwohnung in der Geschäftsliegenschaft)				
10	Verminderung Kapitaleinlage				
11	Übertrag Privatkonto (Habenüberschuss)				
12	Verbuchung Jahresverlust				
13	Schlussbestand Eigenkapital				
14	Schlussbestand Privat				

21.07

Die Buchhaltung von W. Nievergelt, **Plattenleger,** weist für das Jahr 20_5 einen Gewinn von Fr. 40 000 aus. Vor dem Ausgleich des Privatkontos am 31. 12. 20_5 wies dieses einen Sollüberschuss von Fr. 10 000 auf.

a) Wie lautet die Buchung für den Ausgleich des Privatkontos?

b) Mit welchem Eigenkapital hat W. Nievergelt das Jahr begonnen, wenn das Eigenkapital per Ende 20_5 Fr. 110 000 beträgt?

c) Wie gross waren die gesamten Bezüge (Belastungen) von W. Nievergelt, wenn der Anfangsbestand des Eigenkapitals zu 3 % verzinst wurde und ein Eigenlohn von Fr. 60 000 verbucht wurde?

d) Wie hätte sich der Gewinn verändert, wenn das Eigenkapital zu 5 % verzinst worden wäre?

e) Welchen Einfluss hätte die höhere Verzinsung des Eigenkapitals auf das Unternehmereinkommen?

f) Wie hätte sich der Eigenzins und das Unternehmereinkommen verändert, wenn W. Nievergelt am 31. August eine Kapitaleinlage von Fr. 20 000 geleistet hätte und diese ebenfalls zu 3 % verzinst worden wäre?

g) Wie hätte sich das Unternehmereinkommen verändert, wenn W. Nievergelt am 31. August statt einer Kapitaleinlage ein zu 4,5 % verzinsliches Darlehen aufgenommen hätte?

21.08

Wie lauten die Buchungssätze für die folgenden Geschäftsfälle des **Treuhandbüros** J. Maurer für das Geschäftsjahr 20_3?

1 Privatbezüge ab dem Bankkonto des Geschäfts Fr. 80 000.

2 Die Mietzinse für das Geschäftslokal von Fr. 24 000 werden durch Banküberweisung bezahlt.

3 Die Krankenkassenprämien für die Familie Maurer von Fr. 12 000 werden über das Postkonto des Geschäfts bezahlt.

4 Eine Rechnung von Fr. 870 für Internet-Werbung wird erfasst.

5 Dem Ehemann werden für gelegentliche Mitarbeit Fr. 1500 per Post überwiesen.

6 J. Maurer erhöht ihre Kapitaleinlage Mitte Jahr durch Bankeinzahlung von Fr. 20 000.

7 Die direkten Bundessteuern von Fr. 2000 werden per Bank überwiesen.

8 Erbrachte Dienstleistungen für einen Kunden in Frankreich werden mit EUR 3000 in Rechnung gestellt und zum Buchkurs von CHF 1.40/EUR erfasst.

9 Der Kunde aus Frankreich bezahlt die Rechnung (siehe Nr. 8) unter Abzug von 2 % Skonto. Der Skonto wird zum Buchkurs erfasst, die Bankgutschrift erfolgt zum Kurs von CHF 1.45/EUR.

10 Kauf eines neuen Geschäftsfahrzeugs. Das bisherige wird zum Buchwert an Zahlung gegeben.

	Grundpreis	42 000
+	Sonderausstattung	8 000
=	Bruttopreis gemäss Katalog	50 000
./.	Geschäftsrabatt 8 %	–4 000
=	Anschaffungswert	46 000
./.	Eintausch altes Auto	–9 000
./.	Bankcheck	–20 000
=	Restbetrag auf Kredit	17 000

11 Rechnung von Fr. 3000 für die Geschäftshaftpflichtversicherung.

12 Rechnung eines befreundeten Rechtsanwalts von Fr. 4500 für gelegentliche Beratungen bei komplexen Mandaten.

13 Rechnung für Reparatur des Fotokopierers Fr. 600.

14 Privatanteil am Geschäftsfahrzeug gemäss Fahrtenheft Fr. 2400.

15 Abschreibung Mobiliar Fr. 6000.

16 Bankgutschrift für Kontokorrentzinsen Fr. 325.

17 Gutschrift Eigenlohn Fr. 96 000.

18 Gutschrift Eigenzins von 2,5 %. Das Eigenkapital betrug Anfang Jahr Fr. 200 000.

19 Übertrag Privatkonto. Der Betrag ist aus den Geschäftsfällen zu ermitteln.

20 Verbuchung Gewinn Fr. 22 000.

21.09

H. Rau hat sich vor kurzem als **Unternehmungsberater** selbstständig gemacht. Sein Gesamtvermögen setzt sich am 31. 12. 20_2 wie folgt zusammen (alle Zahlen in Fr. 1000.–):

Gesamtvermögen

Geschäftsvermögen

Bilanz vom 31. 12. 20_2

Flüssige Mittel	20	Kreditoren	20
Debitoren	75	Bank	30
Mobilien	65	Darlehen	50
Fahrzeug	40	Eigenkapital	100
	200		200

Privatvermögen

Bilanz vom 31. 12. 20_2

Flüssige Mittel	10	Kreditoren	20
Wertschriften	100	Hypotheken	480
Vorräte	2		
Autos	30	Reinvermögen	500
Immobilien	800		
Übriges AV	58		
	1 000		1 000

H. Rau möchte seine Unternehmung vergrössern und erhöht zu diesem Zweck am 1. 1. 20_3 seine Kapitaleinlage, indem er aus seinem Privatvermögen die Wertpapiere sowie die Immobilien mit den darauf lastenden Hypotheken auf das Geschäft überschreibt.

a) Wie lauten **im Geschäft** die Buchungen für die Vermögens- und Schuldüberführung?

	Buchung		Betrag
	Soll	Haben	
Überschreibung Wertpapiere			
Überschreibung Immobilien			
Überschreibung Hypothek			

b) Erstellen Sie die Geschäfts- und die Privatbilanz nach der Überführung vom 1. 1. 20_3.

Geschäft

Bilanz vom 1. 1. 20_3

Privat

Bilanz vom 1. 1. 20_3

c) Wie hoch ist das Reinvermögen vor und nach der Überführung?

	Vor Überführung	Nach Überführung
Eigenkapital Geschäft		
Reinvermögen privat		
Gesamtvermögen		

21.10

C. Benz betreibt ein kleines **Zügelunternehmen** in Winterthur.

Der summarisch zusammengefasste Geschäftsverkehr ist im Journal und im Hauptbuch zu verbuchen. Ende Jahr sind die Erfolgsrechnung sowie die Schlussbilanz zu erstellen. Alle Beträge sind in Fr. 1000.–.

Eröffnungsbilanz per 1.1.20_3

Aktiven			Passiven		
Umlaufvermögen			**Fremdkapital**		
Bank	6		Kreditoren	4	
Debitoren	12	18	Bankdarlehen	20	24
Anlagevermögen			**Eigenkapital**		
Büroeinrichtung	8		Eigenkapital		50
Fahrzeug	48	56			
		74			74

Journal 20_3

Nr.	Geschäftsfall	Sollbuchung	Habenbuchung	Betrag
1	An Kunden versandte Rechnungen für ausgeführte Zügeldienste			230
2	Bankzahlungen von Kunden			210
3	Private Barbezüge des Geschäftsinhabers am Bancomaten			18
4	Lohnüberweisungen an einen Angestellten			50
5	Kauf eines neuen PCs fürs Büro gegen Rechnung			3
6	Privatrechnungen über das Bankkonto des Geschäfts bezahlt			14
7	Rechnungen für übrigen Aufwand			106
8	Bankzahlungen an Kreditoren			110
9	Bankbelastung für Darlehenszinsen (Zinstermin 31.12., Zinsfuss 5% p.a.)			
10	Teilrückzahlung Bankdarlehen			15
11	Abschreibung Büroeinrichtung			2
12	Abschreibung Fahrzeug			8
13	Gutschrift Eigenlohn			70
14	Gutschrift Eigenzins 4% auf Anfangskapital			
15	Saldierung Privatkonto			
16	Verbuchung des Jahresverlusts			

Hauptbuch 20_3

Bank

Kreditoren

Personalaufwand

Transportertrag

Zinsaufwand

Bankdarlehen

Abschreibungen

Debitoren

Eigenkapital

Übriger Aufwand

Büroeinrichtung

Privat

Fahrzeug

Schlussbilanz nach Gewinnverbuchung 31. 12. 20_3

Erfolgsrechnung 20_3

21.50

Silvia Dürr ist eine grosse Pferdeliebhaberin. Sie hat zwei Pferde in einem Stall in der Nähe ihres Wohnortes eingestellt und pflegt und reitet diese mit Begeisterung. Um nicht alle Kosten selber tragen zu müssen und um den Pferden die nötige tägliche Bewegung garantieren zu können, hat sie einen Kundenstamm aufgebaut, der gegen ein bescheidenes Entgelt auf den beiden Tieren ausreitet.

Mithilfe eines Kassabuches führt sie eine **einfache Buchhaltung** für ihren kleinen Reitstall. Alle Kunden zahlen bar, ebenso begleicht S. Dürr alle Rechnungen sofort bar.

Anfang Jahr hat Frau S. Dürr eine Einzelunternehmung mit folgender Eröffnungsbilanz gegründet:

Eröffnungsbilanz per 1. 1. 20_3

Aktiven			Passiven
Kassa	1 500		
Sattel, Zaumzeug	3 000		
Pferde	20 500	Eigenkapital	25 000
	25 000		25 000

Das zusammengefasste Kassabuch lautet für das Jahr 20_3 wie folgt:

Datum[1]	Geschäftsfall	Kassakonto	
0	Anfangsbestand	1 500.–	
1	Bareinnahmen von Reitkunden	13 500.–	
2	Kauf von Heu und Stroh		2 900.–
3	Zahlung des Hufschmieds (Fr. 500.– alle 2 Monate)		3 000.–
4	Lohn für Stallgehilfen während der Ferienabwesenheit		1 200.–
5	Einzahlung auf Post für Reiterhaftpflichtversicherung		98.–
6	Zahlungen für Stallmiete		4 800.–
7	Tierarztkonsultationen		402.–
8	Barkauf von Hafer und Maispellets in der Landi		640.–
9	Übrige Baraufwände		260.–
0	Saldo		1 700.–
		15 000.–	15 000.–

[1] Anstelle eines üblichen Datums wird hier für jeden Geschäftsfall eine Nummer verwendet, da der Geschäftsverkehr summarisch dargestellt ist.

Führen Sie mit **EasyAccounting** die **doppelte Buchhaltung** für den Reitstall S. Dürr.

Der Download von EasyAccounting ist unter **www.verlagskv.ch/easyaccounting** beschrieben.

a) Als Erstes ist der für die Buchungen notwendige Kontenplan einzurichten:

Aktiven	1000 Kassa, 1501 Sattel und Zaumzeug, 1502 Pferde
Passiven	2800 Eigenkapital, 2850 Privatkonto
Aufwand	5000 Personalaufwand, 6000 Mietaufwand, 6200 Futtermittel, 6700 Übriger Aufwand, 6800 Abschreibungen, 6900 Zinsaufwand
Ertrag	3400 Reitertrag
Eröffnung/Abschluss	9000 Erfolgsrechnung, 9100 Bilanz

b) Erstellen Sie die Eröffnungsbilanz, und führen Sie das Journal aufgrund des summarisch dargestellten Kassabuchs.

c) Vor dem Abschluss sind noch die folgenden Nachträge im Journal zu berücksichtigen:

- S. Dürr rechnet damit, dass die beiden Pferde sicher noch 8 Jahre geritten werden können. Für das Älterwerden der Pferde setzt sie einen Abschreibungsbetrag von Fr. 2500.– pro Jahr ein, die Abschreibungen auf den Sätteln und Zaumzeugen betragen Fr. 1000.– pro Jahr.
- Würde sie die Pferde nicht selber pflegen, müsste sie für eine Stallhilfe mit Fr. 6600.– jährlich rechnen. Diesen Betrag setzt sie als Eigenlohn ein.
- Das Anfang Jahr investierte Kapital wird mit 6 % verzinst.
- Hätte S. Dürr keine eigenen Pferde, müsste sie für ihre täglichen Ausritte mit Fr. 5400.– pro Jahr rechnen. (Dieser Betrag ist einerseits S. Dürr als Privatperson zu belasten und anderseits als Ertrag für den Reitstall zu berücksichtigen.)

d) Das Privatkonto ist über das Eigenkapital auszugleichen.

e) Der Erfolg ist mit dem Eigenkapital zu verrechnen. Die Erfolgsrechnung und die Schlussbilanz (nach Gewinnverbuchung) sind auszudrucken.

21.51

Kuno Legrand ist ein sehr begnadeter Pianist mit diversen Auszeichnungen aus internationalen Klavierwettbewerben. Neben einer regen Konzerttätigkeit als gefragter Solist im In- und Ausland bestreitet er auch Meisterkurse für Pianisten an verschiedenen Orten. Seine Buchhaltung führt er mit **EasyAccounting.**

a) Öffnen Sie die Aufgabe 21.51, und verbuchen Sie für Kuno Legrand die summarisch zusammengefassten Geschäftsfälle für das Geschäftsjahr 20_2. Das Geschäftsjahr 20_2 ist bereits eröffnet, und der Kontenplan ist aus dem Vorjahr übernommen.

Datum	Geschäftsfall	Betrag
1	Rechnungen des Musikhauses Jecklin für Stimmungen von Flügel und Klavier	980.–
2	Bankgutschrift für Tantiemen aus verkauften CDs	16 350.–
3	Private Barbezüge ab Bankkonto	33 100.–
4	Postzahlungen an Kreditoren	4 180.–
5	Banküberweisung für Studiomiete	11 600.–
6	Bankbelastungen für Flugtickets	9 420.–
7	Postgutschrift für Honorare aus Konzerttätigkeit	35 000.–
8	Versand von Rechnungen an Teilnehmer der Meisterkurse	19 200.–
9	Lohn an Sekretärin für die Organisation der Meisterkurse durch Bank bezahlt	6 460.–
10	Postüberweisung für diverse Versicherungen	1 170.–
11	Bankgutschriften für Solistenhonorare	43 650.–
12	Bankgutschriften für Zahlungen von Meisterkurs-Teilnehmern	14 400.–
13	Barzahlung für neue Konzertkleider (Smoking, Hemd, Lackschuhe)	1 850.–
14	Diverse Baraufwände während der Konzertreisen (Taxi, Essen, Telefon)	1 537.–
15	Postgutschriften für Zahlungen von Meisterkurs-Teilnehmern	4 800.–
16	Rechnung für Notenmaterial	576.–
17	Rechnung für Benutzung von Musikzimmern am Konservatorium	4 760.–
18	Zahlungen an Kreditoren durch die Bank	7 430.–
19	Zahlungen von Privatrechnungen über das Postkonto des Geschäftes	26 840.–
20	Bankbelastungen für Hotelleistungen in den USA und Japan	7 670.–
21	Gutschrift Eigenlohn	60 000.–
22	Abschreibungen auf Instrumenten	3 200.–
23	Abschreibungen auf Mobiliar	800.–
24	Belastung des Bankkontos für Zinsen	210.–
25	Verrechnung eines Eigenzinses von 5 % auf dem Eigenkapital	?

b) Gleichen Sie das Privatkonto über das Eigenkapital aus.

c) Ermitteln Sie den Erfolg, und verrechnen Sie diesen mit dem Eigenkapital.

d) Wie gross war das Künstlereinkommen im Jahre 20_2?

Kollektivgesellschaft

22.01

Beantworten Sie die Fragen zur Kollektivgesellschaft unter Zuhilfenahme des Obligationenrechts.

Nr.	Frage	Antwort
1	Wo wird das Rechtsverhältnis der Gesellschafter untereinander (Innenverhältnis) geregelt?	
2	Wie hoch ist der mangels vertraglicher Vereinbarung verrechenbare Eigenzins auf der Kapitaleinlage?	
3	Um welche Kontenart gemäss Kontenrahmen KMU handelt es sich bei den Privatkonten der Gesellschafter?	
4	Was bedeutet es, wenn ein Privatkonto im Soll bzw. im Haben eröffnet wird?	Eröffnung im Soll: Eröffnung im Haben:
5	Wie ist ein Verlust auf die Gesellschafter zu verteilen, wenn vertraglich nichts vereinbart wurde?	
6	Ist eine vertragliche Vereinbarung, dass ein Gesellschafter nur am Gewinn, nicht aber am Verlust teilhaben soll, zulässig?	
7	Die Kollektivgesellschaft Lämmli & Wölfli wurde am 31. August 20_1 gegründet. Lämmli leistete eine Kapitaleinlage von Fr. 50 000.–, Wölfli eine solche von Fr. 80 000.–. Zinsfuss 6 %. Wie viel Zins erhalten die beiden Gesellschafter Ende 20_1 gutgeschrieben?	Zins Lämmli = ________ = Zins Wölfli = ________ =
8	Über welches Konto werden in der Regel die Gewinn- bzw. Verlustanteile der Gesellschafter abgebucht?	Gewinnanteil: Verlustanteil:
9	Wie wird ein Privatkonto mit einem Sollüberschuss in der Bilanz berücksichtigt?	
10	Wie ist die Haftung in der Kollektivgesellschaft geregelt?	

22.02

In der Schweiz gibt es etwa 180 000 Aktiengesellschaften, 120 000 GmbH und 150 000 Einzelunternehmungen, aber nur 13 000 Kollektivgesellschaften.

Welches sind die Gründe für die geringe Verbreitung der Kollektivgesellschaft?

22.03

Gegeben ist ein Ausschnitt aus der Eröffnungsbilanz der Kollektivgesellschaft **Hinz & Kunz.** Die Beträge sind Kurzzahlen.

Eröffnungsbilanz per 1. 1. 20_3

Aktiven	Passiven	
	Eigenkapital	
	Kapital Hinz	300
	Kapital Kunz	500
	Privat Hinz	15
	Privat Kunz	–22

Verbuchen Sie den summarisch zusammengefassten Geschäftsverkehr, und erstellen Sie die Schlussbilanz.

Journal und Hauptbuch 20_3

Text	Buchung	Kapital Hinz		Kapital Kunz		Privat Hinz		Privat Kunz	
Eröffnung	Diverse								
Privatbezüge ab Bankomat: ► Hinz 110 ► Kunz 85									
Privatrechnung Hinz von 15 übers Bankkonto des Geschäfts bezahlt									
Private Warenbezüge durch Kunz für 7									
Zinsen (Eigenzinsen) 4 % auf Kapitalanteilen									
Honorare (Eigenlöhne) je 84									
Gewinnanteile Ende Jahr je 13									
Salden	Diverse								

Schlussbilanz nach Gewinnverbuchung per 31. 12. 20_3

Aktiven	Passiven	
	Eigenkapital	
	Kapital Hinz	
	Kapital Kunz	
	Privat Hinz	
	Privat Kunz	

22.04

Das Eigenkapital des **Ingenieurbüros Fehr & Schmidt** setzte sich am 01.01.20_1 wie folgt zusammen (alle Beträge in Fr. 1000.–):

Eigenkapital per 1.1.20_1

Kapital Fehr	80
Kapital Schmidt	40
Privat Fehr	25
Privat Schmidt	–4
Total Eigenkapital	141

a) Führen Sie das Journal auf der Grundlage des Kontenrahmens KMU.

Journal

Nr.	Geschäftsfall	Sollbuchung	Habenbuchung	Betrag
1	Versand von Kundenrechnungen, 420			
2	Kreditkauf eines neuen Fotokopierers, 2			
3	Private Geldbezüge ab dem Bankkonto des Geschäfts: ▶ Fehr 115 ▶ Schmidt 75			
4	Private Rechnungen übers Bankkonto des Geschäfts bezahlt: ▶ Fehr 9 ▶ Schmidt 12			
5	Übernahme eines Geschäftsautos durch Fehr zum Buchwert von 5			
6	Gutschrift Eigenlöhne, je 72			
7	Gutschrift Eigenzins von 5 % auf den Kapitaleinlagen			
8	Gutschrift anteiliger Jahresgewinn (Gewinn total 48; es bestehen keine vertraglichen Abmachungen)			

b) Wie setzt sich das Eigenkapital am 31.12.20_1 nach Gewinnverbuchung zusammen?

c) Wie hoch sind die Geschäftseinkommen der Gesellschafter?

22.05

Von der **Streit & Hahn** ist das Eigenkapital vor Erfolgsverbuchung gemäss Probebilanz per 31. 12. 20_1 in Fr. 1000 gegeben.

Kapital Streit		Kapital Hahn		Privat Streit		Privat Hahn	
	60		40	75	81	89	80

a) Wie setzt sich das Eigenkapital gemäss Schlussbilanz nach Gewinnverbuchung per 31. 12. 20_1 in folgenden Fällen zusammen?

Fall	Sachverhalt	Eigenkapital in Fr. 1 000	
1	Streit & Hahn erwirtschafteten 20_1 einen Gewinn von 20, der gemäss Gesellschaftsvertrag im Verhältnis zu ihren Kapitaleinlagen den Privatkonten gutgeschrieben wird.	Kapital Streit	
		Kapital Hahn	
		Privat Streit	
		Privat Hahn	
2	Streit & Hahn erwirtschafteten 20_1 einen Gewinn von 30, und es besteht keine vertragliche Abmachung über die Gutschriften der Gewinnanteile auf den Privatkonten.	Kapital Streit	
		Kapital Hahn	
		Privat Streit	
		Privat Hahn	
3	Streit & Hahn erleiden 20_1 einen Verlust von 10, der zulasten ihrer Kapitalanteile verbucht werden soll. Es besteht eine vertragliche Abmachung, wonach die Gewinne im Verhältnis der Kapitaleinlagen verteilt werden sollen, aber über eine Verlustaufteilung besteht keine Vereinbarung.	Kapital Streit	
		Kapital Hahn	
		Privat Streit	
		Privat Hahn	

b) Diese Aufgabe basiert auf dem obigen Fall 3.

Kreuzen Sie die Aussagen als richtig an, oder begründen Sie, weshalb diese falsch sind.

Nr.	Aussagen	Richtig	Begründung bei falscher Aussage
1	Im Jahr 20_2 wird Hahn ein Eigenzins von Fr. 1 800 gutgeschrieben, sofern der Zinsfuss 5% beträgt.		
2	Im Jahr 20_2 wird Streit ein Eigenzins von Fr. 2 160 gutgeschrieben, sofern im Gesellschaftsvertrag keine Abmachung zum Eigenzins besteht.		
3	Streit & Hahn müssen ihren Eigenlohn im Jahr 20_2 um je Fr. 5 000 kürzen, damit der Vorjahresverlust von Fr. 10 000 wieder ausgeglichen wird.		
4	Wenn im Jahr 20_2 ein Gewinn von Fr. 15 000 erzielt wird, dürfen davon nur Fr. 5 000 ausgeschüttet werden.		

Aktiengesellschaft

23.01

Julia Müller und Lucia Keller gründen zusammen die **Planta AG.** Sie zeichnen je 50 Namenaktien zu Fr. 1000 Nominalwert.

Verbuchen Sie die Gründung, und erstellen Sie die Gründungsbilanzen in den folgenden drei Fällen (Beträge in Fr. 1000).

a) Die Liberierung erfolgt durch Bareinzahlung der Gründerinnen auf das Bank-Sperrkonto der entstehenden Aktiengesellschaft.

Text	Buchung	Bank		Aktionäre		Aktienkapital	
Zeichnung der Aktien	Aktionäre / Aktienkapital			100			100
Liberierung	Bank / Aktionäre	100			100		
Salden	Diverse		100			100	
		100	100	100	100	100	100

Gründungsbilanz

Aktiven		Passiven	
Bank	100	Aktienkapital	100
	100		100

b) Die Liberierung erfolgt durch Bareinzahlung von Fr. 80 000 auf das Bank-Sperrkonto und durch Einbringung einer Büroeinrichtung im Wert von Fr. 20 000.

Text	Buchung	Bank		Aktionäre		Mobiliar		Aktienkapital	
Zeichnung der Aktien	Aktionäre / Aktienkapital			100					100
Liberierung durch Barzahlung	Bank / Aktionäre	80			80				
Liberierung durch Sacheinlage	Mobiliar / Aktienkapital					20			
Salden	Diverse		80	100	20		20	100	
		80	80	100	100	20	20	100	100

Gründungsbilanz

Aktiven		Passiven	
Bank	80	Aktienkapital	100
Mobiliar	20		
	100		100

c) Die Teilliberierung erfolgt zum gesetzlichen Minimum durch Bareinzahlung der Gründerinnen auf das Bank-Sperrkonto.

Text	Buchung	Bank		Aktionäre		Nicht einbez. AK		Aktienkapital	
Zeichnung der Aktien	Aktionäre / Aktienkapital			100					100
Bareinzahlung	Bank / Aktionäre	50			50				
Nicht einbezahltes AK	nicht einbez. AK / Aktienka.						50		
Salden	Diverse		50	100		50		100	100
		50	50	100	100	50	50	100	100

Gründungsbilanz

Aktiven		Passiven	
Bank	50	Aktienkapital	100
nicht einbez. AK	50		
	100		100

23.02

Am 31. März 20_3 wird die **Spenglerei Häni AG** mit einem Aktienkapital von Fr. 100 000 gegründet. Der Nominalwert einer Aktie beträgt Fr. 1000.

Beni Häni ist dipl. Spenglermeister. Er betrieb bisher eine Spenglerei als Einzelunternehmung. Er zeichnet 60 Aktien und bringt zur Liberierung der Anteile seine bisherige Einzelfirma in die Aktiengesellschaft ein. Den Überschuss überlässt er der Aktiengesellschaft als Darlehen.

Schlussbilanz der Einzelfirma Beni Häni per 31.03.20_3

Aktiven			Passiven	
Umlaufvermögen			**Fremdkapital**	
Bank	2 000		Kreditoren	5 000
Debitoren	7 000			
Vorräte	8 000	17 000		
Anlagevermögen			**Eigenkapital**	
Maschinen und Apparate	30 000		Eigenkapital	66 000
Büromobiliar	10 000			
Fahrzeug	14 000	54 000		
		71 000		71 000

Mario König, ein Sanitärmonteur, und Simone Roth, eine Kauffrau, zeichnen je 20 Aktien und liberieren ihre Anteile durch Einzahlung auf das Bank-Sperrkonto.

Erstellen Sie die Gründungsbilanz der Aktiengesellschaft.

23.03

Von zwei Drogerien mit unterschiedlicher Rechtsform liegen die Schlussbilanzen vor Gewinnverbuchung vor. Die Beträge sind in Fr. 1000.

Drogerie Evelin Ackermann, Richterswil

Schlussbilanz vor Gewinnverbuchung per 31. 12. 20_2

Aktiven			Passiven		
Umlaufvermögen			**Fremdkapital**		
Flüssige Mittel	17		Kreditoren	35	
Forderungen	13		Darlehen	15	50
Vorräte	50	80			
Anlagevermögen			**Eigenkapital**		
Sachanlagen		100	Eigenkapital	60	
			Gewinn	70	130
		180			180

Zentral-Drogerie AG, Olten

Schlussbilanz vor Gewinnverbuchung per 31. 12. 20_2

Aktiven			Passiven		
Umlaufvermögen			**Fremdkapital**		
Flüssige Mittel	21		Kreditoren	62	
Forderungen	29		Darlehen	38	100
Vorräte	90	140			
Anlagevermögen			**Eigenkapital**		
Sachanlagen		160	Aktienkapital	100	
			Gesetzliche Gewinnreserve	30	
			Freiwillige Gewinnreserven	50	
			Gewinnvortrag	2	
		300	Gewinn	18	200
					300

a) Wie lauten die Buchungssätze für die Gewinnverbuchung?

Einzelunternehmung	Aktiengesellschaft

b) Vervollständigen Sie die Schlussbilanzen nach Gewinnverbuchung.

Schlussbilanz nach Gewinnverbuchung per 31. 12. 20_2

Aktiven			Passiven		
Umlaufvermögen			**Fremdkapital**		
Flüssige Mittel	17		Kreditoren	35	
Forderungen	13		Darlehen	15	50
Vorräte	50	80			
Anlagevermögen			**Eigenkapital**		
Sachanlagen		100			
		180			180

Schlussbilanz nach Gewinnverbuchung per 31. 12. 20_2

Aktiven			Passiven		
Umlaufvermögen			**Fremdkapital**		
Flüssige Mittel	21		Kreditoren	62	
Forderungen	29		Darlehen	38	100
Vorräte	90	140			
Anlagevermögen			**Eigenkapital**		
Sachanlagen		160			
		300			300

c) Warum blieb die Höhe des Eigenkapitals bei der Gewinnverbuchung unverändert?

d) Beschreiben Sie eine Gemeinsamkeit und einen Unterschied zwischen der Gewinnverbuchung bei der Einzelunternehmung und der Aktiengesellschaft.

23.04

Bei der **Bonum AG** setzt sich das Eigenkapital in der Schlussbilanz vor Gewinnverbuchung per 31. Dezember 20_1 wie folgt zusammen (alle Beträge in Fr. 1000):

	Aktienkapital	400
+	Gesetzliche Gewinneserve	54
+	Gewinnvortrag	10
+	Jahresgewinn	60
=	**Eigenkapital**	**524**

a) Wie lautet der Buchungssatz für die Gewinnverbuchung per 31. Dezember 20_1?

Sollbuchung	Habenbuchung	Betrag

An der ordentlichen Generalversammlung vom 10. April 20_2 beschliessen die Aktionäre, nur das gesetzliche Minimum an Reserven gemäss OR 671 zu bilden und so viele ganze Prozente Dividende wie möglich auszuschütten.

b) Vervollständigen Sie den Gewinnverwendungsplan.

Gewinnverwendungsplan 20_2

Gewinnvortrag (Bilanzgewinn)	
./.	

Am 12. April 20_2 wird die Nettodividende an die Aktionäre überwiesen und am 8. Mai 20_2 die geschuldete Verrechnungssteuer an die eidg. Steuerverwaltung.

c) Verbuchen Sie die Gewinnverwendung sowie die beiden Überweisungen. Das Bankkonto wurde aus Platzgründen weggelassen.

Journal und Konten 20_2 (Ausschnitt)

Datum	Text	Buchung	Kreditor VSt		Dividenden		Gesetzl. Gewinnres.		Gewinnvortrag	
01.01.	Anfangsbestände	Diverse Eröffnungsbuchungen								
10.04.	Reservenzuweisung									
10.04.	Dividendenzuweisung									
10.04.	Verrechnungssteuer									
12.04.	Auszahlung Nettodividenden									
08.05.	Überweisung VSt									
08.05.	Neue Kontensalden	Keine Buchungen								

23.05

Bei der **Eglisana AG** setzt sich das Eigenkapital in der Schlussbilanz vor Gewinnverbuchung per 31. Dezember 20_4 wie folgt zusammen (alle Beträge in Fr. 1000):

	Aktienkapital	1 000
+	Gesetzliche Gewinnreserve	250
+	Gewinnvortrag	12
+	Jahresgewinn	80
=	**Eigenkapital**	**1 342**

a) Nennen Sie den Buchungssatz für die Gewinnverbuchung per 31. Dezember 20_4.

Sollbuchung	Habenbuchung	Betrag

Die Aktionäre beschliessen an ihrer ordentlichen Generalversammlung vom 15. Mai 20_5, die Zuweisung an die gesetzliche Gewinnreserve auf das in OR 671 vorgeschriebene Minimum zu beschränken und so viele ganze Prozente Dividende wie möglich auszuschütten.

b) Erstellen Sie den Gewinnverwendungsplan.

Gewinnverwendungsplan 20_5

Am 20. Mai 20_5 wird die Nettodividende an die Aktionäre überwiesen und am 16. Juni 20_5 die geschuldete Verrechnungssteuer.

c) Verbuchen Sie die Gewinnverwendung sowie die beiden Überweisungen. Das Bankkonto wurde aus Platzgründen weggelassen.

Journal und Konten 20_5 (Ausschnitt)

Datum	Text	Buchung	Kreditor VSt		Dividenden		Gesetzl. Gewinnres.		Gewinnvortrag	
01.01.	Anfangsbestände	Diverse Eröffnungsbuchungen								
15.05.	Reservenzuweisung									
16.06.	Neue Kontensalden	Keine Buchungen								

d) Wie setzt sich das Eigenkapital nach der Gewinnverwendung zusammen?

23.06

Alle vier Aktiengesellschaften führen ihre Generalversammlung im April 20_2 durch. Die Aktionäre beschliessen, nur die gesetzlich vorgeschriebenen Reservenzuweisungen vorzunehmen und aus dem Bilanzgewinn so viele ganze Prozente Dividende wie möglich auszuschütten.

Erstellen Sie die Gewinnverwendungspläne auf Franken genau.

Eigenkapital gemäss Eröffnungsbilanz vom 1.1.20_2

	Alpha AG	Beta AG	Gamma AG	Delta AG
Aktienkapital	400 000	500 000	200 000	100 000
Gesetzliche Gewinnreserve	60 000	150 000	10 000	10 000
Freiwillige Gewinnreserven	60 000	0	0	0
Gewinnvortrag (Bilanzgewinn)	42 000	103 000	41 000	16 500
Total Eigenkapital	**562 000**	**753 000**	**251 000**	**126 500**

Zusatzinformationen

Jahresgewinn 20_1	40 000	100 000	30 000	16 000
Nicht einbezahltes Aktienkapital	0	0	100 000	50 000

23.07

Das Aktienkapital der **Raffa AG** ist in 600 Namenaktien zu Fr. 1000 Nominalwert eingeteilt. Das Eigenkapital setzt sich gemäss Schlussbilanz vom 31.12.20_7 wie folgt zusammen:

	Aktienkapital	600 000
+	Gesetzliche Gewinnreserve	135 000
+	Freiwillige Gewinnreserven	265 000
+	Gewinnvortrag	6 000
+	Jahresgewinn	84 000
=	**Eigenkapital**	**1 090 000**

a) Wie lautet der Buchungssatz für die Gewinnverbuchung per Ende 20_7?

b) Die Generalversammlung beschliesst am 17.04.20_8 folgende Verwendung des Bilanzgewinns:

- Gesetzliche Reserven: Minimum gemäss OR 671
- Statutarische Reserven: Fr. 20 000
- Dividenden: so viele ganze Prozent wie möglich

Erstellen Sie den Gewinnverwendungsplan.

c) Führen Sie das Journal für die Gewinnverwendung sowie die Banküberweisung der Dividenden (per 20.04.20_8) und der Verrechnungssteuer (per 16.05.20_8).

d) Wie setzt sich das Eigenkapital nach der Gewinnverwendung zusammen?

e) Die Aktionärin S. Meier GmbH besitzt 50 Aktien der Raffa AG.
Wie verbucht die Aktionärin die Bankgutschrift für die Dividendenausschüttung?

23.08

Kreuzen Sie eine Aussage als richtig an, oder geben Sie eine Begründung.

Nr.	Aussage	Richtig	Begründung bei falscher Aussage
1	Zum Eigenkapital einer Aktiengesellschaft gehören das Aktienkapital, die Reserven, der Gewinnvortrag sowie die Dividenden.		
2	Für die Schulden der Aktiengesellschaft haftet nur das Gesellschaftsvermögen, sofern das Aktienkapital voll liberiert wurde. Die Aktionäre haften nicht mit ihrem Privatvermögen.		
3	Mit der Pflicht zur Reservenbildung will der Gesetzgeber den ausschüttungsfähigen Betrag vermindern und damit die Liquidität (Zahlungsbereitschaft) der Aktiengesellschaft fördern.		
4	Die gesetzlichen Reserven dürfen nur aufgelöst und an die Aktionäre ausgeschüttet werden, wenn sie weniger als 50 % des Aktienkapitals betragen.		
5	Ein wichtiger Vorteil der Aktiengesellschaft ist die getrennte Besteuerung der Gesellschaft und der Aktionäre.		
6	Sofern eine Aktiengesellschaft ein Aktienkapital von Fr. 500 000 aufweist, müssen mindestens Fr. 50 000 einbezahlt sein.		
7	Für die Mehrheitsaktionäre werden oft Kontokorrentkonten geführt, deren Salden beim Abschluss der AG als kurzfristige Forderung oder Verbindlichkeit ausgewiesen werden.		
8	Als letzte Buchung eines Geschäftsjahrs wird der Gewinn (bzw. der Verlust) auf die Erfolgsrechnung übertragen.		
9	Die Namen der Aktionäre sind aus dem Handelsregister ersichtlich.		
10	Über die Gewinnverwendung einer Aktiengesellschaft entscheidet der Verwaltungsrat.		
11	Der Mindestnennwert einer Aktie beträgt einen Franken.		
12	Für die Abwicklung der Gründungsbuchungen wird das Hilfskonto *Aktionäre* verwendet. Dieses Konto ist ein Passivkonto und erscheint nach der Gründung nicht mehr in der Bilanz.		

23.09

Die **Poseidon AG** weist in ihrer Schlussbilanz vor Gewinnverwendung per 31. 12. 20_3 dieses Eigenkapital aus:

	Aktienkapital	2 000 000
+	Gesetzliche Gewinnreserve	300 000
./.	Verlustvortrag	–40 000
+	Jahresgewinn	220 000
=	**Eigenkapital**	**2 480 000**

a) Wie lautet der Buchungssatz für die Gewinnverbuchung per Ende 20_3?

b) Die Generalversammlung beschliesst am 28. 04. 20_4, so viele ganze Prozente Dividende wie möglich auszuschütten.

Erstellen Sie den Gewinnverwendungsplan.

c) Wie setzt sich das Eigenkapital nach der Gewinnverwendung zusammen?

d) Die buchführungspflichtige Einzelunternehmerin A. Sette besitzt einen Anteil von 2 % am Aktienkapital der Poseidon AG.

Wie verbucht sie die Bankgutschrift für die Dividende (auf Franken genau)?

23.10

Die Schlussbilanz vor Gewinnverbuchung der **Speer AG** weist per Ende 20_7 folgendes Eigenkapital aus (Beträge in Fr. 1000):

	Aktienkapital	300
+	Gesetzliche Gewinnreserve	50
+	Freiwillige Gewinnreserven	10
+	Gewinnvortrag	5
./.	Jahresverlust	–30
=	**Eigenkapital**	**335**

a) Mit welcher Buchung wird der Verlust per Ende 20_7 verbucht?

b) An der Generalversammlung vom 16. 02. 20_8 bestehen grundsätzlich zwei Möglichkeiten für die künftige Behandlung des Verlustvortrags:

- Variante 1: Der Verlustvortrag wird so weit wie möglich über den Gewinnvortrag und die freiwilligen Gewinnreserven ausgebucht; der Rest wird vorgetragen (stehen gelassen).
- Variante 2: Der Verlustvortrag wird über den Gewinnvortrag, die freiwilligen und die gesetzlichen Gewinnreserven vollständig ausgebucht.

Wie setzt sich das Eigenkapital nach der Generalversammlung gemäss den beiden Varianten zusammen?

23.11

Eine Bilanz mit Ausweis eines Verlustvortrags (Bilanzverlusts) wird **Unterbilanz** genannt.

Welche Pflichten hat der Verwaltungsrat nach OR 725, wenn folgende schematisch dargestellten Unterbilanzen vorliegen?

Bilanz 1

Aktiven	450	Fremdkapital	360
		Aktienkapital	200
Verlustvortrag	150	Gesetzliche Reserven	40

Bilanz 2

Aktiven	250	Fremdkapital	360
Verlustvortrag	350	Aktienkapital	200
		Gesetzliche Reserven	40

23.12

Die **Omega AG** erhöht ihr Aktienkapital um nominell Fr. 200 000 mit einem Agio (Aufgeld) von 40 %. In einem ersten Schritt zeichnen die Aktionäre die Aktien. Anschliessend erfolgt die Liberierung durch Einzahlung auf das Bankkonto der AG. Das Agio wird gemäss OR 671 den gesetzlichen Reserven zugewiesen.

Wie lauten die Buchungen?

Text	Sollbuchung	Habenbuchung	Betrag
Zeichnung Aktienkapital mit Agio			
Liberierung			

23.13

Das Aktienkapital der Turbo AG beträgt Fr. 500 000. Es ist eingeteilt in Namenaktien mit einem Nominalwert von Fr. 10. Im Rahmen der Gewinnverwendung mussten für die Zuweisung von Zusatzdividenden (Superdividenden) gesetzliche Gewinnreserven von Fr. 3500 gebildet werden.

Wie verbucht die **A. Brunner AG** die Bankgutschrift, wenn sie 1000 Namenaktien der Turbo AG besitzt? Als Antwort sind im Kontierungsstempel nebst den Beträgen die Kontennummern gemäss KMU-Kontenrahmen einzusetzen.

Soll	Haben	Betrag

23.14

Die **Transit AG,** Hüntwangen, besitzt einen Dreiachslastwagen mit Zweiachsanhänger, die zusammen mit der Ladung ein Gesamtgewicht von 40 Tonnen aufweisen. Im Auftrag eines grossen Getränkekonzerns führt sie regelmässige Fahrten nach einem bestimmten Routenplan zur Versorgung von Läden mit Getränken in der Ostschweiz durch.

Der summarisch zusammengefasste Geschäftsverkehr ist im Journal und Hauptbuch zu verbuchen. Ende Jahr sind die Erfolgsrechnung sowie die Schlussbilanz zu erstellen. Alle Beträge sind in Fr. 1000.–.

Eröffnungsbilanz per 1. 1. 20_5

Aktiven			Passiven		
Umlaufvermögen			**Fremdkapital**		
Bank	13		Kreditoren	3	
Debitoren	30	43	Bankdarlehen	120	123
			Eigenkapital		
Anlagevermögen			Aktienkapital	100	
Büroeinrichtung	10		Gesetzl. Gewinnres.	15	
Fahrzeuge	210	220	Gewinnvortrag	25	140
		263			263

Journal 20_5

Nr.	Geschäftsfall	Sollbuchung	Habenbuchung	Betrag
1	Rechnungen an den Getränkekonzern für ausgeführte Transporte			280
2	Vom Getränkekonzern bezahlte Rechnungen			270
3	Bankzahlungen für Personalaufwand			80
4	Rechnungen der Touring-Garage, Eglisau, für Dieselbezüge sowie Unterhalt und Reparaturen			65
5	Gewinnverwendung gemäss Beschluss der Generalversammlung: ► Gesetzl. Reservenbildung 4 ► Dividendenzuweisung 20 ► Verrechnungssteuer 35 %			
6	Bankzahlung der Nettodividende an die Aktionäre			
7	Überweisung der Verrechnungssteuer an die eidg. Steuerverwaltung			
8	Rechnungen für übrigen Aufwand			70
9	Bankzahlungen an Kreditoren			130
10	Bankbelastung für Darlehenszinsen (Zinstermin 31. 12., Zinsfuss 5 % p. a.)			
11	Teilrückzahlung Bankdarlehen			30
12	Abschreibung Büroeinrichtung			2
13	Abschreibung Anhängerzug			40
14	Verbuchung des Jahresgewinns			

Hauptbuch 20_5

Bank

Kreditoren

Personalaufwand

Transportertrag

Fahrzeugaufwand

Zinsaufwand

Kreditor VSt

Abschreibungen

Dividenden

Debitoren

Übriger Aufwand

Bankdarlehen

Büroeinrichtung

Aktienkapital

Fahrzeuge

Gesetzl. Gewinnreserve

Gewinnvortrag

Erfolgsrechnung 20_5

Schlussbilanz nach Gewinnverbuchung 31. 12. 20_5

23.50

Eine Gruppe von Hoteliers, Handwerkern und Bauern aus einem voralpinen Ski- und Wandergebiet gründete im Januar 20_1 eine Aktiengesellschaft mit dem Firmennamen **Freizeitanlagen AG.** Unternehmenszweck ist der Bau und Betrieb einer Sesselbahn sowie einer Rutschbahn. Nachdem alle notwendigen Bewilligungen erteilt worden waren, kamen die Bauarbeiten dank tüchtiger Arbeiter, guter Planung und schönem Wetter zügig voran. Ende 20_1 präsentierte sich die Schlussbilanz wie folgt:

Schlussbilanz 31. 12. 20_1

Aktiven			Passiven		
Umlaufvermögen			**Fremdkapital**		
Kasse		920	Kreditoren	133 518	
			Bank	267 402	
Anlagevermögen			Darlehen	1 000 000	1 400 920
Sesselbahn	1 000 000				
Rutschbahn	800 000				
Pistenfahrzeuge	500 000				
Beschneiungsanlagen	700 000		**Eigenkapital**		
Diverse Anlagen	400 000	3 400 000	Aktienkapital		2 000 000
		3 400 920			3 400 920

Die Anlagen konnten Anfang 20_2 eingeweiht und dem Betrieb übergeben werden.

Führen Sie die Buchhaltung mit **EasyAccounting.** Der Kontenplan ist bereits erfasst und das Geschäftsjahr 20_2 eröffnet.

a) Verbuchen Sie die summarisch zusammengefassten Geschäftsfälle des Jahres 20_2.

Nr.	Geschäftsfälle	Betrag
1	Barverkauf von Tageskarten im Winter für die Sesselbahn	339 370
2	Barverkauf von Einzelbilletten im Sommer für die Sessel- und Rutschbahn	509 330
3	Bareinzahlungen auf das Bankkonto	845 300
4	Bankzahlungen für Personalaufwand	312 000
5	Bankzahlungen für Pachtzinsen (Das Land für die Sessel- und Rutschbahn sowie die Parkplätze wird von der Oberallmeind-Korporation gepachtet.)	36 000
6	Belastungen für Bankzinsen	15 460
7	Damit die Skipiste auch nachts genutzt werden kann, wird im Januar 20_2 gegen Rechnung eine Pistenbeleuchtungsanlage gekauft.	200 000
8	Rechnungen für Unterhalt, Reparaturen und Sicherheitschecks	32 625
9	Rechnungen für Strombezüge und Dieseltreibstoffkäufe	61 425
10	Bankzahlungen an Kreditoren	374 109
11	Bankzahlungen für Versicherungsprämien (Haftpflicht, Fahrzeuge)	22 400
12	Bankzahlung für eine Teilrückzahlung des Darlehens (Das Darlehen des regionalen Entwicklungsverbandes ist zinslos, aber in 10 Jahresraten rückzahlbar.)	100 000
13	Bankzahlungen für Werbeaufwand	71 650
14	Bankzahlungen für diversen Aufwand	48 140
15	Die Anlagen sind im Verlaufe der Nutzungsdauer gleichmässig abzuschreiben (so genannte lineare Abschreibung). Die voraussichtliche Nutzungsdauer des Anlagevermögens beträgt 20 Jahre, ausser bei den Pistenfahrzeugen, die in 10 Jahren abzuschreiben sind.	?

b) Errichten Sie die Bilanz sowie die Erfolgsrechnung, und ermitteln Sie den Gewinn für das Geschäftsjahr 20_2.

c) Verbuchen Sie den Gewinn des Geschäftsjahres 20_2, indem sie ihn auf das Konto Gewinnvortrag übertragen.

d) Eröffnen Sie das neue Geschäftsjahr 20_3.

Hinweis: Wählen Sie im Hauptmenü «Neue Buchhaltung», und fahren Sie fort mit dem Menüpunkt «Den Kontenplan und die Eröffnungsbuchungen einer bestehenden Buchhaltung übernehmen». Anschliessend werden Sie von EasyAccounting weiter geführt.

e) Verbuchen Sie die summarisch zusammengefassten Geschäftsfälle des Jahres 20_3.

Nr.	Geschäftsfälle	Betrag
1	Barverkauf von Tageskarten im Winter an Einzelpersonen	281 622
2	Kreditverkauf von Tageskarten im Winter an Reiseunternehmungen (Carreisen)	72 400
3	Bankzahlungen von Reiseunternehmungen	68 900
4	Barverkauf von Einzelbilletten im Sommer	535 678
5	Bareinzahlungen auf das Bankkonto	818 100
6	Bankzahlungen für Personalaufwand	312 000
7	Bankzahlungen für Pachtzinsen	36 000
8	Belastungen für Bankzinsen	18 754
9	Im Mai 20_3 findet die jährliche Generalversammlung statt. Die Aktionäre beschliessen, den Gewinn des Geschäftsjahres 20_2 wie folgt zu verwenden: ► Reservenzuweisung 5 % ► Dividendenzuweisung 2 %	?
10	Ein paar Tage später erfolgt die Auszahlung der von der Generalversammlung beschlossenen Dividende: ► Die Nettodividende von 65 % wird durch Bankzahlung an die Aktionäre ausgeschüttet. ► Die Verrechnungssteuer von 35 % wird der eidg. Steuerverwaltung gutgeschrieben.	? ?
11	Rechnungen für Unterhalt, Reparaturen und Sicherheitschecks	28 301
12	Bankzahlung an die eidg. Steuerverwaltung (Verrechnungssteuer auf Dividende)	?
13	Rechnungen für Strombezüge und Dieseltreibstoffkäufe	64 843
14	Bankzahlungen an Kreditoren	74 958
15	Bankzahlungen für Versicherungsprämien (Haftpflicht, Fahrzeuge)	22 400
16	Bankzahlung für eine Teilrückzahlung des Darlehens	100 000
17	Bankzahlungen für Werbeaufwand	38 402
18	Bankzahlungen für diversen Aufwand	44 390
19	Abschreibungen	?

f) Ermitteln Sie den Gewinn für das Geschäftsjahr 20_3 gemäss Bilanz und Erfolgsrechnung, und übertragen Sie ihn auf den Gewinnvortrag.

Gesellschaft mit beschränkter Haftung

24.01

Die **Maximus GmbH** wurde vor einigen Jahren durch M. Gerber und S. Sieber gegründet. Beide Gesellschafter sind am Stammkapital je zur Hälfte beteiligt.

Das Eigenkapital in der Schlussbilanz vor Gewinnverbuchung per 31. Dezember 20_1 setzt sich wie folgt zusammen:

	Stammkapital	40 000
+	Gesetzliche Gewinnreserve	5 000
+	Gewinnvortrag	3 500
+	Jahresgewinn	15 000
=	**Eigenkapital**	**63 500**

a) Bei welcher Bilanzposition unterscheidet sich die GmbH von der Aktiengesellschaft?

b) Wie lautet der Buchungssatz für die Gewinnverbuchung per 31. Dezember 20_1?

Sollbuchung	Habenbuchung	Betrag

An der ordentlichen Gesellschafterversammlung vom 11. März 20_2 beschliessen die Gesellschafter, nur das gesetzliche Minimum an Reserven zu bilden und so viele ganze Prozente Dividende wie möglich auszuschütten.

c) Vervollständigen Sie den Gewinnverwendungsplan.

Gewinnverwendungsplan 20_2

Gewinnvortrag (Bilanzgewinn)	
./.	

Am 13. März 20_2 wird die Nettodividende an die Gesellschafter überwiesen und am 9. April 20_2 die geschuldete Verrechnungssteuer an die eidg. Steuerverwaltung.

d) Verbuchen Sie die Gewinnverwendung sowie die beiden Banküberweisungen. Das Bankkonto wurde aus Platzgründen weggelassen.

Journal und Konten 20_2 (Ausschnitt)

Datum	Text	Buchung	Kreditor VSt		Dividenden		Gesetzl. Gewinnres.		Gewinnvortrag	
01.01.	Anfangsbestände	Diverse Eröffnungsbuchungen								
11.03.	Reservenzuweisung									
11.03.	Dividendenzuweisung									
11.03.	Verrechnungssteuer									
13.03.	Auszahlung Nettodividenden									
09.04.	Überweisung VSt									
09.04.	Neue Kontensalden	Keine Buchungen								

e) Wie wäre der Buchungssatz für die Dividendenausschüttung, wenn die Dividenden nicht über das Bankkonto ausbezahlt, sondern den Kontokorrentkonten der Gesellschafter gutgeschrieben worden wären?

Sollbuchung	Habenbuchung	Betrag

f) Wie setzt sich das Eigenkapital der GmbH nach der Gewinnverwendung zusammen, wenn die Dividenden wie unter e) den Kontokorrentkonten gutgeschrieben wurden?

g) Wie erfasst der buchführungspflichtige M. Gerber die Dividende, wenn diese durch die Bank überwiesen wurde?

Sollbuchung	Habenbuchung	Betrag

24.02

Das Eigenkapital der **B. Krauer GmbH** setzt sich in der Schlussbilanz vor Gewinnverbuchung per 31. Dezember 20_6 wie folgt zusammen:

	Stammkapital	20 000
+	Gesetzliche Gewinnreserve	4 600
+	Gewinnvortrag	300
+	Jahresgewinn	3 000
=	**Eigenkapital**	**27 900**

a) Nennen Sie den Buchungssatz für die Gewinnverbuchung per 31. Dezember 20_6?

An der ordentlichen Gesellschafterversammlung vom 10. Mai 20_7 wird beschlossen, nur das gesetzliche Minimum an Reserven zu bilden und so viele ganze Prozente Dividende wie möglich auszuschütten.

b) Erstellen Sie einen Gewinnverwendungsplan.

Am 11. Mai 20_7 wird die Nettodividende an die Gesellschafterinnen überwiesen und am 10. Juni 20_7 die geschuldete Verrechnungssteuer an die eidg. Steuerverwaltung.

c) Verbuchen Sie die Gewinnverwendung sowie die beiden Banküberweisungen. Das Bankkonto wurde aus Platzgründen weggelassen.

Journal und Konten 20_7 (Ausschnitt)

Datum	Text	Buchung	Kreditor VSt		Dividenden		Gesetzl. Gewinnres.		Gewinnvortrag	
01.01.	Anfangsbestände	Diverse Eröffnungsbuchungen								
10.06.	Neue Kontensalden	Keine Buchungen								

d) Wie setzt sich das Eigenkapital nach der Gewinnverwendung zusammen?

e) Die buchführungspflichtige J. Wespi besitzt Stammanteile für Fr. 12 000. Wie verbucht sie die Bankgutschrift für die Dividendenauszahlung?

f) Wie beurteilen Sie die Höhe des Gewinns aus dem Jahr 20_6?

g) Welches ist der wichtigste Vorteil bzw. Nachteil der GmbH im Vergleich zur Einzelunternehmung?

24.03

Welche zehn rechtlichen bzw. buchhalterischen Fehler bestehen in den folgenden Ausführungen?

Die beiden Gesellschafter H. Koch und E. Lirk betreiben eine kleine Gesellschaft mit beschränkter Haftung unter dem Firmennamen **Koch & Lirk Consulting** (Consulting heisst auf Deutsch so viel wie Unternehmensberatung). H. Koch besitzt 100 Stammanteile zu Fr. 50 und E. Lirk 200 Stammanteile zu Fr. 50. Da der Honorarumsatz weniger als Fr. 100 000 beträgt, haben sie sich nicht ins Handelsregister eintragen lassen und sind deshalb auch nicht buchführungspflichtig.

Das zu 75 % einbezahlte bzw. durch Sacheinlagen gedeckte Eigenkapital setzte sich in der Schlussbilanz vor Gewinnverbuchung per 31. 12. 20_4 wie folgt zusammen:

	Eigenkapital	15 000
+	Gesetzliche Gewinnreserve	1 000
+	Gewinnvortrag	200
+	Jahresgewinn	5 900
=	**Total Eigenkapital**	**22 100**

Am 1. September 20_5 beschliessen die beiden Gesellschafter an der jährlichen Gesellschafterversammlung, den Gewinn wie folgt zu verwenden:

Gewinnverwendungsplan 20_5

	Gewinnvortrag (Bilanzgewinn)	6 100
./.	Dividende	–6 000
=	Neuer Gewinnvortrag	100

Die Dividende wird anschliessend per Banküberweisung an die Gesellschafter ausbezahlt (H. Koch = Fr. 2000; E. Lirk = Fr. 4000).

24.04

Vervollständigen Sie die Tabelle.

Nr.	Frage	Einzelunternehmung	Kollektivgesellschaft
1	Aus welchen Positionen besteht das Eigenkapital in der Schlussbilanz nach Gewinnverbuchung?		
2	Mit welcher Buchung wird der Jahresgewinn auf das Eigenkapital übertragen (Gewinnverbuchung)?		
3	Mit welchen Buchungen werden die Gewinnauszahlungen erfasst?		
4	Wie erfolgt die Besteuerung von Gewinn und Eigenkapital der Unternehmung?		
5	Weshalb unterliegen die einen Gewinnauszahlungen der Verrechnungssteuer und andere nicht?		
6	Wie haften der Unternehmer bzw. die Gesellschafter für die Schulden ihrer Unternehmung?		
7	Welche Personen (Unternehmer bzw. Gesellschafter) werden im Handelsregister mit Namen aufgeführt?		
8	Wie wird das Privatkonto bilanziert?		

G	GmbH

24.05

Das Eigenkapital der **R. Schmalz GmbH** setzt sich in der Schlussbilanz vor Gewinnverbuchung per 31. Dezember 20_4 wie folgt zusammen:

	Stammkapital	50 000
+	Gesetzliche Gewinnreserve	6 000
+	Freiwillige Gewinnreserven	10 000
+	Gewinnvortrag	700
+	Jahresgewinn	13 000
=	**Eigenkapital**	**79 700**

a) Nennen Sie den Buchungssatz für die Gewinnverbuchung per 31. Dezember 20_4?

b) Erstellen Sie einen Gewinnverwendungsplan für die Gesellschafterversammlung vom 16. April 20_5, der so wenig Reservenzuweisungen und so viele ganze Prozente Dividende wie möglich aufweist.

c) Wie setzt sich das Eigenkapital nach der Gewinnverwendung zusammen?

d) Zur Zeit der Gewinnverwendung weist die GmbH einen Bestand an flüssigen Mitteln von Fr. 12 500 auf.

Welchen Einfluss auf die Zahlungsbereitschaft der GmbH hat die Gewinnverwendung?

e) Angenommen, es bestünden keine obligationenrechtlichen Vorschriften zur Reservenbildung.

Wie viele ganze Prozent Dividende könnten in diesem Fall maximal ausbezahlt werden?

f) Beschreiben Sie den Zweck der Pflicht zur Bildung von Reserven, indem Sie die Ergebnisse der Teilaufgaben d) und e) miteinander vergleichen.

24.06

Das Eigenkapital der **Optimum GmbH** setzt sich in der Schlussbilanz vor Gewinnverbuchung per 31. Dezember 20_2 wie folgt zusammen:

	Stammkapital	20 000
+	Gesetzliche Gewinnreserve	3 000
./.	Verlustvortrag	−5 000
+	Jahresgewinn	12 200
=	**Eigenkapital**	**30 200**

a) Erstellen Sie einen Gewinnverwendungsplan für die Gesellschafterversammlung vom 25. Februar 20_3. Die gesetzliche Reservenbildung soll so tief wie möglich und die Dividendenausschüttung in ganzen Prozenten so hoch wie möglich ausfallen.

b) Der buchführungspflichtige Gesellschafter F. Kägi erhält am 1. März 20_3 die Bankgutschrift von Fr. 1612 für die Dividenden auf seinem Stammanteil.

Kontieren Sie den Bankbeleg unter Verwendung von Kontennummern gemäss Kontenrahmen KMU.

Soll	Haben	Betrag

c) Wie hoch ist der Stammanteil von F. Kägi in Franken?

Abschreibungen

25.01

Unter Abschreibungen versteht man die buchhalterische Erfassung von Wertverlusten auf den Aktiven, vor allem auf den Sachanlagen.

Nennen Sie die wichtigsten Ursachen für Wertverluste bei den genannten Aktiven.

Aktivum	Ursachen für Wertverluste
Maschine	
Computer	
Flüssige Mittel in fremder Währung	
Fahrzeuge	
Kupfermine	
Patente	
Aktien in CHF	
Milchkuh	
Debitoren in CHF	
Waren- und Fabrikatevorräte	
Fussballspieler	

25.02

Beim Kreditkauf einer Maschine entstehen folgende Ausgaben:

	Kaufpreis für die Maschine	Fr. 190 000.–
+	Bezugskosten (Fracht, Zoll, Transportversicherung)	Fr. 4 000.–
+	Montage der Maschine	Fr. 6 000.–
=	Anschaffungswert	Fr. 200 000.–

a) Wie wird dieser Kauf verbucht? Nennen Sie den Buchungssatz mit Betrag.

Im Verlaufe der Zeit nimmt der Wert der Maschine infolge Abnützung und technischem Fortschritt ab, weshalb sie in der Buchhaltung abgeschrieben werden muss.

b) Wie wirkt sich die Abschreibung auf das Vermögen und den Erfolg dieser Unternehmung aus?

c) Welche Grössen benötigen Sie, um den jährlichen Abschreibungsbetrag zu bestimmen?

-
-
-

d) Wie hoch ist der jährliche Abschreibungssatz in Prozenten des Anschaffungswertes, sofern die Maschine im Verlaufe der Nutzungsdauer gleichmässig (linear) abgeschrieben wird und folgende Annahmen gelten?

- Die voraussichtliche Nutzungsdauer der Maschine beträgt fünf Jahre.
- Am Ende der Nutzungsdauer kann nicht mit einem Liquidationswert gerechnet werden.

e) Ermitteln Sie mithilfe der Tabelle die jährlichen Abschreibungsbeträge bei einem jährlichen Abschreibungssatz von 20 % des Anschaffungswertes.

Lineare Abschreibung: Abschreibungssatz = 20 % des Anschaffungswertes

Jahr	Buchwert Anfang Jahr	Abschreibungsbetrag	Buchwert Ende Jahr
1	Fr. 200 000.–	20 % von Fr. 200 000.– =	
2			
3			
4			
5			

f) Ermitteln Sie mithilfe der Tabelle die jährlichen Abschreibungsbeträge bei einem jährlichen Abschreibungssatz von 40 % des Buchwertes.

Degressive Abschreibung: Abschreibungssatz = 40 % des Buchwertes

Jahr	Buchwert Anfang Jahr	Abschreibungsbetrag	Buchwert Ende Jahr
1	Fr. 200 000.–	40 % von Fr. 200 000.– =	
2			
3			
4			
5			

g) Tragen Sie die in den beiden Tabellen ermittelten Werte ins Koordinatensystem ein:

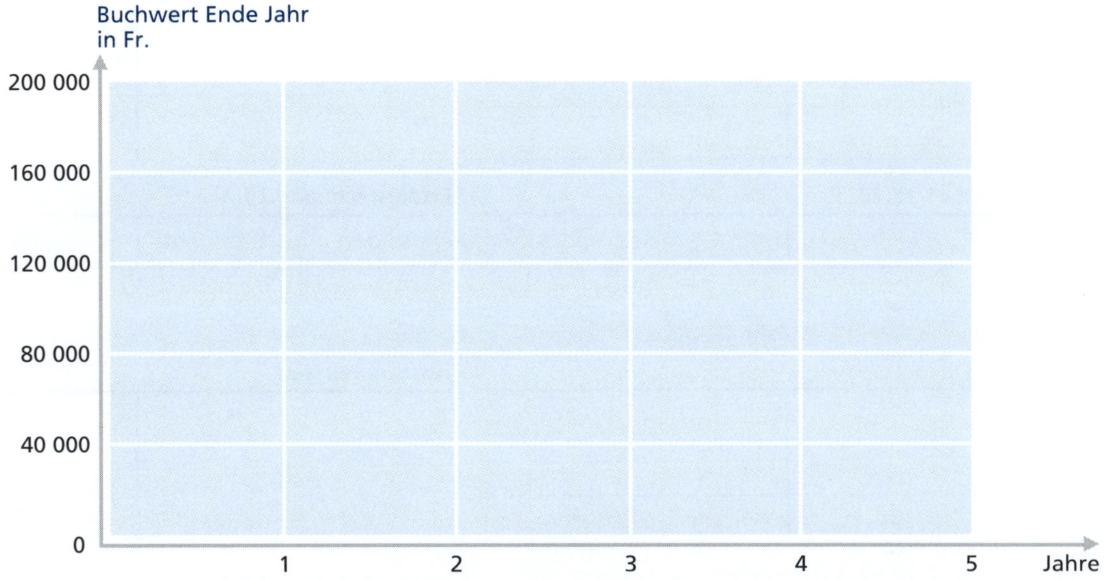

h) Ab welchem Jahr ist die jährliche Abschreibung vom Anschaffungswert betragsmässig grösser als die Abschreibung vom Buchwert?

i) Weshalb ist der Prozentsatz bei der Abschreibung vom Buchwert doppelt so hoch wie bei der Abschreibung vom Anschaffungswert?

k) Die degressive Abschreibung führt rechnerisch nie zu einem Buchwert von 0. Wie wird dieses Problem in der Praxis gelöst?

l) Welches Abschreibungsverfahren ist für die Abschreibung dieser Maschine zweckmässiger?

25.03

Ein Fahrzeug mit einem Anschaffungswert von Fr. 80 000.– ist im Verlaufe der voraussichtlichen Nutzungsdauer von 3 Jahren auf einen Liquidationswert von Fr. 5000.– linear abzuschreiben.

Wie lauten die Konteneintragungen sowie die Bilanz und die Erfolgsrechnung, wenn

a) direkt abgeschrieben wird?

b) indirekt abgeschrieben wird?

a) Direkte Abschreibung

1. Jahr

Fahrzeug

Abschreibungen

Schlussbilanz 31. 12. 20_1

Erfolgsrechnung 20_1

2. Jahr

Fahrzeug

Abschreibungen

Schlussbilanz 31. 12. 20_2

Erfolgsrechnung 20_2

3. Jahr

Fahrzeug

Abschreibungen

Schlussbilanz 31. 12. 20_3

Erfolgsrechnung 20_3

b) Indirekte Abschreibung

1. Jahr

Fahrzeug

Wertberichtigung Fahrzeug

Abschreibungen

Schlussbilanz 31. 12. 20_1

Erfolgsrechnung 20_1

2. Jahr

Fahrzeug

Wertberichtigung Fahrzeug

Abschreibungen

Schlussbilanz 31. 12. 20_2

Erfolgsrechnung 20_2

3. Jahr

Fahrzeug

Wertberichtigung Fahrzeug

Abschreibungen

Schlussbilanz 31. 12. 20_3

Erfolgsrechnung 20_3

25.04

Für eine Maschine liegen folgende Informationen vor:

Anschaffungswert brutto ab Werk	Fr. 90 000
Rabatt	10 %
Transport- und Montagekosten	Fr. 19 000
Inbetriebnahme der Maschine	1. 1. 20_1
Voraussichtliche Nutzungsdauer	5 Jahre
Geschätzter Liquidationswert am Ende der Nutzungsdauer	Fr. 20 000
Abschreibung	linear

a) Nennen Sie die Buchungssätze, und führen Sie die Konten für das Jahr 20_3 bei direkter und indirekter Abschreibung in Fr. 1000.

Direkte Abschreibung

Datum	Text	Buchungssatz	Maschinen		Abschreibungen	
01.01.20_3	Eröffnung					
31.12.20_3	Abschreibung					
31.12.20_3	Abschluss					

Indirekte Abschreibung

Datum	Text	Buchungssatz	Maschinen		WB Maschinen		Abschreibungen	
01.01.20_3	Eröffnung							
31.12.20_3	Abschreibung							
31.12.20_3	Abschluss							

b) Wie wird die Maschine in der Schlussbilanz per 31. 12. 20_3 nach direkter und indirekter Methode dargestellt? Skizzieren Sie die Bilanzen in Fr. 1000.

c) Was ist je der Hauptvorteil der direkten bzw. indirekten Abschreibung?

25.05

Am 1. 1. 20_1 wurde Geschäftsmobiliar für Fr. 320 000 gekauft.

Wie lauten für das Jahr 20_3 die Buchungen und Konteneinträge in Fr. 1000 bei linearer bzw. bei degressiver Abschreibung, wenn die Abschreibungssätze der eidg. Steuerverwaltung angewandt werden (siehe Anhang 1)?

Lineare Abschreibung

Datum	Text	Buchung	Mobiliar		WB Mobiliar		Abschreibungen	
01.01.20_3	Eröffnung							
31.12.20_3	Abschreibung							
31.12.20_3	Abschluss							

Degressive Abschreibung

Datum	Text	Buchung	Mobiliar		WB Mobiliar		Abschreibungen	
01.01.20_3	Eröffnung							
31.12.20_3	Abschreibung							
31.12.20_3	Abschluss							

25.06

Bisher wurden die Maschinen direkt abgeschrieben, was Ende 20_6 einen Buchwert von Fr. 110 000 ergab. Um die Aussagekraft der Bilanz zu erhöhen, soll neu indirekt abgeschrieben werden.

Wie lautet der Buchungssatz für die Umstellung, wenn der Anschaffungswert der Maschinen Fr. 270 000 beträgt?

25.07

Die Anschaffungskosten eines Bürogebäudes betragen ohne Land Fr. 2 000 000.

Wie lauten die Buchungssätze bei linearer und bei degressiver Abschreibung im 3. Jahr, wenn das Merkblatt der eidg. Steuerverwaltung als Grundlage dient?

25.08

Per 1. 1. 20_1 wird eine EDV-Anlage für Fr. 40 000 gekauft. Es gelten die Abschreibungssätze gemäss Merkblatt der eidg. Steuerverwaltung.

a) Nennen Sie in folgenden vier Fällen die Buchungssätze für die Abschreibungen im Jahr 20_3, und skizzieren Sie die entsprechenden Schlussbilanzen.

	Lineare Abschreibung	Degressive Abschreibung
Direkte Abschreibung	Fall 1	Fall 2
Indirekte Abschreibung	Fall 3	Fall 4

b) Wie unterscheiden sich die Abschreibungsbeträge zwischen direkter und indirekter Abschreibung?

c) Welchen Vorteil weist die indirekte Methode gegenüber der direkten auf?

d) Begründen Sie, ob mit linearer oder degressiver Abschreibung schneller auf 0 abgeschrieben wird.

25.09

Eine Bauunternehmung kauft am 1. 1. 20_1 eine Spezialbohrmaschine für Fr. 250 000. Die Nutzungsdauer wird auf 5 Jahre geschätzt. Am Ende der Nutzungsdauer kann mit einem Liquidationswert von Fr. 50 000 gerechnet werden.

Führen Sie die benötigten Bestandeskonten für das Jahr 20_3 in Fr. 1000

a) bei linearer, direkter Abschreibung.

b) bei linearer, indirekter Abschreibung.

25.10

Ein Fahrzeug mit einem Anschaffungswert von Fr. 50 000 soll linear, indirekt auf einen Liquidationswert nach vier Jahren von Fr. 6000 abgeschrieben werden, was in der Buchhaltung am Ende des zweiten Jahres mit der Buchung «Abschreibungen/Fahrzeuge 11 000» erfasst wurde.

a) Wie lässt sich dieser Fehler mit einer Buchung oder mit zwei Buchungen beheben?

b) Welche Korrekturmethode wird in der Praxis bevorzugt?

25.11

Über den gesamten Maschinenpark liegen gemäss Anlagenbuchhaltung[1] folgende Informationen zum Geschäftsjahr 20_7 vor (Beträge in Fr. 1000):

01.01.20_7	Eröffnung: Anschaffungswerte der Maschinen 800, kumulierte Abschreibungen 300
01.01.20_7	Verkauf einer alten Maschine gegen Bankzahlung von 6 (Anschaffungswert 70, kumulierte Abschreibungen 64)
01.07.20_7	Kreditkauf und Inbetriebnahme einer neuen Maschine: Kaufpreis 93
02.07.20_7	Rechnung für Bezugskosten 7 (für den Kauf der neuen Maschine gemäss 01.07.20_7)
31.12.20_7	Abschreibung: linear 10 % der Anschaffungswerte (bei Käufen innerhalb des Geschäftsjahres pro rata temporis, d.h. zeitanteilig)

a) Führen Sie das Journal sowie die ausgewählten Hauptbuchkonten.

Journal / **Hauptbuchkonten**

Datum	Text	Buchung	Maschinen		WB Maschinen		Abschreibungen	
01.01.	Eröffnung							
03.01.	Verkauf Maschine							
	Ausbuchung WB							
01.07.	Kauf Maschine							
02.07.	Bezugskosten							
31.12.	Abschreibung							
31.12.	Abschluss							

b) Ermitteln Sie den Buchwert der Maschinen per Ende 20_7?

c) Wie hoch wäre der Saldo im Konto Maschinen per Ende 20_7, wenn direkt abgeschrieben worden wäre?

[1] Anlagenbuchhaltung = Hilfsbuch mit detaillierten Aufzeichnungen zu den Sachanlagen

25.12

Führen Sie die Buchhaltung bei direkter und indirekter Abschreibung für folgende Buchungstatbestände (Beträge in Fr. 1000):

01.01.20_3	Eröffnung: Anschaffungswerte der Maschinen 400, kumulierte Abschreibungen 250
20.05.20_3	Kauf einer neuen Maschine für 70 auf Kredit
14.10.20_3	Verkauf einer alten Maschine gegen Bankzahlung von 8 (Anschaffungswert 100, Buchwert 10)
31.12.20_3	Abschreibungen 30

Direkte Abschreibung

Datum	Text	Buchung	Maschinen		Abschreibungen	
01.01.	Eröffnung	Diverse				
20.05.	Kauf Maschine					
14.10.	Verkauf Maschine					
	Veräusserungs-verlust					
31.12.	Abschreibungen					
31.12.	Abschluss	Diverse				

Indirekte Abschreibung

Datum	Text	Buchung	Maschinen		WB Maschinen		Abschreibungen	
01.01.	Eröffnung	Diverse						
20.05.	Kauf Maschine							
14.10.	Verkauf Maschine							
	Veräusserungs-verlust							
	Ausbuchung WB							
31.12.	Abschreibung							
31.12.	Abschluss	Diverse						

25.13

Gegeben sind diese Buchungstatbestände einer Einzelunternehmung (Beträge in Fr. 1000):

01.01.20_4	Eröffnung: Anschaffungswerte der Fahrzeuge 300, kumulierte Abschreibungen 120
20.02.20_4	Kauf eines neuen Fahrzeugs für 70 auf Kredit
14.10.20_4	Verkauf eines nicht mehr benötigten Fahrzeugs gegen Bankzahlung von 11 (Anschaffungswert 50, Buchwert 10)
31.12.20_4	Abschreibungen 60

Führen Sie die Buchhaltung bei direkter und indirekter Abschreibung.

Direkte Abschreibung

Datum	Text	Buchung	Fahrzeuge		Abschreibungen	
01.01.	Eröffnung	Diverse				
20.05.	Kauf Fahrzeug					
14.10.	Verkauf Fahrzeug					
	Veräusserungs-gewinn					
31.12.	Abschreibungen					
31.12.	Abschluss	Diverse				

Indirekte Abschreibung

Datum	Text	Buchung	Fahrzeuge		WB Fahrzeuge		Abschreibungen	
01.01.	Eröffnung	Diverse						
20.05.	Kauf Fahrzeug							
14.10.	Verkauf Fahrzeug							
	Veräusserungs-gewinn							
	Ausbuchung WB							
31.12.	Abschreibung							
31.12.	Abschluss	Diverse						

25.14

Eine Aktiengesellschaft verkauft ein nicht mehr benötigtes Fahrzeug, das einen Buchwert von Fr. 14 000 aufweist, gegen Barzahlung. Der ursprüngliche Anschaffungswert betrug Fr. 50 000.

Wie lauten die Buchungssätze bei direkter und indirekter Abschreibung für die drei in der Tabelle genannten Fälle?

Verkaufserlös	Direkte Abschreibung	Indirekte Abschreibung
Fr. 14 000		
Fr. 12 000		
Fr. 17 000		

25.15

Ein Fahrzeug wurde nach fünfjährigem Gebrauch zu Beginn des sechsten Jahres für Fr. 37 000 auf Kredit veräussert, da sich eine unerwartete Gelegenheit für die Beschaffung eines zweckmässigeren Fahrzeugs ergab.

Anschaffungswert	90 000
Am Anfang geschätzte Nutzungsdauer	8 Jahre
Am Anfang erwarteter Liquidationserlös nach 8 Jahren	10 000
Abschreibungsmethode	linear

Wie lauten die Buchungssätze für den Verkauf des alten Fahrzeugs bei direkter und bei indirekter Abschreibung?

25.16

Der Kauf eines neuen Fahrzeugs mit einem Anschaffungswert von Fr. 54 000 wird wie folgt finanziert:

- Der Eintausch eines gebrauchten Autos mit einem Anschaffungswert von Fr. 45 000 und kumulierten Abschreibungen von Fr. 28 000 wird mit Fr. 15 000 angerechnet.
- Baranzahlung Fr. 20 000.
- Restzahlung per Banküberweisung nach 30 Tagen.

Wie lauten die Buchungssätze bei indirekter Abschreibung, wenn der Kauf über das Kreditorenkonto abgewickelt wird?

25.17

Führen Sie das Konto Kreditoren in CHF, und nennen Sie die Buchungssätze.

Nr.	Text	Buchung	Kreditoren	
1	Die Rechnung für den Kauf einer Maschine aus den USA von USD 20 000.– wird zum Kurs von CHF –.95/USD verbucht.			
2	Die Rechnung wird zwei Monate später mittels Banküberweisung von USD 20 000.– bezahlt. Die Bank belastet den Betrag zum Kurs von CHF –.90/USD.			
3	Verbuchung der Kursdifferenz			

25.18

Führen Sie das Konto Kreditoren in CHF, und nennen Sie die Buchungssätze.

Nr.	Text	Buchung	Kreditoren	
1	Die Rechnung für den Kauf eines Spezialfahrzeugs aus Frankreich von EUR 50 000.– wird zum Kurs von CHF 1.20/EUR verbucht.			
2	Der Lieferant gewährt nachträglich einen Rabatt von 4 %. Die Gutschrift ist zum Kurs von CHF 1.20/EUR zu verbuchen.			
3	Die Rechnung wird nach 30 Tagen per Bank unter Anwendung eines Tageskurses von CHF 1.24/EUR beglichen.			
4	Verbuchung der Kursdifferenz			

25.19

Die Rechnung von EUR 10 000.– für den Kauf eines Werkzeugs in Deutschland wurde im Zeitpunkt der Lieferung zum Kurs von Fr. 1.25/EUR erfasst. Bei der Zahlung der Rechnung nach 60 Tagen wandte die Bank einen Kurs von 1.20 an.

Mit welchen drei Buchungen wurde dieser Geschäftsverkehr erfasst?

25.20

Beantworten Sie die Fragen zu den linearen und degressiven Abschreibungen. Für Berechnungen gilt folgendes Zahlenbeispiel: Eine Maschine mit einem Anschaffungswert von Fr. 200 000.– wird innerhalb einer Nutzungsdauer von 5 Jahren vollständig abgeschrieben.

Nr.	Frage	Lineare Abschreibung (Abschreibungssatz 20 %)	Degressive Abschreibung (Abschreibungssatz 40 %)
1	Auf welche Werte beziehen sich die genannten Abschreibungssätze?		
2	Wie hoch ist der Abschreibungsbetrag im 2. Jahr?		
3	Weshalb werden die Verfahren linear bzw. degressiv genannt?		
4	Wie lautet der Buchungssatz mit Betrag für die Abschreibung im 2. Jahr, wenn direkt abgeschrieben wird?		
5	Wie lautet der Buchungssatz mit Betrag für die Abschreibung im 2. Jahr, wenn indirekt abgeschrieben wird?		
6	Wie hoch muss der Abschreibungsbetrag im 5. Jahr sein, damit am Ende der Nutzungsdauer ein Buchwert von Null erreicht wird?		
7	Welches ist der wichtigste Vorteil jeder Methode?		

25.21

Beantworten Sie die Fragen zur direkten und indirekten Abschreibung. Für Berechnungen gilt folgendes Zahlenbeispiel: Ein Reisebus mit einem Anschaffungswert von Fr. 500000.– wird innerhalb einer Nutzungsdauer von 5 Jahren linear auf einen Occasionswert von Fr. 100000.– abgeschrieben.

Nr.	Frage	Direkte Abschreibung	Indirekte Abschreibung
1	Welche Buchung ergibt sich beim Barkauf?		
2	Wie lautet die Sollbuchung mit Betrag für die Abschreibung im 4. Jahr?		
3	Wie lautet die Habenbuchung mit Betrag für die Abschreibung im 4. Jahr?		
4	Weshalb heissen die Abschreibungstechniken direkt bzw. indirekt?		
5	Welche Informationen zum Reisebus enthält die Bilanz Ende 3. Jahr?		
6	Welche Abschreibungsinformationen können der Erfolgsrechnung des 3. Jahres entnommen werden?		
7	Welches ist der wichtigste Vorteil jeder Methode?		

25.22

H. Haller erhält von der öffentlichen Hand die Konzession für den Betrieb einer privaten **Buslinie** von Seldwyla nach Oberdorf in den Jahren 20_1 bis 20_3.

Um den Busbetrieb zu gewährleisten, gründet er Ende 20_0 eine Einzelunternehmung mit einer Bareinzahlung aus seinem Privatvermögen von Fr. 20000.–. Mit diesem Geld kauft er Ende 20_0 einen gebrauchten Kleinbus, den er voraussichtlich noch drei Jahre fahren kann und anschliessend einem Occasionshändler für etwa Fr. 2000.– verkaufen will. Mit der Durchführung der Busfahrten betraut er einen zuverlässigen Chauffeur.

H. Haller rechnet (budgetiert) jährlich mit folgenden Aufwänden und Erträgen:

Erfolgsrechnung

Aufwand		Ertrag	
Diverser Baraufwand wie Löhne, Diesel, Öl, Reifen, Service, Reparaturen und Unterhalt, Steuern, Versicherungen, Reinigung, Abgaben	50 000	Transportertrag bar	60 000
Abschreibungen (linear)			
Gewinn			

a) Vervollständigen Sie die obige Erfolgsrechnung.

b) Führen Sie das **Kassakonto** für die Jahre 20_1 bis 20_3.

Datum	Geschäftsfall	Buchung
01.01.	Anfangsbestand	Kasse/Bilanz
Diverse	Transporterträge bar	Kasse/Transportertrag
Diverse	Baraufwände	Diverser Aufwand/Kasse
31.12.	Abschluss	Bilanz/Kasse

c) Wie hoch ist die jährliche Zunahme des Geldbestandes infolge der Geschäftstätigkeit?

d) Die bei Frage c) ermittelte Grösse wird im Geschäftsleben Cashflow (wörtlich Bargeldfluss) genannt.

Wie lässt sich der Cashflow aus der obigen Erfolgsrechnung direkt bzw. indirekt berechnen?

Cashflow-Berechnung

Direkte Berechnung		Indirekte Berechnung	
Einnahmen	....	Gewinn	....
./. Ausgaben	________	+ Abschreibungen	________
= Cashflow	....	= Cashflow	....

e) Um wie viel Franken wächst der Kassabestand von Anfang 20_1 bis Ende 20_3?

f) Wie kann H. Haller das aus der Geschäftstätigkeit erarbeitete Geld am Ende des Jahres 20_3 verwenden?

	Kasse 20_1		Kasse 20_2		Kasse 20_3	

25.23

Über die Fahrzeuge einer Transportunternehmung liegen folgende Informationen vor (Beträge in Fr. 1000.–):

Datum.	Text	Beträge
01.01.	Anschaffungswerte	700
	Kumulierte Abschreibungen	400
14.01.	Barkauf eines neuen Fahrzeugs	150
18.01.	Barverkauf eines gebrauchten Fahrzeugs:	
	▶ Anschaffungswert	70
	▶ Kumulierte Abschreibungen	60
	▶ Verkaufspreis	14
13.02.	Beim Kauf eines neuen Fahrzeugs wird ein gebrauchtes an Zahlung gegeben:	
	▶ Gesamter Kaufpreis für das neue Fahrzeug (= zu verbuchender Rechnungsbetrag)	100
	▶ Barzahlung eines Teils der Rechnung durch den Käufer	90
	▶ Gutschrift für Übergabe des gebrauchten Fahrzeugs	10
	▶ Anschaffungswert des gebrauchten Fahrzeugs	80
	▶ Buchwert des gebrauchten Fahrzeugs	12
31.12.	Abschreibung auf dem gesamten Anschaffungswert der Ende Jahr vorhandenen Fahrzeuge	20 %

Nennen Sie die Buchungssätze, und führen Sie die Konten Fahrzeuge, Wertberichtigung Fahrzeuge sowie Abschreibungen Fahrzeuge.

25.24

Über den Kauf einer Verpackungsmaschine per 1. Januar 20_1 liegen folgende Informationen vor:

Bruttoverkaufspreis gemäss Katalog des Lieferanten	EUR 50 000.–
Rabatt-Gewährung auf dem Katalogpreis durch den Lieferanten (auf der Rechnung in Abzug gebracht)	20 %
Transportkosten laut Rechnung des Spediteurs	CHF 2000.–
Montagekosten gemäss Faktura der Montagefirma	CHF 1000.–
Umrechnungskurse	
▶ bei der Rechnungsstellung	CHF 1.30/EUR
▶ bei der Bankzahlung	CHF 1.20/EUR
Erwartete Nutzungsdauer	4 Jahre
Geschätzter Restwert am Ende der Nutzungsdauer	CHF 3000.–
Abschreibung	linear, indirekt

a) Wie lauten die Buchungssätze beim Eingang und bei der Zahlung der Lieferantenrechnung?

b) Wie hoch ist der Anschaffungswert der Maschine?

c) Führen Sie für diese Verpackungsmaschine die Konten Maschine, Wertberichtigung Maschine und Abschreibungen im Jahr 20_2.

d) Am 3. Januar 20_3 wird die Maschine gegen Rechnung mit einer Zahlungsfrist von 60 Tagen nach Grossbritannien verkauft.

Verkaufspreis	GBP 20 000.–
Kurs bei Rechnungsstellung	CHF 1.50/GBP
Kurs bei Bankzahlung	CHF 1.40/GBP

Wie lauten die Buchungssätze?

25.25

Aus der Anlagenbuchhaltung lassen sich für die Maschinen folgende Werte in Fr. 1000 entnehmen:

	Ende 20_1	Ende 20_2	Ende 20_3	Ende 20_4
Anschaffungswerte	500	600	580	630
Kumulierte Abschreibungen	200	240	270	320

a) Skizzieren Sie die Schlussbilanz Ende 20_3 bei direkter und bei indirekter Abschreibung der Maschinen.

b) Wie lauten die Buchungssätze für die Abschreibungen Ende 20_2 bei direkter und bei indirekter Abschreibung, wenn in diesem Jahr keine Maschinen verkauft worden sind?

c) Kreuzen Sie die Aussagen als richtig oder falsch an.

Nr.	Aussage	Richtig	Falsch
1	Ende 20_3 betrug der Buchwert der Maschinen 310.		
2	Im Jahr 20_4 betrugen die Abschreibungen 320.		
3	Im Jahr 20_2 wurde mindestens eine Maschine gekauft.		
4	Im Jahr 20_3 wurde mindestens eine Maschine verkauft.		
5	Im Jahr 20_3 wurden keine Maschinen gekauft.		
6	Es ist nicht klar, ob linear oder degressiv abgeschrieben wird.		
7	Beim Verkauf einer Maschine im Jahr 20_3 entstand ein Verlust von 20.		
8	Ende 20_1 betrug die Wertberichtigung Maschinen 300.		

25.50

Die **Bäckerei Schneider GmbH** produziert Backwaren und Patisserie. Die Erzeugnisse werden teils in zwei eigenen Läden verkauft und teils an andere Geschäfte geliefert. Gegeben sind die Eröffnungsbilanz per 1. 1. 20_8 sowie die summarisch zusammengefassten Geschäftsfälle (siehe nächste Seite).

Führen Sie die Buchhaltung der Bäckerei Schneider GmbH mit **EasyAccounting.** Der Kontenplan ist bereits erfasst und das Geschäftsjahr 20_8 eröffnet.

Eröffnungsbilanz 1. 1. 20_8

Aktiven			Passiven		
Umlaufvermögen			**Fremdkapital**		
Kasse	5 300		Verbindlichkeiten L + L	59 400	
Bank	30 900		Darlehen der Mühle AG	200 000	
Forderungen L + L	65 800		Hypothek	360 000	619 400
Vorräte[1]	40 000	142 000			
Anlagevermögen			**Eigenkapital**		
Backofen	80 000		Stammkapital	200 000	
Betriebseinrichtung	117 000		Gesetzl. Gewinnreserve	96 600	
Ladeneinrichtung	75 000		Gewinnvortrag[2]	33 000	329 600
Büroeinrichtung	8 000				
Fahrzeug	20 000				
Gebäude	507 000	807 000			
		949 000			949 000

Übersicht über das Anlagevermögen (Anlagenspiegel)

Anlage	Anschaffungswert	Nutzungsdauer	Abschreibung für 20_8
Backofen	120 000.–	30 Jahre	
Betriebseinrichtung (Teigmaschine, Rundwirker, Teigteiler, Rührwerk, Siloanlage, Ausrollmaschine, Verpackungsmaschine, Gipfelimaschine, Kühlanlagen, Tische u. Ä.)	220 000.–	20 Jahre	
Ladeneinrichtung (Korpus, Kühlanlagen, Gestelle, Registrierkasse u. Ä.)	135 000.–	15 Jahre	
Büroeinrichtung (PC, Pult, Stühle, Regal u. Ä.)	15 000.–	5 Jahre	
Fahrzeug (Toyota-Bus)	25 000.–	10 Jahre	
Geschäftsliegenschaft	650 000.–	50 Jahre	

[1] Das sind Rohmaterialvorräte wie Mehl, Salz, Hefe, Zucker, Schokolade oder Butter. Fertigprodukte wie Brote und Guezli sind keine vorrätig, da diese jeden Tag frisch hergestellt werden.

[2] Der Gewinn aus dem Jahr 20_7 von Fr. 32 000.– ist Ende 20_7 auf den Gewinnvortrag verbucht und noch nicht verteilt worden.

Geschäftsfälle 20_8

Nr.	Geschäftsfälle	Betrag
1	Barverkäufe in den eigenen Läden	805 000
2	Kreditverkäufe an andere Geschäfte	440 600
3	Bareinzahlungen auf das Bankkonto	806 000
4	Bankzahlungen von Kunden (andere Geschäfte)	430 500
5	Krediteinkauf und Verbrauch von Rohmaterial wie Mehl, Hefe, Salz, Zucker u. Ä. (als Materialaufwand verbuchen)	531 000
6	Bankzahlungen an Lieferanten	495 300
7	Bankzahlungen für Löhne und Sozialleistungen	419 000
8	An der Gesellschafterversammlung beschliessen die Gesellschafter Y. und M. Schneider folgende Verwendung des Gewinnes aus dem Jahre 20_7:	
	► Reservenzuweisung	12 000
	► Dividendenzuweisung 10 %	?
9	Bankauszahlung der Nettodividende (65 %)	?
10	Gutschrift der Verrechnungssteuer an die eidg. Steuerverwaltung (35 %)	?
11	Bankzahlungen für Miete Ladenlokal	48 000
12	Banküberweisung der Verrechnungssteuer	?
13	Bankzahlungen für Energieverbrauch	33 600
14	Bankzahlungen für Unterhalt und Reparaturen	18 900
15	Bankzahlung für den Kauf einer Teigmaschine	66 000
16	Bankzahlung für Rückzahlung Hypothek	30 000
17	Bankzahlungen für Inserate und Prospektmaterial	23 800
18	Barkauf eines neuen PCs fürs Büro	3 500
19	Bankzahlungen für Zinsen auf dem Darlehen der Mühle AG	10 500
20	Bankzahlungen für Hypothekarzinsen	16 200
21	Bankzahlungen für diversen Aufwand	47 500
22	Das Anlagevermögen ist aufgrund des Anlagenspiegels (siehe nebenstehend) linear abzuschreiben	?
23	Übertrag des Gewinnes aus der Erfolgsrechnung 20_8 auf den Gewinnvortrag	?

25.51
25.52

Unter diesen Nummern finden Sie auf EasyAccounting weitere Aufgaben zu den Abschreibungen, die sich mit MS-Excel lösen lassen.

Debitorenverluste, Delkredere

26.01

Die **Kälin AG, Informatikberatungen,** wurde neu gegründet. Der Verkehr mit den Debitoren während des Jahres ist summarisch dargestellt (alle Zahlen in Fr. 1000.–). Verbuchen Sie den Geschäftsverkehr für die 2 Jahre.

Vorgänge	Bilanz				Erfolgsrechnung	
1. Jahr	**Debitoren**		**Delkredere**		**Debitorenverluste**	
Bisheriger Geschäftsverkehr	910	600				
Debitor Carlen macht Konkurs. Der definitive Verlust beträgt 10.						
Bildung bzw. Erhöhung Delkredere Am Jahresende wird auf dem Debitorenbestand ein Delkredere von 5 % gebildet.						
Salden						

Schlussbilanz

Debitoren	
./. Delkredere ____	

Erfolgsrechnung

Vorgänge	Debitoren		Delkredere		Debitorenverluste	
2. Jahr						
Eröffnung						
Lieferungen an Kunden	600					
Zahlungen von Kunden		720				
Kundin Widmer macht Konkurs. Der definitive Verlust beträgt 20.						
Eine bereits abgeschriebene Forderung von 4 wird auf die Post überwiesen.						
Senkung Delkredere Die mutmasslichen Verluste auf dem Debitorenbestand betragen 5 %.						
Salden						

Schlussbilanz

Debitoren	
./. Delkredere ____	

Erfolgsrechnung

26.02

Ergänzen Sie das folgende Journal mit Buchungssatz und Betrag:

Nr.	Geschäftsfall	Buchung Soll	Buchung Haben	Betrag
1	Warenverkauf auf Kredit für Fr. 20 000.–.			
2	Debitor Zingg, gegen welchen wir die Betreibung eingeleitet haben, zahlt die Forderung von Fr. 1 500.– auf unser Bankkonto.			
3	Kundin Lehmann wird zum dritten Mal für die fällige Forderung von Fr. 2 100.– gemahnt.			
4	Das Konkursverfahren gegen Debitor Kugler ist abgeschlossen. Von der ursprünglichen Forderung von Fr. 3 500.– erhalten wir noch Fr. 500.– als Konkursdividende[1] auf die Post überwiesen. Die Restforderung ist abzuschreiben.			
5	Die Forderung gegenüber Kunde Schnyder wurde dieses Jahr bereits abgeschrieben. Jetzt überweist er unverhofft Fr. 1 200.– auf unser Bankkonto.			
6	Kundin Lehmann hat nicht auf die Mahnung geantwortet (vgl. Nr. 3). Wir leiten die Betreibung gegen sie ein und leisten bar einen Kostenvorschuss von Fr. 70.–.[2]			
7	Auf verkauften Waren zahlen wir bar Transportkosten von Fr. 320.–. Es wurde Frankolieferung vereinbart.			
8	Debitoren überweisen auf unser Postkonto Fr. 41 350.–.			
9	Von einem Kunden nehmen wir einen PC mit Drucker im Wert von Fr. 6 200.– an Zahlung.			
10	Kundin Lehmann (vgl. Nr. 6) begleicht ihre Schulden durch Postüberweisung: Forderungsbetrag Fr. 2 100.– Kostenvorschuss Fr. 70.– Verzugszinsen Fr. 61.– Total Fr. 2 231.– (Die Verzugszinsen wurden noch nicht verbucht.)			
11	Das Delkredere wird von Fr. 33 000.– auf Fr. 26 000.– herabgesetzt.			

[1] Die Konkursdividende ist der prozentuale Anteil der Forderung, der nach Abschluss des Konkursverfahrens noch ausbezahlt wird.

[2] Gemäss Schuldbetreibungs- und Konkursgesetz (SchKG) Art. 68 dürfen die Betreibungskosten dem säumigen Schuldner belastet werden.

26.03

Vervollständigen Sie die Tabelle. Die einzelnen Jahre bauen aufeinander auf.

Jahr	Debitorenbestand Ende Jahr	Delkredere in % des Debitorenbestandes	Delkredere in Fr.	Buchung		Betrag
				Soll	Haben	
1	100 000.–	3 %				
2	80 000.–	4 %				
3		7 %	4 900.–			
4		6 %		Delkredere	Debitorenverluste	1 300.–
5	65 000.–	5 %				
6		6 %	4 500.–			

26.04

Welche Geschäftsfälle haben die folgenden Buchungen bewirkt?

Jahr	Buchung		Geschäftsfall
	Soll	Haben	
1	Debitoren	Warenertrag	
2	Debitoren	Zinsertrag	
3	Erfolgsrechnung	Debitorenverluste	
4	Debitoren	Post	
5	Warenertrag	Debitoren	
6	Bank	Debitoren	
	Debitorenverluste	Debitoren	
7	Post	Debitorenverluste	
8	Delkredere	Bilanz	
9	Debitorenverluste	Delkredere	

26.05

Führen Sie das Journal zu folgenden Tatbeständen:

Datum	Geschäftsfall	Betrag
1.6.	Zahlung eines Kreditors über die Post.	Fr. 3 100.–
3.6.	Kauf einer Maschine auf Kredit für USD 2 500.–, Kurs 1.20.	Fr. ?
4.6.	Der Konkurs von K. Hug ist abgeschlossen. 30% unserer Forderung von 12 000.– werden auf die Post überwiesen. Der Rest ist verloren.	?
12.6.	Unsere Forderung an Kunde Götz, die wir bereits abgeschrieben haben, wird unverhofft auf unser Bankkonto überwiesen.	Fr. 1 200.–
15.6.	Die Rechnung vom 3.6. wird durch die Bank bezahlt. Kurs 1.16. Die Kursdifferenz ist auch zu buchen.	?
20.6.	Betreibung von Kunde R. Bader. Barzahlung für Kostenvorschuss.	Fr. 75.–
22.6.	Der Geschäftsinhaber vermindert seine Kapitaleinlage durch Bankauszahlung.	Fr. 10 000.–
30.6.	Das Delkredere wird herabgesetzt.	Fr. 3 000.–
30.6.	Die Fahrzeuge werden indirekt abgeschrieben.	Fr. 8 000.–

26.06

Die Konten Debitoren, Delkredere und Debitorenverluste weisen in der Ausgangslage folgende Summen auf:

Debitoren		Delkredere		Debitorenverluste	
180 000	141 340		2 000	4 200	

Nennen Sie für die folgenden Geschäftsfälle die Buchungssätze, und führen Sie die drei Konten. Die Konten sind abzuschliessen und wieder zu eröffnen.

1. Wir verkaufen Ware auf Kredit für Fr. 70 000.–.
2. Debitor K. Schnyder wird für Fr. 4000.– betrieben. Wir leisten einen Kostenvorschuss von Fr. 75.– in bar.
3. Das Konkursverfahren gegen die Textil-AG ist abgeschlossen. 20 % unserer Forderung, d. h. Fr. 600.–, werden auf die Bank überwiesen, der Rest ist abzuschreiben.
4. Die Debitoren haben Fr. 62 000.– auf unser Bankkonto überwiesen.
5. Für Versandfrachten zulasten unserer Kunden zahlen wir bar Fr. 340.–.
6. Die Betreibung gegen Debitor K. Schnyder war wirksam; wir erhalten folgende Postüberweisung:
   - Forderungsbetrag Fr. 4 000.–
   - Betreibungskosten Fr. 75.–
   - Verzugszinsen (noch nicht verbucht) Fr. 80.–
7. Eine Forderung von Fr. 3000.– gegen Debitor Katz, die wir dieses Jahr bereits abgeschrieben haben, wird unverhofft auf unser Bankkonto überwiesen.
8. Das Delkredere soll Ende Jahr 4 % des Debitorenbestandes betragen.

26.07

Kreuzen Sie eine Aussage als richtig an, oder begründen Sie, warum diese falsch ist.

Nr.	Aussage	Richtig	Begründung bei falscher Aussage
1	Das Delkredere ist ein ruhendes Konto, da es nur am Ende einer Periode angepasst wird.		
2	Wird ein Debitor direkt abgeschrieben, lautet die Buchung *Debitorenverluste/Delkredere.*		
3	Das Delkredere ist ein Minus-Passivkonto und hat dieselben Buchungsregeln wie ein Passivkonto.		
4	Eine Habenbuchung im Debitorenverlustkonto ergibt sich, wenn ein bereits abgeschriebener Debitor unverhofft zahlt.		
5	Die Erhöhung des Delkrederes hat immer eine Verminderung des Gewinnes zur Folge.		
6	Falls ein dieses Jahr abgeschriebener Debitor seine Schulden noch per Post begleicht, lautet die Buchung *Post/Debitorenverluste.*		
7	Der Saldo des Debitorenverlustkontos wird am Periodenende mit der Buchung *Bilanz/Debitorenverluste* übertragen.		
8	Die Buchung *Debitoren/Post* steht für die Postüberweisung eines Debitors.		
9	Das Delkrederekonto wird wie das Debitorenverlustkonto nicht wiedereröffnet.		
10	Falls auf den fälligen Forderungen Verzugszinsen verrechnet werden, lautet die Buchung *Debitoren/Zinsertrag.*		
11	Der Buchwert der Debitoren ergibt sich aus Debitoren-Bestand minus Delkredere-Bestand.		
12	Die Buchung *Delkredere/Bilanz* steht für die Eröffnung des Delkrederebestandes.		
13	Debitorenverluste ist ein Minus-Ertragskonto mit denselben Buchungsregeln wie ein Aufwandskonto.		

26.08

a) Beantworten Sie die Fragen zu den Debitorenverlusten.

Nr.	Frage	Endgültige Debitorenverluste	Mutmassliche Debitorenverluste
1	Bei welchen Verlusten ▶ ist der Kunde immer bekannt? ▶ handelt es sich um ein allgemeines Risiko auf dem Debitorenbestand? Zutreffendes ankreuzen.	☐ ☐	☐ ☐
2	In welchem Zeitpunkt werden die Debitorenverluste verbucht?		
3	Bei welchen Verlusten ▶ ist der Betrag meistens genau bekannt? ▶ muss der Betrag geschätzt werden? Zutreffendes ankreuzen.	☐ ☐	☐ ☐
4	Welche Abschreibungsmethode ist anzuwenden (direkt oder indirekt)?		
5	Wie wird die Zunahme der geschätzten Debitorenverluste von 80 Ende Jahr verbucht?		
6	Wie lautet der Buchungssatz für einen Debitorenverlust von 240 infolge Konkurses eines Kunden am 13. August?		

b) Welche Gemeinsamkeit und welcher Unterschied bestehen zwischen den Buchungen von Fragen 5 und 6 (abgesehen vom Betrag)?

c) Was für ein Konto ist das Konto Debitorenverlust? Zu welcher Kontenklasse im KMU-Kontenrahmen gehört es?

d) Der Eröffnungsbestand des Delkrederes beträgt 40, der Schlussbestand soll 30 betragen. Wie lautet die Buchung am Jahresende?

e) Welches könnten die Gründe für die Verminderung des Delkrederes in Frage d) sein?

26.09

Vom **Treuhandbüro J. Müller** sind die Eröffnungsbilanz sowie der summarisch zusammengefasste Geschäftsverkehr bekannt.

Zu führen sind das Journal sowie das Hauptbuch. Ende Jahr sind die Erfolgsrechnung sowie die Schlussbilanz aufzustellen.

Eröffnungsbilanz per 1.1.20_2

Aktiven		Passiven	
Post	6 300	Kreditoren	4 000
Debitoren	14 000	Eigenkapital	30 000
./. Delkredere	– 700		
Einrichtungen	24 000		
./. WB Einrichtungen	– 9 600		
	34 000		34 000

Journal 20_2

Nr.	Geschäftsfall	Buchung Soll	Buchung Haben	Betrag
1	Fakturierter Honorarumsatz			120 000
2	Postzahlungen von Kunden			118 000
3	Abschreibung der Forderung gegenüber Faber AG infolge Konkurseröffnung			2 000
4	Privatbezüge mit der Postcard des Geschäfts			20 000
5	Postzahlungen für Mietaufwand			24 000
6	Postüberweisung des Kostenvorschusses für die Betreibung von Kunde Vestido GmbH			70
7	Rechnungen für übrigen Aufwand			15 000
8	Postüberweisungen auf das private Bankkonto der Geschäftsinhaberin			50 000
9	Im Betreibungsfall gegenüber dem Kunden Creativ GmbH wird Fr. 670.– auf das Postkonto überwiesen; der Rest ist abzuschreiben.			670
				1 400
10	Postzahlungen von erhaltenen Rechnungen			16 000
11	Abschreibung der Einrichtungen: 20 % des Anschaffungswerts			
12	Das Delkredere soll gleich viele Prozente betragen wie im Vorjahr.			
13	Gutschrift Eigenlohn			72 000
14	Gutschrift Eigenzins (3,5 % auf Anfangskapital)			
15	Saldierung des Privatkontos			
16	Übertrag des Jahresverlusts			

Hauptbuch 20_2

Post

Kreditoren

Personalaufwand

Honorarertrag

Mietaufwand

Debitorenverluste

Eigenkapital

Zinsaufwand

Abschreibungen

Debitoren

Privat

Übriger Aufwand

Delkredere

Einrichtungen

WB Einrichtungen

Erfolgsrechnung 20_2

Schlussbilanz 31. 12. 20_2

Rechnungsabgrenzung und Rückstellungen

27.01

P. Kohler gründet per 31. März 20_1 eine **Autofahrschule.** Am 31. Dezember 20_1 liegen die provisorischen Abschlussrechnungen vor.

Provisorische Schlussbilanz per 31.12.20_1 (in Fr. 1000)

Aktiven			Passiven		
Umlaufvermögen			**Fremdkapital**		
Kasse	3		Kreditoren		1
Bank	10	13			
Anlagevermögen			**Eigenkapital**		
Mobiliar	7		Eigenkapital	40	
Fahrzeug	30	37	Gewinn	9	49
		50			50

Provisorische Erfolgsrechnung 20_1 (in Fr. 1000)

Aufwand		Ertrag	
Personalaufwand	54	Fahrschulertrag bar	12
Fahrzeugaufwand	22	Fahrschulertrag Abonnemente	80
Mietaufwand Theorielokal	4	Theoriestunden bar	8
Übriger Aufwand	11		
Gewinn	9		
	100		100

Zusätzliche Angaben

- Die Miete für das Theorielokal von 4 musste am 31. März 20_1 für ein Jahr zum Voraus per Banküberweisung bezahlt werden, was als Mietaufwand verbucht wurde.
- Die bar verkauften Abonnemente wurden als Ertrag verbucht. Der Fahrlehrer schätzt, dass 10% dieser vorausbezahlten Fahrstunden noch nicht eingelöst worden sind.

a) Wie lauten die zeitlich abgegrenzten Abschlussrechnungen?

Schlussbilanz vor Gewinnverbuchung per 31.12.20_1 (in Fr. 1000)

Aktiven			Passiven		
Umlaufvermögen			**Fremdkapital**		
Kasse	....		Kreditoren	....	
Bank	....		....	____	....
....	____	....			
Anlagevermögen			**Eigenkapital**		
Mobiliar	....		Eigenkapital	....	
Fahrzeug	____	____	Gewinn	____	____

Erfolgsrechnung 20_1 (in Fr. 1000)

Aufwand		Ertrag	
Personalaufwand		Fahrschulertrag bar	
Fahrzeugaufwand		Fahrschulertrag Abonnemente	
Mietaufwand Theorielokal		Theoriestunden bar	
Übriger Aufwand			
Gewinn			

b) Wie lauten die Buchungen für den Mietaufwand und den Fahrschulertrag im Jahr 20_1? Verlangt wird auch die Wiedereröffnung im Geschäftsjahr 20_2.

Geschäftsjahr 20_1 (in Fr. 1000)

Datum	Text	Buchung	Aktive Rechnungsabgrenzung (ARA)		Passive Rechnungsabgrenzung (PRA)		Mietaufwand		Fahrschulertrag Abonnemente	
31.03.	Vorauszahlung Miete									
Diverse	Verkauf Abonnemente									
31.12.	Zeitliche Abgrenzungen									
31.12.	Abschluss									

Geschäftsjahr 20_2 (in Fr. 1000)

Datum	Text	Buchung	Aktive Rechnungsabgrenzung (ARA)		Passive Rechnungsabgrenzung (PRA)		Mietaufwand		Fahrschulertrag Abonnemente	
01.01.	Eröffnung									
01.01.	Rückbuchungen zeitliche Abgrenzungen									

27.02

S. Köpfer gründet Ende August 20_1 eine kleine **Drogerie.**

Zur Finanzierung seiner Unternehmung leistet er eine Eigenkapitaleinlage von Fr. 80 000 und nimmt ein Bankdarlehen von Fr. 50 000 auf, das jährlich am 31. August zu 6 % nachschüssig verzinst werden muss. Die Geschäftsmiete muss er Anfang September und Anfang März jeweils für sechs Monate zum Voraus (vorschüssig) per Bank zahlen.

a) Ende 20_1 ergeben sich die links dargestellten provisorischen Abschlussrechnungen (alle Zahlen in Bilanzen und Erfolgsrechnungen in Fr. 1000).

Wie lauten die zeitlich abgegrenzten Abschlussrechnungen per 31.12.20_1?

Provisorische Schlussbilanz per 31.12.20_1

Aktiven			Passiven		
Umlaufvermögen			**Fremdkapital**		
Kasse	4		Kreditoren	49	
Bank	11		Darlehen	50	99
Warenvorrat	60	75			
			Eigenkapital		
Anlagevermögen			Eigenkapital	80	
Ladeneinrichtung		105	Gewinn	1	81
		180			180

Definitive Schlussbilanz vor Gewinnverbuchung per 31.12.20_1

Aktiven			Passiven		
Umlaufvermögen			**Fremdkapital**		
Kasse	....		Kreditoren	....	
Bank	....		....	....	
....	....		Darlehen		....
Warenvorrat		....			
			Eigenkapital		
Anlagevermögen			Eigenkapital	....	
Ladeneinrichtung			Gewinn		

Provisorische Erfolgsrechnung 20_1

Aufwand		Ertrag	
Warenaufwand	120	Warenertrag	180
Personalaufwand	40		
Mietaufwand	12		
Übriger Aufwand	7		
Gewinn	1		
	180		180

Definitive Erfolgsrechnung 20_1

Aufwand		Ertrag	
Warenaufwand	....	Warenertrag	....
Personalaufwand	....		
Mietaufwand	....		
....	....		
Übriger Aufwand	....		
Gewinn			

b) Warum war im provisorischen Abschluss bereits ein Mietaufwand verbucht, aber noch kein Zinsaufwand?

c) Nennen Sie die Buchungssätze, und führen Sie die vier Konten für die Geschäftsjahre 20_1 und 20_2 (Beträge in Fr. 1000).

Geschäftsjahr 20_1

Datum	Text	Buchung	Aktive Rechnungsabgrenzung (ARA)		Passive Rechnungsabgrenzung (PRA)		Mietaufwand		Zinsaufwand	
01.09.	Vorauszahlung Miete									
31.12.	Zeitliche Abgrenzungen									
31.12.	Abschluss (Salden)	Diverse Buchungen								

Geschäftsjahr 20_2

Datum	Text	Buchung	Aktive Rechnungsabgrenzung (ARA)		Passive Rechnungsabgrenzung (PRA)		Mietaufwand		Zinsaufwand	
01.01.	Eröffnung	Diverse Buchungen								
01.01.										
01.03.										
31.08.										
01.09.										
31.12.										
31.12.	Abschluss (Salden)	Diverse Buchungen								

d) Begründen Sie, warum die Salden der Konten Mietaufwand und Zinsaufwand Ende 20_2 korrekt sind.

27.03

Führen Sie für folgende Geschäftsfälle die aktiven und passiven Rechnungsabgrenzungskonten sowie die dazu passenden Erfolgskonten. Das Geschäftsjahr 20_1 ist vollständig zu erfassen; für das Jahr 20_2 sind nur Eröffnung und Rückbuchung verlangt.

a) Eine Apotheke nimmt für die Finanzierung eines Umbaus am 31. Oktober 20_1 eine halbjährlich nachschüssig zu verzinsende Hypothek von Fr. 120 000.– mit einem Zinsfuss von 5 % p. a. auf.

Datum	Text	Buchung				
31. 12. 20_1	Zeitliche Abgrenzung					
31. 12. 20_1	Abschluss					

Datum	Text	Buchung				
01. 01. 20_2	Eröffnung					
01. 01. 20_2						

b) Ein Fabrikationsbetrieb gewährt am 30. September 20_1 ein halbjährlich nachschüssig zu verzinsendes Darlehen von Fr. 50 000.– mit einem Zinsfuss von 6 % p. a.

Datum	Text	Buchung				
	Abschluss					

Datum	Text	Buchung				

c) Die neu gegründete Boutique GmbH zahlt den Jahresmietzins von Fr. 24 000.– am 31. August 20_1 zum Voraus per Bank.

Datum	Text	Buchung				
	Abschluss					

Datum	Text	Buchung				

d) Die Immobilien AG erhält den Jahresmietzins von der Boutique GmbH (siehe Teilaufgabe c) am 31. August 20_1 zum Voraus per Bank.

Datum	Text	Buchung				
	Abschluss					

Datum	Text	Buchung				

27.04

Vervollständigen Sie die Tabelle mit Überlegungen zur Rechnungsabgrenzung per Ende 20_1. Die Geschäftsfälle stammen aus verschiedenen Unternehmungen, die alle im Jahr 20_1 gegründet wurden. Die Beträge sind Kurzzahlen.

Aufgabe	Geschäftsfall	Bereits verbucht[1]	Anteil 20_1[2]	Anteil 20_2[3]	LG/LS/ GG/GS[4]	Buchungssatz mit Betrag für die zeitliche Abgrenzung Ende 20_1
a)	Eine Informatikschule hat Kursgelder von 80 vereinnahmt. Kurse im Umfang von 10 wurden noch nicht erteilt. (Sicht der Schule)					
b)	Aufgelaufener Zins auf einem Passivdarlehen von 200. Zinsfuss 6 %. Zinstermin 31. Oktober. (Sicht des Darlehensnehmers)					
c)	Aufgelaufener Zins auf einem Aktivdarlehen von 120. Zinsfuss 5 %. Zinstermin 30. April. (Sicht des Darlehensgebers)					
d)	Am 30. November 20_1 für 3 Monate vorausbezahlter Mietzins von 15. (Sicht des Mieters)					
e)	Am 31. August 20_1 im Voraus erhaltener Mietzins von 18 für 6 Monate. (Sicht des Vermieters)					
f)	Am 31. Juli 20_1 für ein Jahr vorausbezahlte Sachversicherungsprämien von 12. (Sicht des Versicherten)					
g)	Eine Fahrlehrerin verkaufte Fahrschulabonnemente von 50 gegen bar. Etwa 20% dieser Fahrstunden sind bis Ende Jahr noch nicht erteilt worden. (Sicht der Fahrlehrerin)					
h)	Am 31. Oktober 20_1 erhaltene und einen Monat später bezahlte Rechnung von 12 für die Reparatur an einer Maschine. (Sicht des Maschinenbesitzers)					

[1] In dieser Spalte ist der im Jahr 20_1 bereits verbuchte Betrag anzugeben. Beachten Sie, dass **unter dem Jahr fast alle Buchungen entweder auf Zahlungsvorgänge oder eingehende bzw. ausgehende Rechnungen zurückzuführen sind.**

[2] In dieser Spalte ist anzugeben, wie gross der Aufwands- bzw. der Ertragsanteil für das Geschäftsjahr 20_1 ist.

[3] In dieser Spalte ist anzugeben, wie gross der Aufwands- bzw. der Ertragsanteil für das Geschäftsjahr 20_2 ist.

[4] Geben Sie in dieser Spalte an, ob für die betreffende Unternehmung Ende 20_1 ein Leistungsguthaben (LG), eine Leistungsschuld (LS), ein Geldguthaben (GG) oder eine Geldschuld (GS) besteht.

27.05

Im Kontenrahmen KMU gibt es vier transitorische Konten für die zeitliche Rechnungsabgrenzung:

Konto-Nr.	Name des Kontos	Erläuterung
1300	Bezahlter Aufwand des Folgejahres (Vorausbezahlter Aufwand)	Dieser Aufwand wurde zwar im alten Jahr bezahlt, aber er betrifft erst das nächste Jahr (so genannter Aufwandsvortrag).
1301	Noch nicht erhaltener Ertrag	Dieser Ertrag gehört noch ins alte Jahr, obwohl die Zahlung erst im nächsten Jahr erfolgen wird (Ertragsnachtrag).
2300	Noch nicht bezahlter Aufwand	Dieser Aufwand gehört noch ins alte Jahr, obwohl die Zahlung erst im nächsten Jahr erfolgen wird (Aufwandsnachtrag).
2301	Erhaltener Ertrag des Folgejahres (Im Voraus erhaltener Ertrag)	Die Zahlung ist bereits eingegangen, aber der Ertrag gehört ins nächste Jahr (Ertragsvortrag).

Wie lauten die Buchungen für die zeitlichen Abgrenzungen in den vier Beispielen aus unterschiedlichen Unternehmungen? (In Beispiel 1 ist der Pfeil als Musterlösung bereits eingetragen, es fehlt aber noch die passende Kontenbezeichnung.)

Beispiel 1

Anfang November wurde der Mietzins für ein halbes Jahr zum Voraus bezahlt. Wie bucht der Mieter am Jahresende?

6000 Raumaufwand

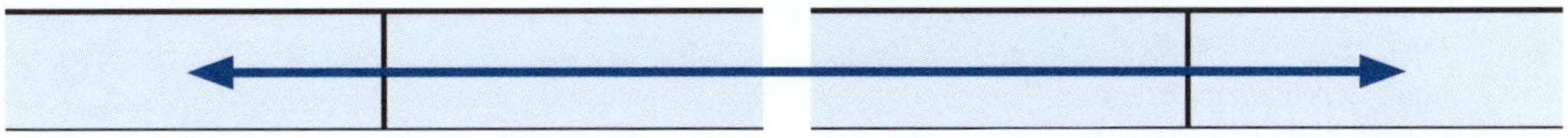

Beispiel 2

Kunden eines Reisebüros haben die Reisen im alten Jahr zum Voraus bezahlt und werden die Leistungen erst im neuen Jahr beziehen. Wie bucht das Reisebüro am Jahresende?

3400 Ertrag aus Verkauf von Reisen

Beispiel 3

Für ein Darlehen wird der Jahreszins jeweils Anfang Oktober nachschüssig bezahlt. Wie bucht der Darleiher am Jahresende?

6950 Zinsertrag

Beispiel 4

Für ein Darlehen wird der Jahreszins jeweils Anfang Oktober nachschüssig bezahlt (gleiches Beispiel wie oben). Wie bucht der Borger am Jahresende?

6900 Zinsaufwand

27.06

Lösen Sie folgende Aufgaben im Zusammenhang mit der Rechnungsabgrenzung aus verschiedenen Unternehmungen:

- Handelt es sich bei den genannten Buchungen jeweils um eine Bildung oder um eine Rückbuchung von transitorischen Posten (ankreuzen)?
- Beschreiben Sie die zu den Buchungssätzen gehörenden Geschäftsfälle in Stichworten.

Nr.	Buchung	Bildung	Rückbuchung	Geschäftsfall
1	Aktive Rechnungsabgrenzung/ Mietaufwand			
2	Aktive Rechnungsabgrenzung/ Zinsertrag			
3	Zinsaufwand/ Passive Rechnungsabgrenzung			
4	Reiseertrag/ Passive Rechnungsabgrenzung			
5	Passive Rechnungsabgrenzung/ Zinsaufwand			
6	Mietertrag (oder Liegenschaftsertrag)/ Passive Rechnungsabgrenzung			
7	Versicherungsaufwand/ Aktive Rechnungsabgrenzung			
8	Prämienertrag/ Passive Rechnungsabgrenzung			

27.07

Einem Mitarbeiter wird am 15. Dezember 20_1 ein Lohnvorschuss von Fr. 2000 per Bank ausbezahlt. Die Rückzahlung des Vorschusses erfolgt durch einen Abzug bei der Lohnauszahlung je hälftig im Januar und Februar 20_2.

a) Wie verbucht die Unternehmung den Vorschuss am 15. Dezember 20_1 auf der Grundlage des Kontenrahmens KMU?[1]

b) Wie lautet die zeitliche Abgrenzung per 31. Dezember 20_1?

[1] Es handelt sich um die Gewährung eines Darlehens der Unternehmung an den Mitarbeiter. Das ist eine erfolgsneutrale Transaktion.

Die Erfassung als Lohnaufwand würde zu Sozialversicherungsabzügen führen (u. a. Arbeitnehmer-Beiträge an die AHV, die Arbeitslosenversicherung oder die Pensionskasse), was nicht korrekt wäre, weil diese erst im nächsten Jahr geschuldet werden. Mehr zur Lohnabrechnung erfahren Sie in Kapitel 36.

27.08

Gegeben ist diese unvollständige Bilanz eines Handelsbetriebs in Kurzzahlen:

Schlussbilanz vor Gewinnverbuchung per 31. 12. 20_5

Aktiven			Passiven		
Umlaufvermögen			**Fremdkapital**		
Flüssige Mittel	50		Kreditoren	700	
Debitoren	800		....	20	
....	15		....	35	
....	25		Passivdarlehen	550	
Warenvorrat	590	1 480	....	45	1 350
Anlagevermögen			**Eigenkapital**		
Sachanlagen	420		Aktienkapital	400	
Aktivdarlehen	100	520	Reserven und Gewinnvortrag	250	650
		2 000			2 000

a) Vervollständigen Sie die Bilanz durch folgende fünf Kontengruppen (die Beträge haben in dieser Aufgabenstellung keine Bedeutung, weshalb die Reihenfolge der Konten innerhalb der Forderungen bzw. des Fremdkapitals für die Lösung der Aufgabe keine Rolle spielt):

- Vorausbezahlter Aufwand (bezahlter Aufwand des Folgejahres)
- Im Voraus erhaltener Ertrag (erhaltener Ertrag des Folgejahres)
- Noch nicht bezahlter Aufwand
- Noch nicht erhaltener Ertrag
- Rückstellungen

b) Welche Geschäftsfälle gehören zu welcher Kontengruppe (ankreuzen)?

Nr.	Geschäftsfall	Voraus-bezahlter Aufwand	Noch nicht erhaltener Ertrag	Im Voraus erhaltener Ertrag	Noch nicht bezahlter Aufwand	Rück-stellungen
1	Aufgelaufener Zins auf Passivdarlehen					
2	(Von uns) im Voraus bezahlte Sachversicherungsprämien					
3	Ein Kunde macht auf gerichtlichem Weg einen Schaden geltend, der durch eine unserer Lieferungen entstanden ist. Unser Risiko ist in der Bilanz zu berücksichtigen.					
4	Aufgelaufener Zins auf Aktivdarlehen					
5	(Von uns) im Voraus bezahlte Mietzinse					

27.09

Lösen Sie zu den Rückstellungen diese Aufgaben:

a) Wie verbucht ein Zigarettenproduzent die folgenden Geschäftsfälle? (Die Zahlen sind in der unten stehenden Lösungshilfe in Millionen Franken einzusetzen.)

15.11.20_1	Krebskranke Raucher haben den Zigarettenproduzenten auf Schadenersatz eingeklagt. Es ist damit zu rechnen, dass im nächsten Jahr aufgrund des Gerichtsurteils Schadenersatzansprüche von Fr. 20 000 000.– zur Zahlung fällig werden könnten.
31.12.20_1	Jahresabschluss
01.01.20_2	Eröffnung
28.08.20_2	Aufgrund des Gerichtsurteils werden Schadenersatzzahlungen von Fr. 12 000 000.– geleistet (Bankzahlungen).
28.08.20_2	Eine Neubeurteilung des Risikos erlaubt die Reduktion der gebildeten Rückstellung auf Fr. 5 000 000.–.
31.12.20_2	Jahresabschluss

Geschäftsjahr 20_1

Datum	Text	Buchung	Rückstellungen		Aufwand für Schadenersatz	
15.11.20_1						
31.12.20_1	Abschluss					

Geschäftsjahr 20_2

Datum	Text	Buchung	Rückstellungen		Aufwand für Schadenersatz	
01.01.20_2	Eröffnung					
28.08.20_2						
31.12.20_2	Abschluss					

b) Welche Aussagen zu den Rückstellungen sind richtig bzw. falsch (ankreuzen)?

Nr.	Aussage	Richtig	Falsch
1	Rückstellungen sind Fremdkapital.		
2	Rückstellungen sind immer kurzfristig.		
3	Typisch für Rückstellungen ist die ungewisse Höhe.		
4	Rückstellungen müssen gebildet werden zum Beispiel für Prozessrisiken bei hängigen Gerichtsverfahren oder für versprochene Garantieleistungen.		
5	Bei der Bildung von Rückstellungen erfolgt die Sollbuchung über ein Aufwands- oder Ertragskonto.		
6	Die Bildung von Rückstellungen führt zu einer Erhöhung des Fremdkapitals.		
7	Durch die Bildung von Rückstellungen wird der ausgewiesene Erfolg des Geschäftsjahres verbessert.		
8	Eine Auflösung von Rückstellungen ist immer erfolgsunwirksam.		
9	Rückstellungen werden zum Beispiel aufgelöst, wenn das Risiko nicht mehr besteht.		

c) Wie werden die folgenden Geschäftsfälle verbucht?

Datum	Geschäftsfall	Sollbuchung	Habenbuchung	Betrag
10.05.	Die vor drei Jahren für einen Prozess gebildete Rückstellung wird aufgelöst, da das Gerichtsurteil zu unseren Gunsten lautet.			80 000
13.08.	Bankzahlung eines Schadenfalls zulasten der Rückstellungen			15 000
31.12.	Bildung von Rückstellungen für unterlassene Instandstellungsarbeiten an der eigenen Liegenschaft			50 000
31.12.	Bildung einer Rückstellung für gewährte Garantien			70 000
31.12.	Aufgelaufene Schuldzinsen			6 000
31.12.	Verminderung des Delkrederes			8 000

27.10

Vom **Architekturbüro W. Müller** sind die Eröffnungsbilanz sowie der summarisch zusammengefasste Geschäftsverkehr bekannt. Alle Zahlen sind in Fr. 1000.–.

Zu führen sind das Journal sowie das Hauptbuch. Ende Jahr sind die Schlussbilanz sowie die Erfolgsrechnung aufzustellen.

Eröffnungsbilanz per 1. 1. 20_7

Aktiven		Passiven	
Bank	17	Kreditoren	7
Debitoren	200	Passive Rechnungsabgrenzung	2
./. Delkredere	–10	Bankdarlehen	50
Einrichtungen	100	Rückstellungen	8
./. WB Einrichtungen	–40	Eigenkapital	200
	267		267

Journal 20_7

Nr.	Geschäftsfall	Buchung Soll	Buchung Haben	Betrag
1	Rückbuchung des Ende 20_6 zeitlich abgegrenzten Zinsaufwands			2
2	An Kunden versandte Rechnungen für erbrachte Architekturleistungen			600
3	Bankzahlungen von Kunden			575
4	Bankzahlungen für Personalaufwand (inkl. Eigenlohn für den Geschäftsinhaber)			400
5	Bankbelastung für den Darlehenszins (Zinstermin 30. 04., Zinsfuss 6 %)			
6	Eine Forderung ist infolge Konkurses eines Kunden abzuschreiben.			5
7	Rechnungen für übrigen Aufwand			130
8	Bankzahlungen von Rechnungen für übrigen Aufwand			128
9	Privatbezüge mit der Bancomatkarte zulasten des Bankkontos des Geschäfts			35
10	Abschreibung der Einrichtungen: 20 % des Anschaffungswerts			
11	Das Delkredere soll gleich viele Prozente betragen wie im Vorjahr.			
12	Zeitliche Abgrenzung des Zinses auf dem Bankdarlehen			
13	Die Rückstellungen sind zulasten des Honorarertrags auf 12 zu erhöhen.			
14	Gutschrift Eigenzins: 3,5 % auf Anfangskapital			
15	Saldierung des Privatkontos			
16	Übertrag des Jahresgewinns			

Hauptbuch 20_7

Bank

Kreditoren

Personalaufwand

Honorarertrag

Zinsaufwand

Passive Rechnungsabgr.

Debitorenverluste

Debitoren

Abschreibungen

Bankdarlehen

Übriger Aufwand

Rückstellungen

Delkredere

Eigenkapital

Einrichtungen

WB Einrichtungen

Privat

Erfolgsrechnung 20_7

Schlussbilanz 31.12.20_7

27.11

Von der **Aushub- und Abbruch AG** liegt eine provisorische Saldobilanz[1] in Kurzzahlen vor.

Saldobilanzen per 31. 12. 20_4

Konten	Provisorische Saldobilanz		Nachträge		Definitive Saldobilanz	
Bank	36					
Debitoren	240					
Delkredere		15				
Vorräte						
Aktive Rechnungsabgrenzung	20					
Büroeinrichtung	30					
Maschinen/Fahrzeuge	600					
WB Maschinen/Fahrzeuge		130				
Kreditoren		50				
Bankdarlehen						
Passive Rechnungsabgrenzung		200				
Rückstellungen		10				
Aktienkapital		250				
Gesetzliche Gewinnreserve		70				
Gewinnvortrag		7				
Ertrag aus Arbeiten		700				
Debitorenverluste	5					
Personalaufwand	340					
Zinsaufwand Bankdarlehen	11					
Abschreibungen Büroeinrichtung						
Abschreibungen Maschinen/Fahrzeuge						
Übriger Aufwand	150					
	1 432	1 432				

[1] Die **Saldobilanz** ist eine Gegenüberstellung aller Salden der Bilanz- und Erfolgskonten. Provisorisch nennt man die Saldobilanz, weil vor dem endgültigen Abschluss noch Nachträge berücksichtigt werden müssen.

a) Verbuchen Sie die folgenden Tatbestände in der Spalte «Nachträge», und erstellen Sie die definitive Saldobilanz.

1	Die Büroeinrichtungen sind um 20 % des Buchwerts abzuschreiben.
2	Die Maschinen/Fahrzeuge sind um 25 % des Anschaffungswerts abzuschreiben.
3	Die Wertberichtigung für mutmassliche Debitorenverluste soll 5% der Debitorenausstände betragen.
4	Das Darlehen ist am 31. Mai und am 30. November zu verzinsen.
5	Die Rückstellungen für Garantieleistungen werden zulasten des Ertrags auf 2 % des Umsatzes festgelegt.
6	Vorausbezahlte Sachversicherungsprämien von 2 sind zeitlich abzugrenzen.

b) Erstellen Sie die Erfolgsrechnung in Berichtsform.

Erfolgsrechnung 20_4

c) Wie setzt sich das Eigenkapital nach Verbuchung des Gewinns zusammen?

Eigenkapital per 31. 12. 20_4

27.12

Nennen Sie die Buchungssätze für die **Einzelfirma B. Müller,** die sich auf die Organisation von Sportanlässen spezialisiert hat. Der Jahresabschluss erfolgt am 31. Dezember 20_4.

Journal 20_4

Nr.	Text	Sollbuchung	Habenbuchung	Betra
1	Rechnung des Elektrizitätswerks des Kantons Wallis für Strombezüge des Geschäfts			2 3
2	Honorarrechnung von B. Müller an einen Kunden			180 0
3	Seit zwei Jahren besteht ein Passivdarlehen von Fr. 300 000, das halbjährlich per Ende April und Ende Oktober konstant zu 4 % verzinslich ist. Wie wird die Bankbelastung vom 31. 10. 20_4 verbucht?			
4	Wie lautet Ende Jahr die zeitliche Abgrenzung des Zinses auf dem Darlehen gemäss Nr. 3?			
5	Am 30. 11. 20_4 wird der Mietzins für die Geschäftslokalitäten für die Monate Dezember, Januar und Februar zum Voraus per Bank überwiesen.			15 0
6	Der Mietzins von Nr. 5 ist per Ende Jahr zeitlich abzugrenzen.			
7	B. Müller macht einen Bargeldbezug ab dem Bankkonto des Geschäfts für private Zwecke.			3 0
8	Rechnung für den grossen Service am Geschäftsauto			1 4
9	Die Klavierstunden der Tochter von B. Müller werden über das Bankkonto des Geschäfts bezahlt.			2
10	Das Delkredere wird in der Schlussbilanz jeweils mit 5 % des Debitorenbestandes eingesetzt. Buchung Ende 20_4? ► Debitorenbestand Ende 20_3 Fr. 50 000 ► Debitorenbestand Ende 20_4 Fr. 40 000			
11	Die kurzfristigen Rückstellungen für die Risiken aus ausgeführten Arbeiten werden zulasten des Dienstleistungsertrags von Fr. 25 000 auf Fr. 28 000 erhöht.			
12	Eine Kundenforderung ist infolge Konkurses definitiv abzuschreiben.			8 0
13	Ende Jahr ist der Privatanteil am Geschäftsfahrzeug zu verbuchen. Er beträgt pro Monat 0,8 % des Anschaffungswerts des Fahrzeugs von Fr. 60 000.			
14	Verbuchung eines Eigenzinses von 3 % auf dem investierten Eigenkapital von Fr. 200 000			
15	Das Privatkonto weist vor dem Abschluss einen Sollüberschuss aus; es ist auszugleichen.			5 1

27.13

Führen Sie für die **Macchina SA,** Bellinzona, das Journal für die Abschlussbuchungen per 31. Dezember 20_6 in CHF. Kontenbezeichnungen gemäss Kontenrahmen KMU.

rnal 20_6

.	Text	Sollbuchung	Habenbuchung	Betrag
	Bankgutschrift für Zinsen auf dem Kontokorrent-Konto 2 925. Die Verrechnungssteuer ist auch zu buchen.			
2	Indirekte Abschreibung einer Maschine: Anschaffungswert 800 000, Nutzungsdauer 5 Jahre, Liquidationswert am Ende der Nutzungsdauer 100 000, lineare Abschreibung			
3	Die Wertberichtigung auf Forderungen gegenüber ausländischen Kunden soll 10 % betragen. ▶ Anfangsbestand Debitoren Ausland 65 000 ▶ Schlussbestand Debitoren Ausland 58 000			
4	Aufgelaufene Zinsen auf einem Passivdarlehen von 60 000, Zinsfuss 5 %, halbjährliche Zinstermine 30. April und 31. Oktober			
5	Zeitliche Abgrenzung des am 1. November per Banküberweisung von 9 000 für ein halbes Jahr vorausbezahlten Mietzinses			
6	Die Rückstellungen für Garantiearbeiten werden jeweils mit 1 % des Umsatzes als Minderung des Fabrikateertrags verbucht. ▶ Anfangsbestand Rückstellungen 50 000 ▶ Fabrikateertrag 20_6 4 600 000			
7	Die von den Mitarbeitenden noch nicht bezogenen Ferienguthaben werden zeitlich abgegrenzt.[1] ▶ Anfangsbestand Ferienguthaben 70 000 ▶ Schlussbestand Ferienguthaben 76 000			
8	Zeitliche Abgrenzung einer am 31. Mai per Banküberweisung von 1 200 für ein Jahr vorausbezahlten Versicherungsprämie			
9	Degressive, indirekte Abschreibung eines Fabrikgebäudes. Das Land ist in der Buchhaltung separat erfasst. Anschaffungswert 2 000 000, Wertberichtigung Anfang Jahr 307 200, Abschreibungssatz gemäss Merkblatt ESTV			
0	Ein Fabrikateverkauf von EUR 4 000 wurde zum Kurs CHF 1.60/EUR erfasst. Die Rechnung ist noch offen. Die Kurse betragen am Jahresende: 1.52 (Geld) bzw. 1.55 (Brief).			
1	Aufgelaufene Zinsen auf einem Aktivdarlehen von 20 000, Zinsfuss 6%, jährlicher Zinstermin 31. August			
2	Übertrag des Jahresgewinnes von 90 000 auf den Gewinnvortrag			

[1] Der Lohnaufwand und die darauf geschuldeten Sozialabgaben wie AHV-, ALV- oder PK-Beiträge sind in der laufenden Periode richtig verbucht worden. Der Personalaufwand ist aber höher als der verbuchte Lohnaufwand inkl. Sozialleistungen, weil die Mitarbeitenden mehr geleistet haben, indem sie nicht alle Ferien bezogen haben. Sie werden nächstes Jahr bei voller Lohnzahlung weniger leisten, indem sie die Ferien einziehen.

Da die Sozialabgaben sowohl in der laufenden wie auch in der nächsten Periode anlässlich der Lohnzahlungen jeweils korrekt verbucht werden, muss die Korrekturbuchung über den übrigen Personalaufwand vorgenommen werden, weil der übrige Personalaufwand keinen Sozialabgaben unterliegt.

27.50

Die **Pestalozzi AG** ist eine Privatschule, die öffentlich subventioniert wird. Die Kunden dieser Schule sind einerseits Lehrlinge, die eine Grundausbildung erhalten, und Erwachsene, die sich weiterbilden.

Führen Sie die Buchhaltung dieser Schule mit **EasyAccounting.** Der Kontenplan basiert auf dem Kontenrahmen KMU und ist bereits erfasst. Das Geschäftsjahr 20_4 ist eröffnet, aber die drei transitorischen Abgrenzungen sind noch nicht rückgebucht. Die Geschäftsfälle sind summarisch zusammengefasst.

Eröffnungsbilanz 1.1.20_4

Aktiven			Passiven		
Umlaufvermögen			**Fremdkapital**		
Bank	115 370		Kreditoren	57 100	
Debitoren	130 000		Aufgelaufene Darlehenszinsen[2]	6 000	
./. Delkredere	–6 500				
Ausstehende Subventionen[1]	211 000	449 870	Im Voraus erhaltene Kursgelder[3]	540 000	
			Darlehen	600 000	1 203 100
Anlagevermögen			**Eigenkapital**		
Mobiliar	670 000		Aktienkapital	200 000	
EDV-Anlagen	380 000	1 050 000	Gesetzl. Gewinnreserve	86 000	
			Gewinnvortrag	10 770	296 770
		1 499 870			1 499 870

[1] Der Staat subventioniert die Lehrlingsausbildung, d.h., er unterstützt sie finanziell. Die Subventionszahlungen durch den Kanton für das Jahr 20_3 sind noch nicht vollständig geleistet worden, weshalb die Schule in der Bilanz ein transitorisches Guthaben gegenüber dem Staat ausweist.

[2] Der Zinstermin für das Darlehen ist am 31. Oktober. Bisher betrug der Zinsfuss 6 % p.a.; ab 31. Oktober 20_4 wird der Zinsfuss auf 5 % p.a. gesenkt.

[3] Die Erwachsenen bezahlen das Kursgeld für die Weiterbildungskurse zum Voraus (bei Beginn der Kurse). Beim Jahresabschluss sind die meisten Kurse noch nicht fertig, weshalb die Schule gegenüber den Kursteilnehmer/innen eine transitorische Schuld bilanziert.

Geschäftsfälle 20_4

Nr.	Geschäftsfälle	Betrag
1	Rückbuchung der transitorischen Posten	?
2	Versandte Rechnungen an die Lehrgeschäfte für Schulgelder	1 240 000
3	Bankgutschriften für Subventionszahlungen durch den Kanton	4 740 000
4	Versandte Rechnungen an Kursteilnehmer/innen für Kursgelder	2 160 000
5	Bankzahlungen von Lehrgeschäften für Schulgelder	1 180 000
6	Bankzahlungen von Kursteilnehmerinnen und Kursteilnehmern	2 120 000
7	Bankzahlungen für Personalaufwand	6 490 000
8	Infolge Konkurses eines Lehrgeschäftes sind ausstehende Schulgelder abzuschreiben	3 200
9	Bankzahlungen für Schulhausmiete	1 020 000
10	Bankbelastung für Darlehenszinsen	?
11	Rechnungen für sonstigen Aufwand wie Energiebezüge, Versicherungsprämien, Verwaltungsaufwand, Unterhalt und Reparaturen, Werbung	389 000
12	Der Gewinn des Geschäftsjahres 20_3 beträgt Fr. 10 000.–. An der Generalversammlung vom 4. April wird folgende Gewinnverwendung beschlossen:	
	► Reservenzuweisung 5 %	?
	► Dividendenzuweisung 4 %	?
13	Gutschrift der Verrechnungssteuer an die eidg. Steuerverwaltung (35 %)	?
14	Bankauszahlung der Nettodividende (65 %)	?
15	Zwei Kursteilnehmer wurden fruchtlos betrieben und die Forderungen abgeschrieben	5 800
16	Banküberweisung der Verrechnungssteuer	?
17	Kreditkauf von Mobiliar	43 400
18	Kreditverkauf von gebrauchten EDV-Anlagen zum Buchwert	7 000
19	Kreditkauf von neuen EDV-Anlagen	132 000
20	Bankzahlungen an Kreditoren	552 000
21	Abschreibung Mobiliar	72 000
22	Abschreibung EDV-Anlagen	90 000
23	Das Delkredere ist Ende 20_4 prozentual gleich hoch anzusetzen wie im Vorjahr	?
24	Der Darlehenszins ist transitorisch abzugrenzen	?
25	Ausstehende Subventionen per Ende 20_4 gemäss Subventionsabrechnung	234 000
26	Im Voraus erhaltene Kursgelder per Ende 20_4	580 000

Am Ende des Geschäftsjahres 20_4 ist der Gewinn auf den Gewinnvortrag zu übertragen.

3. Teil Ausgewählte Themen

Einkauf, Verkauf und Vorräte

a) Handelsbetrieb

31.01

Verbuchen Sie den summarisch zusammengefassten Warenverkehr der **H. Mattle AG,** und bestimmen Sie den Warenaufwand, den Nettoerlös sowie den Bruttogewinn. Die Mehrwertsteuer ist in allen Aufgaben von Kapitel 31 zu vernachlässigen.

Wareneinkäufe

Nr.	Text	Sollbuchung	Habenbuchung	Kreditoren		Warenaufwand	
1	Anfangsbestand Kreditoren 120						
2	Wareneinkäufe auf Kredit 800						
3	Frachtkosten zulasten des Käufers bar bezahlt 20						
4	Gutschriften für Rücksendungen mangelhafter Ware 40						
5	Gutschriften für nachträglich erhaltene Rabatte 30						
6	Zahlungen an Lieferanten:						
	▶ Skontoabzüge 10						
	▶ Banküberweisungen 650						
7	Schlussbestand Kreditoren						
8							

Warenverkäufe

Nr.	Text	Sollbuchung	Habenbuchung	Debitoren		Warenertrag	
1	Anfangsbestand Debitoren 200						
2	Warenverkäufe auf Kredit 1 300						
3	Frachtkosten zulasten des Verkäufers bar bezahlt 30						
4	Gutschriften für Rücknahmen mangelhafter Ware 50						
5	Gutschriften für nachträglich gewährte Rabatte 40						
6	Zahlungen von Kunden:						
	▶ Skontoabzüge 20						
	▶ Banküberweisungen 1 100						
7	Schlussbestand Debitoren						
8							

31.02

Lösen Sie für den Handelsbetrieb **N. Kunz** folgende Aufgaben:

a) Verbuchen Sie den summarisch zusammengefassten Warenverkehr.

Wareneinkäufe

Nr.	Text	Sollbuchung	Habenbuchung	Warenaufwand		Warenertrag	
1	Wareneinkäufe auf Kredit 500						
2	Gutschriften von Lieferanten für nachträgliche Rabatte 25						
3	Zollrechnung für importierte Waren 3						
4	Warenverkäufe auf Kredit 900						
5	Eingangsfrachten zulasten des Käufers bar bezahlt 4						
6	Ausgangsfrachten zulasten des Verkäufers bar bezahlt 6						
7	Gutschriften an Kunden für mangelhafte Ware 9						
8	Gutschriften von Lieferanten für mangelhafte Ware 2						
9	Zahlungen von Kunden: ► Skonto 10 ► Postüberweisungen 910						
10	Zahlungen an Lieferanten: ► Skonto 5 ► Postüberweisungen 460						
11	Saldo Warenaufwand						
12	Saldo Warenertrag						

b) Berechnen Sie den Brutto- und den Reingewinn, sofern sich der Gemeinaufwand wie folgt zusammensetzt: Personalaufwand 150, Raumaufwand 40, Abschreibungsaufwand 30, Zinsaufwand 20, übriger Aufwand 90.

Erfolgsrechnung

= Bruttogewinn	
= Reingewinn	

c) Wie hoch ist der Debitorenbestand am Ende dieser Periode, wenn der Anfangsbestand 90 betrug?

31.03

Verbuchen Sie die Geschäftsfälle der **Import und Export AG.**

Nr.	Geschäftsfall	Sollbuchung	Habenbuchung	Debitoren		Kreditoren	
1	Für einen Wareneinkauf werden EUR 4 000 fakturiert und zum Buchkurs von CHF 1.30/EUR erfasst.						
2	Die Rechnung von Nr. 1 wird mittels Banküberweisung unter Abzug von 2 % Skonto bezahlt. Die Bank belastet CHF 5 292.						
3	Für einen Warenverkauf werden USD 6 000 fakturiert und zum Buchkurs von CHF 1.20/USD erfasst.						
4	Die Rechnung von Nr. 3 wird mittels Banküberweisung unter Abzug von 3 % Skonto bezahlt. Die Bank schreibt CHF 6 402 gut.						

31.04

Vervollständigen Sie das Journal für die Handelsgesellschaft **P. Kohler,** Männedorf. Die Geschäftsfälle mit derselben Nummer gehören zusammen.

Nr.	Text	Sollbuchung	Habenbuchung	Betrag
1a		Debitoren	Warenertrag	3 000
b		Warenertrag	Debitoren	60
		Bank	Debitoren	2 940
2a		Warenaufwand	Kreditoren	4 000
b		Kreditoren	Warenaufwand	400
c		Kreditoren	Warenaufwand	72
		Kreditoren	Bank	3 528
3	Barzahlung von P. Kohler für Porto beim Warenverkauf (Frankolieferung).			20
4	Barzahlung von P. Kohler für Porto beim Wareneinkauf (Frankolieferung).			10

31.05

Wie lauten die Buchungssätze für den Warenhandelsbetrieb **N. Hess,** Stäfa?

1 Rechnung des Lieferanten Meier AG, Bern, Fr. 4000 brutto, abzüglich 10 % Rabatt.

2 Barzahlung für Transportkosten auf der Lieferung von Meier AG, Bern, Fr. 100. Es war Frankolieferung vereinbart.

3 Faktura für Warenlieferung an Sieber GmbH, Zug, Fr. 10 000 brutto, abzüglich 20 % Rabatt

4 Rechnung des Spediteurs für Transportkosten von Fr. 140 auf der Lieferung an Sieber GmbH, Zug. Es war Frankolieferung vereinbart.

5 Rechnung für Warenlieferung an S. Huber, St. Gallen, Fr. 4000.

6 Gutschrift von Lieferant Meier AG, Bern, für zurückgesandte Waren, Fr. 500.

7 Postzahlung der Restschuld an Meier AG, Bern, unter Abzug von 3 % Skonto.

8 Bankzahlung von Sieber GmbH, Zug, unter Abzug von 2 % Skonto.

9 Gegen S. Huber, St. Gallen, wird die Betreibung eingeleitet. Der Kostenvorschuss von Fr. 300 wird per Post einbezahlt.

10 Kreditkauf eines neuen Fahrzeugs für Fr. 35 000. Das bisherige Fahrzeug wird eingetauscht und vom Autoverkäufer für Fr. 9000 angerechnet. Der Anschaffungswert des an Zahlung gegebenen Fahrzeugs beträgt Fr. 30 000, die kumulierten Abschreibungen belaufen sich auf Fr. 24 000.

11 N. Hess entnimmt dem Lager Waren im Einstandswert von Fr. 1500 für private Zwecke.

12 Faktura für Warenverkauf an F. Schmidt, Frankfurt, EUR 1000. Die Umrechnung erfolgt zum Buchkurs von CHF 1.40/EUR.

13 Rechnung für Wareneinkauf von J. Smith, New York, USD 2000. Die Umrechnung erfolgt zum Buchkurs von CHF 1.10/USD.

14 Das Konkursamt überweist aus der Betreibung gegen S. Huber, St. Gallen, Fr. 800 per Post. Der Rest ist abzuschreiben.

15 F. Schmidt, Frankfurt, begleicht seine Schuld durch Bankzahlung. Die Gutschrift beträgt CHF 1350.

16 Ende Jahr wird von einem wichtigen Lieferanten ein Umsatzbonus von Fr. 2400 erwartet. Die Gutschrift ist noch ausstehend.

17 Die Rechnung von J. Smith, New York, ist Ende Jahr noch offen. Für die Bilanzierung stehen folgende Kurse zur Verfügung:

	Ankauf	Verkauf
Devisen	1.05	1.07
Noten	1.01	1.11

18 Auf den inländischen Kundenguthaben wird jeweils beim Abschluss ein Delkredere von 5 % gebildet, auf den ausländischen ein solches von 10 %. Es sind zwei getrennte Buchungen vorzunehmen.

	Anfang Jahr	Ende Jahr
Forderungen Inland	Fr. 72 000	Fr. 84 000
Forderungen Ausland	Fr. 30 000	Fr. 25 000

19 Ende Jahr wird der Privatanteil von N. Hess am Geschäftsfahrzeug von Fr. 1800 verbucht.

20 Eine Darlehensschuld von Fr. 60 000 muss zu 5 % verzinst werden. Der jährliche Zinstermin ist am 30. April. Zu buchen ist die zeitliche Abgrenzung Ende Jahr.

31.06

E. Lirk, Rapperswil, handelt mit Hometrainern für die Bauchmuskulatur. Der Einstandspreis beträgt Fr. 100/Stück, der Verkaufspreis Fr. 150/Stück. Alle Käufe und Verkäufe werden bar abgewickelt.

Verbuchen Sie die Ein- und Verkäufe sowie die Vorratsänderungen für die Monate Januar bis März.

Januar

Text	Buchung	Warenvorrat		Warenaufwand		Warenertrag	
Anfangsbestand 2 Stück							
Einkauf 10 Stück							
Verkauf 10 Stück							
Vorratsänderung .... Stück							
Schlussbestand .... Stück							
Saldo Warenaufwand							
Saldo Warenertrag							

Februar

Text	Buchung	Warenvorrat		Warenaufwand		Warenertrag	
Anfangsbestand .... Stück							
Einkauf 10 Stück							
Verkauf 6 Stück							
Vorratsänderung .... Stück							
Schlussbestand .... Stück							
Saldo Warenaufwand							
Saldo Warenertrag							

März

Text	Buchung	Warenvorrat		Warenaufwand		Warenertrag	
Anfangsbestand .... Stück							
Einkauf 10 Stück							
Verkauf 12 Stück							
Vorratsänderung .... Stück							
Schlussbestand .... Stück							
Saldo Warenaufwand							
Saldo Warenertrag							

31.07

Von einem Handelsbetrieb sind folgende Kontensalden (Kurzzahlen) bekannt:

Abschreibungsaufwand	15
Personalaufwand	140
Raumaufwand	40
Übriger Aufwand	30
Warenaufwand	650
Warenertrag	900
Zinsaufwand	5

a) Erstellen Sie die zweistufige Erfolgsrechnung in Kontoform:

Erfolgsrechnung 20_1 (in Fr. 1000.–)

Aufwand		Ertrag	
Bruttogewinn			
Gemeinaufwand			
Reingewinn			

1. Stufe= Bruttogewinn

2. Stufe= Reingewinn

b) Erstellen Sie die zweistufige Erfolgsrechnung in Berichtsform:

Erfolgsrechnung 20_1 (in Fr. 1000.–)

= **Bruttogewinn**	
Gemeinaufwand	
= **Reingewinn**	

1. Stufe= Bruttogewinn

2. Stufe= Reingewinn

31.08

Vom Handelsbetrieb **M. Hardegger,** Basel, liegen diese summarisch zusammengefassten Informationen vor:

Anfangsbestand der Vorräte	50
Lieferantenrechnungen für Wareneinkäufe	512
Bezugskosten bei Wareneinkäufen	20
Fakturierte Warenverkäufe	820
Gutschriften an Kunden für Retouren und nachträgliche Rabatte	22
Gutschriften von Lieferanten für Retouren und nachträgliche Rabatte	15
Von Kunden abgezogene Skonti	8
Skontoabzüge bei Lieferantenrechnungen	7
Schlussbestand der Vorräte gemäss Inventar	60

a) Führen Sie diese drei Konten unter Angabe von Texten und Beträgen:

Warenvorrat

Warenaufwand

Warenertrag

b) Ermitteln Sie folgende Grössen:

Einstandswert der eingekauften Waren	
Zunahme Warenvorrat	
Einstandswert der verkauften Waren	
Warenaufwand	
Nettoerlös	
Bruttogewinn	

31.09

H. Koch, Bauma, kauft das Naturheilmittel *Mensana* zum Einstandspreis von Fr. 3 je Flasche und verkauft dieses zu Fr. 5 je Flasche. Alle Transaktionen auf Kredit.

Verbuchen Sie die Ein- und Verkäufe sowie die Vorratsänderungen für die Monate Oktober bis Dezember.

Oktober

Text	Buchung	Warenvorrat		Warenaufwand		Warenertrag	
Anfangsbestand 100 Flaschen							
Einkauf 400 Flaschen							
Verkauf 400 Flaschen							
Vorratsänderung .... Flaschen							
Schlussbestand .... Flaschen							
Saldo Warenaufwand							
Saldo Warenertrag							

November

Text	Buchung	Warenvorrat		Warenaufwand		Warenertrag	
Anfangsbestand .... Flaschen							
Einkauf 800 Flaschen							
Verkauf 600 Flaschen							
Vorratsänderung .... Flaschen							
Schlussbestand .... Flaschen							
Saldo Warenaufwand							
Saldo Warenertrag							

Dezember

Text	Buchung	Warenvorrat		Warenaufwand		Warenertrag	
Anfangsbestand .... Flaschen							
Einkauf 900 Flaschen							
Verkauf 1 000 Flaschen							
Vorratsänderung .... Flaschen							
Schlussbestand .... Flaschen							
Saldo Warenaufwand							
Saldo Warenertrag							

31.10

Die Geschäftsfälle eines **Gartencenters** sind summarisch in Kurzzahlen dargestellt. Unter Waren werden Pflanzen, Dünger, Pflanzenschutzmittel, Gartengeräte u. ä. verstanden.

a) Verbuchen Sie die Geschäftsfälle.

Nr.	Geschäftsfall	Buchung	Warenvorrat		Warenaufwand		Warenertrag	
1	Anfangsbestand Vorräte 80							
2	Krediteinkäufe 500							
3	Barverkäufe 850							
4	Gutschriften für nachträglich erhaltene Rabatte 10							
5	Rückzahlungen an Kunden für Retouren mangelhafter Ware 25							
6	Barzahlung für Eingangsfrachten zulasten Gartencenter 8							
7	Barzahlung für Eingangsfrachten für Frankolieferungen 7							
8	Gutschriften von Lieferanten wegen mangelhafter Lieferungen 20							
9	Zahlungen an Lieferanten:							
	► Skonti 5							
	► Bankbelastungen 455							
10	Rechnung Spediteur für Ausgangsfrachten zulasten Gartencenter 40							
11	Bankzahlungen für Löhne 180							
12	Indirekte Abschreibungen auf Sachanlagen 50							
13	Rechnungen für übrigen Aufwand wie Miete, Energieverbrauch, Dünger, Werbung 110							
14	Bankzahlungen von Rechnungen für übrigen Aufwand 115							
15	Korrekturbuchung							
16	Schlussbestand Vorräte gemäss Inventar 100							
17	Saldo Warenaufwand							
18	Saldo Warenertrag							

b) Wie lautet die zweistufige Erfolgsrechnung in Berichtsform?

c) Was bedeutet der Saldo im Konto Warenertrag (ankreuzen)?
- [ ] Totalbetrag aller Rechnungen an Kunden
- [ ] Einstandswert der verkauften Waren
- [ ] Nettoerlös aus dem Verkauf von Waren
- [ ] Bruttogewinn

d) Was bedeutet der Saldo im Konto Warenaufwand (ankreuzen)?
- [ ] Zahlungen an Lieferanten
- [ ] Einkauf von Waren zu Einstandspreisen
- [ ] Verkauf von Waren zu Einstandspreisen
- [ ] Warenaufwand

31.11

Bestimmen Sie die fehlenden Grössen.

Aufgabe	Anfangsbestand	Schlussbestand	Vorratsänderung	Einstandswert der eingekauften Waren	Einstandswert der verkauften Waren (Warenaufwand)	Nettoerlös	Bruttogewinn
a)	50		0	500		800	
b)	10		+ 3	80		100	
c)	20	30		150		200	
d)	8	6		50		70	
e)		20	+ 6	100			46
f)		25	– 5		205	300	
g)	40	38				500	198
h)		19		90		120	34
i)	17		– 3			160	44

31.12

Ein Lieferant bietet auf seiner Rechnung folgende Zahlungsbedingungen an: 30 Tage netto oder 10 Tage 2 % Skonto.

a) Welcher Jahreszinsfuss liegt dieser Zahlungsbedingung zugrunde?

b) Warum wurde der Skonto in Teilaufgabe a) auf ein Jahr umgerechnet?

c) Lohnt es sich als Kunde, den Skonto abzuziehen?

d) Was veranlasst den Lieferanten, Skonto zu gewähren?

e) Könnten Skontoabzüge beim Wareneinkauf statt als Warenaufwandsminderung auch als Zinsertrag verbucht werden?

31.13

Lösen Sie für die **Handel GmbH** folgende Aufgaben:

a) Skizzieren Sie die Konten Warenvorrat, Warenaufwand sowie Warenertrag, und verbuchen Sie die in alphabetischer Reihenfolge aufgeführten Tatbestände mit Text und Betrag:

Anfangsbestand Warenvorrat	50
Bezahlte Ausgangsfrachten zulasten der Handel GmbH	16
Bezahlte Ausgangsfrachten zulasten der Kunden	3
Bezahlte Eingangsfrachten zulasten der Handel GmbH	9
Bezahlte Eingangsfrachten zulasten der Lieferanten	11
Fakturierte Wareneinkäufe	600
Fakturierte Warenverkäufe	900
Gutschriften für nachträglich erhaltene Rabatte	15
Gutschriften für nachträglich gewährte Rabatte	8
Schlussbestand Warenvorrat gemäss Inventar	40
Von der Handel GmbH abgezogene Skonti	20
Von Kunden abgezogene Skonti	12
Zahlungen an Lieferanten	580
Zahlungen von Kunden	880

b) Weshalb steht bei den Rabatten das Wort *nachträglich?*

c) Wie hoch ist der Bruttogewinn?

d) Was muss mit dem Bruttogewinn gedeckt werden?

31.14

Bestimmen Sie die fehlenden Grössen.

Nr.	Vorratsänderung	Wareneinkäufe	Warenaufwand	Nettoerlös	Bruttogewinn	Gemeinaufwand	Erfolg
1	+ 30	200		280		90	
2		50	60		40		+ 10
3		30	26			25	– 1
4		120		150	45	50	
5	– 8		68		22		+ 2
6	+ 2	66		60		15	

31.15

Welchem Jahreszinsfuss entspricht der Skonto, wenn die Zahlungsbedingung wie folgt lautet: 60 Tage netto oder 20 Tage 3 % Skonto?

31.16

Führen Sie das Journal für folgende Geschäftsfälle der Handelsunternehmung **H. Zahir,** Liestal. Die Beträge sind Kurzzahlen. Der Jahresabschluss ist am 31. 12. 20_1.

Nr.	Geschäftsfall	Betrag
1	Wareneinkauf gegen Rechnung	350
2	Barzahlung für Bezugskosten zulasten des Käufers (Fracht, Verzollung, Transportversicherung) auf Einkauf gemäss Nr. 1	23
3	Warenverkauf gegen Rechnung	400
4	Gutschrift für Rücknahme mangelhafter Ware	20
5	Postzahlung eines Kunden unter Abzug von 2 % Skonto	196
6	Gutschrift für Umsatzbonus auf Einkäufen (eine Rechnung von 14 des betreffenden Lieferanten ist noch offen)	5
7	Wareneinkauf auf Kredit: Fakturabetrag EUR 100, Buchkurs CHF 1.40/EUR	?
8	Bankzahlung der Rechnung von Nr. 7, Kurs CHF 1.35/EUR	?
9	Bankzahlung an einen Lieferanten unter Abzug von 2 % Skonto	49
10	Warenverkauf auf Kredit: Fakturabetrag USD 200, Buchkurs CHF 1.10/USD	?
11	Bankzahlung der Rechnung von Nr. 10, Kurs CHF 1.05/USD	?
12	Der Barkauf eines Lieferwagens (Katalogpreis 70, 10 % Rabatt) wurde wie folgt verbucht: Fahrzeugaufwand/Post 70. Dieser Buchungsfehler ist zu korrigieren.	?
13	Warenbezug von H. Zahir für private Zwecke	4
14	Zum Abschluss eines Konkursverfahrens gegen einen Kunden überweist das Konkursamt 20 % der Forderung von 200 durch die Post; der Rest ist abzuschreiben.	?
15	Warenbezug von H. Zahir für ein Kundengeschenk	2
16	Bankbelastung für einen privaten Bargeldbezug am Bancomaten durch H. Zahir	1
17	Ende November zahlt H. Zahir den Mietzins für das Geschäftslokal für die Monate Dezember, Januar und Februar per Bank.	30
18	Zeitliche Abgrenzung am Jahresende für die Mietzinse (siehe Nr. 17)	?
19	Bankbelastung vom 31. August für das halbjährlich zu 4 % verzinsliche Bankdarlehen von 300	?
20	Zeitliche Abgrenzung am Jahresende für die Kapitalzinsen (siehe Nr. 19)	?
21	Private Rechnung von H. Zahir über das Postkonto des Geschäfts bezahlt	11
22	Indirekte lineare Abschreibung der Ladeneinrichtung (Anschaffungswert 80, Nutzungsdauer 8 Jahre, Restwert am Ende der Nutzungsdauer 8)	?
23	Verminderung des Delkrederes	3
24	Bankgutschrift für Zinsen auf dem Kontokorrent (Verrechnungssteuer auch buchen)	39
25	Korrekturbuchung Abnahme Warenvorrat	19
26	Gutschrift Eigenzins 3 % auf Eigenkapital von 400	?
27	Übertrag Saldo Privatkonto (Habenüberschuss)	4

Exkurs

Laufende Lagerführung

31.20

Der Handelsbetrieb **B. Heiniger,** Riehen, kauft einen Artikel zum Einstandspreis von Fr. 7/Stück und verkauft ihn zum Verkaufspreis von Fr. 10/Stück.

a) Wie lauten die Buchungen für den Januar, wenn die **Wareneinkäufe als Warenaufwand** erfasst werden und das Vorratskonto ruhend geführt wird?

Datum	Geschäftsfall	Buchung	Warenvorrat		Warenaufwand		Warenertrag	
01.01.	Anfangsbestand 100 Stück zu Fr. 7							
12.01.	Krediteinkauf 1 000 Stück zu Fr. 7							
23.01.	Kreditverkauf 800 Stück zu Fr. 10							
31.01.	Korrekturbuchung für Zunahme Warenvorrat							
31.01.	Warenvorrat gemäss Inventar 300 Stück zu Fr. 7							
	Saldo Warenaufwand							
	Saldo Warenertrag							

b) Wie viel Franken betragen folgende Grössen?

Einstandspreis	
Einstandswert der eingekauften Waren	
Einstandswert der verkauften Waren	
Verkaufswert der verkauften Waren	
Warenaufwand	
Nettoerlös	
Bruttogewinn	

c) Wie lauten die Buchungen für den Januar, wenn die **Wareneinkäufe als Warenvorratszunahme** erfasst werden und das Vorratskonto laufend geführt wird?

Datum	Geschäftsfall	Buchung	Warenvorrat		Warenaufwand		Warenertrag	
01.01.	Anfangsbestand 100 Stück zu Fr. 7							
12.01.	Krediteinkauf 1 000 Stück zu Fr. 7							
23.01.	Kreditverkauf 800 Stück zu Fr. 10							
	Verbrauch (= Abnahme des Warenvorrats)							
31.01.	Warenvorrat gemäss Inventar 300 Stück zu Fr. 7							
	Saldo Warenaufwand							
	Saldo Warenertrag							

d) Vergleichen Sie die beiden Methoden zur Führung der Warenkonten, indem Sie diese Fragen beantworten bzw. das Zutreffende ankreuzen:

Nr.	Frage	Wareneinkauf als Warenaufwand	Wareneinkauf als Vorratszunahme
1	Nach welcher Methode zeigt das Konto Warenvorrat jederzeit den aktuellen (Soll-)Bestand?	☐	☐
2	Welche Buchungen sind bei einem Warenverkauf gegen Rechnung vorzunehmen?		
3	Wie wird der Schlussbestand des Warenvorrats ermittelt?		
4	Bei welcher Methode ist der Warenvorrat ein ruhendes Konto?	☐	☐
5	Welche Korrekturbuchung ist am Periodenende durchzuführen, wenn der Warenvorrat gegenüber dem Anfang abgenommen hat?		
6	Bei welcher Methode ist meist eine Informatik-Unterstützung notwendig?	☐	☐

e) Diese Teilaufgabe nimmt Bezug auf Teilaufgabe d).

e1) Erklären Sie, weshalb sich die Anzahl Buchungen bei Nr. 2 unterscheidet.

e2) Begründen Sie Ihre Antwort zu Nr. 6.

e3) Warum wird in Frage 1 das Wort *Soll* verwendet?

31.21

In der **Paracelsus-Apotheke** wird der Warenverkehr elektronisch abgewickelt:

- Jeder Artikel wird beim Einkauf aufgrund elektronischer Lieferscheine automatisch im EDV-System erfasst mit Artikelnummer, Menge und Einstandspreis.
- Für jeden Artikel ist im EDV-System ein Verkaufspreis hinterlegt.
- Verkäufe im Laden werden mittels Scanner und Strichcode erfasst.
- Für jeden Artikel ist eine Mindestlagermenge (Minimalbestand) abgespeichert. Bei Unterschreiten des Minimalbestandes wird automatisch eine Bestellung ausgelöst und dem Lieferanten via Internet übermittelt. Die Lieferung erfolgt am nächsten Morgen.

Für das Schmerzmittel ASPIRIN (Packung zu 20 Kautabletten) sind am 1. 1. 20_1 im EDV-System folgende Werte erfasst: Lagerbestand 6 Packungen, Einstandspreis Fr. 7.–, Verkaufspreis Fr. 10.–, Minimalbestand 5 Packungen, übliche Bestellmenge 10 Packungen.

a) Wie lautet die vom System automatisch ausgeführte Eröffnungsbuchung am 1. 1. 20_1?

b) Am 3. 1. 20_1 um 16.03 Uhr wird durch den Scanner ein Verkauf von 2 Packungen registriert. Welche Buchungen werden durch das System ausgeführt?

c) Welche Buchung wird am 4. 1. 20_1 ausgeführt, obwohl kein ASPIRIN verkauft worden ist?

Die Inventur wird in dieser Apotheke nicht am Jahresende für das gesamte Lager aufs Mal durchgeführt, sondern laufend, artikelweise über das ganze Jahr verteilt. Diese so genannte permanente Inventur hat den Vorteil, dass die Arbeit besser verteilt werden kann.

Am Abend des 4. 1. 20_1 werden die in der Apotheke vorhandenen ASPIRIN nachgezählt. Dabei wird ein effektiver Bestand von 13 festgestellt.

d) Welches ist die wahrscheinliche Ursache für diese Inventurdifferenz (Inventarmanko)?

e) Wie lautet die Korrekturbuchung für das obige Inventarmanko?

Im Verlaufe des Januars 20_1 wurden insgesamt 30 Packungen ASPIRIN eingekauft und 28 verkauft.

f) Wie gross ist der Lagerbestand Ende Januar mengen- und wertmässig?

g) Wie hoch sind im Januar der Verkaufserlös, der Warenaufwand und der Bruttogewinn?

31.22

J. Müller kauft einen Artikel zum Einstandspreis von Fr. 3/Stück und verkauft ihn zum Verkaufspreis von Fr. 5/Stück weiter.

a) Erfassen Sie den Warenverkehr des Aprils nach zwei Methoden.

Warenvorrat als ruhendes Konto

Datum	Geschäftsfall	Buchung	Warenvorrat		Warenaufwand		Warenertrag	
01.04.	Anfangsbestand 300 Stück							
15.04.	Krediteinkauf 2 000 Stück							
24.04.	Kreditverkauf 2 200 Stück							
30.04.								
30.04.	Warenvorrat gemäss Inventar							
	Saldo Warenaufwand							
	Saldo Warenertrag							

Warenvorrat mit laufender Kontenführung

Datum	Geschäftsfall	Buchung	Warenvorrat		Warenaufwand		Warenertrag	

b) Kreuzen Sie die Aussagen zur Warenbuchhaltung als richtig oder falsch an.

Nr.	Aufgaben	Richtig	Falsch
1	Bei ruhender Führung des Warenvorrats werden bereits die Waren*einkäufe* als Aufwand verbucht, obwohl der Aufwand effektiv erst durch den Verkauf entsteht.		
2	Hauptvorteil der ruhenden Führung des Warenvorrats ist die Tatsache, dass der Arbeitsaufwand für die Warenbuchhaltung wesentlich geringer ist, weil deutlich weniger Buchungen getätigt werden müssen.		
3	Die Verbuchung mit laufender Kontenführung gibt den wirklichen Waren- und Wertefluss besser wieder.		
4	Ein Nachteil der laufenden Kontenführung besteht darin, dass sich allfällige Inventurdifferenzen nicht feststellen lassen.		

31.23

Vergleichen Sie die beiden Methoden zur Führung der Warenkonten, indem Sie die Lücke in der Einleitung a) und b) ausfüllen und die schematisch gezeichneten Konten mit den passenden Texten vervollständigen. Es dürfen in den Konten nur folgende Bezeichnungen (zum Teil mehrmals) verwendet werden:

- Einkäufe zu Einstandspreisen
- Verkäufe zu Verkaufspreisen
- Verkäufe zu Einstandspreisen
- Anfangsbestand
- Schlussbestand
- Vorratszunahme
- Vorratsabnahme
- Saldo = Nettoerlös
- Saldo = Warenaufwand

a) Verbuchung der Wareneinkäufe als ....

Warenvorrat

Warenaufwand

Warenertrag

b) Verbuchung der Wareneinkäufe als ______________________________

Warenvorrat

Warenaufwand

Warenertrag

31.24

Die Warenkonten können nach zwei verschiedenen Methoden geführt werden. Wie lauten die Buchungssätze für diese ausgewählten Geschäftsfälle in Kurzzahlen? Begründen Sie, warum es allenfalls keine Buchung gibt.

Nr.	Geschäftsfall	Der Warenvorrat wird als ruhendes Konto geführt.	Die Veränderungen des Warenvorrats werden laufend erfasst.
1	Anfangsbestand Warenvorrat 40		
2	Wareneinkauf auf Kredit 500		
3	Gutschrift für nachträglichen Rabatt von 10 % auf der Rechnung von Nr. 2		
4	Bankzahlung der Rechnung von Nr. 2 unter Abzug von 2 % Skonto		
5	Warenverkauf auf Kredit (800 zu Verkaufspreisen, 640 zu Einstandspreisen)		
6	Rechnung des Spediteurs für Transport der Sendung von Nr. 5 (Frankolieferung) 12		
7	Gutschrift 100 für Rücksendung einwandfreier Ware durch den obigen Kunden (Marge wie bei Nr. 5)		
8	Bankzahlung der Rechnung von Nr. 5 unter Abzug von 3 % Skonto		
9	Bei einer Inventur unter dem Jahr wurde gegenüber der Buchhaltung ein Vorratsmanko von 3 festgestellt.		
10	Kreditverkauf für EUR 100, Einstandswert CHF 110, Buchkurs 1.40		
11	Banküberweisung des Kunden von Nr. 10 von EUR 50. Bankgutschrift zum Kurs von CHF 1.42/EUR.		
12	Bewertung der Restschuld des Kunden von Nr. 10 am Jahresende. EUR-Kurse: Geld 1.36, Brief 1.38		
13	Korrekturbuchung für Vorratsveränderung		
14	Schlussbestand Warenvorrat 65		

b) Fabrikationsbetrieb

31.40

Lösen Sie für die Schreinerei **Carpenter GmbH** diese Aufgaben.

a) Erklären Sie am Beispiel der Schreinerei, wie sich ein Fabrikationsbetrieb grundsätzlich von einem Handelsbetrieb unterscheidet.

b) Kreuzen Sie an, um welche Art von Vorrat es sich handelt.

Nr.	Vorrat	Materialvorrat	Unfertige Erzeugnisse	Fertige Erzeugnisse
1	Holz			
2	Halbfertige Stühle in der Werkstatt			
3	Beschläge (z. B. Scharniere, Türfallen, Türschlösser)			
4	Zum Verkauf bereit stehende Tische			
5	In der Werkstatt stehende, fast fertige Fenster			
6	Nägel und Schrauben			

c) Wie wird der Bestand an unfertigen und fertigen Erzeugnissen ermittelt?

d) Zu welchem Wert sind die unfertigen und fertigen Erzeugnisse zu erfassen?

e) Kreuzen Sie an, welche Aufwände zu den Herstellungskosten zählen?

Nr.	Aufwand	Herstellungskosten	Keine Herstellungskosten
1	Holzverbrauch		
2	Löhne für Schreiner		
3	Werbeaufwand		
4	Löhne für Verwaltungsangestellte		
5	Raumkosten für die Werkstatt		
6	Verbrauch von Leim, Nägeln und Schrauben		
7	Abschreibung Mobiliar Verkaufslokal		
8	Reparaturen und Unterhalt des Maschinenparks		
9	Gewinnsteuern		

f) Wie lauten die Korrekturbuchungen am Periodenende für folgende Vorratszunahmen:

Nr.	Vorratszunahmen	Buchungen
1	Materialvorrat	
2	Angefangene Fabrikate	
3	Fertigfabrikate	

31.41

Die Vorratskonten der **Fabrik AG** wurden Anfang Jahr mit folgenden Beträgen eröffnet:

Materialvorrat

120	

Unfertige Erzeugnisse

140	

Fertige Erzeugnisse

200	

a) Schliessen Sie die Konten ab, wenn Ende Jahr folgende Buchungen vorgenommen wurden:

- ▶ Materialvorrat/Materialaufwand 80
- ▶ Unfertige Erzeugnisse/Bestandesänderungen 50
- ▶ Bestandesänderungen/Fertige Erzeugnisse 60

b) Wie hoch ist der Jahreserfolg, wenn vor Berücksichtigung der obigen Bestandesänderungen ein Verlust von 40 bestand?

c) Warum wird die Zunahme des Materialvorrats als Aufwandsminderung erfasst und die Zunahme der unfertigen Erzeugnisse als Ertrag?

31.42

Wie lauten die Buchungssätze bei der **Produktion AG?**

1 Kreditmaterialeinkauf, Fr. 2800, ruhende Kontenführung

2 Bankzahlung der Faktura von Nr. 1 unter Abzug von 2 % Skonto

3 Gemäss Beschluss der Generalversammlung sind der gesetzlichen Gewinnreserve Fr. 8000 und den Aktionären Fr. 40 000 Dividende zuzuweisen. Die Nettodividende wird anschliessend per Bank ausbezahlt, die Verrechnungssteuer nach 30 Tagen per Post an die eidg. Steuerverwaltung überwiesen.

4 Bankbelastung für Zinsen auf einem Darlehen von Fr. 60 000, das jährlich am 31. Oktober zu 4 % verzinst werden muss.

5 Verkauf von fertigen Erzeugnissen auf Kredit, Fr. 9800

6 Gutschrift an den Kunden von Nr. 5 für fehlerhafte Fabrikate, Fr. 300

7 Bankzahlung der Restschuld des Kunden von Nr. 5 unter Abzug von 2 % Skonto

8 Postüberweisung der Mietzinse für Dezember, Januar und Februar, Fr. 6000

9 Ende Jahr: Die lineare, indirekte Abschreibung einer Maschine mit einem Anschaffungswert von Fr. 50 000, einer erwarteten Nutzungsdauer von 5 Jahren und einem geschätzten Restwert am Ende der Nutzungsdauer von Fr. 5000 wurde wie folgt verbucht: WB Maschinen/Maschinen 10 000. Der Fehler ist zu korrigieren.

10 Ende Jahr: zeitliche Abgrenzung der Darlehenszinsen gemäss Nr. 4

11 Ende Jahr: zeitliche Abgrenzung der Mietzinse gemäss Nr. 8

12 Ende Jahr: Abnahme der Wertberichtigung auf Debitoren, Fr. 5000

13 Ende Jahr: Bestandesabnahme Materialvorrat, Fr. 14 000

14 Ende Jahr: Bestandesabnahme unfertige Erzeugnisse, Fr. 6000

15 Ende Jahr: Bestandeszunahme fertige Erzeugnisse, Fr. 9000

31.50

Florence Buchmann führt in der Nordwestschweiz als selbstständige Detaillistin unter dem Namen **CITY-SHOPPING** ein grosses Einkaufsparadies mit Lebensmitteln und Non-Food-Artikeln. Sie ist vertraglich an einen Grossverteiler gebunden, der sie aus seinem Zentrallager mit sämtlichen Waren beliefert.

Führen Sie die Buchhaltung des City Shoppings mit **EasyAccounting.** Der Kontenplan ist bereits erfasst und das Geschäftsjahr 20_1 eröffnet. Die Mehrwertsteuer ist nicht zu berücksichtigen; sie wird erst im übernächsten Kapitel dieses Lehrbuchs behandelt.

Der Warenverkehr umfasst Millionen von Buchungen, die alle elektronisch abgewickelt und in einem separaten System erfasst werden:

- Lieferungen aus dem Zentrallager des Grossverteilers an das CITY-SHOPPING werden durch elektronische Lieferscheine begleitet und erfasst.
- Verkäufe des CITY-SHOPPINGS an die Kunden werden an der Kasse (dem so genannten Point of Sale, POS) durch Scanner erfasst. Ebenso werden Rücknahmen und Umtausche von Waren am POS elektronisch erfasst.

Aufgrund der Ein- und Verkäufe sowie der Inventur ergibt sich folgende Zusammenfassung des Warenverkehrs:

Artikelgruppe	Einkäufe zu Einstands-preisen	Verkäufe zu Einstands-preisen	Verkäufe zu Verkaufs-preisen
Kolonialwaren[1]	5 870 000	5 848 000	6 880 000
Molkerei	2 650 000	2 635 000	3 100 000
Fleisch	3 260 000	3 248 000	4 060 000
Früchte/Gemüse	2 340 000	2 320 000	2 900 000
Non-Food	6 180 000	6 230 000	8 900 000
Total	20 300 000	20 281 000	25 840 000

a) Verbuchen Sie Ende Jahr den summarischen Warenverkehr nach Artikelgruppen getrennt (im Journal als Buchungen Nr. 1 bis 15 zu bezeichnen). Die Verkäufe erfolgten alle gegen Barzahlung, die Einkäufe auf Kredit. Die Warenvorratsänderungen sind mithilfe der Verkäufe zu Einstandspreisen zu ermitteln und auszubuchen.

[1] Mit Kolonialwaren werden in der Fachsprache Artikel wie Reis, Teigwaren, Schokolade, Kaffee oder Konserven bezeichnet. (Der Begriff stammt aus dem 18. und 19. Jahrhundert, als die mächtigen europäischen Länder die meisten dieser Waren aus ihren Kolonien importierten.)

b) Verbuchen Sie die übrigen summarisch zusammengefassten Geschäftsfälle des Jahres 20_1.

Nr.	Geschäftsfall	Betrag
16	Bareinzahlungen auf das Bankkonto	25 830 000.–
17	Erhaltene Rechnungen für Energiebezüge	90 000.–
18	Bankzahlungen für Löhne	3 350 000.–
19	Bankzahlungen an den Grossverteiler (für Wareneinkäufe)	20 450 000.–
20	Erhaltene Rechnungen für Unterhalt und Reparaturen	125 000.–
21	Kauf einer neuen Kühlvitrine für Molkereiprodukte gegen Rechnung	50 000.–
22	Bankzahlungen für Mietzinsen	800 000.–
23	Bankzahlungen für übrigen Betriebsaufwand	300 000.–
24	Erhaltene Rechnungen für Werbung	140 000.–
25	Bankzahlungen an übrige Kreditoren	415 000.–
26	Teilrückzahlung des Darlehens durch Banküberweisung	200 000.–
27	Bankbelastung für die Verzinsung des Darlehens	45 000.–
28	Abschreibung Ladeneinrichtung	80 000.–
29	Gutschrift Eigenlohn für die Geschäftsinhaberin	250 000.–
30	Gutschrift Eigenzins (5 % des Eigenkapitals gemäss Eröffnungsbilanz)	?
31	Private Bargeldbezüge der Geschäftsinhaberin vom Bankkonto des Geschäfts	240 000.–
32	Ausgleich des Privatkontos	?

c) Führen Sie den Jahresabschluss per 31. 12. 20_1 durch (Erfolgsrechnung, Gewinnverbuchung sowie Bilanz nach Gewinnverbuchung).

d) Wie hoch ist das Geschäftseinkommen von Florence Buchmann?

e) Wie viel Prozent beträgt die Bruttogewinnmarge (Bruttogewinn in % des Nettoerlöses) beim Non-Food-Sortiment?

Offenposten-Buchhaltung

32.01

Die Offenposten-Buchhaltung ermöglicht eine vereinfachte Verbuchung des Debitoren- und Kreditorenverkehrs. Verbucht werden nur die tatsächlichen Nettozahlungen.

a) Die Stähli AG, Warenhandel, wickelt die meisten Verkäufe bar im Laden ab. Wenige Grosskunden werden mit Kreditlieferungen bedient. Verbuchen Sie den Geschäftsverkehr mit diesen Kunden über das **Debitorenkonto** und mit einer **Offenposten-Buchhaltung.**

		Mit Führung des Debitorenkontos		
Nr.	Geschäftsfall	Buchung	Debitoren	Warenertrag
1	Anfangsbestand Debitoren (4 300)			
2	Bankzahlung von Kunden H. Ott (2 000)			
3a	Kreditverkauf an Kunde D. Morf (2 800)			
b	Rücknahme mangelhafter Ware (500)			
c	Nachträglich gewährter Rabatt (300)			
d	Skonto 2 % auf Rechnungsbetrag (40)			
e	Bankzahlung Restbetrag (1 960)			
4a	Kreditverkauf an Kunde E. Lirk (8 200)			
b	Mängelrabatt an E. Lirk (700)			
5	Bankzahlung von Kunde F. Lang (2 300)			
6	Veränderung des Debitorenbestandes gegenüber Anfangsbestand			
7a	Schlussbestand auf Bilanz			
b	Saldo auf Erfolgsrechnung			

		Mit Offenposten-Buchhaltung				
Nr.	Geschäftsfall	Buchung	Debitoren		Warenertrag	
1	Anfangsbestand Debitoren (4 300)					
2	Bankzahlung von Kunden H. Ott (2 000)					
3a	Kreditverkauf an Kunde D. Morf (2 800)					
b	Rücknahme mangelhafter Ware (500)					
c	Nachträglich gewährter Rabatt (300)					
d	Skonto 2 % auf Rechnungsbetrag (40)					
e	Bankzahlung Restbetrag (1 960)					
4a	Kreditverkauf an Kunde E. Lirk (8 200)					
b	Mängelrabatt an E. Lirk (700)					
5	Bankzahlung von Kunde F. Lang (2 300)					
6	Veränderung des Debitorenbestandes gegenüber Anfangsbestand					
7a	Schlussbestand auf Bilanz					
b	Saldo auf Erfolgsrechnung					

b) Führen Sie den Geschäftsverkehr der Stähli AG mit den Lieferanten über das **Kreditorenkonto** und mit **Offenposten-Buchhaltung.** Die Wareneinkäufe sind über Warenaufwand zu buchen.

		Mit Führung des Kreditorenkontos				
Nr.	Geschäftsfall	Buchung	Kreditoren		Warenaufwand	
1	Anfangsbestand Kreditoren (7 400)					
2	Bankzahlung an Kreditor J. Erni (5 300)					
3a	Krediteinkauf bei P. Hug (3 800)					
b	Rückgabe mangelhafter Waren (500)					
c	Skontoabzug 2 %					
d	Bankzahlung an P. Hug					
4a	Rechnung von S. Kälin für Warenlieferung (1 750)					
b	Nachträglich von S. Kälin erhaltener Rabatt (250)					
c	Bankzahlung des Restbetrages an S. Kälin					
5	Bankzahlung an W. Hurni (2 100)					
6	Rechnung von H. Haller für Warenlieferung (5 700)					
7	Barzahlung für Wareneinkäufe (1 200)					
8	Veränderung des Kreditorenbestandes gegenüber Anfangsbestand					
9a	Schlussbestand auf Bilanz					
b	Saldo auf Erfolgsrechnung					

Nr.	Geschäftsfall	Mit Offenposten-Buchhaltung Buchung	Kreditoren		Warenaufwand	
1	Anfangsbestand Kreditoren (7 400)					
2	Bankzahlung an Kreditor J. Erni (5 300)					
3a	Krediteinkauf bei P. Hug (3 800)					
b	Rückgabe mangelhafter Waren (500)					
c	Skontoabzug 2 %					
d	Bankzahlung an P. Hug					
4a	Rechnung von S. Kälin für Warenlieferung (1 750)					
b	Nachträglich von S. Kälin erhaltener Rabatt (250)					
c	Bankzahlung des Restbetrages an S. Kälin					
5	Bankzahlung an W. Hurni (2 100)					
6	Rechnung von H. Haller für Warenlieferung (5 700)					
7	Barzahlung für Wareneinkäufe (1 200)					
8	Veränderung des Kreditorenbestandes gegenüber Anfangsbestand					
9a	Schlussbestand auf Bilanz					
b	Saldo auf Erfolgsrechnung					

32.02

Am 1. Dezember 20_1 wurde die **Warenhaus AG** neu gegründet.

a) Verbuchen Sie den Verkehr mit Kunden und Lieferanten über die Debitoren- und Kreditorenkonten bzw. als Offenposten-Buchhaltung. Die Wareneinkäufe sind über den Warenaufwand zu buchen.

		Buchungen mit Führung der Debitoren- und Kreditorenkonten		Buchungen mit Offenposten-Buchhaltung	
Datum	Geschäftsfall	Buchung	Betrag	Buchung	Betrag
1. 12.	Rechnung von U. Kunz für Warenlieferung, Fr. 4 500.–				
2. 12.	Barkauf von Waren bei P. Hugentobler, Fr. 1 700.–				
3. 12.	Rechnung des Spediteurs Transportag für die Warenlieferung von U. Kunz, Fr. 160.–				
10. 12.	Postüberweisung an Transportag, Fr. 160.–				
12. 12.	Rechnung von K. Meyer für gelieferte Waren, Fr. 3 860.–				
17. 12.	Gutschrift von K. Meyer wegen Mängeln auf der Warenlieferung vom 12. 12., Fr. 360.–				
18. 12.	Rechnung der Dubois SA, Lyon, für Warenlieferung, Fr. 5 100.–				
20. 12.	Bankzahlung der Rechnung von K. Meyer unter Abzug von 3 % Skonto				
21. 12.	Warenverkäufe bar, Fr. 5 320.–				
22. 12.	Kreditverkauf von Waren an U. Diebold, Fr. 3 720.–				
22. 12.	Postüberweisung an U. Kunz, Fr. 4 500.–				
23. 12.	Barzahlung Frachtkosten für die Frankolieferung an U. Diebold, Fr. 135.–				
28. 12.	Rechnung an E. Teitler für verkaufte Waren, Fr. 2 750.–				
30. 12.	Nachträglich gewährter Rabatt an E. Teitler, Fr. 750.–				
30. 12.	Rechnung von K. Meyer für die gelieferten Waren, Fr. 4 350.–				
31. 12.	Barverkäufe von Waren, Fr. 880.–				
31. 12.	Zunahme offene Kundenrechnungen[1]				
31. 12.	Zunahme offene Lieferantenrechnungen[1]				
31. 12.	Übertrag der Debitoren auf die Bilanz				
31. 12.	Übertrag der Kreditoren auf die Bilanz				

[1] Gemäss OP-Listen (= Inventare über die offenen Debitoren- bzw. Lieferantenrechnungen) auf der nächsten Seite.

Debitoren-Inventar 31. 12. 20_1

Datum	Kunde	Betrag
	Total	

Kreditoren-Inventar 31. 12. 20_1

Datum	Lieferant	Betrag
	Total	

b) Wie lauten die Buchungen im Journal für den Monat Januar 20_2?

		Buchungen mit Führung der Debitoren- und Kreditorenkonten		Buchungen mit Offenposten-Buchhaltung	
Datum	Geschäftsfall	Buchung	Betrag	Buchung	Betrag
1. 1.	Eröffnung der Debitoren				
1. 1.	Eröffnung der Kreditoren				
4. 1.	Rechnung von U. Dörig für Warenlieferung, Fr. 1 960.–				
5. 1.	Rückgabe mangelhafter Ware an U. Dörig Gutschrift Fr. 860.–				
7. 1.	Bankbelastung für die Zahlung an Dubois SA				
15. 1.	Ladenverkäufe bar, Fr. 2 210.–				
19. 1.	Rechnung an LEIMTEX Ltd., New York, Fr. 2 408.–				
20. 1.	Banküberweisung an U. Dörig unter Abzug von 2 % Skonto				
22. 1.	Kreditverkauf von Waren an W. Helbling, Fr. 2 630.–				
22. 1.	Postüberweisung an K. Meyer, Fr. 4 350.–				
28. 1.	Rechnung von T. Tobler für Warenlieferung, Fr. 6 200.–				
30. 1.	Nachträglich von T. Tobler erhaltener Rabatt von 10 % wegen mangelhafter Lieferung				
31. 1.	Bankgutschrift für die Zahlung von LEIMTEX Ltd.				

c) Mit welchen organisatorischen Massnahmen kann bei der Offenposten-Buchhaltung sichergestellt werden, dass die Kreditoren rechtzeitig bezahlt werden?

32.03

Die Verbuchung des Warenverkehrs erfolgt bei dieser Unternehmung mithilfe der Offenposten-Buchhaltung; der Wareneinkauf wird als Warenaufwand verbucht.

Kreuzen Sie alle Aussagen an, die richtig sind.

Nr.	Aussagen zur Offenposten-Buchhaltung	
1	Bei der OP-Methode werden nur die Zahlungen verbucht.	
2	Bei Zahlungen wird der Skonto ebenfalls verbucht.	
3	Die Barzahlung von Bezugskosten ist nicht zu verbuchen.	
4	Rabatte, Skonti oder Rücksendungen werden nicht verbucht.	
5	Barverkäufe an Kunden werden nicht verbucht.	
6	Bankzahlungen an Lieferanten werden verbucht. Buchungssatz: Warenaufwand/Bank.	
7	Banküberweisungen von Debitoren werden verbucht. Buchungssatz: Bank/Debitoren.	
8	Rücksendungen an Lieferanten werden verbucht. Buchungssatz: Kreditoren/Warenaufwand.	
9	Eine Abnahme des Debitorenbestandes wird beim Abschluss verbucht. Buchungssatz: Debitoren/Warenaufwand.	
10	Eine Zunahme des Bestandes an offenen Lieferantenrechnungen wird verbucht. Buchungssatz: Warenaufwand/Kreditoren.	
11	Durch die Verbuchung der Bestandesabnahme an offenen Lieferanten-rechnungen wird der Periodenerfolg verbessert.	
12	Durch die Verbuchung der Bestandeszunahme bei den offenen Debitoren wird der Periodenerfolg verschlechtert.	

Mehrwertsteuer

33.01

Die Mehrwertsteuer (MWST) ist eine indirekte Bundessteuer. Sie heisst so, weil der von einer Unternehmung geschaffene Mehrwert besteuert wird. Normalerweise beträgt der Steuersatz 8 %.

a) Berechnen Sie für die folgenden Unternehmungen die der Eidgenössischen Steuerverwaltung abzuliefernde Mehrwertsteuer.

Holzsägerei

Die Sägerei verkauft Holz aus dem eigenen Wald an eine Schreinerei:

	Verkaufswert des Holzes	50 000.–
+	Mehrwertsteuer 8,0 %	4 000.–
	Faktura	54 000.–

MWST-Abrechnung

	Umsatzsteuer[1]	4 000.–
./.	Vorsteuer[2]	–.–
	Abzuliefernde MWST	4 000.–

Schreinerei

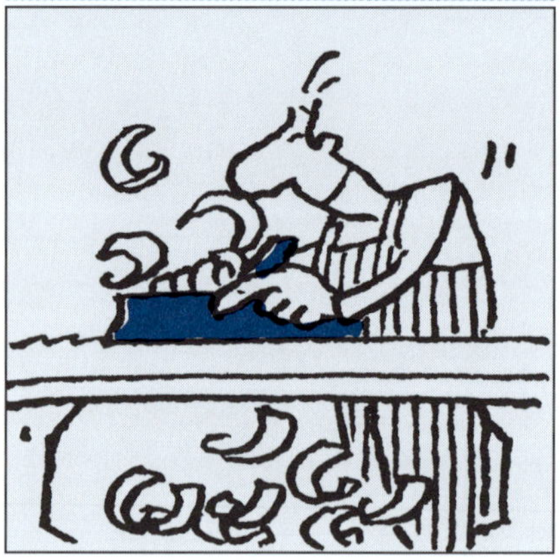

Die Schreinerei verarbeitet das Holz zu Möbeln und verkauft diese an einen Möbelhändler:

	Verkaufswert der Möbel	150 000.–
+	Mehrwertsteuer 8,0 %	12 000.–
	Faktura	162 000.–

MWST-Abrechnung

	Umsatzsteuer	....
./.	Vorsteuer	– ______
	Abzuliefernde MWST	

Möbelhändler

Der Möbelhändler verkauft die Möbel an die Kunden:

	Verkaufswert der Möbel	210 000.–
+	Mehrwertsteuer 8,0 %	16 800.–
	Faktura	226 800.–

MWST-Abrechnung

	Umsatzsteuer	....
./.	Vorsteuer	– ______
	Abzuliefernde MWST	

1 Unter **Umsatzsteuer** versteht man die auf dem Verkaufsumsatz geschuldete Mehrwertsteuer.

2 Unter **Vorsteuer** versteht man die auf Lieferungen und Leistungen bezahlten Mehrwertsteuern. Diese können von den geschuldeten Umsatzsteuern abgezogen werden. Den abzugsfähigen Betrag nennt man auch Vorsteuerabzug.

Die Vorsteuer beträgt bei der Sägerei Fr. 0.–, weil das Holz aus dem eigenen Wald stammt und die Forstwirtschaft von der Steuer ausgenommen ist. Der Einfachheit halber werden Vorsteuern auf gekauften Produktionsmitteln wie Sägemaschinen oder Traktoren vernachlässigt.

b) Überprüfen Sie die in Teilaufgabe a) ausgewiesenen Mehrwertsteuern, indem Sie zuerst die von den Unternehmungen geschaffenen Mehrwerte ermitteln und anschliessend die MWST von 8,0 % berechnen.

	Mehrwert	Mehrwertsteuer
Sägerei		
Schreinerei		
Möbelhändler		
Total		

33.02

Welche Mehrwertsteuersätze gelangen bei den folgenden Gütern und Dienstleistungen zur Anwendung? Kreuzen Sie die richtigen Sätze an.

	Güter und Dienstleistungen	8,0 %	2,5 %	0 %
a)	Versicherungen			
b)	Heizöl			
c)	Autoreparaturen			
d)	Weiterbildungskurse			
e)	Theater- und Konzertbillette			
f)	Fernseh- und Radiogebühren			
g)	Transportleistungen			
h)	Mobilien			
i)	Wohnungs- und Geschäftsmiete			
k)	Arzt- und Spitalrechnungen			
l)	Liegenschaftskäufe- und -verkäufe			
m)	Zeitungen, Zeitschriften			
n)	Leitungswasser			
o)	Werbung			

33.03

Das Haushaltwarengeschäft **Peter GmbH** in Ägeri hat im dritten Quartal 20_6 folgende Umsätze getätigt und bittet Sie, den abzuliefernden Mehrwertsteuerbetrag zu ermitteln. Alle Umsätze verstehen sich inklusive MWST.

Umsätze in Fr. (inklusive MWST)		MWST-Satz in %	MWST-Guthaben (Vorsteuer)	MWST-Schuld (Umsatzsteuer)	
Wareneinkauf	918 000				
Verkaufsschulung	1 240				
Blumenschmuck Laden und Büro	2 214				
Finanzaufwand	3 456				
Elektrisch und Heizung	1 890				
Warenverkäufe	1 287 846				
Einkauf Büromaterial	7 020				
Inseratewerbung	11 124				
Honorar an Treuhandunternehmung	8 424				
Einkauf Mobilien	36 720				abzuliefernde MWST
Total					

33.04

a) Weshalb bezeichnet man die MWST als **Mehrphasensteuer?**

b) Worin besteht der Unterschied zwischen der Steuerabrechnung nach **vereinbartem** und nach **vereinnahmtem** Entgelt? (Richtige Antworten ankreuzen.)

- ☐ Nach vereinbartem Entgelt bedeutet, dass die MWST aufgrund der Rechnungen an die Kunden abgerechnet wird.
- ☐ Nach vereinnahmtem Entgelt wird die Vorsteuer aufgrund der an die Lieferanten geleisteten Zahlungen abgerechnet.
- ☐ Die Abrechnung nach vereinnahmtem Entgelt ist vor allem bei Bargeschäften vorteilhaft.
- ☐ Die MWST-Verwaltung wünscht die Abrechnung nach vereinnahmtem Entgelt, da sie so rascher zu ihren Steuergeldern kommt.
- ☐ Im Gegensatz zum vereinbarten Entgelt sind beim vereinnahmtem Entgelt die Rabatte, Skonti, Debitorenverluste und Rücknahmen mangelhafter Waren berücksichtigt.
- ☐ Die Abrechnung der MWST nach vereinbartem und nach vereinnahmtem Entgelt führt letztlich zur gleich hohen MWST-Belastung.

c) In welchem zeitlichen Rhythmus muss die MWST von den steuerpflichtigen Unternehmen an die Eidgenössische Steuerverwaltung abgeliefert werden?

d) Weshalb sind die Umsätze auf dem Export von der MWST **befreit?**

e) Geben Sie drei Beispiele von Umsätzen, welche von der MWST **ausgenommen** sind.

f) Worin besteht der Unterschied zwischen von der MWST **befreiten** und **ausgenommenen** Umsätzen?

33.05

Die Verbuchung der Mehrwertsteuer kann entweder nach der **Netto-** oder nach der **Bruttomethode** erfolgen. Von der MWST-Verwaltung wird die Nettomethode empfohlen und in der Praxis mehrheitlich angewandt. Für kleine Betriebe eignet sich Bruttomethode besser, weil die MWST nicht bei jedem steuerpflichtigen Ein- und Verkauf einzeln verbucht werden muss.

a) Verbuchen Sie die dargestellten Geschäftsfälle eines Warenhauses nach der **Netto-Methode.** Die Einkäufe erfolgen auf Kredit, die Verkäufe werden bar abgewickelt.

Datum	Geschäftsverkehr		Buchung Soll	Buchung Haben	Betrag	Debitor Vorsteuer		Kreditor Umsatzsteuer	
11. 1.	**Kauf Mobiliar**								
	Kaufpreis	12 000							
	+ MWST 8,0 %	960							
	Rechnung	12 960							
23. 1.	**Wareneinkauf**								
	Kaufpreis	70 000							
	+ MWST 8,0%	5 600							
	Rechnung	75 600							
Div.	**Warenverkäufe**								
	Verkaufspreis	90 000							
	+ MWST 8,0 %	7 200							
	Kassabelege	97 200							
16. 2.	**Energierechnungen**								
	Nettobetrag	5 500							
	+ MWST 8,0 %	440							
	Rechnung	5 940							
14. 3.	**Wareneinkauf**								
	Kaufpreis	40 000							
	+ MWST 8,0 %	3 200							
	Rechnung	43 200							
Div.	**Warenverkäufe**								
	Verkaufspreis	65 000							
	+ MWST 8,0 %	5 200							
	Kassabelege	70 200							
31. 3.	**MWST-Abrechnung**								
	Umsatzsteuerschuld	12 400							
	./. Vorsteuerguthaben	−10 200							
	Abzuliefernde MWST	2 200							
4. 5.	Postüberweisung der MWST netto	2 200							

b) Verbuchen Sie die Geschäftsfälle des Warenhauses nach der **Brutto-Methode.**

Datum	Geschäftsverkehr		Buchung Soll	Buchung Haben	Betrag	Debitor Vorsteuer		Kreditor Umsatzsteuer	
11. 1.	**Kauf Mobiliar**								
	Kaufpreis	12 000							
	+ MWST 8,0 %	960							
	Rechnung	12 960							
23. 1.	**Wareneinkauf**								
	Kaufpreis	70 000							
	+ MWST 8,0 %	5 600							
	Rechnung	75 600							
Div.	**Warenverkäufe**								
	Verkaufspreis	90 000							
	+ MWST 8,0 %	7 200							
	Kassabelege	97 200							
16. 2.	**Energierechnungen**								
	Nettobetrag	5 500							
	+ MWST 8,0 %	440							
	Rechnung	5 940							
14. 3.	**Wareneinkauf**								
	Kaufpreis	40 000							
	+ MWST 8,0 %	3 200							
	Rechnung	43 200							
Div.	**Warenverkäufe**								
	Verkaufspreis	65 000							
	+ MWST 8,0 %	5 200							
	Kassabelege	70 200							
31. 3.	**Umsatzsteuer 1. Quartal**	12 400							
	Vorsteuer 1. Quartal:								
	Vorsteuer auf Mobiliar	960							
	Vorsteuer auf Energie	440							
	Vorsteuer auf Wareneinkauf	8 800							
31. 3.	**MWST-Abrechnung**								
	Umsatzsteuerschuld	12 400							
	./. Vorsteuerguthaben	–10 200							
	Abzuliefernde MWST	2 200							
4. 5.	Postüberweisung der MWST netto	2 200							

33.06

Von der **Pro Auto SA,** Handel mit Autoutensilien aller Art, liegen für das 3. Quartal 20_7 folgende Angaben vor:

1	Warenverkäufe, bar	941 760	inklusive MWST 8,0 %
2	Wareneinkäufe auf Kredit	663 552	inklusive MWST ? %
3	Lieferwagenkauf, bar	48 384	inklusive MWST ? %
4	Kreditkauf von Ladeneinrichtungen	33 696	inklusive MWST ? 0 %
5	Rechnungen für Energie, Werbung, Telefone etc.	19 872	inklusive MWST ? %
6	Postzahlungen für TV-Gebühren und diverse Zeitschriftenabonnements	820	inklusive MWST ? %

a) Verbuchen Sie die Geschäftsfälle nach der **Netto-Methode.** Die MWST ist für das 3. Quartal abzurechnen und durch die Bank an die Steuerverwaltung zu überweisen.

Nr.	Geschäftsfall	Buchung		Betrag	Debitor Vorsteuer		Kreditor Umsatzsteuer	
1								
2								
3								
4								
5								
6								
7	**MWST-Abrechnung** Umsatzsteuerschuld …… ./. Vorsteuerguthaben —— Abzuliefernde MWST							
8	Banküberweisung MWST							

b) Verbuchen Sie die Geschäftsfälle der **Pro Auto SA** nach der **Brutto-Methode.**

Nr.	Geschäftsfall	Buchung	Betrag	Debitor Vorsteuer		Kreditor Umsatzsteuer	
1							
2							
3							
4							
5							
6							
7	**Umsatzsteuer 3. Quartal**						
	Vorsteuer 3. Quartal						
8	**MWST-Abrechnung** Umsatzsteuer-schuld ./. Vorsteuer-guthaben Abzuliefernde MWST						
9	Banküberweisung MWST						

33.07

Nennen Sie die Buchungen, und führen Sie die beiden Konten. Die Mehrwertsteuer von 8,0 % ist nach der Netto-Methode zu verbuchen und auf ganze Franken zu runden.

Nr.	Text	Buchung	Debitoren		Kreditor Umsatzsteuer	
1	Kreditwarenverkauf inkl. MWST, Fr. 75 600					
2	Gutschrift für gewährten Rabatt von 10 %					
3	Bankzahlung des Kunden unter Abzug von 2 % Skonto					
4	Salden	–				

33.08

Nennen Sie die Buchungen, und führen Sie die beiden Konten. Die Mehrwertsteuer von 8,0 % ist nach der Netto-Methode zu verbuchen und auf ganze Franken zu runden.

Nr.	Text	Buchung	Debitor Vorsteuer		Kreditoren	
1	Kreditwareneinkauf inkl. MWST, Fr. 86 400					
2	Gutschrift für erhaltenen Rabatt von 20 %					
3	Bankzahlung an den Lieferanten unter Abzug von 3 % Skonto					
4	Salden	–				

33.09

G. Frei lässt von verschiedenen Nähereien Freizeitkleider herstellen und verkauft diese in der Schweiz unter dem Markennamen EASYTIME.

Verbuchen Sie für 20_8 die summarischen Geschäftsfälle mithilfe des Kontenrahmens KMU im Anhang.

Nr.	Geschäftsfall	Buchungssatz Soll	Haben	Betrag
1	Kreditverkäufe von Freizeitkleidern Fr. 66 960 inkl. MWST			
2	Gutschriften für zurückgenommene Waren und gewährte Rabatte, Fr. 1 944 inkl. MWST			
3	Postzahlungen von Kunden, Fr. 39 400			
4	Krediteinkäufe von Kleidern, Fr. 24 300 inkl. MWST			
5	Zahlungen an Kleiderlieferanten: ► Skontoabzüge inkl. MWST Fr. 648 ► Bankbelastungen Fr. 22 500			
6	Lohnzahlungen per Bank, Fr. 19 180			
7	G. Frei entnimmt dem Geschäft Kleider für private Zwecke, Einstandswert Fr. 756 inkl. MWST			
8	Postzahlung für Mietzinse, Fr. 4 600			
9	Eine Forderung von Fr. 1 134 inkl. MWST gegenüber einem Kunden ist vollständig abzuschreiben.			
10	Barkauf eines Lieferwagens, Fr. 34 560 inkl. MWST			
11	Indirekte Abschreibung der Fahrzeuge, Fr. 8 300			
12	Verrechnung Eigenzins, 3 % auf dem Eigenkapital von Fr. 50 000			
13	Verrechnung der Vorsteuer mit der Umsatzsteuer			
14	Banküberweisung der geschuldeten MWST			
15	Übertrag Privatkonto			
16	Das Delkredere wird von Fr. 7 500 auf Fr. 6 000 herabgesetzt.			

33.10

Von der **Innenarchitektin R. Weidmann** sind die Eröffnungsbilanz sowie der summarisch zusammengefasste Geschäftsverkehr gegeben.

Führen Sie das Journal sowie das Hauptbuch, und erstellen Sie per Ende Jahr die Schlussbilanz und die Erfolgsrechnung.

Eröffnungsbilanz per 01.01.20_3

Aktiven		Passiven	
Bank	5 000	Kreditoren	7 000
Debitoren	120 000	Kreditor Umsatzsteuer	6 000
Einrichtungen	38 000	Eigenkapital	150 000
	163 000		163 000

Journal 20_3

Nr.	Text	Buchungssatz Soll	Haben	Betrag
1	An Kunden versandte Honorarrechnungen Fr. 388 800 inkl. MWST 8,0 %			
2	Bankzahlungen von Kunden, Fr. 370 000			
3	Bankzahlungen für private Rechnungen von R. Weidmann, Fr. 14 000			
4	Bankzahlungen für Personalaufwand inkl. Sozialleistungen, Fr. 252 000			
5	Rechnungen für übrigen Aufwand ► Nettobetrag 73 000 ► MWST 4 100			
6	Bankzahlungen an Kreditoren, Fr. 78 000			
7	Verrechnung der Vorsteuer mit der Umsatzsteuer			
8	Banküberweisung für MWST-Schulden, Fr. 21 000			
9	Gutschrift Eigenzins: 2,5 % auf Anfangsbestand			
10	Abschreibung der Einrichtungen: 40 % des Buchwerts			
11	Saldierung Privatkonto			
12	Übertrag des Jahresgewinns			

Hauptbuch 20_3

Bank

Kreditoren

Personalaufwand

Honorarertrag

Zinsaufwand

Abschreibungen

Kreditor Umsatzsteuer

Übriger Aufwand

Debitoren

Eigenkapital

Debitor Vorsteuer

Einrichtungen

Privat

Schlussbilanz 31. 12. 20_3

Erfolgsrechnung 20_3

33.11

Die folgenden Geschäftsfälle der **Koch GmbH, Rüti,** Musikinstrumente, sind mithilfe der Kontierungsstempel zu verbuchen.

Anstelle der textlichen Kontenbezeichnungen sind die Kontennummern gemäss Kontenrahmen KMU im Anhang zu verwenden. Die Mehrwertsteuer ist nach der Nettomethode zu erfassen.

a) Rechnung an Kunde P. Hochmann, Wetzikon, für den Verkauf von Waren, Fr. 1 944 inkl. 8,0 % MWST

Soll	Haben	Betrag

b) Gutschrift an Kunde P. Hochmann, Wetzikon, für die Rücksendung mangelhafter Ware, Fr. 270 inkl. 8,0 % MWST

Soll	Haben	Betrag

c) Das Konkursverfahren gegen R. Bremi, Maur, ist abgeschlossen:

- ▶ Forderungsbetrag total inkl. 8,0 % MWST Fr. 15 660
- ▶ Bankgutschrift für Konkursdividende Fr. 1 512
- ▶ Abzuschreibender Betrag (Verlustschein) inkl. 8,0 % MWST Fr. 14 148

Soll	Haben	Betrag

d) Privater Warenbezug durch H. Koch zum Einstandswert, Fr. 675 inkl. 8,0 % MWST

Soll	Haben	Betrag

e) Einkauf von Waren auf Kredit bei Musicimport, Zürich, für Fr. 25 650 inkl. 8,0 % MWST

Soll	Haben	Betrag

f) Gutschriftsanzeige der Bank für erhaltene Kontokorrentzinsen Fr. 351.– (Die Verrechnungssteuer ist auch zu verbuchen.)

Soll	Haben	Betrag

33.12

Führen Sie das Journal für die nachfolgenden Geschäftsfälle des Kinderkleiderladens **Lisa Belfiore** am Jahresende 20_5. Die Mehrwertsteuer ist nach der Nettomethode zu verbuchen. Der Jahresabschluss ist Ende Dezember. (Für diese Aufgabe gibt es kein Lösungsblatt.)

1	Ein Kleiderlieferant schickt seine Rechnung für den Einkauf von Kleidern: Bruttopreis inkl. MWST, Fr. 38 880, abzüglich 25 % Rabatt.
2	Der Spediteur übergibt seine Rechnung für die Transportkosten (zulasten des Ladens) auf der Sendung von Nr. 1, Fr. 162 inkl. 8,0 % MWST.
3	Bankzahlung der Rechnung gemäss Nr. 1 unter Abzug von 5 % Skonto
4	Barverkauf eines Kleids, Fr. 270 inkl. MWST
5	Am 28.02. nimmt Lisa Belfiore zur Finanzierung des Ladenumbaus ein Darlehen von Fr. 40 000 auf, das auf dem Bankkonto des Geschäfts gutgeschrieben wird. Es ist halbjährlich am 31.03. und am 30.09. zu 5% p.a. verzinslich. Zu buchen ist nur die Darlehensaufnahme.
6	Im Rahmen des Ladenumbaus werden neue Regale gegen Rechnung gekauft; die Rechnung des Lieferanten beträgt Fr. 8 640 inkl. MWST.
7	Bankbelastung für Zinszahlung auf Darlehen gemäss Nr. 5
8	Bankzahlung für die Halbjahresmiete des Geschäftslokals am 30.9. Total für sechs Monate Fr. 7 200
9	Lisa Belfiore nimmt für ihre Tochter Lucia ohne Bezahlung ein Kinderkleid aus dem Laden zum Einstandswert von Fr. 216 inkl. MWST.
10	Nachträgliche Gutschrift des Lieferanten für die Gewährung von 10% Rabatt wegen kleiner Mängeln an den Gestellen (vgl. Nr. 6)
11	Eine ausstehende Forderung gegenüber einer Kundin von Fr. 648 wird zur Hälfte bar bezahlt; der Rest ist abzuschreiben.
12	Gutschrift für nachträglichen Rabatt eines Lieferanten (es bestehen noch offene Rechnungen gegenüber dem Lieferanten), Fr. 486
13	Privater Bargeldbezug durch Lisa Belfiore am Bancomaten zulasten des Geschäftskontos, Fr. 500
14	Die Garage Huber SA schickt die Rechnung für den Service am Geschäftswagen, Fr. 1 026.
15	Mehrwertsteuer-Abrechnung: ▶ Umsatzsteuer 62 400 ▶ Vorsteuer 41 400
16	Banküberweisung der gemäss Nr. 15 geschuldeten Mehrwertsteuer
17	Indirekte Abschreibung der Ladeneinrichtung um Fr. 2 800
18	Rechnungsabgrenzung der Zinsen gemäss Nr. 5
19	Rechnungsabgrenzung der Mietzinse gemäss Nr. 8
20	Erhöhung des Delkrederes um Fr. 1 300
21	Bankgutschrift für Zinsen auf dem Kontokorrent, netto Fr. 273. Die Verrechnungssteuer ist auch zu buchen.
22	Korrekturbuchung aufgrund des Wareninventars: Zunahme Warenvorrat, Fr. 4 200
23	Gutschrift Eigenzins 2,5 % auf dem Eigenkapital von Fr. 120 000
24	Übertrag Saldo Privatkonto (Habenüberschuss), Fr. 7 900
25	Verbuchung (Übertrag) des Jahresgewinns von Fr. 8 500

33.13

Die Anwendung von **Saldosteuersätzen** ermöglicht kleineren Betrieben eine einfachere Steuerabrechnung. Hauptvorteil ist, dass die auf dem Umsatz anrechenbare Vorsteuer nicht ermittelt und verbucht werden muss.

a) Kreuzen Sie an, bis zu welchem Höchstumsatz nach Saldosteuersatz-Methode abgerechnet werden darf:

☐ Fr. 2 008 000 ☐ Fr. 3 012 000 ☐ Fr. 5 020 000

b) Kreuzen Sie an, welchen Höchstbetrag die Steuern nach Saldosteuer-Methode jährlich nicht überschreiten dürfen:

☐ Fr. 43 000 ☐ Fr. 65 000 ☐ Fr. 109 000

c) Kreuzen Sie an, wie häufig nach Saldosteuersatz-Methode mit der Steuerverwaltung abgerechnet werden muss:

☐ Vierteljährlich ☐ Halbjährlich ☐ Jährlich

d) Bei den Saldosteuersätzen handelt es sich um sogenannte Multiplikatoren, d. h., der Gesamtumsatz inklusive Steuer entspricht 100 % und ist mit dem massgebenden Saldosteuersatz zu multiplizieren.

Berechnen Sie für die aufgeführten Betriebe die fehlenden Grössen:

Nr.	Betriebsart	Umsatz inkl. MWST	Saldosteuer-satz	Abzuliefernde MWST
1	Buchhandlung	1 500 400.–	0,6 %	
2	Drogerie	1 145 000.–	1,3 %	
3	Eisenwaren- und Haushaltartikelgeschäft	795 000.–		16 695.–
4	Möbelgeschäft		2,1%	28 576.80
5	Weinhandel	657 200.–	1,3 %	
6	Auto-Occasionen bis 3,5 t		0,6 %	10 050.–
7	Maurerarbeiten	437 500.–		19 250.–
8	Zügelunternehmen	879 000.–	4,4 %	
9	Chemische Reinigung	486 500.–		25 298.–
10	Malerei/Tapeziererei	674 000.–	5,2 %	
11	Anwaltsbüro	1 480 000.–		90 280.–
12	Temporärfirma		6,7 %	73 063.50

e) Weshalb ist der Saldosteuersatz beim Möbelgeschäft geringer als beim Anwaltsbüro?

33.14

Das zahntechnische Labor **DENTAL** erzielt im zweiten Halbjahr 20_4 einen Umsatz von Fr. 496 800 inklusive Mehrwertsteuer. Gegenüber den Kunden rechnet DENTAL die MWST mit 8,0 % ab, gegenüber der Steuerverwaltung hingegen zum bewilligten **Saldosteuersatz von 5,2 %**.

Verbuchen Sie den Geschäftsverkehr gemäss folgender Angaben (auf Franken genau).

Datum	Geschäftsverkehr		Buchung Soll	Buchung Haben	Betrag	Kreditor Umsatzsteuer		Honorarertrag	
Div.	**Honorarrechnungen**								
	Nettopreis	460 000							
	+ MWST 8,0 %	36 800							
	Rechnungen	496 800							
10.6.	**Mobiliarkauf**								
	Kaufpreis	20 000							
	+ MWST 8,0 %	1 600							
	Rechnung	21 600							
20.6.	**Energierechnungen**								
	Nettobetrag	2 500							
	+ MWST 8,0 %	200							
	Rechnung	2 700							
30.6.	MWST-Abrechnung								
2.7.	Postüberweisung der geschuldeten MWST								
	Saldo								

33.15

Die **Autospenglerei P. Scrobala** rechnet die Mehrwertsteuer mit einem Saldosteuersatz von 4,4 % ab.

Über das vergangene Geschäftsjahr 20_9 sind folgende Grössen (alle inkl. MWST) bekannt:

Kundenrechnung für Reparaturen	324 000
Lieferantenrechnungen für Material	75 600
Zahlungen für Löhne inkl. Sozialleistungen	183 600
Zahlungen für Raumaufwand	25 920
Rechnungen Dritter für Unterhalt und Reparaturen an Einrichtungen	12 960
Rechnungen für Energieverbrauch	4 104
Rechungen für Werbung	1 188
Bankbelastungen für Zinsen	2 592
Abschreibungen	12 960

a) Wie gross ist die abzuliefernde MWST im Geschäftsjahr 20_8?

c) Wie hoch wäre die zu entrichtende MWST mit der effektiven Abrechnungsmethode gewesen?

c) Bei welchem Personalaufwand kann P. Scrobala gerade noch schwarze Zahlen schreiben?

33.16

Verbuchen Sie die folgenden Geschäftsfälle des Gärtnermeisters M. Arnold, Kloten. Die Mehrwertsteuer ist mit einem **Saldosteuersatz von 4,4 %** abzurechnen. Beträge auf 5 Rappen runden.

Journal

Nr.	Text	Soll	Haben	Betrag
1	Rechnung an S. Dürr für ausgeführte Gartenarbeiten, Fr. 4 455.– inkl. 8,0 % MWST			
2	Barkauf einer Motorsense im Obino-Markt in Zürich, Fr. 529.20 inkl. 8,0 % MWST			
3	Rechnung der Garage Züger AG für Servicearbeiten am Geschäftsauto, Fr. 912.60 inkl. 8,0 % MWST			
4	Rechnung der Hoffmannn AG, Rüti, für den Einkauf von Pflanzen, Fr. 2 931.50 inkl. 2,5 % MWST			
5	Banküberweisung der aus dem ersten Halbjahr geschuldeten Mehrwertsteuer, Fr. 5 120.–			
6	Privater Barbezug ab dem Bankkonto des Geschäfts, Fr. 1 000.–			
7	Bankgutschrift für die Zahlung von S. Dürr (Nr. 1) abzüglich 2 % Skonto			
8	Bankgutschrift für Zinsen auf dem Kontokorrentkonto, netto Fr. 292.50. Verrechnungssteuer auch buchen.			
9	Barverkauf des bisherigen Geschäftsautos: ► Anschaffungswert exkl. MWST Fr. 45 000.– ► Kumulierte Abschreibung Fr. 36 000.– ► Verkaufspreis inkl. MWST Fr. 6 480.–			
10	Bezahlung von Privatrechnungen übers Bankkonto des Geschäfts, Fr. 3 830.–			
11	Mehrwertsteuerabrechnung für das zweite Halbjahr: Der MWST-pflichtige Umsatz beträgt Fr. 114 000.–. Saldosteuersatz 4,4 %			
12	Indirekte Abschreibung Fahrzeuge, Fr. 6 000.–			
13	Rechnungsabgrenzung von Zinsen. ► Passivdarlehen Fr. 30 000.– ► Zinsfuss p. a. 5 % ► Jährlicher Zinstermin 30. 08.			
14	Eigenzins 2,5 % auf Eigenkapital von Fr. 80 000.–			
15	Ausgleich (Übertrag) Privatkonto: Sollüberschuss Fr. 5 800.–			
16	Verbuchung des Jahresgewinns von Fr. 24 800.–			

33.17

Ordnen Sie die folgenden Begriffe zur Mehrwertsteuer den unten aufgeführten Umschreibungen zu. G ist als Muster bereits eingetragen.

Buchstabe	Begriffe
A	Abrechnung nach vereinbartem Entgelt
B	Von der MWST ausgenommene Umsätze
C	Verbuchung nach der Nettomethode
D	Vorsteuer
E	Verbuchung nach der Bruttomethode
F	Abrechnung mit Saldosteuersatz
G	Mehrphasensteuer
H	Abrechnung nach vereinnahmtem Entgelt
I	Von der Mehrwertsteuer befreite Umsätze
K	Mehrwert
L	Umsatzsteuer
M	Indirekte Bundessteuer

Buchstabe	Umschreibung
G	Die Steuer wird in jeder Phase, bei der eine Wertschöpfung erfolgt, neu erhoben.
	Von einer Unternehmung geschaffener Mehrwert.
	Die Steuer wird aufgrund der eingegangenen Zahlungen erhoben.
	Die Steuer wird auf konsumierten Gütern und Leistungen erhoben, nicht direkt auf Einkommen und/ oder Vermögen. Die Steuereinnahmen gehen an den Bund.
	Die laufenden Einkäufe und Verkäufe werden inklusive MWST verbucht. Die MWST Abrechnung erfolgt Ende des Quartals aufgrund der verbuchten Umsätze inkl. MWST.
	Güter und Leistungen, die zur erleichterten Deckung der Grundbedürfnisse nicht mit MWST belastet werden. Vorsteuerabzüge sind nicht möglich.
	Die auf dem Verkaufsumsatz geschuldete Mehrwertsteuer.
	Die MWST auf den laufenden Einkäufen und Verkäufen wird sofort verbucht. Die Umsatzkonten zeigen die Beträge ohne MWST.
	Auf empfangenen Lieferungen und Leistungen bezahlte Mehrwertsteuer. Kann von bezahlter Umsatzsteuer in Abzug gebracht werden.
	Die Steuer wird aufgrund der ausgestellten Rechnungen erhoben.
	Exporte werden zur Erhöhung der internationalen Konkurrenzfähigkeit nicht mit MWST belastet. Vorsteuerabzüge sind möglich.
	Zur vereinfachten Abrechnung wird der Umsatz mittels eines branchenabhängigen Steuersatzes besteuert, ohne dass die Vorsteuer ermittelt und verrechnet werden muss.

33.18

H. Erni, Steinmetz, hat auf den 1. Oktober 20_4 ein eigenes Geschäft eröffnet. Die Debitoren und Kreditoren werden nach der **Offenposten-Methode** geführt. Die MWST wird **nach der Bruttomethode** und **nach vereinnahmtem Entgelt** abgerechnet. Die Materialeinkäufe werden über Materialaufwand gebucht, die Verkäufe fertiger Erzeugnisse über Fabrikatertrag (Produktionserlös). Alle Zahlungen werden über die Bank abgewickelt.

a) Verbuchen Sie den Debitoren- und Kreditorenverkehr für das letzte Quartal 20_4 (auf Franken genau), und führen Sie die Konten Materialaufwand und Fabrikateertrag. Falls ein Geschäftsfall nicht verbucht wird, schreiben Sie «keine Buchung».

Journal 20_4

Datum	Geschäftsfall	Buchung	Materialaufwand		Fabrikateertrag	
10.10.	Rechnung von F. Künzi für eine Granitlieferung, Fr. 6 500.–					
12.10.	Krediteinkauf von Marmor bei Pusceddu SA, Fr. 4 730.–					
23.10.	Rechnung an Familie R. Stark für eine Gartenskulptur. Fr. 3 200.–					
4.11.	Zahlung von Kunde R. Stark unter Abzug von 2 % Skonto, Fr. 3 136.–					
3.12.	Bankbelastung für Überweisung an P. Pusceddu, Fr. 4 730.–					
5.11.	Bankbelastung für die Zahlungen an Kreditor F. Künzi, Fr. 6 500.–					
9.11.	Rechnung an P. Widmer für einen Grabstein, Fr. 4 700.–					
12.11.	P. Widmer wird ein Mängelrabatt von Fr. 500.– gewährt.					
15.11.	Gutschriftanzeige für Zahlung von P. Widmer unter Abzug von 2% Skonto, Fr. 4 116.–.					
29.11.	Rechnung von Splügen AG für eine Steinlieferung, Fr. 5 600.–					
30.11.	Rechnung der Planzer AG für Auslieferungen an die Kunden R. Stark und P. Widmer. Es wurde Frankolieferung vereinbart, Fr. 300.–.					
4.12.	Rechnung an Museum GmbH für Sockellieferung, Fr. 3 580.–					
5.12.	Rechnung an Kunde K. Helbling für drei Treppenfiguren, Fr. 6 420.–					
20.12.	Bankbelastung für Zahlung an Planzer AG, Skontoabzug 3 %					
31.12.	MWST-Abrechnung: Umsatzsteuer auf Fabrikateertrag					
31.12.	MWST-Abrechnung: Vorsteuer auf Materialaufwand					
31.12.	Zunahme offene Debitoren[1]					
31.12.	Zunahme offene Kreditoren[1]					
31.12.	Abgrenzung Umsatzsteuer auf noch nicht vereinnahmtem Umsatz (offene Debitoren)					
31.12.	Abgrenzung Vorsteuer auf noch nicht bezahltem Materialaufwand (offene Kreditoren)					
31.12.	Salden	Diverse Buchungen				

[1] Gemäss OP-Listen (das sind Inventare über offene Debitoren- bzw. Lieferantenrechnungen) auf der nächsten Seite.

Debitoren-Inventar 31. 12. 20_4

Datum	Kunde	Betrag

Kreditoren-Inventar 31. 12. 20_4

Datum	Lieferant	Betrag

b) Eröffnen Sie das Jahr 20_5 mit den notwendigen Rückbuchungen, und führen Sie das Journal bis Ende Januar:

Journal 20_5

Datum	Geschäftsfall	Buchung	Materialaufwand		Fabrikateertrag	
1. 1.	Rückbuchung Umsatzsteuer					
1. 1.	Rückbuchung Vorsteuer					
3. 1.	Kreditverkauf einer Steinskulptur an S. Nef, Fr. 4 860.–					
6. 1.	Bankgutschrift für Zahlung Museum GmbH, Fr. 3 580.–					
8. 1.	Bankbelastung für Zahlung an Splügen AG, Fr. 5 600.–					
15. 1.	Rechnung von F. Künzi für eine Granitlieferung, Fr. 4 150.–					
23. 1.	Bankgutschrift für die Überweisung von K. Helbling, Fr. 6 420.–					
30. 1.	Das Guthaben gegenüber Kunde S. Nef von Fr. 4 860.– inkl. MWST ist definitiv verloren und abzuschreiben.					
31. 1.	Kreditverkauf eines Zierbrunnens an M. Pölsterli, Fr. 5 390.–					

33.19

Wie lauten die Buchungssätze gemäss Kontenrahmen KMU für die genannten Geschäftsfälle der **Handelsunternehmung H. Herzog,** Rafz?

Der Warenvorrat wird ruhend geführt. Die MWST von 8 % wird nach der Nettomethode verbucht und nach vereinbartem Entgelt abgerechnet.

1 Mit dem Kunden A. Anker, Bern, findet folgender Geschäftsverkehr statt:
- ▶ Warenverkauf gegen Rechnung, Fr. 14 040 inkl. MWST
- ▶ Gutschrift an A. Anker für Rücksendung von Waren, Fr. 3240 inkl. MWST
- ▶ Bankzahlung des geschuldeten Betrags unter Abzug von 2 % Skonto

2 Das Betreibungsverfahren gegen den Kunden Miraculux GmbH, Basel, ist abgeschlossen.

Die Gesamtforderung inkl. MWST und inkl. geleistetem Kostenvorschuss beträgt Fr. 6780; sie ist bei H. Herzog bereits erfasst. Die Bankgutschrift für die Überweisung des Konkursamtes beträgt Fr. 1596. Der Rest ist abzuschreiben.

3 Die Rechnung der Zollbehörde von Fr. 560 für die MWST auf importierter Ware ist zu verbuchen.

4 H. Herzog kauft ein neues Geschäftsauto und gibt ein gebrauchtes Fahrzeug an Zahlung.

Das an Zahlung gegebene Fahrzeug wurde seinerzeit für 37 800 inkl. MWST gekauft und anschliessend indirekt auf einen Buchwert von Fr. 8000 abgeschrieben.

Der Geschäftsfall ist über das Kreditorenkonto abzuwickeln.

	Basispreis	44 000
+	Sonderausstattung	6 000
=	**Bruttopreis**	**50 000**
./.	Rabatt 8 %	–4 000
=	**Nettopreis ohne MWST**	**46 000**
+	MWST	3 680
=	**Nettopreis mit MWST**	**49 680**
./.	Eintausch altes Auto inkl. MWST	–10 800
./.	Barzahlung	–15 000
=	**Restbetrag auf Kredit**	**23 880**

5 H. Herzog kaufte in der Confiserie Sprüngli AG mit der aufs Geschäft lautenden Kreditkarte Pralinen:
- ▶ *Truffes Cru Sauvage* für seine nicht im Geschäft tätige Ehefrau, Fr. 43.20 inkl. MWST
- ▶ *Truffes Grand Cru* als Kundengeschenk, Fr. 37.80 inkl. MWST

Die Verbuchung erfolgt aufgrund der Monatsabrechnung des Kreditkartenherausgebers.

6 Die für das 3. Quartal geschuldete MWST von Fr. 17 233 wird per Bank überwiesen.

7 Bankgutschrift für Kontokorrentzinsen, Fr. 585. Die Verrechnungssteuer ist auch zu buchen.

8 Der Privatanteil von H. Herzog am Geschäftsauto von Fr. 2592 inkl. MWST ist zu verbuchen.

9 Der Warenvorrat beträgt Ende Jahr Fr. 5000 weniger als Anfang Jahr. Korrekturbuchung?

10 Die MWST-Abrechnung für das 4. Quartal zeigt folgende Beträge:

- Debitor MWST (Vorsteuer) Fr. 28 200
- Kreditor MWST (Umsatzsteuer) Fr. 42 300

Die Umbuchung per Ende Jahr ist vorzunehmen.

11 Das Delkredere soll beim Abschluss 5 % der Debitorenforderungen betragen. Wie lautet die Korrekturbuchung am Jahresende?

- Debitoren Anfangsbestand Fr. 210 400
- Debitoren Schlussbestand Fr. 195 400

12 Eine Darlehensschuld von Fr. 60 000 ist halbjährlich am 31. Mai und am 30. November zu 5 % verzinslich. Zu verbuchen ist die zeitliche Abgrenzung Ende Jahr.

13 Geschäftsmobiliar mit einem Anschaffungswert von Fr. 20 000 und kumulierten Abschreibungen von Fr. 7500 soll linear abgeschrieben werden. Es gilt der Abschreibungssatz gemäss Abschreibungstabelle der ESTV.

14 Eine Debitorenforderung von USD 5000 wurde im November zum Kurs 1.16 erfasst. Sie ist noch offen und muss per Ende Jahr bewertet werden. Es gelten folgende Kurse:

	Devisen	Noten
Geld	1.09	1.05
Brief	1.11	1.15

33.20

Gärtnermeister H. Fehr rechnet die Mehrwertsteuer nach der Saldosteuersatzmethode ab. Die Saldosteuersätze betragen:

- 4,4 % für Gartenbauleistungen
- 0,6 % für separat fakturierte Pflanzenlieferungen

Für das erste Halbjahr 20_4 liegen folgende Zahlen aus der Buchhaltung vor:

- Lieferantenrechnung für den Kauf einer Heckenschere, Fr. 972 inkl. 8 % MWST
- Lieferantenrechnungen für den Kauf von Pflanzen, Fr. 22 550 inkl. 2,5 % MWST
- Barkäufe von Dünger und Saatgut, Fr. 2460 inkl. 2,5 % MWST
- Rechnungen für Diverses wie Werbung, Telefon, Benzin, Fr. 1728 inkl. 8 % MWST
- Kundenrechnungen für Gartenbauleistungen, Fr. 172 800 inkl. 8 % MWST
- Kundenrechnungen für Pflanzenlieferungen, Fr. 28 700 inkl. 2,5 % MWST

a) Wie viel beträgt die für das erste Halbjahr 20_4 abzuliefernde MWST?

b) Wie hoch wäre die geschuldete MWST für die ersten beiden Quartale 20_4 nach der effektiven Abrechnungsmethode?

33.50

W. Busch betreibt ein **Optikergeschäft** in Biel. Er führt Sehtests durch, berechnet die passenden Brillengläser und montiert in seinem Atelier die auf Bestellung angefertigten Gläser in die von den Kunden ausgewählten Brillengestelle.

Die Eröffnungsbilanz für das Geschäftsjahr 20_6 lautet wie folgt:

Eröffnungsbilanz per 01.01.20_6

Aktiven		Passiven	
Bank	2 800	Kreditoren	12 200
Debitoren	26 000	Kreditor Umsatzsteuer	3 600
Vorrat Brillengestelle	50 000		
Mobile Sachanlagen	60 000	Eigenkapital	123 000
	138 000		138 800

a) Führen Sie die Buchhaltung aufgrund des summarisch zusammengefassten Geschäftsverkehrs mit **EasyAccounting.** Der Kontenplan ist bereits erfasst und das Geschäftsjahr eröffnet. Die Mehrwertsteuer ist nach der Nettomethode zu verbuchen.

Nr.	Geschäftsfall	Betrag
1	Verkauf von Brillen gegen Rechnung inkl. MWST	291 600.–
2	Einkauf von Brillengestellen gegen Rechnung inkl. MWST	58 320.–
3	Bankzahlungen von Kunden	293 000.–
4	Bankzahlungen für Mietzinsen	36 000.–
5	Private Barbezüge des Geschäftsinhabers ab dem Bankkonto des Geschäfts	14 000.–
6	Einkauf von Brillengläsern gegen Rechnung inkl. MWST	71 280.–
7	Rechnung für Unterhalt und Reparaturen an Geräten inkl. MWST	4 860.–
8	Rechnung für Inserate im «Weinländer Boten» inkl. MWST	1 620.–
9	Banküberweisungen aufs private Bankkonto des Geschäftsinhabers	72 000.–
10	Rechnung der Treuhänderin für Buchhaltungsarbeiten inkl. MWST	3 240.–
11	Kreditkauf eines neuen Scheitelwertbrech-Messgeräts inkl. MWST	5 400.–
12	Abschreibung einer Debitorenforderung inkl. MWST	2 160.–
13	Diverse Rechnungen für übrigen Betriebsaufwand inkl. 8,0 % MWST	17 280.–
14	Zahlungen an Kreditoren	154 000.–
15	Verrechnung der Vorsteuer mit der Umsatzsteuer	?
16	Bankzahlungen für Umsatzsteuerschulden	7 650.–
17	Gutschrift Eigenzins 3,5 % auf Eigenkapital per 1. 1. 20_6	?
18	Gutschrift Eigenlohn	60 000.–
19	Abschreibungen Sachanlagen 20 % des Buchwerts	?
20	Der Vorrat an Brillengestellen hat sich nicht verändert, weshalb keine Buchung notwendig ist.	–
21	Übertrag des Privatkontos	?
22	Verbuchung des Gewinns	?

b) Wie hoch ist das Geschäftseinkommen von W. Busch?

Kalkulation im Handel

34.01

Von der Boutique Véronique in Genf liegt die folgende Erfolgsrechnung vor:

Erfolgsrechnung für 20_2

	Nettoerlös		**528 000**
./.	Warenaufwand		– 200 000
=	**Bruttogewinn**		**328 000**
./.	Gemeinaufwand		
	► Personalaufwand	– 190 000	
	► Raumaufwand	– 72 000	
	► Übriger Aufwand	– 18 000	– 280 000
=	**Reingewinn**		**48 000**

a) Setzen Sie im Kalkulationsschema die fehlenden Grössen aus der Erfolgsrechnung ein. Die Grössenverhältnisse sind nicht massstabgetreu.

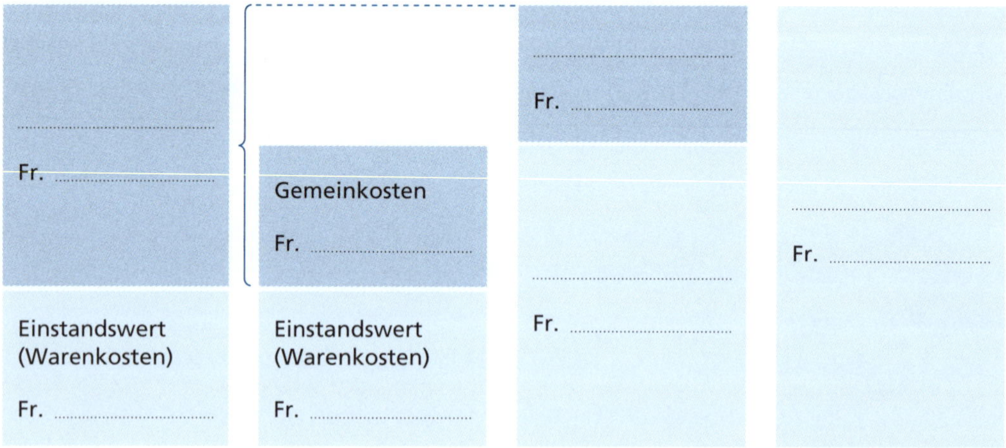

b) Errechnen Sie die Zuschlagssätze aufgrund der Gesamtkalkulation, und bestimmen Sie den Preis für ein neues Sommerkleid mit einem Einstandspreis von Fr. 100.–.

Gesamtkalkulation		Gemein-kosten-Zuschlag	Reingewinn-Zuschlag	Bruttogewinn-Zuschlag	Einzelkalkulation Kleid
Einstandswert		100 %		100 %	
+ Gemeinkosten					
= Selbstkosten			100 %		
+ Reingewinn					
= Nettoerlös					

c) Wie lauten die Berechnungsformeln in Worten?

Gemeinkostenzuschlag = ______

Reingewinnzuschlag = ______

Bruttogewinnzuschlag = ______

Bruttogewinnmarge = ______

d) Zu welchem Preis wird das Sommerkleid im Laden angeschrieben, wenn im Verkaufspreis die Mehrwertsteuer von 8,0 % eingerechnet ist?

34.02

Vom Yachtshop in Arbon liegt die folgende Erfolgsrechnung vor:

Erfolgsrechnung für 20_1

	Nettoerlös		1 100 000
./.	Warenaufwand		– 500 000
=	**Bruttogewinn**		**600 000**
./.	Gemeinaufwand		
	► Personalaufwand	– 350 000	
	► Raumaufwand	– 48 000	
	► Übriger Aufwand	– 102 000	– 500 000
=	**Reingewinn**		**100 000**

a) Vervollständigen Sie das Kalkulationsschema mit dem passenden Text, und fügen Sie die Zahlen aus der Erfolgsrechnung ein.

.... Fr.		.... Fr.	
	Gemeinkosten Fr.	.... Fr.	.... Fr. ....
Warenkosten Fr.	Warenkosten Fr.		

b) Ermitteln Sie aufgrund des Kalkulationsschemas die Zuschlagssätze in Worten und Zahlen:

Bruttogewinnzuschlag	________	________	%
Gemeinkostenzuschlag	________	________	%
Reingewinnzuschlag	________	________	%

c) Berechnen Sie mithilfe der Zuschlagssätze den Verkaufspreis für einen Ölanzug, dessen Einstandspreis Fr. 80.– beträgt.

Variante 1

	Einstandspreis	Fr. 80.–	100 %	
+	Gemeinkosten	Fr.		
=		Fr.		100 %
+		Fr.		
=	Verkaufspreis ohne MWST	Fr.		

Variante 2

	Einstandspreis	Fr. 80.–	100 %	
+		Fr.		
=	Verkaufspreis ohne MWST	Fr.		

d) Zu welchem Preis wird der Ölanzug im Laden angeschrieben, wenn im Verkaufspreis die Mehrwertsteuer von 8,0 % eingerechnet ist?

e) Wie hoch ist die Bruttogewinnmarge?

34.03

Von der Trade AG sind folgende Daten bekannt:

Bruttogewinn vom Einstand (Bruttogewinnzuschlag)	80 %
Reingewinn von den Selbstkosten (Reingewinnzuschlag)	20 %

a) Wie viele Prozente des Nettoerlöses beträgt der Reingewinn?

b) Wie gross ist der erzielte Umsatz (Nettoerlös), wenn die Gemeinkosten Fr. 125 000.– betragen?

c) Bei welchem Warenaufwand beträgt der Reingewinn 24 000.–, wenn die Gemeinkosten gegenüber b) gleich bleiben?

34.04

Der Einstandspreis einer Bello-Matratze kommt die Minder & Co. auf Fr. 200.– zu stehen.

Aufgrund der Gesamtkalkulation betragen der Gemeinkostenzuschlag 50 % und der Reingewinnzuschlag 20 %. Im Verkaufspreis sind 2 % Skonto und 10 % Abholrabatt einzurechnen. Die Mehrwertsteuer auf Matratzen beträgt 8,0 %.

a) Errechnen Sie mithilfe des Kalkulationsschemas den Bruttoverkaufspreis inklusive MWST (auf Rappen genau).

Einzelkalkulation

	Einstandspreis	Fr.	%	
+	Gemeinkosten	Fr.	%	
=	Selbstkosten	Fr.	% →	%
+	Reingewinn	Fr.		%
=	Nettoerlös	Fr.	% ←	%
+	Skonto	Fr.	%	
=	Rechnungsbetrag	Fr.	% →	%
+	Abholrabatt	Fr.		%
=	Bruttoverkaufspreis ohne MWST	Fr.		%
+	MWST	Fr.		%
=	Bruttoverkaufspreis mit MWST	Fr.		%

b) Wie gross ist der Bruttogewinn in Franken und in Prozenten des Einstandspreises?

c) Weshalb wird hier von einer aufbauenden Kalkulation gesprochen?

d) Weshalb entspricht der Bruttogewinnzuschlag nicht der Summe aus Gemeinkosten- und Reingewinnzuschlag?

e) Weshalb ist der Bruttogewinn eine zentrale Grösse in der Handelskalkulation?

f) Welchem Begriff in der obigen Darstellung entspricht der Listenpreis?

34.05

Verbinden Sie die Berechnungen auf der linken Seite mit den entsprechenden Kalkulationsbegriffen auf der rechten Seite.

Warenaufw. (Einstandswert) + Gemeinkosten	Bruttogewinn
Selbstkosten + Reingewinn	Reingewinnzuschlag
Gemeinkosten + Reingewinn	Nettoerlös
Bruttogewinn ./. Gemeinkosten	Selbstkosten
Reingewinn in Prozenten der Selbstkosten	Reingewinn
Selbstkosten ./. Warenaufw. (Einstandswert)	Warenaufwand (Einstandswert)
Bruttogewinn in Prozenten des Warenaufwandes	Gemeinkostenzuschlag
Selbstkosten ./. Gemeinkosten	Gemeinkosten
Gemeinkosten in Prozenten des Warenaufwandes	Bruttogewinnzuschlag
Nettoerlös + Skonto	Bruttogewinnmarge
Rechnungsbetrag + Rabatt	Bruttoverkaufspreis
Bruttogewinn in Prozenten des Nettoerlöses	Rechnungsbetrag

34.06

Berechnen Sie aus den folgenden Angaben eines Velohändlers den Einstandspreis, den Nettoerlös und den Reingewinnzuschlag für ein Mountainbike:

Bruttogewinnzuschlag	60 %
Gemeinkostenzuschlag	50 %
Reingewinn	Fr. 80.–

34.07

Ermitteln Sie die fehlenden Grössen:

Aufgabe	Nettoerlös (Zahlung)	Skonto	Rechnungsbetrag	Rabatt	Listenpreis (Bruttoverkaufspreis)
a)		3 %		10 %	2 800.–
b)	490.–	2 %		20 %	
c)	665.–		700.–	$12\frac{1}{2}$ %	
d)	177.30	$1\frac{1}{2}$ %			240.–
e)		$2\frac{1}{2}$ %	400.–		480.–

34.08

Ergänzen Sie die folgende Tabelle mit den fehlenden Grössen.

	Einstandspreis	Gemeinkosten		Selbstkosten	Reingewinn		Nettoerlös	Bruttogewinn	
		in Fr.	in % des Einstandes		in Fr.	in % der Selbstkosten		in Fr.	in % des Einstandes
a)	4 000.–	1 200.–			650.–				
b)	1 600.–			3 200.–			3 600.–		
c)	150.–				90.–			210.–	
d)			50 %	750.–		20%			
e)			$66\frac{2}{3}$ %	350.–			315.–		
f)					400.–			800.–	40 %
g)				48.–		$12\frac{1}{2}$ %		18.–	
h)	3 500.–			8 400.–	– 2 100.–				
i)		225.–		375.–			450.–		
k)	180.–		200 %						250 %
l)		300.–	100 %		– 180.–				
m)[1]			$66\frac{2}{3}$ %			20%		396.–	

[1] Die Aufgabe ist richtig gestellt. Versuchen Sie es mit einer Gleichung, oder konsultieren Sie Ihren Lehrer.

34.09

Das Notebook-Center möchte mit einem speziellen Angebot von günstigen Schüler-Notebooks die Konkurrenz hinter sich lassen. Dies ist jedoch nur möglich, wenn es gelingt, die Notebooks im Laden zu höchstens Fr. 1200.– anzubieten. Zu diesem Zweck wird ein Angebot eines Notebook-Herstellers aus Taiwan geprüft, der zu folgenden Bedingungen offeriert:

Listenpreis des Herstellers (umgerechnet in CHF)	850.–
Mengenrabatt ab 50 Stück	10 %
Skonto bei Sofortzahlung	3 %

Abklärungen haben ergeben, dass die Bezugskosten beim Bezug von 50 Stück mit 12 % des Zahlungsbetrages an den Lieferanten veranschlagt werden müssen.

Das Notebook-Center rechnet mit einem Bruttogewinnzuschlag von 30 %. An Schüler und Studenten soll ein Spezialrabatt von 5 % gewährt werden.

a) Ermitteln Sie aufgrund der obigen Angaben den Verkaufspreis inklusive MWST für ein einzelnes Notebook (auf Rappen genau):

	Listenpreis des Lieferanten	Fr.	%	
./.	Mengenrabatt	Fr.	%	
=	Rechnungsbetrag des Lieferanten	Fr.	% →	%
./.	Skonto	Fr.		%
	Zahlung an den Lieferanten	Fr.	% ←	%
+	Bezugskosten	Fr.	%	
=	Einstandspreis	Fr.	% →	%
+	Bruttogewinn	Fr.		%
=	Nettoerlös	Fr.	% ←	%
+	Spezialrabatt	Fr.	%	
=	Bruttoverkaufspreis ohne MWST	Fr.	%	
+	MWST	Fr.	%	
=	Bruttoverkaufspreis mit MWST	Fr.	%	

b) Die Konkurrenz plant ebenfalls ein Billigangebot unter Fr. 1200.–.

Wie hoch darf der Listenpreis des taiwanesischen Herstellers höchstens sein, wenn das Notebook-Center bei gleichen Einkaufsbedingungen wie bei a) einen Nettoerlös von maximal Fr. 1000.– anstrebt?

34.10

Der Grossist M. Arnold kalkuliert mit folgenden Prozentsätzen für seine technischen Produkte:

Gemeinkosten vom Einstandspreis (Gemeinkostenzuschlag)	30 %
Reingewinn von den Selbstkosten (Reingewinnzuschlag)	10 %
Skonto	2 %
Wiederverkaufsrabatt	40 %

a) Wie gross ist der Gesamtzuschlag in Prozenten des Einstandspreises?

b) Wie gross ist der Listenpreis eines Artikels (ohne MWST) mit einem Einstandspreis von Fr. 40.–?

c) Wie gross ist der Einstandspreis eines Artikels, der im Verkaufskatalog von M. Arnold für Fr. 89.– angeboten wird?

34.11

Aus der Erfolgsrechnung eines Handelsunternehmens können folgende Prozentsätze entnommen werden:

Bruttogewinn vom Einstand (Bruttogewinnzuschlag)	50 %
Reingewinn vom Nettoerlös (Reingewinnmarge)	20 %

a) Wie viele Prozente der Selbstkosten beträgt der Reingewinn?

b) Wie gross ist der erzielte Umsatz, wenn die Gemeinkosten Fr. 146 300.– betragen?

c) Bei welchem Warenaufwand beträgt der Reingewinn Fr. 50 000.–, wenn die Gemeinkosten gegenüber b) gleich bleiben?

34.12

Die Christ GmbH handelt mit Modeschmuck. Aus der letzten Jahresrechnung können folgende Zahlen entnommen werden:

Warenaufwand	Fr. 720 000.–
Bruttogewinnmarge	60 %
Reingewinn von den Selbstkosten	20 %

a) Wie gross sind die Gemeinkosten bei der Christ GmbH?

b) Wie gross ist der Bruttogewinnzuschlag?

c) Im neuen Jahr wird mit einer Zunahme der Gemeinkosten von 10 % gerechnet. Bei welchem Verkaufsumsatz kann der gleiche Reingewinn wie im Vorjahr erzielt werden, gleiche Bruttogewinnmarge vorausgesetzt?

34.13

Die Geiger & Co. kauft Autozubehör in Italien ein und muss mit durchschnittlich 10 % Bezugskosten auf dem Ankaufspreis beim Lieferanten rechnen.

a) Wie hoch ist der Einstandspreis in CHF für eine Sendung Nardi-Steuerräder, wenn dem Lieferanten EUR 1250.– überwiesen werden? Kurs 1.35.

b) Wie hoch ist der Verkaufspreis inklusive MWST von 8,0 % für ein Steuerrad mit Fr. 90.– Einstandspreis, wenn die Geiger & Co. mit einem Bruttogewinnzuschlag von 50 % rechnet und ein Stammkundenrabatt von 10% im Verkaufspreis einkalkuliert wird?

c) Mit welchem Gesamtzuschlag in Prozenten kann die Geiger & Co. direkt vom Einstandspreis auf den Verkaufspreis inklusive MWST schliessen?

d) Wie hoch ist der Einstandspreis einer Alarmanlage, die im Laden mit Fr. 180.– angeschrieben ist?

34.14

Ein Pferdehändler verkauft zwei Reitpferde zu Fr. 24 000.–. Das eine Pferd bringt ihm einen Verlust von 20 % der Selbstkosten, das andere einen Gewinn von 20 % der Selbstkosten.

Hat der Pferdehändler durch diesen Verkauf gesamthaft einen Gewinn oder einen Verlust erzielt? Begründen Sie Ihre Antwort zahlenmässig.

34.15

Aus der Buchhaltung eines Händlers für Elektrozubehör sind die folgenden Daten bekannt:

Gemeinkosten	Fr. 134 700.–
Warenaufwand	Fr. 449 000.–
Nettoerlös	Fr. 671 255.–

a) Erstellen Sie die Gesamtkalkulation, und berechnen Sie die Zuschlagssätze für die Gemeinkosten, den Reingewinn und den Bruttogewinn.

b) Wie hoch sind die Selbstkosten für einen Transformator, dessen Ankaufspreis beim Lieferanten pro Stück Fr. 21.50 beträgt? Der Transformator ist in Kisten zu 10 Stück verpackt, die Transportkosten belaufen sich auf Fr. 33.– pro Kiste.

c) Wie hoch ist der Listenpreis inklusive MWST von 8,0 % für einen Transformator?

34.16

Lieferant R. Muggli in Bern macht Ihnen folgendes Angebot:

Bruttokreditankaufspreis pro Stück Fr. 990.–, Wiederverkaufsrabatt 33 1/3 %, Skonto bei Zahlung innert 10 Tagen 3 %.

a) Auf welchen Betrag lautet die Rechnung bei einer Bestellung von 6 Stück?

b) Wie gross ist Ihre Zahlung, wenn Sie den Skonto beanspruchen?

Sie wollen dieses Produkt an Ihre Kunden weiterverkaufen. Zur Deckung des allgemeinen Geschäftsaufwandes und zur Erzielung eines angemessenen Gewinnes schlagen Sie zum Einstandspreis einen Bruttogewinn von Fr. 150.– je Stück dazu und erhalten so den Nettoerlös.

c) Wie hoch ist der Nettoerlös?

d) Wie gross wird der Listenpreis, wenn Sie mit Fr. 81.– Verkaufssonderkosten je Stück rechnen sowie 2 % Skonto und 15 % Rabatt einkalkulieren? (Resultate auf 5 Rp. runden.)

34.17

Die Wein-Import AG gewährt ihren Kunden bei Barzahlung einen Skonto von 2 %. Sie verrechnet keine Versandkosten, belohnt jedoch die Käufer mit einem Rabatt von 10 %, wenn sie die Flaschen selber abholen. Nun plant sie eine besondere Verkaufsaktion mit einem kalifornischen Cabernet Sauvignon, der ausgezeichnet zu allen Fleischgerichten schmeckt. Zudem besticht er durch einen kräftigen Körper und ist lang anhaltend im Abgang.

a) Wie hoch ist der Listenpreis inklusive MWST einer Flasche dieses Cabernets, wenn die Wein-Import AG einen Nettoerlös von Fr. 9.80 erzielen will?

b) Wie viel zahlt Kunde A. Rollin für 2 Kartons à 6 Flaschen, wenn er sich die Flaschen nach Hause schicken lässt und die Lieferung nach 30 Tagen durch Banküberweisung begleicht?

c) Wie viel Prozent günstiger kommt eine Flasche Wein zu stehen, wenn sie selber abgeholt und bar bezahlt wird? (Resultat auf 2 Dezimalen runden)

d) In der Tageszeitung entdecken Sie ein Inserat eines Grossverteilers, der dieselbe Flasche Wein desselben Herstellers als Aktion anbietet: Beim Kauf eines Kartons à 6 Flaschen werden nur 5 Flaschen verrechnet.

   Welchem Aktionsrabatt in Prozenten entspricht dies?

34.18

Kreuzen Sie die Aussagen als richtig an, oder begründen Sie, weshalb diese falsch sind.

Nr.	Aussage	Richtig	Aussage ist falsch, weil …
1	Unter Kalkulation versteht man vor allem das Errechnen der Selbstkosten und des Nettoerlöses.		
2	Die Zuschlagssätze lassen sich aus der Einzelkalkulation ableiten.		
3	Kosten und Erlöse sind Begriffe aus der Kalkulation, Aufwand und Ertrag aus der Finanzbuchhaltung.		
4	In der Einzelkalkulation werden nur die Kosten für einen Artikel oder eine Leistung erfasst.		
5	Wird vom grossen zum kleinen Wert gerechnet, spricht man von aufbauender Kalkulation.		
6	Der Einstandswert der verkauften Waren entspricht dem Warenaufwand.		
7	Die Bruttogewinnmarge ist ein Synonym für Bruttogewinnzuschlag.		
8	Die aufbauende Einzelkalkulation kommt v. a. bei Waren ohne Marktpreis zur Anwendung.		
9	Die wichtigsten Gemeinkosten sind die Waren-, Personal-, Raum- und Abschreibungskosten.		
10	Der Bruttogewinnzuschlag ergibt sich aus der Addition von Gemeinkosten- und Reingewinnzuschlag		
11	Im Nettoerlös ist die MWST noch nicht eingerechnet.		
12	Wird ein Rabatt gewährt, vermindert sich auch die abzuliefernde MWST um denselben Prozentsatz.		
13	Häufig wird der Nettoerlös auch als Verkaufsumsatz bezeichnet.		

Mehrstufige Erfolgsrechnung

35.01

Im Handelsregister ist als Geschäftszweck der **Konsum AG** der Handel mit Gütern des täglichen Bedarfs eingetragen. Die einstufige Erfolgsrechnung zeigt folgendes Bild:

Erfolgsrechnung 20_1

	Warenertrag	200
+	Liegenschaftenertrag	45
+	Ausserordentlicher Ertrag	30
./.	Warenaufwand	– 140
./.	Personalaufwand	– 40
./.	Mietaufwand	– 10
./.	Übriger Betriebsaufwand	– 25
./.	Liegenschaftenaufwand	– 20
=	**Unternehmungsgewinn**	**40**

Der Gewinn der gesamten Unternehmung ist zwar sehr hoch. Aber wie steht es mit der Wirtschaftlichkeit des Handelsbetriebs, der Kerntätigkeit dieser Unternehmung?

Um diese Frage zu beantworten, werden Sie beauftragt, eine mehrstufige Erfolgsrechnung aufzustellen, die den Erfolg in drei Stufen zeigt:

- 1. Stufe: Bruttogewinn
- 2. Stufe: Betriebserfolg (je nach Vorzeichen als Betriebsgewinn oder Betriebsverlust zu bezeichnen)
- 3. Stufe: Unternehmungsgewinn

Zur Lösung dieser Aufgabe stehen zusätzlich folgende Informationen zur Verfügung:

- Der Liegenschaftenertrag und der Liegenschaftenaufwand betreffen mehrere Wohnblöcke, die zwar der Konsum AG gehören, aber nichts mit dem eigentlichen Handelsbetrieb zu tun haben (so genannte betriebsfremde Tätigkeit).
- Durch den Verkauf einer nicht mehr benötigten Landreserve mit einem Buchwert von 80 zu einem Verkaufspreis von 110 entstand ein Gewinn von 30. Dieses einmalige Ereignis in der Firmengeschichte ist als ausserordentlicher Ertrag zu betrachten.

Erfolgsrechnung 20_1

....	....
....	....
= **Bruttogewinn**	....
....	....
....	....
....	....
= **Betriebsverlust**	....
....	....
....	....
....	....
= **Unternehmensgewinn**	

35.02

Wie verändern sich der Brutto-, Betriebs- und Unternehmensgewinn durch folgende Buchungen?[1]

Nr.	Buchung	Brutto-gewinn	Betriebs-gewinn	Unternehmens-gewinn
1	Debitoren/Warenertrag			
2	Personalaufwand/Bank			
3	Ausserordentlicher Aufwand/Post			
4	Warenaufwand/Kreditoren			
5	Privat/Fahrzeugaufwand			
6	Debitor Vorsteuer/Kreditoren			
7	Wertberichtigung Maschinen/ Abschreibungen			
8	Delkredere/Debitorenverluste[2]			

[1] Für die Antworten sind folgende Zeichen zu verwenden:

+	bedeutet Zunahme
–	bedeutet Abnahme
0	bedeutet keine Veränderung

[2] Debitorenverluste sind als Erlösminderung zu betrachten (Konto 3800 im KMU-Kontenrahmen).

35.03

Wie lautet die dreistufige Erfolgsrechnung dieses **Handelsbetriebs?**

▶ Abschreibungen	12
▶ Ausserordentlicher Aufwand	8
▶ Betriebsfremder Aufwand	13
▶ Betriebsfremder Ertrag	47
▶ Debitorenverluste	2
▶ Personalaufwand	60
▶ Raumaufwand	35
▶ Steueraufwand	4
▶ Übriger Betriebsaufwand	40
▶ Warenaufwand	160
▶ Warenertrag	300

Erfolgsrechnung

....	....
....	....
....	....
....	....
....	....
....	....
....	....
....	....
....	....
....	....
....	....
....	....
....	....

35.04

Wie lautet die dreistufige Erfolgsrechnung dieses **Fabrikationsbetriebs?**

▶ Abschreibungen	50
▶ Bestandesänderungen (Zunahmen) Fabrikatevorräte	20
▶ Fabrikateertrag	700
▶ Materialaufwand	230
▶ Neutraler Aufwand	12
▶ Neutraler Ertrag	32
▶ Personalaufwand	200
▶ Raumaufwand	70
▶ Steueraufwand	16
▶ Übriger Betriebsaufwand	110

Erfolgsrechnung

....	....
....	....
= Produktionsertrag	....
....	....
....	....
....	....
....	....
....	....
= Betriebsgewinn	....
....	....
....	....
....	....
= Unternehmensgewinn	

35.05

Für die Intersport AG liegen folgende Informationen vor:

- Abschreibungen 17
- Ausserordentlicher Ertrag 21
- Betriebsfremder Aufwand 12
- Betriebsfremder Ertrag 30
- Direkte Steuern 5
- Energie- und Entsorgungsaufwand 3
- Fahrzeugaufwand 6
- Personalaufwand 67
- Raumaufwand 20
- Sonstiger Betriebsaufwand 18
- Unterhalt und Reparaturen 2
- Warenaufwand 160
- Warenertrag 300
- Werbeaufwand 11
- Zinsaufwand (betrieblich) 10

a) Wie lautet die Mehrstufige Erfolgsrechnung nach OR und Kontenrahmen KMU?

Erfolgsrechnung

./.	
= **Bruttogewinn**	
./.	
./.	
./.	
./.	
./.	
./.	
./.	
./.	
= **Betriebsergebnis vor Zinsen und Steuern (EBIT)**	
./.	
= **Betriebsergebnis vor Steuern**	
+	
./.	
+	
= **Unternehmensgewinn vor Steuern**	
./.	
= **Unternehmensgewinn**	

b) Wozu dient ein solcher mehrstufiger Erfolgsausweis?

35.06

Der Hauptgeschäftszweck der **Alimenta AG** ist der Grosshandel mit Lebensmitteln. Die betriebseigene Liegenschaft wird als Nebenbetrieb im Sinne eines Profit Centers geführt.

a) Erstellen Sie für die Alimenta AG mithilfe der am Seitenrand aufgeführten Erfolgspositionen eine mehrstufige Erfolgsrechnung. Rechts neben der Erfolgsrechnung sind ausserdem für alle Aufwände und Erträge die ersten zwei Stellen der Kontennummern gemäss **Kontenrahmen KMU** anzugeben.

► Abschreibungen	25
► Aufwand aus Nebenbetrieb (Betriebsliegenschaft)	28
► Ausserordentlicher Aufwand	7
► Ausserordentlicher Ertrag	1
► Betriebsfremder Aufwand	8
► Betriebsfremder Ertrag	21
► Direkte Steuern	3
► Energie- und Entsorgungsaufwand	5
► Ertrag aus Nebenbetrieb (Betriebsliegenschaft)	40
► Mietaufwand	40
► Fahrzeugaufwand	22
► Personalaufwand	90
► Übriger Betriebsaufwand	36
► Unterhalt, Reparaturen und Ersatz	6
► Warenaufwand	330
► Warenertrag	600
► Werbeaufwand	32
► Zinsaufwand (betrieblich)	20

Erfolgsrechnung		KMU
…………	…………	…………
./. …………	…………	…………
= **Bruttogewinn**	…………	
./. …………	…………	…………
./. …………	…………	…………
./. …………	…………	…………
./. …………	…………	…………
./. …………	…………	…………
./. …………	…………	…………
./. …………	…………	…………
./. …………	…………	…………
= **Betriebsergebnis vor Zinsen und Steuern (EBIT)**	…………	
./. …………	…………	…………
= **Verlust Hauptbetrieb**	…………	
+ …………	…………	…………
./. …………	…………	…………
= **Betriebsgewinn vor Steuern**	…………	
+ …………	…………	…………
./. …………	…………	…………
+ …………	…………	…………
./. …………	…………	…………
= **Unternehmensgewinn vor Steuern**	…………	
./. …………	…………	…………
= **Unternehmensgewinn**		

b) Wie ist das Nummernsystem des **KMU-Kontenrahmens** im Hinblick auf die Erfolgsrechnung aufgebaut?

Lohnabrechnung

36.01

Heute erhält nicht nur der Arbeitende seinen Lohn, auch die verschiedenen Sozialversicherungen beanspruchen namhafte Beiträge von den Arbeitnehmern und Arbeitgebern. Diese Beiträge sind ausser bei den Pensionskassenbeiträgen in Prozenten der Bruttolohnsumme ausgedrückt.

Vervollständigen Sie das folgende Schema zu den in der Lohnabrechnung berücksichtigten Sozialversicherungen:

Bezeichnung der Sozialversicherung	Abkürzung	Zweck	Beiträge in % des Bruttolohnes		
			Arbeitnehmer	Arbeitgeber	Total
	AHV	Schutz gegen die wirtschaftlichen Folgen von Alter und Tod in Form von Alters-, Witwen- und Waisenrenten.			8,4 %
		Schutz gegen die Folgen von Erwerbsunfähigkeit durch körperlichen oder geistigen Gesundheitsschaden.			1,4 %
	EO	Anspruch von Dienstpflichtigen auf Erwerbsausfallentschädigung während des Militär- oder Zivilschutzdienstes und von erwerbstätigen Frauen während 14 Wochen nach der Niederkunft.			0,5 %
Verwaltungskostenbeitrag	VK	Verwaltungskostenbeitrag der Arbeitgeber auf den gesamten AHV/IV/EO-Abgaben an die Ausgleichskassen.	–	0,309 %	0,309 %
Arbeitslosenversicherung und Insolvenzentschädigung		Absicherung gegen Arbeitslosigkeit und Zahlungsunfähigkeit des Arbeitgebers.	1,1 %		
	BU	Versicherungsschutz gegen Folgen von Unfällen während der Arbeitszeit und auf dem Arbeitsweg.	–	0,1–1 %	0,1–1 %
Nichtberufsunfallversicherung			0,5–1 %	–	0,5–1 %
	PK	Berufliche Vorsorge (2. Säule, BVG) als Ergänzung zur staatlichen Vorsorge. Umfasst Alters-, Witwen- und Waisen- sowie Invalidenrente.	5–7 % (vom Bruttolohn minus Koordinationsabzug)	5–10 % (vom Bruttolohn minus Koordinationsabzug)	10–17 %
Familienausgleichskasse		Sozialer Ausgleich durch Auszahlung von Kinder- und Ausbildungszulagen bis zum vollendeten 25. Altersjahr an Arbeitnehmer und Selbstständigerwerbende.	–	je nach Kanton 1–3 %	1–3 %

36.02

Rita Dreifuss ist Vizedirektorin bei der Bank Trust AG in Zürich und verdient monatlich Fr. 8000.– brutto. Sie ist ledig und hat keine Kinder.

a) Erstellen Sie die Lohnabrechnung für R. Dreifuss auf dem folgenden Formular (Die Prozentsätze beziehen sich ausser bei der PK auf den Bruttolohn, die Zahlen sind auf ganze Franken zu runden.):

Bank Trust AG, Zürich

Lohnabrechnung
Valuta 25. 11. 20_1
Periode 11. 20_1

Frau
R. Dreifuss
Hölderliweg 9
8000 Zürich

Bruttolohn					....	
Kinderzulagen					________	....
	Abzüge					
	AHV, IV, EO	5,15 %	von	8 000.–	....	
	ALV	1,1 %	von	....	....	
	PK	6,0 %	von	5 952.–	....	
	NBU	0,8 %	von	....	________	________
Nettolohn	Überweisung auf Konto X 3271-0128.693					....

b) Wie werden die Arbeitnehmer- und die Arbeitgeberbeiträge an die Sozialversicherungen und der Nettolohn verbucht (die Zahlen sind auf ganze Franken zu runden)?

	Betrag	Lohnaufwand		Sozialversicherungsaufwand		Kreditoren AHV, IV, EO, ALV, PK, UV	
Bruttolohn							
AHV-Beitrag 5,15 %							
ALV-Beitrag 1,1 %							
Pensionskassenbeitrag 6 % von 5 952.–							
NBU-Beitrag 0,8 %							
Nettolohn							
AHV-Beitrag 5,15 %							
Verwaltungskosten 0,309 %							
ALV-Beitrag 1,1 %							
Pensionskassenbeitrag 8 % von 5 952.–							
BU-Beitrag 0,6 %							
Salden							

(Randbeschriftungen: „beiträge“ neben AHV-Beitrag bis NBU-Beitrag; „beiträge“ neben AHV-Beitrag bis BU-Beitrag)

c) Wie gross sind die gesamten Arbeitnehmerbeiträge in Franken und in Prozenten des Bruttolohns?

d) Wie gross sind die gesamten Arbeitgeberbeiträge in Franken und in Prozenten des Bruttolohns?

e) Wie gross sind die gesamten Sozialversicherungsbeiträge in Franken und in Prozenten des Bruttolohns?

f) Wie gross ist der monatliche Personalaufwand der Bank Trust AG für R. Dreifuss?

36.03

Wie lauten die fehlenden Geschäftsfälle bzw. Buchungen und Beträge im Journal?

Journal

Nr.	Geschäftsfall	Buchung Soll	Haben	Betrag
1		Lohnaufwand	Post	52 770.–
2	Die Sozialversicherungsbeiträge der Arbeitnehmer für AHV, IV, EO und ALV werden verbucht.			3 750.–
3	Die NBU-Prämien von 0,8 % der Bruttolohnsumme von Fr. 60 000.– werden abgerechnet und den Arbeitnehmern belastet.			
4		Lohnaufwand	Kreditor PK	3 000.–
5		Sozialversicherungsaufwand	Kreditor PK	4 800.–
6	Die Prämien für die Berufsunfallversicherung werden der SUVA gutgeschrieben.			520.–
7	Einem Studenten werden für seine Mithilfe beim Austeilen von Werbeprospekten Fr. 1350.– bar ausbezahlt.[1]			
8	Die Arbeitgeberbeiträge für AHV, IV, EO und ALV werden der Ausgleichskasse inklusive des Verwaltungskostenbeitrages gutgeschrieben.			3 935.–
9	An die AHV-Ausgleichskasse werden die geschuldeten Beiträge für das letzte Quartal durch die Post überwiesen.			23 055.–
10		Kreditor PK	Bank	23 400.–
11	Ein Mitarbeiter hat Militärdienst geleistet. Von der EO erhalten wir eine Bankgutschrift für den Arbeitsausfall.			3 850.–
12	Einem Vertreter werden die Auto- und Hotelspesen auf sein Bankkonto gutgeschrieben (MWST vernachlässigen).			1 825.–
13	Die Prämien für die Unfallversicherung werden an die SUVA durch die Post überwiesen.			3 000.–

[1] Bei Nebeneinkommen bis Fr. 2300.– p. a. werden auf Wunsch des Arbeitnehmers keine Sozialabzüge vorgenommen.

36.04

Als neuer Mitarbeiter/neue Mitarbeiterin der Lavoro SA sind Sie zuständig für die Lohnabrechnungen. Die prozentualen Beitragssätze beziehen sich auf die Bruttolohnsumme:

	Arbeitnehmer	Arbeitgeber
AHV, IV, EO	5,15 %	5,15 %
Verwaltungskostenbeitrag	–	0,25 % (reduziert, da hohe Jahresbeiträge)
ALV	1,1 %	1,1 %
Pensionskasse	Fr. 1 660.–	Fr. 2 380.–
Unfallversicherung	0,60 %	0,50 %

a) Die Saläre für April und Mai sind bereits verbucht. Erstellen Sie in der Textkolonne die Gehaltsabrechnung für den Monat Juni, die Bruttolohnsumme beträgt Fr. 36 000.–. Die Beträge sind in den Konten zu verbuchen. Die Versicherungsbeiträge werden jeweils Ende Quartal durch die Post überwiesen. Die Konten sind abzuschliessen.

Text		Lohnaufwand		Sozialversicherungsaufwand		Kreditoren Sozialversicherungen	
Übertrag (April und Mai)		60 000		9 210			17 100
Bruttolohnsumme (Juni)	36 000.–						

b) Wie gross ist der Personalaufwand einschliesslich Arbeitgeberbeiträge für den Monat Juni?

36.05

Für den Monat September beträgt der Bruttolohn für die Prokuristin Karin Moser Fr. 12 000.–, zuzüglich einer Kinderzulage von Fr. 250.–. Der Arbeitgeber von K. Moser ist bei der Familienausgleichskasse (FAK) angeschlossen. Es kommen folgende Sätze zur Anwendung:

	Arbeitnehmer	Arbeitgeber	Massgeblicher Lohn
AHV, IV, EO	5,15 %	5,15 %	12 000
Verwaltungskostenbeitrag		0,309 %	12 000
ALV	1,1 %	1,1 %	10 500
	0,5 %	0,5 %	1 500
Unfallversicherung	1,0 %	0,8 %	10 500
FAK		1,5 %	12 000
Pensionskasse	7 %	9 %	9 953

a) Erstellen Sie die Lohnabrechnung für K. Moser.

Bruttolohn				....	
Kinderzulagen				____	....
	Abzüge				
	AHV, IV, EO	5,15 %	von	....	....
	ALV	1,1 %	von	....	....
		0,5 %	von	....	....
	PK	7,0 %	von	....	....
	NBU	1,0 %	von	....	____
Nettolohn					

b) Verbuchen Sie die Lohnabrechnung im folgenden Journal. Die AHV- und ALV-Beiträge werden auf einem gemeinsamen Kreditorenkonto (AHV, IV, EO, ALV) verbucht. Die übrigen Beiträge sind auf separaten Kreditorenkonten für UV, PK und FAK zu verbuchen.

Journal

Text	Buchung Soll	Buchung Haben	Betrag

c) Verbuchen Sie die Beiträge des Arbeitgebers für die Lohnauszahlung an K. Moser. Die AHV- und ALV-Beiträge werden auf einem gemeinsamen Kreditorenkonto (AHV, IV, EO, ALV) verbucht. Die übrigen Beiträge sind auf separaten Kreditorenkonten für UV, PK und FAK zu verbuchen.

Journal

Text	Buchung		Betrag
	Soll	Haben	

36.06

Auf der Lohnliste der **Ceramica GmbH** stehen nebst dem Gesellschafter A. Romeo zwei weitere Mitarbeiter. Die Lohnabrechnung für den Monat Januar 20_5 ist wegen Krankheit des Treuhänders noch nicht gemacht. A. Romeo bittet Sie, in die Bresche zu springen.

In den Buchhaltungsunterlagen der Ceramica GmbH finden Sie folgende Daten:

	Name	Vorname	Bruttolohn	Anzahl Kinder	Geburtsdatum
1	Romeo	Alfeo	6 000.–	2	3. 4. 20_1 und 16. 9. 20_4
2	Meier	Daniel	5 000.–	1	26. 7. 20_3
3	Märki	Thomas	4 500.–	keine	

a) Vervollständigen Sie die folgende Lohnabrechnung für Januar 20_5.

	Beitrag in %	Romeo Alfeo	Meier Daniel	Märki Thomas	Total
Bruttolohn					
Kinderzulagen (Fr. 250.–/Kind)					
Arbeitnehmerbeiträge					
AHV, IV, EO	5,15 %				
ALV	1,1 %				
PK	6 % vom versicherten Lohn	237.15	177.15	147.15	561.45
NBU	0,8 %				
Nettolohn	–				
Arbeitgeberbeiträge					
AHV, IV, EO	5,15 %	–	–	–	
Verwaltungskostenbeitrag	0,309 %	–	–	–	
ALV	1,1 %	–	–	–	
PK	8 % vom versicherten Lohn	–	–	–	748.60
BU	1,0 %	–	–	–	
FAK	1,5 %	–	–	–	
Total Sozialleistungen	–	–	–	–	

b) Verbuchen Sie die Löhne und die Versicherungsbeiträge in den Konten (es sind nur die Totale zu verbuchen). Ermitteln Sie die Saldi, und schliessen Sie die Konten ab.

Buchung	Lohnaufwand		Sozialversicherungsaufwand		Kreditoren AHV, IV, EO, ALV, FAK, UV, PK	
Saldi						

Immobilien

37.01

Automechaniker O. Henry ist Einzelunternehmer mit eigener Autowerkstatt. Er kauft auf den 1. Januar 20_3 ein Mehrfamilienhaus für Fr. 1 500 000.–. An eigenen Mitteln bringt er Fr. 500 000.– auf, den Rest finanziert er mit einem Hypothekardarlehen, das zu 3,5 % verzinslich ist.

O. Henry nutzt das ganze Erdgeschoss als Autowerkstatt. Die 5-Zimmer-Maisonette im Dach bewohnt er selber mit seiner Familie. Die mittleren Geschosse mit zwei Wohnungen sind an Familien weiter vermietet. Alle Zahlungen erfolgen über die Bank.

a) Führen Sie die Liegenschaftsbuchhaltung, und ermitteln Sie den Liegenschaftserfolg für das Jahr 20_3:

		Bestandeskonten		Erfolgskonten	
Geschäftsfall	Buchung	Immobilien	Hypotheken	Immobilienaufwand	Immobilienertrag
Kauf					
Anzahlung mit eigenen Mitteln					
Restfinanzierung durch Hypothekardarlehen zu 3,5 %					
Handänderungssteuer und Grundbuchgebühren (16 000)					
Aufwände					
Unterhalt und Reparaturen (2 000)					
Gebühren, Abgaben und Versicherungen (2 500)					
Heizung, Strom allgemein (1 400)					
Hypothekarzinsen (?)					
Verwaltungsaufwand (3 300)					
Reinigung und Hauswartung (4 800)					
Abschreibungen (8 000)					
Erträge					
Mieteinnahmen (36 000)					
Mietwert Geschäft (24 000)					
Mietwert Privatwohnung (20 000)					
Abschluss					
Salden	Diverse Buchungen				

Bilanz 31. 12. 20_3 (Auszug)		Erfolgsrechnung für 20_3 (Auszug)	
Immobilien	Hypotheken	Immobilienaufwand	Immobilienertrag ....

b) Wofür werden Gebühren, Abgaben und Versicherungen von Fr. 2500.– erhoben?

c) Weshalb wird für das Geschäft von O. Henry und für die mit seiner Familie bewohnte Wohnung ein Mietwert verrechnet?

37.02

F. Linder betreibt ein **Optiker-Fachgeschäft** in Wädenswil. Der Geschäftsinhaber bewohnt privat mit seiner Familie eine Wohnung in dieser Liegenschaft. Wie lauten die Buchungssätze?

a) F. Linder kauft eine Liegenschaft von der Sager & Co. in Wädenswil:

Nr.	Geschäftsfall	Betrag	Buchung	
			Aus Sicht des Käufers	Aus Sicht des Verkäufers
1	Kauf bzw. Verkauf der Liegenschaft in Wädenswil	900 000		
2	Übernahme der 1. Hypothek vom Verkäufer	500 000		
3	Gewährung einer 2. Hypothek durch den Verkäufer	100 000		
4	Der Käufer übernimmt den Heizölvorrat.	2 000		
5	Die Handänderungs- und Notariatskosten betragen für Käufer und Verkäufer je 9 350.– und werden durch die Bank beglichen.	9 350		
6	Übergabe von Aktien aus dem Depot des Käufers zum Kurswert	50 000		
7	Die Restschuld wird durch Bankcheck beglichen.			

b) Nach dem Kauf der Liegenschaft wird das Haus renoviert:

Nr.	Geschäftsfall	Betrag	Buchung
1	Rechnung der Wärmetechnik GmbH für den Einbau einer neuen Heizung. Die Hälfte des Betrages ist als Wertsteigerung, die andere Hälfte als Unterhalt zu verbuchen.	100 000	
2	Für Ausbesserungsarbeiten, die nach der Liegenschaftsübernahme durch den Maler vorgenommen wurden, trifft eine Rechnung ein. Der Betrag ist nicht zu aktivieren.	8 000	

c) Die Stromrechnungen treffen ein:

Nr.	Geschäftsfall	Betrag	Buchung
1	Stromrechnung für die F. Linder (Geschäft)	100	
2	Stromrechnung für die Privatwohnung Linder (wird später übers Geschäft bezahlt)	120	
3	Stromrechnung Treppenhaus, Vorplatz und Kellerräumlichkeiten	30	

d) Verbuchungen Ende Jahr:

Nr.	Geschäftsfall	Betrag	Buchung
1	Mietwert des Geschäftslokals	12 000	
2	Mietwert der Privatwohnung Familie Linder	10 000	
3	Ausstehende Mietzinse von Mieter X	2 000	
4	Von Mieter Y vorausbezahlte Mietzinse	1 000	
5	Bankzahlung des Halbjahreszinses für die zu 3,5 % verzinsliche 1. Hypothek (Zinstermine 30. 6. und 31. 12.)		
6	Aufgelaufener Hypothekarzins für die zu 4 % verzinsliche 2. Hypothek (Zinstermine 31. 3. und 30. 9.)		
7	Indirekte Abschreibung des Geschäftsmobiliars	1 500	
8	Direkte Abschreibung der Liegenschaft	5 000	

37.03

Frau C. Wüscher betreibt mitten in Schaffhausen eine gut gehende **Kosmetikfachschule.** Die Schule ist Eigentümerin eines 3-geschossigen Geschäfts- und Wohnhauses und ist mit den Schulungsräumen im Parterre der Liegenschaft untergebracht. Neben den Schulräumen befinden sich im Haus noch die Privatwohnung der Familie Wüscher und weitere an Dritte vermietete Wohnungen.

Die Liegenschaftsrechnung wird in der Buchhaltung der Kosmetikfachschule getrennt vom Geschäft als Nebenbetrieb (Profit Center) geführt. Für die Fachschule und die Privatwohnung werden monatlich Mieten belastet.

a) Führen Sie das Journal für den Monat Dezember, und bestimmen Sie den Erfolg für die Liegenschaft.

b) Berechnen Sie die Bruttorendite für die Liegenschaft. Der Kapitaleinsatz entspricht dem Buchwert der Liegenschaft Anfang Jahr.

Bruttorendite	$\frac{\text{Bruttoertrag}}{\text{Kapitaleinsatz}}$	______________	

c) Berechnen Sie die Nettorendite (= Eigenkapitalrendite) für die Liegenschaft. Massgeblich ist das investierte Eigenkapital Anfang Jahr.

Eigenkapital-Rendite	$\frac{\text{Liegenschaftserfolg}}{\text{Eigenkapital}}$	______________	

d) Wird im Immobilienbereich von Rendite gesprochen, ist praktisch immer die Bruttorendite gemeint. Warum ist diese aussagekräftiger als die Nettorendite?

Journal

Datum	Geschäftsfall	Buchung	Immobilien		Immobilienaufwand		Immobilienertrag	
Div.	Übertrag	Diverse Buchungen	2 100 000		32 200			74 52
01.12.	Bankbelastung der Hypothekarzinsen 4 % vom 31.5. bis 30.11. (Hypothek Fr. 1 200 000.–)							
03.12.	Rechnung für Unterhaltsarbeiten von Fr. 2300.–							
05.12.	Bankgutschrift Monatsmietzinsen, Fr. 6775.–							
07.12.	Rechnung für Heizöl, Fr. 3470.–							

tum	Geschäftsfall	Buchung	Immobilien		Immobilien-aufwand		Immobilien-ertrag	
12.	Mietzinsbelastung: ► Kosmetikschule Fr. 36000.– ► Privat Wüscher Fr. 19200.–							
12.	Rechnung der Pulito AG für Hauswart- und Reinigungsarbeiten, Fr. 700.–							
12.	Rechnung für Fr. 48 800.– der Bau GmbH für die Erneuerung der Nasszellen und Toiletten. 50 % des Betrages sind zu aktivieren.							
12.	Bankbelastung für Abgaben, Versicherungen und Gebühren für das 4. Quartal, Fr. 720.–							
12.	Bankbelastung für Stromverbrauch (Treppenhausbeleuchtung, Waschmaschine usw.), Fr. 180.–							
12.	Bankzahlung an Kreditoren Fr. 16 370.–							
12.	Die Heizkosten werden weiterverrechnet an: ► Mieter Fr. 1 650.– ► Geschäft Fr. 940.– ► Privat Fr. 710.–							
12.	Die geschuldeten Hypothekarzinsen sind abzugrenzen.							
12.	Der Heizölvorrat beträgt am Jahresende Fr. 3000.–							
12.	Die Hypothek wird um Fr. 50 000.– amortisiert.							
12.	Auf dem Buchwert der Liegenschaft wird 1 % abgeschrieben.							
12.	Salden	Diverse Buchungen						

37.04

Die Kollektivgesellschaft **A. Hug & Co.** betreibt in einer eigenen Liegenschaft einen Klavier- und Flügelverkauf mit eigener Reparaturwerkstatt. Zwei kleinere Wohnungen sind an Dritte vermietet, eine Wohnung wird durch den Gesellschafter A. Hug mit seiner Familie bewohnt.

Die provisorische Erfolgsrechnung zeigt am Jahresende 20_3 diese Zahlen:

	Provisorische Erfolgsrechnung		Nachträge		Definitive Erfolgsrechnung	
	Aufwand	Ertrag	Soll	Haben	Aufwand	Ertrag
Verkaufsertrag		880 000				
Reparaturertrag		220 000				
Mietzinsertrag		34 800				
Warenaufwand	640 000					
Personalaufwand	280 000					
Raumaufwand	15 000					
Unterhalt und Rep.	9 100					
Versicherungen	9 400					
Energieaufwand	14 250					
Übriger Aufwand	7 500					
Abschreibungen	32 000					
Zinsaufwand	29 340					
Gewinn	**98 210**					
	1 134 800	1 134 800				

a) Die folgenden Nachträge sind in obiger Aufstellung zu berücksichtigen, und es ist die definitive Erfolgsrechnung zu erstellen:

1. Für die Wohnung von Gesellschafter A. Hug ist ein Mietwert von Fr. 19 200.– zu berücksichtigen.
2. Der Mietwert für die genutzten Geschäftsräume für die 2. Jahreshälfte ist noch zu verrechnen.
3. Der aufgelaufene Hypothekarzins (4 % Hypothek, Fr. 600 000.–) für November und Dezember ist noch zu berücksichtigen.
4. Ein Mieter hat eine Vorauszahlung für 20_4 von Fr. 1200.– geleistet.
5. In den Versicherungsaufwendungen ist eine Prämienvorauszahlung für 20_4 von Fr. 1000.– enthalten.
6. Der Heizölvorrat beträgt Ende Jahr Fr. 2100.–. Die Heizöleinkäufe werden jeweils über Energieaufwand gebucht.
7. Das Dezembergehalt von A. Hug von Fr. 8000.– ist noch nicht gutgeschrieben worden.
8. Eine Dachreparatur an der Liegenschaft wurde auf Jahresende gerade abgeschlossen. Der Kostenvoranschlag lautete auf Fr. 15 310.–.

b) A. Hug möchte künftig den Erfolg für das Musikgeschäft getrennt vom Liegenschaftserfolg nachweisen. Er bittet Sie, die definitive Erfolgsrechnung so aufzuteilen, dass für den Abschluss per 31. Dezember 20_3 ein getrennter Erfolgsnachweis für den Instrumenten-Hauptbetrieb mit Werkstatt und den Liegenschaftsnebenbetrieb möglich wird. Gemäss Buchhaltung enthält die Gesamtrechnung folgende Aufwands- und Ertragsanteile für die Liegenschaft:

1.	Personalaufwand	Für Reinigungs- und Hauswartdienste sind hier Fr. 9 600.– enthalten.
2.	Unterhalt und Reparaturen	Bis auf Fr. 2 400.– für Wartungsabonnemente an Maschinen sind diese Aufwände durch Unterhalts- und Reparaturarbeiten an der Liegenschaft verursacht worden.
3.	Versicherungen	Davon entfallen auf die Liegenschaft Fr. 2 800.–.
4.	Energieaufwand	Für Treppenhaus, allgemeine Kellerräume und Aussenbeleuchtung belaufen sich die Heiz- und Stromkosten auf Fr. 1 700.–.
5.	Übriger Aufwand	An Gebühren und Abgaben entfallen auf die Liegenschaft Fr. 1 300.–.
6.	Zinsaufwand	Darin sind die Hypothekarzinsen enthalten.
7.	Abschreibungen	Auf dem Gebäudewert von Fr. 850 000.– wurde 1 % abgeschrieben.

	Definitive Erfolgsrechnung		Musik (Hauptbetrieb)		Liegenschaft (Nebenbetrieb)	
	Aufwand	Ertrag	Aufwand	Ertrag	Aufwand	Ertrag
Verkaufsertrag		880 000				
Reparaturertrag		220 000				
Mietzinsertrag		67 800				
Warenaufwand	640 000					
Personalaufwand	288 000					
Raumaufwand	30 000					
Unterhalt und Rep.	24 410					
Versicherungen	8 400					
Energieaufwand	12 150					
Übriger Aufwand	7 500					
Abschreibungen	32 000					
Zinsaufwand	33 340					
Erfolg	**92 000**					
	1 167 800	1 167 800				

c) Erstellen Sie für die A. Hug & Co. eine **mehrstufige Erfolgsrechnung** nach folgendem Schema:

Erfolgsrechnung für 20_3

	…………	…………
+	…………	…………
=	**Betriebsertrag**	…………
./.	…………	…………
./.	…………	…………
./.	…………	…………
./.	…………	…………
./.	…………	…………
./.	…………	…………
./.	…………	…………
./.	…………	…………
./.	…………	…………
=	**Betriebsgewinn ohne Nebenbetriebe**	…………
+	…………	…………
./.	…………	…………
=	**Unternehmungsgewinn**	

37.05

Von einer Liegenschaft sind folgende Daten bekannt:

► Erste Hypothek	600 000.–	3,5 %
► Zweite Hypothek	300 000.–	4 %
► Bruttorendite		7 %
► Kaufpreis Liegenschaft	1 300 000.–	
► Übriger Liegenschaftsaufwand (exklusive Hypothekarzinsen)	36 000.–	

a) Wie gross ist das investierte Eigenkapital?

b) Wie gross ist der jährliche Mietertrag (Bruttoertrag)

c) Wie gross ist der mit der Liegenschaft erzielte Erfolg?

d) Wie gross ist die Nettorendite?

e) Wie wirkt sich eine Hypothekarzinssatz-Erhöhung von je 0,5 % auf die Bruttorendite aus?

f) Wie wirkt sich eine Hypothekarzinssatz-Erhöhung von je 0,5 % auf die Nettorendite aus?

g) Der Hauseigentümer möchte eine Eigenkapital-Rendite von 6 % erzielen.
Um wie viel Prozent muss er die gesamten Mietzinsen von Aufgabe b) erhöhen?

Wertschriften

38.01

Die **Huber AG** beauftragt die RegioBank am 18. Oktober mit dem Kauf von 200 Namenaktien der Phoenix AG.

a) Erstellen Sie die Kaufabrechnung der Bank, wenn der Kaufkurs Fr. 350 beträgt und die Spesen Fr. 680 ausmachen.

Kaufabrechnung

b) Wie ist dieser Kauf zu verbuchen?

Datum	Text	Buchung	Wertschriften-bestand		Wertschriften-aufwand		Wertschriften-ertrag	
18. 10.								

38.02

Die **Schmidt AG** beauftragt ihre Bank am 14. November mit dem Verkauf von 800 Namenaktien der Chemie AG.

a) Wie lautet die Verkaufsabrechnung, wenn der Verkauf zu einem Kurs von Fr. 40 abgewickelt wurde und mit Spesen von 1% des Kurswert zu rechnen ist?

Verkaufsabrechnung

b) Wann sind die Spesen zu addieren bzw. zu subtrahieren?

c) Wie ist dieser Kauf zu verbuchen?

Datum	Text	Buchung	Wertschriften-bestand		Wertschriften-aufwand		Wertschriften-ertrag	
14. 11.								

d) Welches sind die beiden wichtigsten Beweggründe für den Kauf von Aktien?

38.03

Am 30. April 20_4 kauft die Bank für ihren Kunden **A. Honauer** Fr. 60 000.– 5 % Obligationen der Elektrizitätswerke AG 20_1 bis 20_9 zum Kurs 103 %. Zinstermin 30. Juni.

a) Wie viel beträgt der Jahreszins?

b) Wem wird der Jahreszins am 30. Juni 20_4 gegen Vorlage des Zinscoupons ausbezahlt?

c) Auf welche Marchzinsen haben Käufer und Verkäufer Anspruch?

Marchzinsberechnung

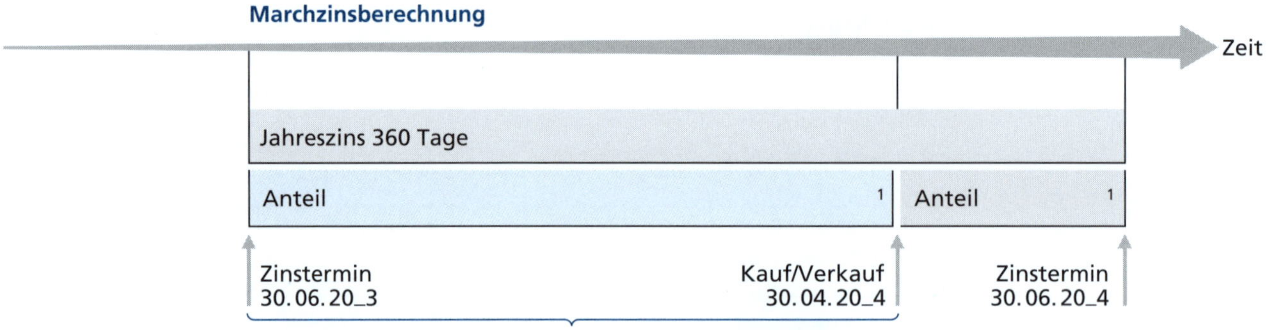

Marchzins	______________________________	

d) Wie lautet die Bankabrechnung?

Kaufabrechnung

Fr. 60 000.– 5% Elektrizitätswerke AG 20_1 bis 20_9 zum Kurs 103 %	....
Marchzins vom .... bis .... = ... Tage	________
= Zwischentotal	....
Spesen	540.–
= Endbetrag der Bankabrechnung, Valuta 30. 04. 20_4	

e) Wie ist der Kauf zu buchen?

Journal und Hauptbuch

Datum	Geschäftsfall	Buchung	Wertschriftenbestand		Wertschriftenaufwand		Wertschriftenertrag	
30. 04.								

f) Warum ist der Marchzins beim Kauf eine Ertragsminderung?

[1] «Käufer» oder «Verkäufer» einsetzen.

38.04

Die **Meier GmbH** beauftragt ihre Bank, an der Börse Obligationen der Schweizerischen Eidgenossenschaft zu verkaufen: Nominalwert Fr. 100 000.–, Zinsfuss 4 %, Zinstermin 31. Juli, Laufzeit 20_1 bis 20_9.

a) Erstellen Sie die Bankabrechnung vom 31. Oktober 20_3. Die Lösungshilfe für die Marchzinsberechnung ist zu vervollständigen.

Verkaufsabrechnung

	Fr. 100 000.– 4% Schweizerische Eidgenossenschaft 20_1 bis 20_9 zum Kurs 105%	....
	Marchzins vom .... bis .... = ... Tage	....
=	Zwischentotal	....
	Spesen	980.–
=	Endbetrag der Bankabrechnung, Valuta 31. 10. 20_3	

Marchzinsberechnung

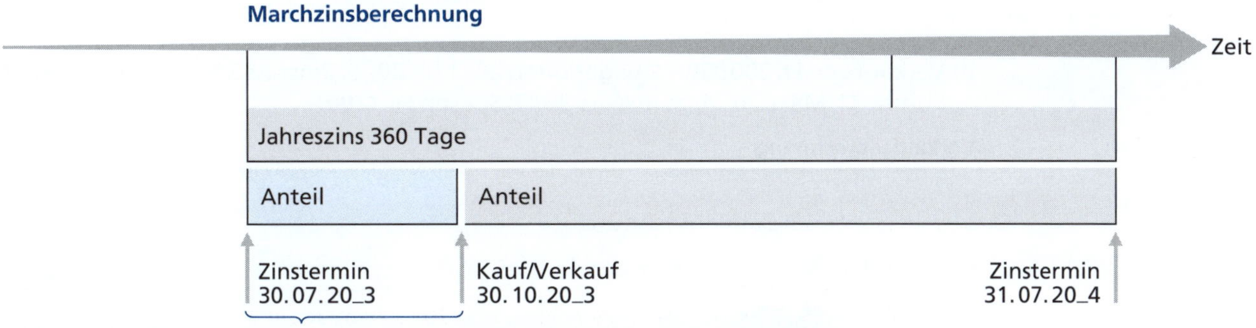

Marchzins	________	

b) Warum werden die Marchzinsen sowohl beim Kauf als auch beim Verkauf immer zum Kurswert addiert?

c) Wie ist dieser Verkauf zu verbuchen?

Journal und Hauptbuch

Datum	Geschäftsfall	Buchung	Wertschriften-bestand		Wertschriften-aufwand		Wertschriften-ertrag	
31. 10.								

d) Warum gibt es beim Kauf und Verkauf von Aktien keine «Marchdividenden»?

38.05

Auf welchen Endbetrag lauten folgende Bankabrechnungen, und wie werden die Transaktionen in den drei Wertschriftenkonten verbucht?

a) Kauf von 400 Aktien zum Kurs 200.–, Valuta 23. 04. 20_2, Spesen 1% des Kurswerts.

Kaufabrechnung

Journal und Hauptbuch

Datum	Geschäftsfall	Buchung			
23. 04.					

b) Verkauf von Fr. 200 000.– Obligationen 20_1 bis 20_9, Zinsfuss 3 %, Zinstermin 31. Mai, Valuta 31. März 20_4, zum Kurs 96 %, Spesen Fr. 1700.–.

Verkaufsabrechnung

Journal und Hauptbuch

Datum	Geschäftsfall	Buchung			
31. 03.					

38.06

Am 13. März 20_1 legt die **Weber AG** erstmals überschüssige Liquidität in Form von Wertschriften an. Die Bankabrechnung lautet:

Kauf von Wertschriften

	200 Namenaktien Zementwerke AG zum Kurs 600.–	120 000.–
+	Spesen	1 200.–
=	Endbetrag der Bankabrechnung, Valuta 13. März 20_1	121 200.–

Nach der Generalversammlung der Zementwerke AG vom 24. April 20_1 wird eine Dividende ausgeschüttet:

Gutschriftsanzeige der Bank

Dividendenauszahlung Zementwerke AG		
	Bruttodividende für 200 Namenaktien zu 15.–/Aktie	3 000.–
./.	Verrechnungssteuer 35 %	– 1 050.–
=	Nettodividende, Valuta 24. April 20_1	1 950.–

Für die Führung des Wertschriftendepots verlangt die Bank eine Depotgebühr von etwa 1‰ des Depotwerts:

Bankbelastungsanzeige

Depotspesen, Valuta 7. Dezember 20_1	130.–

Ende Jahr erstellt die Weber AG ein Wertschrifteninventar:

Wertschrifteninventar am 31.12.20_1

Anzahl	Titelbezeichnung	Kurs	Kurswert
200	Namenaktien Zementwerke AG	630.–	126 000.–

Führen Sie für das Jahr 20_1 das Journal sowie die Wertschriftenkonten für die Weber AG.

Datum	Geschäftsfall	Buchung	Wertschriftenbestand		Wertschriftenaufwand		Wertschriftenertrag	
13.03.	Aktienkauf, Kurswert							
	Aktienkauf, Spesen							
24.04.	Bankgutschrift Dividende							
	Verrechnungssteuer							
07.12.	Depotgebühren							
31.12.	Kursgewinn Aktien							
	Abschluss	Diverse						

38.07

Über den Wertschriftenverkehr der **Industrie AG** im Jahr 20_2 liegen folgende Belege vor:

Wertschrifteninventar am 31. 12. 20_1 (= am 1. 1. 20_2 übernommene Bestände)

Anzahl bzw. Nominalwert	Titelbezeichnung	Kurs	Kurswert
2 000	Namenaktien Pharma AG	90.–	180 000.–
600 000.–	5 % Obligationen Kanton Bern 20_1 bis 20_9 Zinstermin 30. Juni	105 %	630 000.–
			810 000.–

Bankabrechnung über den Verkauf von Wertschriften

	1 000 Namenaktien Pharma AG zum Kurs 95.–	95 000.–
./.	Spesen	– 950.–
=	Endbetrag der Bankabrechnung, Valuta 20. Februar 20_2	94 050.–

Gutschriftsanzeige der Bank

Dividendenauszahlung Pharma AG

	Bruttodividende für 1000 Namenaktien zu 2.–/Aktie	2 000.–
./.	Verrechnungssteuer 35 %	– 700.–
=	Nettodividende, Valuta 10. April 20_2	1 300.–

Gutschriftsanzeige der Bank

5 % Obligationen Kanton Bern 20_1 bis 20_9

	Bruttozins	30 000.–
./.	Verrechnungssteuer 35 %	– 10 500.–
=	Nettozins, Valuta 30. Juni 20_2	19 500.–

Bankabrechnung über den Verkauf von Wertschriften

CHF 200 000.– 5 % Kanton Bern 20_1 bis 20_9

	Zinstermin 30. Juni, zum Kurs 102 %	204 000.–
+	Marchzins vom 30. 06. bis 30. 09. 20_2 (90 Tage)	2 500.–
=	Zwischentotal	206 500.–
./.	Spesen	– 2 200.–
=	Endbetrag der Bankabrechnung, Valuta 30. September 20_2	204 300.–

Bankbelastungsanzeige

Depotspesen, Valuta 10. Dezember 20_2	600.–

Wertschrifteninventar am 31. 12. 20_2

Anzahl bzw. Nominalwert	Titelbezeichnung	Kurs	Kurswert
1 000	Namenaktien Pharma AG	105.–	105 000.–
400 000.–	5 % Obligationen Kanton Bern 20_1 bis 20_9 Zinstermin 30. Juni	104 %	416 000.–
			521 000.–

a) Führen Sie das Journal sowie die Wertschriftenkonten.

Datum	Geschäftsfall	Buchung	Wertschriften-bestand		Wertschriften-aufwand		Wertschriften-ertrag	
01.01.	Anfangsbestand							
	Rückbuchung abgelaufener Zins							
20.02.								
10.04.								
30.06.								
30.09.								
10.12.								
31.12.	Aufgelaufene Obligationenzinsen							
	Kursgewinn Aktien							
	Kursverlust Obligationen							
	Salden	Diverse						

b) Wie hoch sind die realisierten bzw. die unrealisierten Gewinne und Verluste dieser Periode?

38.08

Wie lauten die Buchungssätze für den Handelsbetrieb **K. Kaufmann,** Luzern? Der Warenvorrat wird ruhend geführt. Die MWST von 8 % wird nach der Nettomethode verbucht und nach vereinbartem Entgelt abgerechnet.

1 Faktura für Wareneinkauf, Fr. 5400 inkl. MWST.

2 Bankzahlung der Rechnung von Nr. 1 unter Abzug von 2 % Skonto.

3 Faktura für Warenverkauf nach Deutschland, EUR 2000 exkl. MWST, Buchkurs CHF 1.30/EUR.

4 Die eine Hälfte der Faktura von Nr. 3 wird vom Kunden bezahlt und von der Bank zum Kurs CHF 1.31/EUR gutgeschrieben.

Die andere Hälfte ist Ende Jahr noch offen. Für die Umrechnung in CHF stehen diese Kurse zur Auswahl:

	Devisen	Noten
Ankauf	1.27	1.23
Verkauf	1.29	1.33

5 Die Rechnung der Zollbehörde von Fr. 120 für die MWST auf importierter Ware ist zu verbuchen.

6 Das Betreibungsverfahren gegen einen Kunden ist abgeschlossen.

Die Gesamtforderung inkl. MWST und geleistetem Kostenvorschuss beträgt Fr. 5800; sie ist in der Buchhaltung von K. Kaufmann bereits erfasst. Die Bankgutschrift für die Überweisung des Konkursamtes beträgt Fr. 1480. Der Rest ist abzuschreiben.

7 Die Bruttolohnsumme für den Monat September beträgt Fr. 40 000 (keine Löhne über Fr. 10 500).

Vervollständigen Sie die Tabelle.

		Arbeitnehmer-Beiträge	Arbeitgeber-Beiträge
AHV/IV/EO/ALV	6,25 %		
Verwaltungskostenbeitrag	Fr. 80		
Berufsunfall	0,6 %		
Nichtberufsunfall	0,5 %		
Pensionskasse	–	1 800	2 000
Total	–		

Verbuchen Sie die Banküberweisung der Septemberlöhne sowie die geschuldeten Arbeitnehmer- und Arbeitgeber-Beiträge.

8 Ein für Fr. 32 400 inkl. MWST gekauftes Geschäftsfahrzeug wurde drei Jahre lang linear, indirekt gemäss Abschreibungstabelle der eidg. Steuerverwaltung abgeschrieben. Jetzt wird es für Fr. 14 580 inkl. MWST bar verkauft.

Wie lauten die mit dem Verkauf zusammenhängenden Buchungen?

9 Die für das 3. Quartal geschuldete MWST von Fr. 9428 wird per Bank überwiesen.

10 Kauf von Obligationen über die Bank: Fr. 100 000.– 4 1/2 % Schweizerische Eidgenossenschaft 20_1 bis 20_9 zum Kurs 98 %, Zinstermin 30.06.

Erstellen Sie die Bankabrechnung per 31.08. (Kaufdatum).

Belastungsanzeige für den Kauf von Wertschriften per 31.08.

Kurswert	....
Marchzins vom .... bis .... = ... Tage	________
Schlusswert	....
Spesen (ca. 1 % des Schlusswerts)	990
= Endbetrag der Bankabrechnung	

Wie lauten die Buchungssätze für diesen Kauf, wenn Zinsen und Spesen nicht über den Wertschriftenbestand verbucht werden?

11 K. Kaufmann kaufte im Supermarkt mit der aufs Geschäft lautenden Kreditkarte zwei Parfums:

- *Coco Chanel No 5* für seine nicht im Geschäft tätige Ehefrau, Fr. 162 inkl. MWST
- *Moschino Glamour* als Kundengeschenk, Fr. 108 inkl. MWST

Die Verbuchung erfolgt aufgrund der Monatsabrechnung des Kreditkartenherausgebers.

12 Bankgutschrift für Kontokorrentzinsen, Fr. 455. Die Verrechnungssteuer ist auch zu buchen.

13 Verrechnung Eigenzins 2,5 % auf Eigenkapital von Fr. 600 000.

14 Der Privatanteil von K. Kaufmann am Geschäftsauto von Fr. 2700 inkl. MWST ist zu verbuchen.

15 Die MWST-Abrechnung für das 4. Quartal zeigt folgende Beträge:

- Debitor MWST (Vorsteuer) Fr. 17 100
- Kreditor MWST (Umsatzsteuer) Fr. 28 300

Die Umbuchung per Ende Jahr ist vorzunehmen.

16 Laut Inventar ist der Warenvorrat Ende Jahr Fr. 8000 höher als Anfang Jahr. Korrekturbuchung?

17 Für die Geschäftsliegenschaft sind folgende Tatbestände zu verbuchen:

- Von K. Kaufmann privat genutzte Wohnung Fr. 36 000
- Eigenmiete (vom Geschäft genutzte Räumlichkeiten) Fr. 84 000

18 Das Delkredere soll beim Abschluss 5 % der Debitorenforderungen betragen. Wie lautet die Korrekturbuchung am Jahresende?

- Debitoren Anfangsbestand Fr. 150 000
- Debitoren Schlussbestand Fr. 140 000

19 Eine Darlehensschuld von Fr. 60 000 ist halbjährlich am 30. April und am 31. Oktober zu 4 % verzinslich. Zu verbuchen ist die zeitliche Abgrenzung Ende Jahr.

20 Eine EDV-Anlage mit einem Anschaffungswert von Fr. 20 000 und kumulierten Abschreibungen von Fr. 12 000 soll indirekt linear abgeschrieben werden. Es gilt der Abschreibungssatz gemäss Abschreibungstabelle der ESTV.

Exkurs

Die Rendite von Wertpapieren

38.20

Eine Inhaberaktie der Kommerzbank AG kann an der Börse zum Kurs von Fr. 800.– erworben werden. Die Dividende beträgt Fr. 4.–.

a) Wie gross ist die Dividendenrendite, d.h. die Rendite ohne Berücksichtigung von Kursdifferenzen?

b) Wie beurteilen Sie die Höhe der Rendite?

38.21

B. Zwick hat für die Anlage seiner gesparten Fr. 100 000.– zwei Möglichkeiten ins Auge gefasst:

Kapitalanlagen

Sparkonto bei der UBS	**200 Namenaktien der Biotech AG zum Kurs 500.–**
Diese Kapitalanlage würde zurzeit einen jährlichen Zins von Fr. 2000.– abwerfen.	Bei dieser Anlage ist mit einer jährlichen Dividende von Fr. 5.– je Aktie zu rechnen.

a) Welche Anlage rentiert besser? Belegen Sie Ihre Aussage rechnerisch.

b) Welche anderen Gesichtspunkte sind beim Anlageentscheid zu berücksichtigen?

38.22

Eine Aktie kann zum Kurs von Fr. 200.– erworben werden.

Wie hoch ist die voraussichtliche Rendite, wenn eine Dividende von Fr. 6.– erwartet wird und das Wertpapier nach einem Jahr zu folgendem Kurs wieder verkauft wird:

a) Fr. 200.–

b) Fr. 250.–

c) Fr. 180.–

38.23

D. Lagler verkaufte 200 zum Kurs von Fr. 400.– erworbene Aktien der Bergbahnen AG nach $3^{1}/_{2}$ Jahren Besitzdauer zum Kurs Fr. 470.–. Während der Besitzdauer wurden Dividenden von Fr. 12.–, Fr. 10.– und Fr. 13.– ausgeschüttet.

a) Berechnen Sie die Rendite für die gesamte Kapitalanlage von 200 Aktien.

b) Berechnen Sie die Rendite für 1 Aktie.

38.24

In einem Boulevardblatt stand als Headline: «Schweizer Bluechip[1] mit 40 % Dividende». Weiter unten im Zeitungsartikel war dann zu lesen, dass der Nominalwert dieser Aktie Fr. 10.– beträgt und der aktuelle Börsenkurs Fr. 200.–.

In einer Biertischrunde wird diese Dividendenausschüttung als Abzockerei und übelster Auswuchs des Kapitalismus bezeichnet.

Was ist Ihre Meinung als Fachperson?

38.25

Berechnen Sie die Renditen für folgende Aktienanlagen (die Spesen können vernachlässigt werden):

Aufgabe	Titel	Dividenden	Kaufkurs	Verkaufskurs	Besitzdauer	Jahresertrag	Rendite
a)	Bank AG	20 + 25 + 25 = 70	800	850	3 Jahre		
b)	Holding AG	40	1 000	1 080	16 Monate		
c)	Fabrik AG	6 + 6 + 9 = 20	600	640	3 Jahre 4 Monate		
d)	Handel AG	3 + 2 = 5	300	235	4 Jahre		

38.26

E. Furrer kaufte Fr. 100 000.– 3 % Schweizerische Eidgenossenschaft 20_1 bis 20_9 zum Kurs 95 % und verkaufte diese zweieinhalb Jahre später zum Kurs 97,5 %.

Berechnen Sie die Jahresrendite.

38.27

K. Ghodsi kaufte bei der Emission (das ist die Ausgabe) Fr. 20 000.– 4 % Kanton Aargau 20_1 bis 20_9 zum Kurs 98 %.

Berechnen Sie die Rendite auf Verfall, wenn die Anleihe

a) am Ende der Laufzeit zu pari (zum Nominalwert) zurückbezahlt wird.

b) zwei Jahre vor Ende der Laufzeit vorzeitig zum Kurs 102 % zurückbezahlt wird.

[1] Als Bluechips werden in der Börsensprache die Aktien erstklassiger Gesellschaften mit starker Ertragskraft, günstigen Wachstumsaussichten und entsprechend hohem Rating (Bonitäts-Bewertung) bezeichnet.

38.28

Berechnen Sie die Renditen folgender Obligationen:

Aufgabe	Titel	Zinsfuss	Kaufkurs	Verkaufskurs	Besitzdauer	Jahresertrag	Rendite
a)	Schweizerische Eidgenossenschaft	4 %	101 %	102 %	2 Jahre		
b)	Kanton Basel	5 %	105 %	101 %	4 Jahre		
c)	Zürcher Kantonalbank	2 1/2 %	90 %	100 %	5 Jahre		
d)	Kraftwerk Eglisau AG	7 %	110 %	106 %	40 Monate		

38.29

Die **H. Koch AG** erwarb am 6. Juli 20_2 börsenkotierte Obligationen des Kantons St. Gallen 20_1 bis 20_9, Zinstermin 12. August, mit einem Nominalwert von Fr. 50 000.– zum Kurs 97 %. Die Obligationen wurden anschliessend ins Wertschriftendepot bei der RegioBank AG gelegt.

a) Wie hoch ist der Zinsfuss der Obligation, wenn aus dieser Kapitalanlage jährlich ein Verrechnungssteuer-Anspruch von Fr. 700.– entsteht?

b) Wie werden Nettozins und Verrechnungssteuer verbucht?

c) Berechnen und verbuchen Sie die Depotgebühr des Jahres 20_4, wenn die RegioBank AG 1,25‰ des Kurswerts sowie Fr. 20.– pro Titelgattung belastet? (Der Kurs der Obligationen beträgt im Zeitpunkt der Gebührenberechnung 104 %.)

d) Zu welchem Wert dürfen diese Wertschriften Ende 20_4 gemäss Obligationenrecht höchstens in die Bilanz der H. Koch AG eingesetzt werden? (Die Kurse betrugen im Dezember durchschnittlich 104 %, Ende Dezember 105 %.)

e) Wie gross ist die Rendite (ohne Berücksichtigung von Spesen), wenn diese Obligationen am 24. Oktober 20_6 zum Kurs 101,3 % verkauft wurden?

f) Erstellen Sie die Bankabrechnung für den Verkauf gemäss Teilaufgabe e), wenn die Verkaufsspesen 1 % des Kurswerts samt Marchzinsen betragen?

g) Wie verbucht die H. Koch AG den Verkauf gemäss Teilaufgabe f)? Anfang 20_6 betrug der Kurs der Obligationen 102 %.

h) Warum schwankt der Kurs dieser Obligationen zwischen 97 % (bei Erwerb) und 105 % (Ende 20_4)?

38.30

Berechnen Sie die fehlenden Grössen.

Aufgabe	Titel	Dividenden bzw. Zinsfuss	Kaufkurs	Verkaufskurs	Besitzdauer	Rendite
a)	Hotel AG		400	420	1 Jahr	8 %
b)	Transport AG	10 + 10 = 20	500		2 Jahre	6 %
c)	Pharma AG	4 + 5 + ?	200	230	2 Jahre 108 Tage	10 %
d)[1]	Industrie AG	7 + 4 + 3 + 6 = 20		340	4 Jahre	5 %
e)	Stadt Rafz		100 %	97 %	18 Monate	4 %
f)	Eidgenossenschaft	3 %	100 %	103 %		4 %
g)	RegioBank AG	5%	100 %		2 Jahre 144 Tage	7 %
h)[1]	Airline AG	4 %		86 %	3 Jahre	7,50 %

38.31

P. Meier könnte von einer Investmentgesellschaft in Panama zum Kurs von USD 2.– nicht börsenkotierte Aktien der Rio Negro Ltd. kaufen, die Schürfrechte für Gold im peruanisch-brasilianischen Grenzgebiet besitzt. Von der Gesellschaft wird eine Dividende von USD 0.40 in Aussicht gestellt. Ausserdem ist mit einem starken Kursanstieg der Wertpapiere zu rechnen, wenn sich die Goldfunde als so reichlich erweisen, wie erste geologische Gutachten erwarten lassen.

Beurteilen Sie diese Investitionsmöglichkeit aus dem Blickwinkel des magischen Dreiecks der Kapitalanlage.

Rendite
Hauptziel der Kapitalanleger ist meist die Erzielung einer angemessenen Rendite.

Sicherheit
Das Verlustrisiko (z. B. Zahlungsunfähigkeit des Schuldners, Kursverluste bei Aktien) sollten möglichst gering sein.

Liquidität
Das ist die Verfügbarkeit des Geldes. Wie rasch lässt sich die Anlage wieder in Bargeld umwandeln?

[1] d) und h) sind schwierig; sie lassen sich am besten mit linearen Gleichungen lösen.

4. Teil Buchführungsvorschriften, stille Reserven und Aufbau des Rechnungswesens

Buchführungsvorschriften

41.01

Kreuzen Sie eine Aussage als richtig an, oder geben Sie eine Begründung.

Nr.	Aussage	Richtig	Begründung bei falscher Aussage
1	Buchführungspflichtig ist, wer im Handelsregister eingetragen ist.		
2	Die Geschäftsbücher, die Buchungsbelege, der Geschäftsbericht und der Revisionsbericht sind während 10 Jahren aufzubewahren.		
3	Die Rechnungslegung erfolgt in einer Landessprache.		
4	Die Rechnungslegung erfolgt in Landeswährung (CHF) oder in der für die Geschäftstätigkeit wesentlichen Währung (wobei in diesem Fall zusätzlich die Umrechnung in Landeswährung angegeben werden muss).		
5	Die Jahresrechnung setzt sich immer zusammen aus Bilanz, Erfolgsrechnung, Anhang sowie Geldflussrechnung.		
6	Für Bilanz und Erfolgsrechnung bestehen Mindestgliederungsvorschriften.		
7	Der Geschäftsbericht muss innerhalb von sechs Monaten nach Ablauf des Geschäftsjahres erstellt und im Falle von Aktiengesellschaften den Aktionären und Mitarbeitern vorgelegt werden.		
8	Grössere Unternehmen (Bilanzsumme > 10 Millionen, Umsatz > 20 Millionen, Mitarbeiterzahl > 250) müssen einen Abschluss nach anerkanntem Standard erstellen, zum Beispiel nach Swiss GAAP FER.		

41.02

Beurteilen Sie, ob in folgenden Fällen die Grundsätze ordnungsmässiger Rechnungslegung eingehalten worden sind.

Ausgangslage bildet ein wirtschaftlich gesunder Handelsbetrieb in Form einer Aktiengesellschaft mit einer Bilanzsumme von 1 Million Franken und einem Umsatz von 2 Millionen Franken.

a) Die Debitoren betragen Fr. 200 000, die Kreditoren Fr. 190 000. Die beiden Positionen werden miteinander verrechnet, sodass in der Bilanz nur Debitoren mit Fr. 10 000 aufgeführt sind.

b) Unter der Bilanzposition «Übriges Anlagevermögen» werden die Liegenschaften im Buchwert von Fr. 350 000 und die Patente im Wert von Fr. 120 000 in einem Betrag von Fr. 470 000 zusammengefasst.

c) Da sich die ausstehenden Ferienguthaben der Mitarbeiter jedes Jahr auf etwa gleicher Höhe befinden (etwa Fr. 150 000), verzichtet die AG auf die Bilanzierung einer zeitlichen Abgrenzung.

d) Der Gewinn von Fr. 400 aus der Veräusserung einer Sachanlage wurde in der Erfolgsrechnung nicht separat als ausserordentlich ausgewiesen, sondern mit den Abschreibungen verrechnet.

e) Die Sachanlagen wurden in den Vorperioden degressiv abgeschrieben, neu wird die lineare Methode angewandt.

f) In der Erfolgsrechnung wurden der Warenertrag und der Warenaufwand nicht separat ausgewiesen, sondern nur die Differenz als Bruttogewinn.

g) Die Vorräte werden unter ihrem Einstandswert in der Bilanz aufgeführt, obwohl keinerlei Anzeichen einer Wertbeeinträchtigung vorliegen.

h) Bilanz und Erfolgsrechnung werden nur auf ganze Franken genau angegeben, die Rappen werden weggelassen.

i) Aufgrund einer Schadenersatzklage muss mit einer Schadenszahlung von etwa Fr. 70 000 gerechnet werden. Da das Gerichtsverfahren noch hängig ist, wird auf die Bildung von Rückstellungen verzichtet.

k) Eine Maschine mit einem Anschaffungswert von Fr. 100 000 wird linear über die geschätzte Nutzungsdauer von 10 Jahren abgeschrieben, sodass der Buchwert nach einem Jahr bei Fr. 90 000 liegt. Der geschätzte Nettoveräusserungswert beträgt allerdings nur etwa Fr. 60 000.

41.03

Beantworten Sie die Bewertungsfragen.

a) Bei welchen Aktiven steht der Bilanzwert eindeutig fest?

b) Weshalb kann der Bilanzwert bei den Debitoren oder bei einem Fahrzeug nicht eindeutig bestimmt werden?

c) Bei welchen Positionen des Fremdkapitals besteht ein Bewertungsspielraum, bei welchen keiner?

d) Welche Bewertungsvorschriften bestehen für das Eigenkapital?

41.04

Ausgangslage bildet die folgende vereinfachte Schlussbilanz vor Gewinnverbuchung (in Kurzzahlen), bei der die Warenvorräte zu Einstandspreisen bewertet wurden, was als richtig (true and fair) zu betrachten ist.

Schlussbilanz (richtige Bewertung)

Aktiven		Passiven	
Flüssige Mittel	40	Fremdkapital	200
Warenvorrat	90	Eigenkapital	250
Übrige Aktiven	370	**Gewinn**	**50**
	500		500

a) Wie lautete die Schlussbilanz, wenn die Warenvorräte überbewertet würden, zum Beispiel schon zu den erwarteten Verkaufspreisen von 150 bilanziert würden, obwohl sie noch nicht verkauft worden sind?

Schlussbilanz (Überbewertung)

Aktiven		Passiven	
Flüssige Mittel	....	Fremdkapital	....
Warenvorrat	....	Eigenkapital	....
Übrige Aktiven	____	**Gewinn**	____

b) Wie lautete die Schlussbilanz vor Gewinnverteilung, wenn die Vorräte unterbewertet würden, zum Beispiel nur zu zwei Dritteln des Einstandspreises bilanziert würden?

Schlussbilanz (Unterbewertung)

Aktiven		Passiven	
Flüssige Mittel	....	Fremdkapital	....
Warenvorrat	....	Eigenkapital	....
Übrige Aktiven	____	**Gewinn**	____

c) Wie beurteilen Sie die verschiedenen Bewertungen aus Sicht von Unternehmung, Gläubigern, Eigentümern (z. B. Aktionäre) und Steuerbehörden?

d) Welche der drei Bewertungsmöglichkeiten verbietet das Obligationenrecht?

41.05

Ein betrieblich genutztes Bürogebäude wurde vor 15 Jahren für Fr. 3 250 315 (inkl. Abgaben) erworben. Der geschätzte Nettoveräusserungswert beträgt heute vor allem wegen gestiegener Landpreise etwa Fr. 6 000 000. Ein beobachtbarer Marktpreis besteht nicht.

Zu welchem Wert darf das Bürogebäude höchstens bilanziert werden?

41.06

Anfang 20_1 kaufte die **Champion AG** einen neuen Montageroboter.

Bruttoankaufspreis 325 000, Rabatt 8 %
Bezugskosten (Fracht, Transportversicherung, Verzollung) Fr. 1 500
Montagekosten Fr. 4 500
Erwartete Nutzungsdauer 6 Jahre; lineare, indirekte Abschreibung
Geschätzter Restwert am Ende der Nutzungsdauer Fr. 5 000

Ende 20_2 stellen sich folgende Fragen:

a) Zu welchem Wert darf die Maschine höchstens bewertet werden?

b) Wie wird der Wert der Maschine in der Bilanz dargestellt?

c) Wie lautet der Buchungssatz für die Abschreibung?

41.07

Die **Jewel GmbH** kaufte vor vier Monaten 100 Platin-Schmuckstücke zu Fr. 400/Stück ein und verkaufte davon bis Ende Jahr 90 zu Fr. 500/Stück.

Zu welchem Wert dürfen die Schmuckstücke Ende Jahr höchstens bilanziert werden, wenn

a) der Platinpreis inzwischen stark angestiegen ist, sodass der Einstandspreis im Bilanzzeitpunkt Fr. 560/ Stück beträgt und der Verkaufspreis auf Fr. 700 angesetzt werden kann?

b) der Platinpreis inzwischen gesunken ist und entsprechende Schmuckstücke ausserdem nicht mehr «en vogue» sind, sodass der Einstandspreis im Bilanzierungszeitpunkt Fr. 300/Stück beträgt und der Verkaufspreis auf Fr. 375.– zurückgenommen werden muss?

c) Wie lautet der Buchungssatz für die Wertkorrektur bei b), wenn die Schmuckstücke zum Einstandspreis erfasst worden sind?

41.08

Die **Semper AG** kaufte vor zweieinhalb Jahren börsenkotierte Obligationen der Schweizerischen Eidgenossenschaft mit einem Nominalwert von Fr. 100 000 zum Kurs von 97 % (des Nominalwerts).

Zu welchem Wert dürfen die Obligationen in der Bilanz der Semper AG höchstens bilanziert werden, wenn folgende Schlusskurs gelten?

a) 102 %

b) 95 %

41.09

Die **Pharma AG** kaufte vor ein paar Jahren Aktien der börsenkotierten BioTech AG im Umfang von 30% des Aktienkapitals bzw. der Stimmrechte. Der Kaufkurs betrug Fr. 500 je Aktie.

Zu welchem Kurs dürfen die Aktien der BioTech in der Bilanz der Pharma AG höchstens bewertet werden, wenn am Bilanzstichtag folgende Schlusskurse vorliegen:

a) Fr. 650

b) Fr. 420

41.10

Aus einem Tanklager der **Chemie AG** flossen über Jahre unbemerkt giftige Substanzen in die Umgebung. Als das Malheur im Oktober 20_5 entdeckt wurde, setzte die Chemie AG sofort unabhängige Experten ein, welche die Sanierungskosten zuverlässig mit Fr. 300000 schätzten.

a) Wie ist dieser Sachverhalt im Jahresabschluss 20_5 der Chemie AG zu berücksichtigen?

b) Dürfte der Betrag nach Obligationenrecht auch tiefer oder höher als Fr. 300000 angesetzt werden?

41.11

Die erfolgreiche Privatschule **Piaget GmbH** erwarb Anfang 20_1 neues Mobiliar für Fr. 160000 mit einer geschätzten Nutzungsdauer von 20 Jahren. Eine lineare Abschreibung auf einen Restwert von 0 erscheint betriebswirtschaftlich gerechtfertigt.

Zu welchem Wert darf das Mobiliar Ende 20_5 höchstens bewertet werden, wenn der Nettoveräusserungswert zu jenem Zeitpunkt auf Fr. 30000 geschätzt wird?

41.12

Bei der **Produktion AG** liegt für die Bewertung des Vorrats an fertigen Erzeugnissen folgende Kalkulation vor:

	Materialkosten	300
+	Fertigungskosten	250
=	**Herstellungskosten**	**550**
+	Verwaltungs- und Vertriebskosten	150
=	**Selbstkosten**	**700**
+	Voraussichtlicher Gewinn	100
=	**Geschätzter Verkaufsertrag**	**800**

a) Zu welchem Wert darf der Vorrat an fertigen Erzeugnissen höchstens bilanziert werden?

b) Wie lautet der Buchungssatz für eine Bestandeszunahme an fertigen Erzeugnissen von 30?

41.13

Die Kurse für fremde Währungen betragen beim Jahresabschluss:

Noten- und Devisenkurse in CHF

	Noten		Devisen	
	Kauf (Geld)	Verkauf (Brief)	Kauf (Geld)	Verkauf (Brief)
EUR	1.18	1.24	1.20	1.22
USD	0.92	0.98	0.94	0.96

Wie sind folgende Bilanzpositionen in CHF zu bewerten?

a) Forderungen aus Lieferungen und Leistungen (Debitoren), EUR 10000

b) Verbindlichkeiten aus Lieferungen und Leistungen (Kreditoren), USD 2000

c) Kassenbestand, USD 1000

42 Stille Reserven

42.01

In der Praxis ist zwischen externen und internen Abschlussrechnungen zu unterscheiden:

Bilanzen und Erfolgsrechnungen

Externe

Externe Rechnungen sind zur Information Dritter (vor allem der Aktionäre und der Steuerbehörden) bestimmt. Sie zeigen in der Regel nicht die wahre Vermögens- und Ertragslage.

Interne

Interne Rechnungen sind als Entscheidungsgrundlage sowie als Kontrollinstrument für die Unternehmungsleitung bestimmt. Sie sind nach **«True-and-Fair-View»** erstellt und geben die wirklichen Werte wieder (so weit dies überhaupt möglich ist).

Handelsbilanz

Sie wird nach den Bewertungsvorschriften des **Obligationenrechts** erstellt und richtet sich hauptsächlich an die Aktionäre.

Eine Unterbewertung von Aktiven bzw. Überbewertung der Schulden ist gestattet und in der Praxis von KMUs verbreitet.

Steuerbilanz

Grundsätzlich ist die Handelsbilanz massgeblich für die Erstellung der Steuerbilanz; jedoch müssen die zusätzlichen Bewertungsvorschriften des **Steuerrechts** berücksichtigt werden.

In der Praxis von KMUs sind Handels- und Steuerbilanz oft identisch.

Oft wird die Buchhaltung in KMUs so geführt, dass sie den handels- und steuerrechtlichen Anforderungen entspricht, weshalb die Abschlussrechnungen nicht die wirkliche Vermögens- und Ertragslage wiedergeben. Damit die Geschäftsleitung ihre Entscheide auf aussagekräftigere (interne) Zahlen abstützen kann, müssen die externen Abschlussrechnungen bereinigt werden.

a) Gegeben ist die externe Schlussbilanz nach Gewinnverbuchung. Der Geschäftsleitung ist bekannt, dass das Anlagevermögen infolge überhöhter Abschreibungen um 20 unterbewertet ist und das Fremdkapital zufolge überhöhter Rückstellungsbildung um 10 zu hoch ausgewiesen wird.

Wie lautet die interne (bereinigte) Schlussbilanz?

Externe Schlussbilanz

Aktiven			Passiven
Umlaufvermögen	40	Fremdkapital	30
Anlagevermögen	50	Aktienkapital	50
		Offene Reserven[1]	10
	90		90

Interne Schlussbilanz

Aktiven			Passiven
Umlaufvermögen	....	Fremdkapital	....
Anlagevermögen	....	Aktienkapital	....
		Offene Reserven[1]	....
	________	....	________

[1] Die **offenen Reserven** werden in der externen *und* der internen Bilanz offen gelegt. Sie setzen sich zusammen aus der gesetzlichen Kapitalreserve, der gesetzlichen Gewinnreserve und den freiwilligen Gewinnreserven. Der Gewinnvortrag kann als Teil der freiwilligen Gewinnreserven betrachtet werden.

b) Vervollständigen sie die grafischen Darstellungen mit den Zahlen von Aufgabe a).

Externe Schlussbilanz

Aktiven	Passiven
Umlaufvermögen	Fremdkapital ....
Anlagevermögen	Eigenkapital ....

Interne Schlussbilanz

Aktiven	Passiven
Umlaufvermögen	Fremdkapital ....
Anlagevermögen	Eigenkapital ....

c) Warum handelt es sich bei den stillen Reserven um Eigenkapital?

d) Weshalb werden die stillen Reserven so genannt?

e) Was ist gemeinsam bei offenen und stillen Reserven, und wodurch unterscheiden sie sich?

42.02

Von einer Unternehmung sind folgende stille Reserven bekannt:

Stille Reserven

Delkredere	2
Warenvorrat	20
Sachanlagen	30
Rückstellungen	5
Total	57

Wie lauten die (bereinigten) internen Bilanzen?

Schlussbilanzen nach Gewinnverbuchung

Aktiven	Externe Werte	Bereinigung	Interne Werte
Flüssige Mittel	20		
Debitoren (netto)	60		
Warenvorrat	40		
Sachanlagen	110		
	230		

Passiven	Externe Werte	Bereinigung	Interne Werte
Kreditoren	50		
Rückstellungen	15		
Aktienkapital	100		
Offene Reserven	65		
Stille Reserven	–		
	230		

42.03

Von einem neu gegründeten Handelsbetrieb liegt am Jahresende die nach True-and-Fair-View erstellte interne Bilanz vor (alle Beträge in Fr. 1000).

Interne Schlussbilanz vor Nachtragsbuchungen per 31. 12. 20_1

Aktiven		Passiven	
Umlaufvermögen		**Fremdkapital**	
Flüssige Mittel	25	Kreditoren	50
Debitoren	80	Hypotheken	120
Warenvorrat	45	**Eigenkapital**	
Anlagevermögen		Aktienkapital	100
Sachanlagen	220	Reserven	0
./. WB Sachanlagen	–40	Gewinn	60
	330		330

Um Steuern zu sparen, beschliesst die Geschäftsleitung folgende Korrekturen:

- Auf dem Anlagevermögen wird eine zusätzliche Abschreibung von 10 vorgenommen.
- Der Warenvorrat wird nur zu zwei Dritteln des Einstandspreises bewertet.
- Zulasten des Warenertrags wird eine betriebswirtschaftlich nicht notwendige Garantierückstellung von 3 gebildet.

a) Wie lauten die Buchungssätze für diese drei Nachträge?

Sollbuchung	Habenbuchung	Betrag

b) Wie lauteten die externe und die interne Bilanz nach Verbuchung der drei Nachträge?

Externe Schlussbilanz per 31. 12. 20_1

Aktiven		Passiven	
Umlaufvermögen		**Fremdkapital**	
Flüssige Mittel			
Forderungen			
Vorräte			
		Eigenkapital	
Anlagevermögen			
Sachanlagen			
./. WB Sachanlagen			

Interne Schlussbilanz per 31. 12. 20_1

Aktiven		Passiven	
Umlaufvermögen		**Fremdkapital**	
Flüssige Mittel			
Forderungen			
Vorräte			
		Eigenkapital	
Anlagevermögen			
Sachanlagen			
./. WB Sachanlagen			

c) Wie gross sind die Steuerersparnisse im Jahr 20_1, wenn vereinfachend von einem Gewinnsteuersatz von 25 % des Gewinns ausgegangen wird? Welcher Nachteil besteht in den Folgejahren?

42.04

Lösen Sie folgende Aufgaben für die Handel AG.

a) Wie können bei den aufgeführten Vermögenswerten und Schulden stille Reserven gebildet werden?

Aktiven (Vermögen)

Konto	Allgemeine Umschreibung	Buchungssatz
Flüssige Mittel		
Debitoren (Kunden)		
Warenvorrat		
Maschinen, Mobiliar Fahrzeuge, Gebäude		
Grundstücke		

Fremdkapital (Schulden)

Konto	Allgemeine Umschreibung	Buchungssatz
Kreditoren (Warenlieferanten)		
Rückstellungen		

b) Kreuzen Sie eine Aussage als richtig an, oder geben Sie eine Begründung.

Nr.	Aussage	Richtig	Begründung bei falscher Aussage
1	Stille Reserven entstehen durch Unterbewertung von Aktiven oder Überbewertung von Fremdkapital in der internen Bilanz.		
2	Bei der Bildung stiller Reserven entsteht in der externen Erfolgsrechnung ein niedriger Aufwand bzw. ein höherer Ertrag, als es betriebswirtschaftlich richtig ist.		
3	In der internen Bilanz wird der Gewinn durch die Bildung stiller Reserven höher ausgewiesen, als er tatsächlich ist.		
4	Das Gegenteil zur Bildung stiller Reserven ist die Auflösung. Für die Verbuchung von Auflösungen müssen bei den obigen Buchungen Soll und Haben getauscht werden.		

42.05

Bereinigen Sie die externen Rechnungen mithilfe der Angaben zu den stillen Reserven.

Stille Reserven

	Anfangsbestand	Schlussbestand	Veränderung
Warenvorrat	30	40	+10
Sachanlagen	50	70	+20
Rückstellungen[1]	10	14	+4
Total	90	124	+34

Eröffnungsbilanz per 1.1.20_4

Aktiven / Passiven

Aktiven	Extern	Bereinigung	Intern	Passiven	Extern	Bereinigung	Intern
Flüssige Mittel	20			Fremdkapital	80		
Debitoren	110			Aktienkapital	200		
Warenvorrat	60			Offene Reserven[2]	50		
Sachanlagen	140			Stille Reserven	–		
	330				330		

Erfolgsrechnung 20_4

Aufwand / Ertrag

Aufwand	Extern	Bereinigung	Intern	Ertrag	Extern	Bereinigung	Intern
Warenaufwand	600			Warenertrag	900		
Personalaufwand	150						
Abschreibungen	50						
übriger Aufwand	80						
Gewinn	20						
	900				900		

Schlussbilanz per 31.12.20_4

Aktiven / Passiven

Aktiven	Extern	Bereinigung	Intern	Passiven	Extern	Bereinigung	Intern
Flüssige Mittel	16			Fremdkapital	140		
Debitoren	130			Aktienkapital	200		
Warenvorrat	80			Offene Reserven[2]	36		
Sachanlagen	150			Stille Reserven	–		
	376				376		

[1] Die Rückstellungsbildung erfolgt zulasten des Warenertrags.

[2] Vereinfachend wurden in der Bilanz unter den offenen Reserven die gesetzlichen Kapital- und Gewinnreserven, die freiwilligen Gewinnreserven sowie der Gewinnvortrag zusammengefasst.

42.06

Der Anschaffungswert einer Drehbank beträgt 60. Die Abschreibungen erfolgen linear auf einen Restwert von 0. Die effektiv erwartete Nutzungsdauer beträgt 5 Jahre. In der externen Rechnung wird aus steuerlichen Überlegungen nur mit einer Nutzungsdauer von 3 Jahren gerechnet.

Um die Auswirkung von Bildung und Auflösung stiller Reserven auf den extern ausgewiesenen Gewinn zu verdeutlichen, wird von einem konstanten internen (effektiven) Gewinn von 20 ausgegangen.

a) Vervollständigen Sie die Tabelle.

Jahr	Externe Rechnung		Interne Rechnung		Stille Reserven		Gewinn	
	Abschreibung	Restwert Ende Jahr	Abschreibung	Restwert Ende Jahr	Veränderung	Bestand Ende Jahr	Extern	Intern
1								20
2								20
3								20
4								20
5								20

b) Wie beurteilen Sie dieses Vorgehen?

42.07

Vervollständigen Sie die Tabelle über das Eigenkapital und den Gewinn eines Einzelunternehmens. Die Aufgaben a), b), c) usw. stellen aufeinander folgende Jahre dar.

	Eigenkapital gemäss Eröffnungsbilanz			Erfolg gemäss Erfolgsrechnung[1]			Eigenkapital gemäss Schlussbilanz		
	Externer Wert	Anfangsbestand an stillen Reserven	Interner Wert	Externer Gewinn	Veränderung an stillen Reserven	Interner Gewinn	Externer Wert	Schlussbestand an stillen Reserven	Interner Wert
a)	200	0		40	+10				
b)	240	10	250	40	0				
c)					+20	70			
d)				50		80			
e)				30				70	
f)					+5				500
g)									
h)	450		540	20	–10				
i)				10				60	

[1] Der Erfolg wird Ende Jahr über das Eigenkapital verbucht. Andere Eigenkapitalveränderungen finden nicht statt.

42.08

Der Anschaffungswert für eine numerisch gesteuerte Fräsmaschine beträgt 300. Eine lineare Abschreibung über die Nutzungsdauer von 5 Jahren auf einen Restwert von 0 ist als betriebswirtschaftlich korrekt zu betrachten. Aus steuerlichen Gründen wird für die externe Bilanz die degressive Methode angewandt; der degressive Abschreibungssatz ist gemäss Richtlinien der Steuerverwaltung doppelt so hoch wie bei linearer Abschreibung.

Vervollständigen Sie die Tabelle. Die Beträge sind auf ganze Kurzzahlen zu runden.

Jahr	Externe Rechnung		Interne Rechnung		Stille Reserven		Gewinn	
	Degressive Abschreibung	Restwert Ende Jahr	Lineare Abschreibung	Restwert Ende Jahr	Veränderung	Bestand Ende Jahr	Extern	Intern
1								70
2							38	
3								60
4							64	
5								40

42.09

Die **RiteAid AG** handelt mit pharmazeutischen Produkten.

Die laufende Buchhaltung wird so geführt, dass sie die steuerlichen und handelsrechtlichen Anforderungen erfüllt. Die entsprechenden externen Werte sind auf dem nebenstehenden Lösungsblatt eingetragen.

Für die Geschäftsleitung werden die externen Zahlen jeweils bereinigt, weil nach True-and-Fair-View erstellte Abschlüsse eine bessere Entscheidungsgrundlage darstellen.

a) Vervollständigen Sie die Tabelle zu den stillen Reserven.

▶ Der Warenvorrat wird konsequent um den steuerlich erlaubten Drittel unterbewertet.

▶ Im Fremdkapital sind Garantierückstellungen enthalten, die zulasten des Warenertrags gebildet wurden.

Stille Reserven 20_6

	Anfangsbestand	Schlussbestand	Veränderung
Warenvorrat			
Sachanlagen	35		−10
Rückstellungen		9	1
Total			

b) Wie lauten die internen Abschlussrechnungen?

c) Welche Information bezüglich stiller Reserven muss im Anhang offengelegt werden?

d) Für welchen Betrag wurden im Jahr 20_6 Sachanlagen gekauft, wenn im gleichen Jahr Sachanlagen zum Buchwert von 8 veräussert wurden?

e) Wie hoch war die Dividendenausschüttung im Jahr 20_6?

Eröffnungsbilanz per 1. 1. 20_6

Aktiven / Passiven

	Extern	Bereini-gung	Intern		Extern	Bereini-gung	Intern
Flüssige Mittel	10			Fremdkapital	105		
Debitoren	90			Aktienkapital	100		
Warenvorrat	30			Offene Reserven	45		
Sachanlagen	120			Stille Reserven	–		
	250				250		

Erfolgsrechnung 20_6

Aufwand / Ertrag

	Extern	Bereini-gung	Intern		Extern	Bereini-gung	Intern
Warenaufwand	420			Warenertrag	700		
Personalaufwand	160						
Abschreibungen	15						
übriger Aufwand	90						
Gewinn	15						
	700				700		

Schlussbilanz per 31. 12. 20_6

Aktiven / Passiven

	Extern	Bereini-gung	Intern		Extern	Bereini-gung	Intern
Flüssige Mittel	8			Fremdkapital	81		
Debitoren	80			Aktienkapital	100		
Warenvorrat	20			Offene Reserven	42		
Sachanlagen	115			Stille Reserven	–		
	223				223		

42.10

Lösen Sie für die **HighLight AG** diese Aufgaben.

a) Die Ausschnitte aus Eröffnungs- und Schlussbilanz sind zu vervollständigen:

- Die Warenvorräte werden in der Steuer- und Handelsbilanz konstant um einen Drittel unterbewertet.
- Die Wertschriften bestehen aus börsenkotierten Obligationen. In der externen Bilanz werden sie zu den obligationenrechtlichen Höchstwerten angesetzt, in der internen Bilanz zu Zeitwerten.

Nominalwert	100
Kaufkurs vom Juni 20_1	97 %
Durchschnittskurs vom Dezember 20_3	85 %
Schlusskurs Ende Dezember 20_3	90 %

- Die Debitoren bestehen Anfang 20_3 ausschliesslich aus Guthaben gegenüber inländischen Kunden in CHF. Ende 20_3 enthalten die Debitoren auch ein Guthaben von USD 100 gegenüber einem Kunden in den Vereinigten Staaten. Für die externe Bilanz wurde dieses Guthaben eins zu eins in CHF umgerechnet. Basis für die interne Bilanz sind diese Kurse in CHF/USD per Ende Dezember 20_3:

Noten		Devisen	
Kauf 1.07	Verkauf 1.17	Kauf 1.11	Verkauf 1.13

- Das Delkredere enthält Anfang 20_3 stille Reserven von 3. In der Steuer- und Handelsbilanz werden die steuerlichen Vorgaben angewandt, wonach auf inländischen Debitoren pauschal ein Delkredere von 5 % gebildet werden darf und auf ausländischen Guthaben ein solches von 10 %.
- Die Fahrzeuge wurden Anfang 20_2 für 50 gekauft. Seither fanden keine Käufe und Verkäufe statt. Nach True-and-Fair-View ist mit einer Nutzungsdauer von 6 Jahren und einem Liquidationswert am Ende der Nutzungsdauer von 2 auszugehen. Für die Handels- und Steuerbilanz wird der Steuersatz gemäss Abschreibungstabelle der eidg. Steuerverwaltung angewandt (siehe Anhang).
- Die Rückstellungen werden konstant 50 % überbewertet.

Eröffnungsbilanz per 1. 1. 20_3

Aktiven	Extern	Bereinig.	Intern
Wertschriften	93	0	93
Debitoren	200	0	200
./. Delkredere	–10		
Warenvorrat			120
Fahrzeuge			

Passiven	Extern	Bereinig.	Intern
Rückstellungen	6		

Schlussbilanz per 31. 12. 20_3

Aktiven	Extern	Bereinig.	Intern
Wertschriften			
Debitoren	200		
./. Delkredere			–8
Warenvorrat	60		
Fahrzeuge			

Passiven	Extern	Bereinig.	Intern
Rückstellungen			8

b) Wie hoch ist der Gesamtbetrag an stillen Reserven per Ende 20_3, wenn ausser den oben erwähnten keine weiteren stillen Reserven vorhanden sind?

c) Wie hoch ist der effektive Gewinn, wenn extern ein Gewinn von 40 ausgewiesen wird?

42.11

Kreuzen Sie die Aussagen als richtig an, oder begründen Sie, weshalb diese falsch sind.

Nr.	Aussage	Richtig	Begründung, warum falsch
1	Von stillen Reserven spricht man deshalb, weil sie in der internen Bilanz nicht sichtbar sind.		
2	In früheren Jahren gebildete und im Anfangsbestand enthaltene stille Reserven wirken sich nicht auf den Erfolg der laufenden Periode aus.		
3	Durch die Bildung von stillen Reserven wird der externe Gewinn der laufenden und der folgenden Perioden zu tief ausgewiesen.		
4	Durch die Auflösung von stillen Reserven wird der externe Gewinn der laufenden Periode zu hoch ausgewiesen.		
5	Die Bildung von stillen Reserven auf den Debitorenbeständen erfolgt mit der Buchung: Delkredere/Debitorenverluste.		
6	Durch die Bildung und Auflösung von stillen Reserven können die internen Gewinne manipuliert werden.		
7	Durch die Bewertungsvorschriften des OR wird die Bildung von stillen Reserven praktisch unterbunden.		
8	Die Bildung von stillen Reserven ist nur auf Aktivkonten möglich.		
9	Viele Unternehmen bewerten die Warenvorräte in ihren externen Bilanzen immer nur zu zwei Dritteln des Einstandswertes. Dadurch werden bei Vorratszunahmen automatisch stille Reserven gebildet und bei Vorratsabnahmen stille Reserven aufgelöst.		
10	Da Aktiengesellschaften ihre Liegenschaften nur zum Anschaffungswert bilanzieren dürfen, entstehen bei steigenden Bodenpreisen automatisch stille Reserven.		
11	Stille Reserven sind verstecktes Eigenkapital und erhöhen den Spielraum für Gewinnmanipulationen durch das Management.		
12	Im Anhang zur Jahresrechnung muss der Gesamtbetrag der aufgelösten stillen Reserven aufgeführt werden, sofern dadurch das wirtschaftliche Ergebnis wesentlich günstiger dargestellt wird.		

42.12

Kreuzen Sie bei jeder Aussage an, ob sie richtig oder falsch ist.

Nr.	Aussage	Richtig	Falsch
1	Wenn sich die Bestände an stillen Reserven in einer Rechnungsperiode nicht verändern, sind der externe und der interne Gewinn gleich hoch.		
2	Wesentliche stille Reserven dürfen gemäss Obligationenrecht nur gebildet werden, wenn die Aktionäre im Anhang darüber informiert werden.		
3	Stille Reserven entstehen unter anderem durch Unterbewertung von Fremdkapital (zum Beispiel Rückstellungen).		
4	Stille Reserven können auch ohne Buchung entstehen.		
5	Wenn der extern ausgewiesene Gewinn Fr. 40 000 beträgt und in der Rechnungsperiode stille Reserven von Fr. 60 000 aufgelöst wurden, beträgt der interne Verlust Fr. 20 000.		
6	Die extern ausgewiesenen Abschreibungen betragen Fr. 30 000. Dabei wurden stille Reserven von 10 000 gebildet. Die wirklichen Abschreibungen sind folglich Fr. 40 000.		
7	Wie Nr. 6. Zusätzlich ist bekannt, dass die Wertberichtigungen in der externen Eröffnungsbilanz Fr. 90 000 betrugen und in der Berichtsperiode keine Anlagen verkauft wurden. Folglich betragen die externen Wertberichtigungen am Jahresende Fr. 120 000.		
8	Der extern ausgewiesene Warenaufwand beträgt Fr. 800 000. Die stillen Reserven auf den Warenvorräten betragen jeweils einen Drittel des internen Werts. Die Warenvorräte gemäss interner Bilanz sind Fr. 60 000 zu Beginn der Periode und Fr. 48 000 am Ende der Periode. Der effektive Warenaufwand beträgt folglich 804 000.		
9	Wie Nr. 8. Die stillen Reserven auf den Warenvorräten betragen folglich Ende Jahr Fr. 12 000.		

42.13

Die laufende Buchhaltung der **Fabrik AG** wird nach handelsrechtlichen und steuerlichen Grundsätzen geführt und ist deshalb um stille Reserven verfälscht. Für die Geschäftsleitung sind die Zahlen anhand der folgenden Angaben zu bereinigen.

- Das Delkredere ist Anfang Jahr um 13 und Ende Jahr um 12 überbewertet. Die Debitorenverluste wurden als Erlösminderung vom Fabrikateertrag subtrahiert.
- Alle Vorräte sind konsequent um den steuerlich erlaubten Drittel unterbewertet.
- Im Anlagevermögen sind in der Eröffnungsbilanz stille Reserven von 46 enthalten. In der Berichtsperiode werden 6 aufgelöst.
- Die Rückstellungen für Garantien werden zulasten des Fabrikateertrags gebildet. In den Rückstellungen sind Anfang Jahr 5 und Ende Jahr 8 stille Reserven enthalten.

Eröffnungsbilanz per 1. 1. 20_7

Aktiven | Passiven

	Extern	Bereinigung	Intern		Extern	Bereinigung	Intern
Flüssige Mittel	30			Kreditoren	300		
Debitoren	400			Rückstellungen	20		
./. Delkredere	–20			Übriges Fremdkapital	494		
Materialvorrat	240			Aktienkapital	800		
Fabrikatevorrat	90			Gesetzliche Gewinnreserve	40		
Sachanlagen	1 500			Freiwillige Gewinnreserven	190		
./. WB Sachanlagen	–396			Stille Reserven	–		
	1 844				1 844		

Erfolgsrechnung 20_7

Aufwand | Ertrag

	Extern	Bereinigung	Intern		Extern	Bereinigung	Intern
Materialaufwand	1 000			Fabrikateertrag (netto)	2 600		
Personalaufwand	900			Bestandesänderungen	10		
Abschreibungen	100						
Übriger Aufwand	470						
Gewinn	140						
	2 610				2 610		

Schlussbilanz per 31. 12. 20_7

Aktiven | Passiven

	Extern	Bereinigung	Intern		Extern	Bereinigung	Intern
Flüssige Mittel	40			Kreditoren	280		
Debitoren	360			Rückstellungen	24		
./. Delkredere	–18			Übriges Fremdkapital	432		
Materialvorrat	200			Aktienkapital	800		
Fabrikatevorrat	100			Gesetzliche Gewinnreserve	50		
Sachanlagen	1 600			Freiwillige Gewinnreserven	200		
./. WB Sachanlagen	–496			Stille Reserven	–		
	1 786				1 786		

Aufbau des Rechnungswesens

43.01

Grössere Unternehmungen arbeiten zur effizienten Bewältigung der grossen Datenmengen zusätzlich mit **Hilfsbüchern**, deren Daten elektronisch ins Hauptbuch der Finanzbuchhaltung übertragen werden.

Ordnen Sie die Tätigkeiten bzw. Aufgaben durch Ankreuzen den Hilfsbüchern zu.

Nr.	Tätigkeiten/Aufgaben	Debitoren-buchhaltung	Kreditoren-buchhaltung	Lager-buchhaltung	Lohn-buchhaltung	Anlagen-buchhaltung
1	Die Löhne und Sozialabgaben von Arbeitnehmern und Arbeitgebern werden pro Mitarbeiter einzeln aufbereitet.					
2	Die Lieferantenrechnungen werden kontiert und einzeln je Lieferant erfasst.					
3	Die Ein- und Ausgänge werden pro Artikel mengen- und wertmässig verwaltet. Periodisch erfolgt eine Kontrolle der Bestände durch Inventur.					
4	Beim Kauf wird der Anschaffungswert für jede Sachanlage erfasst und festgelegt, wie die Abschreibung erfolgen soll.					
5	Die durch den Verkauf bzw. die Auftragsabwicklung ausgestellten Rechnungen werden pro Kunde einzeln erfasst.					
6	Die im Hilfsbuch einzeln erfassten Beträge werden als Summen auf verschiedene Bilanzkonten (wie Kreditor AHV, Kreditor SUVA oder Bank) und Aufwandskonten (wie Lohnaufwand oder Sozialaufwand) verbucht.					
7	Auf diesem Hilfsbuch basiert das Mahnwesen.					
8	Aufgrund der Fälligkeiten von Lieferantenrechnungen werden die Zahlungsaufträge an die Lieferanten aufbereitet.					
9	Die im Hilfsbuch ermittelten Abschreibungsbeträge werden summarisch ins Hauptbuch als Wertberichtigung auf Sachanlagen und als Abschreibungsaufwand übertragen.					
10	Die Gegenbuchungen erfolgen je nach Fall auf einem Aktivkonto (wie Vorräte oder Sachanlagen) oder einem Aufwandskonto.					

43.02

Welches sind die Aufgaben von FIBU und BEBU? Zutreffendes ankreuzen.

Nr.	Aufgaben	FIBU	BEBU
1	Darstellung der Vermögens-, Ertrags- und Finanzlage		
2	Erfassung der Zahlungsvorgänge		
3	Ermittlung der Arbeitnehmer- und Arbeitgeberbeiträge für die Sozialversicherungen		
4	Zuordnung der Kosten und Erlöse auf die einzelnen Produkte, um den Erfolg je Produkt zu ermitteln		
5	Grundlage für die Steuerveranlagung		
6	Überwachung des Zahlungsverhaltens der Kunden und Mahnwesen		
7	Kalkulation von Herstellkosten, Selbstkosten und Verkaufspreisen		
8	Analyse der Leistungserstellungsprozesse		
9	Stille Reserven		
10	Mehrwertsteuer-Abrechnung		

Anhang

Anhang 1 Abschreibungssätze bei der direkten Bundessteuer

Eidgenössische Steuerverwaltung,
Administration fédérale des contributions
Amministrazione federale delle contribuzioni

Direkte Bundessteuer
Impôt fédéral direct
Imposta federale diretta

Merkblatt A 1995 – Geschäftliche Betriebe
Notice A 1995 – Entreprises commerciales
Promemoria A 1995 – Aziende commerciali

Abschreibungen auf dem Anlagevermögen geschäftlicher Betriebe[1]

Rechtsgrundlagen: Art. 27 Abs. 2 Bst. a, 28 und 62 des Bundesgesetzes über die direkte Bundessteuer (DBG)

1. Normalsätze in Prozenten des Buchwertes[2]

Wohnhäuser von Immobiliengesellschaften und Personalwohnhäuser
- auf Gebäuden allein[3] .... 2 %
- auf Gebäude und Land zusammen[4] .... 1,5 %

Geschäftshäuser, Büro- und Bankgebäude, Warenhäuser, Kinogebäude
- auf Gebäuden allein[3] .... 4 %
- auf Gebäude und Land zusammen[4] .... 3 %

Gebäude des Gastwirtschaftsgewerbes und der Hotellerie
- auf Gebäuden allein[3] .... 6 %
- auf Gebäude und Land zusammen[4] .... 4 %

Fabrikgebäude, Lagergebäude und gewerbliche Bauten (speziell Werkstatt- und Silogebäude)
- auf Gebäuden allein[3] .... 8 %
- auf Gebäude und Land zusammen[4] .... 7 %

Dient ein Gebäude nur zum Teil geschäftlichen Zwecken, so ist der Abschreibungssatz entsprechend zu reduzieren; wird es für verschiedene geschäftliche Zwecke benötigt (z. B. Werkstatt und Büro), so sind die einzelnen Sätze angemessen zu berücksichtigen.

Hochregallager und ähnliche Einrichtungen .... 15 %

Fahrnisbauten auf fremdem Grund und Boden .... 20 %

Geleiseanschlüsse .... 20 %

Wasserleitungen zu industriellen Zwecken .... 20 %

Tanks (inkl. Zisternenwaggons), Container .... 20 %

Geschäftsmobiliar, Werkstatt- und Lagereinrichtungen mit Mobiliarcharakter .... 25 %

Transportmittel aller Art ohne Motorfahrzeuge, insbesondere Anhänger .... 30 %

Apparate und Maschinen zu Produktionszwecken .... 30 %

Motorfahrzeuge aller Art .... 40 %

Maschinen, die vorwiegend im Schichtbetrieb eingesetzt sind, oder die unter besonderen Bedingungen arbeiten, wie z. B. schwere Steinbearbeitungsmaschinen, Strassenbaumaschinen 40 %

Maschinen, die in erhöhtem Masse schädigenden chemischen Einflüssen ausgesetzt sind .... 40 %

Büromaschinen .... 40 %

Datenverarbeitungsanlagen (Hardware und Software) .... 40 %

Immaterielle Werte, die der Erwerbstätigkeit dienen, wie Patent-, Firmen-, Verlags-, Konzessions-, Lizenz- und andere Nutzungsrechte; Goodwill .... 40 %

Automatische Steuerungssysteme .... 40 %

Sicherheitseinrichtungen, elektronische Mess- und Prüfgeräte .. 40 %

Werkzeuge, Werkgeschirr, Maschinenwerkzeuge, Geräte, Gebinde, Gerüstmaterial, Paletten usw. .... 45 %

Hotel- und Gastwirtschaftsgeschirr sowie Hotel- und Gastwirtschaftswäsche .... 45 %

2. Sonderfälle

Investitionen für energiesparende Einrichtungen

Wärmeisolierungen, Anlagen zur Umstellung des Heizungssystems, zur Nutzbarmachung der Sonnenenergie und dgl. können im ersten und im zweiten Jahr bis zu 50 % vom Buchwert und in den darauffolgenden Jahren zu den für die betreffenden Anlagen üblichen Sätzen (Ziffer 1) abgeschrieben werden.

Umweltschutzanlagen

Gewässer- und Lärmschutzanlagen sowie Abluftreinigungsanlagen können im ersten und im zweiten Jahr bis zu 50 % vom Buchwert und in den darauffolgenden Jahren zu den für die betreffenden Anlagen üblichen Sätzen (Ziffer 1) abgeschrieben werden.

3. Nachholung unterlassener Abschreibungen

Die Nachholung unterlassener Abschreibungen ist nur in Fällen zulässig, in denen das steuerpflichtige Unternehmen in früheren Jahren wegen schlechten Geschäftsganges keine genügenden Abschreibungen vornehmen konnte. Wer Abschreibungen nachzuholen begehrt, ist verpflichtet, deren Begründetheit nachzuweisen.

4. Besondere kantonale Abschreibungsverfahren

Unter besonderen kantonalen Abschreibungsverfahren sind vom ordentlichen Abschreibungsverfahren abweichende Abschreibungsmethoden zuverstehen, die nach dem kantonalen Steuerrecht oder nach der kantonalen Steuerpraxis unter bestimmten Voraussetzungen regelmässig und planmässig zur Anwendung gelangen, wobei es sich um wiederholte oder einmalige Abschreibungen auf dem gleichen Objekt handeln kann (z. B. Sofortabschreibung, Einmalerledigungsverfahren). Besondere Abschreibungsverfahren dieser Art können auch für die direkte Bundessteuer angewendet werden, sofern sie über längere Zeit zum gleichen Ergebnis führen.

5. Abschreibungen auf aufgewerteten Aktiven

Abschreibungen auf Aktiven, die zum Ausgleich von Verlusten höher bewertet wurden, können nur vorgenommen werden, wenn die Aufwertungen handelsrechtlich zulässig waren und die Verluste im Zeitpunkt derAbschreibung verrechenbar gewesen wären.

1 Für Land- und Forstwirtschaftsbetriebe, Elektrizitätswerke, Luftseilbahnen und Schiffahrtsunternehmungen bestehen besondere Merkblätter, erhältlich bei der Eidg. Steuerverwaltung, Hauptabteilung Direkte Bundessteuer, 3003 Bern, Telefon 031/322 74 11.

2 **Für Abschreibungen auf dem Anschaffungswert sind die genannten Sätze um die Hälfte zu reduzieren.**

3 Der höhere Abschreibungssatz für Gebäude allein kann nur angewendet werden, wenn der restliche Buchwert bzw. die Gestehungskosten der Gebäude separataktiviert sind. Auf dem Wert des Landes werden grundsätzlich keine Abschreibungen gewährt.

4 Dieser Satz ist anzuwenden, wenn Gebäude und Land zusammen in einer einzigen Bilanzposition erscheinen. In diesem Fall ist die Abschreibung nur bis auf den Wert des Landes zulässig.

Anhang 2 Kontenrahmen KMU

Schweizer Kontenrahmen für kleine und mittlere Unternehmen in Produktion, Handel und Dienstleistung von Sterchi, Mattle, Helbling (Auszug für Schulzwecke)

1	Aktiven
10	**Umlaufvermögen**
100	**Flüssige Mittel**
1000	Kasse
1010	Post
1020	Bank
1050	Kurzfristige Geldanlagen
1060	Wertschriften
110	**Forderungen**
1100	Debitoren (Forderungen aus Lieferungen und Leistungen)
1109	*Delkredere (Wertberichtigung Debitoren)*[1]
1140	Vorschüsse und Darlehen
1160	Aktionäre
1170	Debitor Vorsteuer (MWST)
1176	Debitor VSt (Verrechnungssteuer)
120	**Vorräte**
1200	(Handels-)Waren
1210	Rohmaterial
1260	Fertige Erzeugnisse
1270	Unfertige Erzeugnisse
1280	Nicht fakturierte Dienstleistungen
130	**Aktive Rechnungsabgrenzung**
1300	Aktive Rechnungsabgrenzung (Transitorische Aktiven)
14	**Anlagevermögen**
140	**Finanzanlagen**
1440	Aktivdarlehen
1480	Beteiligungen
150	**Mobile Sachanlagen**
1500	Maschinen, Apparate
1509	*Wertberichtigung*[1]
1510	Mobiliar, Einrichtungen
1520	Büromaschinen, Informatik, Kommunikation
1530	Fahrzeuge
1540	Werkzeuge
160	**Immobile Sachanlagen**
1600	Immobilien (Liegenschaften)
1609	*Wertberichtigung*[1]
170	**Immaterielle Anlagen**
1700	Patente, Lizenzen
180	**Nicht einbezahltes Grundkapital**
1800	Nicht einbezahltes Aktienkapital

2	Passiven
20	**Fremdkapital**
200	**Kurzfristiges Fremdkapital**
2000	Kreditoren (Verbindlichkeiten aus Lieferungen und Leistungen)
2100	Bank
2200	Kreditor Umsatzsteuer (MWST)
2206	Kreditor VSt (Verrechnungssteuer)
2260	Dividenden
2270	Kreditoren Sozialversicherungen
2300	Passive Rechnungsabgrenzung (Transitorische Passiven)
2330	Kurzfristige Rückstellungen
240	**Langfristiges Fremdkapital**
2400	Bankdarlehen
2430	Obligationenanleihen
2450	Passivdarlehen
2451	Hypotheken
2600	Langfristige Rückstellungen
28	**Eigenkapital**[2]
	Einzelunternehmung
2800	Eigenkapital
2850	Privat
	Aktiengesellschaft
2800	Aktienkapital
2900	Gesetzliche Kapitalreserve
2950	Gesetzliche Gewinnreserve
2960	Freiwillige Gewinnreserven
2970	Gewinnvortrag

Betriebsertrag aus Lieferungen und Leistungen
Ertrag aus dem Verkauf von Erzeugnissen (Produktionserlös)
Bestandesänderungen an unfertigen und fertigen Erzeugnissen
Warenertrag (Handelserlös)
Dienstleistungsertrag
Debitorenverluste (Verluste aus Forderungen)

Aufwand für Material, Waren und Drittleistungen
Materialaufwand
Warenaufwand
Aufwand für Drittleistungen

Personalaufwand
Lohnaufwand
Sozialversicherungsaufwand
Übriger Personalaufwand

Übriger Betriebsaufwand sowie Zinsen
Raumaufwand/Mietaufwand
Unterhalt und Reparaturen
Fahrzeugaufwand
Versicherungsaufwand
Energie- und Entsorgungsaufwand
Verwaltungsaufwand
Werbeaufwand
Sonstiger Betriebsaufwand
Abschreibungen
Zinsaufwand (Finanzaufwand)
Zinsertrag (Finanzertrag)

7	Betrieblicher Nebenerfolg
740	**Wertschriften-/Beteiligungserfolg**
7400	Wertschriftenertrag
7410	Wertschriftenaufwand
7450	Beteiligungsertrag
7460	Beteiligungsaufwand
750	**Liegenschaftserfolg**
7500	Liegenschaftsertrag
7510	Liegenschaftsaufwand

8	Neutraler Erfolg
8000	Betriebsfremder Aufwand
8100	Betriebsfremder Ertrag
8500	Ausserordentlicher Aufwand[3]
8600	Ausserordentlicher Ertrag
8900	Direkte Steuern[4]

9	Abschluss
9000	Erfolgsrechnung
9100	Bilanz

[1] Wertberichtigungsposten sind auch bei anderen Aktiven möglich. Für Wertberichtigungskonten wird an der vierten Stelle jeweils die Ziffer 9 verwendet.

[2] Das Eigenkapital wird je nach Rechtsform unterschiedlich gegliedert.

[3] Ausserordentlich umfasst hier als Oberbegriff auch die vom Obligationenrecht genannten einmaligen oder periodenfremden Ereignisse.

[4] Bei juristischen Personen wie Aktiengesellschaften oder GmbH werden auf diesem Konto die direkten Steuern verbucht. Bei Einzelunternehmungen und Kollektivgesellschaften werden die Steuern den Privatkonten der Inhaber/-innen bzw. Gesellschafter/-innen belastet.

Im **Kontenrahmen KMU** wurden die Kontonummern in den Kontenklassen 3 bis 8 so gewählt, dass sich problemlos eine mehrstufige Erfolgsrechnung in Berichtsform nach dem Gesamtkostenverfahren (sogenannte Produktions-Erfolgsrechnung) gemäss folgendem Muster erstellen lässt (Kontenklassen bzw. Kontengruppen in der hintersten Spalte).

Erfolgsrechnung

	Nettoerlöse aus Lieferungen und Leistungen	3
+/–	Bestandesänderungen an unfertigen und fertigen Erzeugnissen bzw. nicht fakturierten Dienstleistungen	3
=	**Betrieblicher Ertrag aus Lieferungen und Leistungen**	
./.	Material- und Warenaufwand sowie Aufwand für Drittleistungen	4
./.	Personalaufwand	5
./.	Übriger Betriebsaufwand (ohne Abschreibungen und Zinsen)	60–67
=	**Betriebsergebnis vor Zinsen, Steuern und Abschreibungen (EBITDA)** [1]	
./.	Abschreibungen	68
=	**Betriebsergebnis vor Zinsen und Steuern (EBIT)**	
+/–	Zinsaufwand und Zinsertrag (Finanzaufwand und Finanzertrag)	69
=	**Betriebsergebnis vor Steuern**	
+/–	Aufwand und Ertrag von Nebenbetrieben	7
+/–	Betriebsfremder Aufwand und Ertrag	8
+/–	Ausserordentlicher Aufwand und Ertrag	8
=	**Unternehmenserfolg vor Steuern**	
./.	Direkte Steuern	89
=	**Unternehmenserfolg**	

Je nach Branche und Anwendungsfall können noch Zwischenergebnisse hinzugefügt oder weggelassen werden.

[1] EBITDA = Earnings before Interest, Taxes, Depreciation an Amortization

- Interest = Zinsen
- Taxes = Steuern
- Depreciation = Abschreibung von materiellem Anlagevermögen
- Amortization = Abschreibung von immateriellem Anlagevermögen

Anhang 3 Stichwortverzeichnis

A

Abschreibungen 60
Abschreibungsbetrag 61
Abschreibungsverfahren 61
Abschreibung vom Anschaffungswert 62
Abschreibung vom Buchwert 63
AHV 116
Aktien 122
Aktiengesellschaft 51
Aktienkapital 52
Aktionäre 52
Aktiven 15
Aktive Rechnungsabgrenzung 70
Aktivkonto 20
Aktivtausch 19
Aktualität 136
ALV 116
Andere Reserven 56
Angefangene Arbeiten 93
Angefangene Fabrikate 93
Anlagedauer 40
Anlagenbuchhaltung 152
Anlagevermögen 15
Anschaffungswert 61
Arbeitgeberbeiträge 115
Arbeitnehmerbeiträge 115
Auflösung von stillen Reserven 144
Aufwand 26
Aufwandskonto 30
Aufwandsminderungen 30
Aufwandsnachtrag 73
Aufwandsvortrag 73
Ausgenommene Umsätze 100
Ausserordentlich 112

B

Bargründung 52
BEBU 153
Befreite Umsätze 100
Bereinigung 146
Berichtsform 87
Bestand an stillen Reserven 141
Bestandesänderungen 93
Bestandesänderungen im Warenvorrat 82
Betrieb 112
Betriebsbuchhaltung 153
Betriebsfremd 112
Bewertung 137
Bewertungsvorschriften 137
Bezugskosten 77
Bilanz 14
Bilanzgewinn 57
Bilanzkonten 33
Bilanzpflicht 135
Bilanzsumme 15
Bildung von stillen Reserven 142
Briefkurs 35
Bruttogewinn 78, 86, 108
Bruttogewinnmarge 109
Bruttogewinnzuschlag 110
Bruttolohn 114
Bruttomethode MWST 103
Bruttoprinzip 136
BU 116
Buchführungspflicht 135
Buchführungsvorschriften 135
Buchungsbeleg 23
Buchungsregeln 21
Buchungssatz 25
Buchwert 61

D

Debitoren 15
Debitorenbuchhaltung 152
Debitorenverluste 68
Debitor VSt 43
Degressive Abschreibung 63
Delkredere 68
Deutsche Zinsusanz 39
Devisenkurs 35
Dienstleistungen 16
Direkte Abschreibung 64

Dividenden 56
Dreistufige Erfolgsrechnung 111

E

EasyAccounting 5
Eigenkapital 15
Eigenkapitalkonto 46
Eigenlohn 46
Eigenzins 46
Einkommen aus selbständiger Erwerbstätigkeit 47
Einstandspreis 77
Einstandswert 77
Einzelkalkulation 107
Einzelunternehmung 45
Endgültige Verluste 68
EO 116
Erfolg 27
Erfolgskonten 31, 33
Erfolgsrechnung 26
Eröffnungsbilanz 20
Ertrag 26
Ertrag Eigenverbrauch 46
Ertragskonto 30
Ertragsminderungen 30
Ertragsnachtrag 73
Ertragsvortrag 73

F

Fabrikationsbetrieb 93
FAK 116
Fertigfabrikate 93
FIBU 153
FIFO-Methode 92
Flüssige Mittel 15
Forderungen aus Lieferungen und Leistungen 15
Fortführung 136
Freiwillige Gewinnreserven 56
Fremdkapital 15

G

Geldguthaben 71
Geldkurs 35
Gemeinaufwand 86
Gemeinkosten 108
Gesamtkalkulation 107
Geschäftsbericht 135
Geschäftseinkommen 47
Gesellschaft mit beschränkter Haftung 59
Gesetzliche Gewinnreserve 56
Gesetzliche Kapitalreserve 56
Gewinn 27
Gewinnreserven 56
Gewinnverwendung 56
Gewinnverwendungsplan 57
Gewinnvortrag 56
Gläubiger 38
Gläubigerschutz 139
GmbH 59
Grunddividende 57
Gründung Aktiengesellschaft 52

H

Haben 20
Habensaldo 49
Habenüberschuss 49
Handelsbetrieb 77
Hauptbuch 22
Herstellkosten 93
Hilfsbuch 152
Hypothekardarlehen 13

I

IFRS 138
Immobilien 15, 118
Imparitätsprinzip 138
Indirekte Abschreibung 65
Inventar 13
Inventarmanko 92
Inventurdifferenzen 92
IV 116

J

Jahresabschluss 44
Journal 25

K

Kalkulation 107
Kapital 15
Kapitalanlage 122
Kapitalbeschaffung 122
Kapitalreserven 56

Kaufkurs 35
Kaufmännische Buchführung 135
Klarheit 136
Kollektivgesellschaft 48
Kommission 41
Kontenplan 23
Kontenrahmen KMU 113
Kontierung 23
Kontierungsstempel 23
Konto 20
Kontoauszug 41
Kontoform 87
Kontokorrente 40
Kreditoren 15
Kreditorenbuchhaltung 152
Kreditor VSt 56
Kumulierte Abschreibungen 66
Kurs von Fremdwährungen 35

L

Lagerbuchhaltung 152
Laufende Lagerführung 88
Leistungsguthaben 71
Liberierung 52
Liegenschaften 15, 118
Lineare Abschreibung 62
Liquidationswert 61
Liquide Mittel 15
Lohnabrechnung 114
Lohnbuchhaltung 152

M

Magisches Dreieck der Kapitalanlage 131
Marchzins 39, 126
Materialvorrat 93
Mehrstufige Erfolgsrechnung 111
Mehrwertsteuer 99
Mietwert Geschäft 120
Mietwert Privatwohnung 120
Minus-Aktivkonto 66
Minus-Ertragskonto 68
Mobiliar 15
Mobilien 15
Mutmassliche Verluste 68
MWST-Abrechnung 101

N

Nachprüfbarkeit 136
NBU 116
Nebenbetriebe 112
Nettoerlös 78
Nettolohn 114
Nettomethode MWST 102
Nettozins 42
Neutraler Bereich 112
Nicht einbezahltes Aktienkapital 52
Niederstwertprinzip 138
Notenkurs 35
Nutzungsdauer 61

O

Obligationen 122
Obligationenanleihen 16
Offenposten-Buchhaltung 95
OP-Buchhaltung 95
Ordnungsmässige Buchführung 136

P

Passiven 15
Passive Rechnungsabgrenzung 72
Passivkonto 20
Passivtausch 19
Periodizität 136
PK 116
Primärer Wirtschaftssektor 16
Privatkonto 46
Prozentkurs 126

R

Rabatte 80
Realisationsprinzip 138
Realisierter Kursgewinn 130
Rechnungsabgrenzung 70
Rechnungslegung 135
Rechtsform 17
Reingewinn 86, 108
Reinvermögen 15
Rendite 131
Rückstellungen 74
Ruhendes Konto 68, 88

S

Sacheinlagengründung 52
Saldo 20
Saldosteuersätze MWST 104
Schlussbestand 20
Schlussbilanz 20
Schlussbilanz nach Gewinnverbuchung 47, 55
Schlussbilanz vor Gewinnverbuchung 54
Schulden 15
Schuldner 38
Sekundärer Wirtschaftssektor 16
Selbstkosten 93, 108
Skonto 80
Soll 20
Sollsaldo 49
Sollüberschuss 49
Sozialversicherungen 116
Stammkapital 59
Stetigkeit 136
Steuersätze MWST 100
Stille Reserven 140
Stückkurs 124
Superdividenden 57
Swiss GAAP FER 138
Systematik 136

T

Tageberechnung 39
Tantiemen 56
Teilliberierung 54
Tertiärer Wirtschaftssektor 16
Transitorische Aktiven 70
Transitorische Konten 70
Transitorische Passiven 72
True-and-Fair-View 139

U

Umlaufvermögen 15
Umsatz 78
Umsatzsteuer 101
Unrealisierter Kursgewinn 130
Unternehmereinkommen 47
Urproduktion 16
Usanz 39
US GAAP 138

V

Valuta 41
Verarbeitung 16
Veräusserungsgewinn 67
Veräusserungsverluste 67
Verbindlichkeiten aus Lieferungen und Leistungen 15
Vereinbartes Entgelt 106
Vereinnahmtes Entgelt 106
Verkaufskurs 35
Verlust 27
Verlustvortrag 58
Vermögen 15
Verrechnungssteuer 42
Verrechnungsverbot 136
Verwaltungskostenbeitrag 116
Vollständigkeit 136
Vorsicht 136
Vorsichtsprinzip 138
Vorsteuer 101

W

Wahrheit 139
Warenaufwand 77
Warenertrag 77
Warenvorrat 77
Wertberichtigung 66
Wertberichtigung Forderungen 68
Wertschriften 122
Wertverminderungen 60
Wesentlichkeit 136
Willkürreserven 150
Wirtschaftlichkeit 136
Wirtschaftssektor 16

Z

Zeichnung 52
Zeitliche Abgrenzung 136
Zielkonflikt 131
Zinsformel 38
Zinsrechnen 38
Zusatzdividenden 57
Zuschlagssätze 108
Zwangsreserven 150
Zweistufige Erfolgsrechnung 86